保罗·安德鲁的建筑世界

PAUL ANDREU'S ARCHITECTURAL WORLD

吴耀东　郑怿　编著

中国建筑工业出版社

图书在版编目(CIP)数据

保罗·安德鲁的建筑世界/吴耀东，郑怿编著.—北京：中国建筑工业出版社，2004
ISBN 7-112-06058-3

Ⅰ.保… Ⅱ.①吴…②郑… Ⅲ.建筑设计－作品集-法国-现代
Ⅳ.TU206

中国版本图书馆CIP数据核字(2004)第091560号

责任编辑：陆新之
责任设计：崔兰萍
责任校对：张 虹

保罗·安德鲁的建筑世界
Paul Andreu's Architectural world
吴耀东 郑怿 编著
*
中国建筑工业出版社出版、发行（北京西郊百万庄）
新华书店经销
北京嘉泰利德制版公司制作
北京中科印刷有限公司 印刷
*
开本：635 × 965毫米 1/8 印张：36 字数：600千字
2004年8月第一版 2004年8月第一次印刷
印数：1—2,500册 定价：198.00元
ISBN 7-112-06058-3
TU · 5326（12071）

本社网址：http://www.china-abp.com.cn
网上书店：http://www.china-building.com.cn

序 PREFACE

吴耀东 Wu Yaodong

作为建筑师，我们有幸生长在中国大发展的黄金年代，充满机遇、冒险和挑战，同时，有越来越多的机会与世界上优秀的建筑师同行。保罗·安德鲁（Paul Andreu，1938— ）就是同行人之一，他在1996年赢得上海浦东国际机场（1999年一期工程建成）国际竞赛之后，又先后赢得了广州综合体育馆（1998年中标，2001年建成）、北京国家大剧院（1999年中标，预计2005年建成）和上海东方艺术中心（2000年中标，预计2005年建成）。同一位外国建筑师，在如此短暂的时期内，先后进军素有京派、海派、广派之称的中国三大重要城市，主持设计的大型公共建筑总建筑面积达50余万平方米，值得研究和关注。

现年65岁的保罗·安德鲁，1938年生于法国波尔多市附近的冈戴昂（Canderan），毕业于法国高等工业学校（Ecole Polytechnique，1961年）、法国道桥学院（Ecole Nationale des Ponts et Chaussées，1963年）和巴黎美术学院（Ecole des Beaux—Arts，1968年）。1967年在他29岁的时候，设计了圆形的查尔斯·戴高乐机场候机楼，从此，作为巴黎机场公司的首席建筑师，他设计了尼斯、雅加达、开罗、上海等国际机场，日本关西国际机场的基本概念也出自安德鲁之手。他参与过许多大型项目的建设，像巴黎德方斯巨门、英法跨海隧道的法方终点站等。在他的影响下，巴黎机场公司的活动逐渐向大型公共建筑设计的方向发展。

提到安德鲁和巴黎机场公司，很多人自然而然地把他们与机场设计联系在一起，因为他们的确在世界上有50余座机场的设计经验。然而，类型只是品评建筑的一种表征，大量建筑的共通性问题与技术、材料、艺术等紧密联系在一起，最终传达出建筑水平的高低，而这些却正是我们需要提升的重要内容。安德鲁的作品系列和建筑追求是非常独特的，他的代表作之一戴高乐机场的建设历经30余年，有着高品质的完成度和撼人心魄的感人力量。

刚从巴黎机场公司独立不久且开设了自己事务所的安德鲁是一位建筑师，更是一位艺术家，他将建筑、技术与艺术统合在一起进行着真挚的思考和探索。他对理想坚持，对理性与激情忠诚，但从不忘记对建筑之美的追求。设计大规模建筑是安德鲁的长项，在马拉松式的艰辛的设计过程中，安德鲁似乎永远不会迷失大的建筑方向，他会坚定地把握住基本的设计原则和设计思想。在向目标推进的过程中，自然而然地孕育出阶段性的设计成果和精美的建筑细部。建筑工程是个人与团队合作的产物，安德鲁总是能够满怀信心地把握其中的微妙平衡，始终保持着活力和对创造的热望。

在本书中，你可以注意到安德鲁建筑作品的多彩多姿，这鲜明地体现了其坚定的信念——不论在功能处理上还是在建筑风格上，都决不屈从于任何先验的规则，而宁可去寻求在功能、经济、气候等方面都适合于每个项目特殊性的、创造性的解决办法。对他来说，每一个设计项目都是一个新的冒险，其中充满着意想不到的激情和喜悦。在中国国家大剧院合作设计过程中的主张亦是如此：面向未来，向前走，你会发现传统并没有离你而去，她就在你的脚下。文化是一种深藏于内的东西，而不是被拿出来炫耀的。对待传统文化，应表现出的是充分的尊重，而不是简单的索取和抄袭。

在回想自己走过的道路时安德鲁谈到，在初期阶段一步步追寻的是自己直觉上感知的东西，建筑师总要面对各种不同的环境，创作不同的作品，与所有的艺术家一样，必须要把最为纯粹的谦虚心态与最为伟大的志向结合起来。谈到自己的作品，他坦言始终对个性化和风格问题毫无关心，诚实可见的只是基于最为普遍的概念和原则之上。的确，某些形式在他的作品中频繁出现，它们是在相当长的时间长河中形成的，虽不是他的创造，但常常出现在他的作品中。在反复再利用这些形式时，安德鲁感到自己内心深处似乎存在着这些形式，它们已成为其整个身心的一部分。

在安德鲁看来，建筑活动的最大原动力来自于建筑始终处在没有完成状态的感觉，使之完成需要将光、水、风等自然要素加入其中。他关注的是空间本身，关注自然光在空间中的演出，关注融解在光线中的结构形式。在这样的空间中，绝不有意非要加入个人的感情。他认为空间是无法预测的使用者情感的共鸣器。处在感性和理性世界中的建筑，可以说只是提供了进行演出的舞台。安德鲁认为，建筑最初是建筑师的工作，在不同思想的交流中发展出来，在此基础上，他坚信通过与诗、文学、音乐、绘画和科学的交流，更能使建筑得到繁荣，因为在所有思考领域中共通的是这个时代基本的共振作用。建筑最为单纯和基本的方面应该是如何超越其物理意义上的需求。建筑深深扎根于技术和经济的世界中，当试图让建筑充满活力、充满其他期待时，是需要超越技术和经济世界之上的。在创作建筑时，他更多追求的是让建筑充满这样一种期待，在这里，市场及其相关操作是不起作用的，即使间接作用也没有。这种期待可以说是与艺术关联在一起的，它无法被完成，只能通过不断打破已有的习惯来唤醒和获得。只有这样，建筑才能以谦逊的姿态获得艺术带来的意外的天赐之福，充满活力，充满无法预知的期待。

在安德鲁的作品群中，简单的几何学形状与复杂的形状是同时存在的，在同一建筑中，简单的部分与复杂的部分对立共生，不同的因素被组合成一个整体。巴黎戴高乐机场就是最为典型的实例，历经30余年分期建成的机场，清晰反映出安德鲁的思想轨迹。迥然不同的建筑风格并置，其中充满了多样的、复合的建筑空间，它们一同把整个戴高乐机场塑造成为一座充满魅力的都市。在安德鲁看来，建筑若能尝试异质因素的共存是非常有趣的工作，当把自己认为已知的、已经明白的事物稍微变换一下角度，从完全不同的出发点来思考时，就会产生出新的内涵。他本人从来也没有停止过这样的建筑冒险，圆形、椭圆形、球形和各种柔美的曲线在他的作品中不断再现着，以纯净的几何形构成的建筑得以成立是有相当难度的，在安德鲁的手中它们不仅得以实现，而且携带上了丰富的情感，反映出他独特的建筑直觉和控制力。安德鲁的建筑充分体现出丰富的几何形体、对结构的大胆运用和情感的收放自如，他在不同国家和地区的建筑创作结果是不同的，共通的是作品中都充满着新的发现和求索的欲望。

本书对保罗·安德鲁及其建筑作品的关注可以说是主动出击，试图以中国人自己的眼光和视点来观察世界：接触活生生的人和思想，体验实实在在的建筑和环境，探寻鲜活的第一手资料和背景。本书从计划到完成，经过了三年有余的时间，与简单“拿来”相比，有着更多的痛苦和艰辛。似乎在一步步体验着新生命从孕育到诞生的过程，这与一栋新建筑从梦想到现实的过程是一样的。

本书的作品实录是在安德鲁众多建筑作品中精选出23件，其类型涵盖机场设施、体育设施、博物馆、观演设施、办公设施、商业设施等。书中同时还收录了安德鲁本人和评论家的文章，这对读解作品背后的设计思想、过程和背景是有帮助的。其中“保罗·安德鲁与中国学生的对话”可以欣喜地看到中国的后生可畏。通过书末的建筑年表和保罗·安德鲁简介，应该能够清晰捕捉到安德鲁及其建筑的成长轨迹。

在关注建筑作品的同时，关注其背后的设计思想、背景环境、产生过程乃至具体的工艺作法是至关重要的。可以说，当今世界仍然被高速、高效、规模生产所控制，在这种环境中并不随波逐流，能够坚定自己的建筑追求和目标并非易事。保罗·安德鲁的建筑理念和实践应该有很多积极的启示。

在此，我要特别感谢保罗·安德鲁先生本人和巴黎机场公司的鼎力协助，感谢德明熙（Francios Tamisier）先生、路易·罗塞（Louis Rousset）先生和派特西雅（Patricia Casse）女士，由于他们的协助和支持，才使得本书拥有了鲜活的、高品质的第一手资料来源。感谢张惠珍、陆新之和中国建筑工业出版社同仁严谨、诚实的不懈努力，由于他们的辛勤工作，才使得本书能够以应有的面貌呈现在读者面前。

从法文、英文的原始资料转化为中文读本的过程也是一项艰苦的劳动，尤其要准确、贴切地传达出原文本来的含义更是不易，需要文字背后的许多苦心。感谢郑怿、赵亮、刘健、姬青认真负责的译文工作。感谢陆翔、唐斌、曹洁为本书的编译工作提供的帮助。

编译出版此书有一个最单纯的出发点，就是研究并考察一路同行的建筑师及其作品从何处来，又向何处去，为何如此来，又怎样如是去。希望中国的建筑同仁能够真正借鉴、理解、吸收、消化、扬弃世界上优秀的建筑遗产，真正站在前人的肩膀上，从中汲取营养，以更健康的心态，立足中国，放眼世界，在中国的大地上研究出、创造出更多优秀的建筑成果，共同参与世界建筑舞台上的精彩演出。

让我们一起努力！让我们一起开创中国建筑的美好未来！让我们一起满怀希望地共同期待！

2003年10月28日于清华园

致读者 NOTES TO THE READER

保罗·安德鲁 Paul Andreu

我们在书本中看到的建筑不是真正的建筑，只是建筑的映射或表象，这是需要读者牢记的一个问题。这样一来，建筑究竟又是什么呢？说起来不过两个字而已，然而这两个字却是世界上最重要的话语之一，代表着一个永恒的命题，以此为基础会不断生发出各种各样的问题——就像孩子们问不完的“为什么”一样，尽管没有答案，却有助于他们的成长。

所谓建筑，指的就是与房屋——或者更广义一些——与我们居住和生活的场所相关的思考领域。这个领域的边界十分模糊，具有许多独特的拓扑学特征。我们的感官（包括肌肉乃至关节在内的所有感官）、我们的话语（常常是最出人意表的话语）以及我们的意识（不管是清晰的还是模糊的意识）都集中于这一领域并不同程度地纠结在一起。我们的所知，为我们暂时打开了一个未知的世界，这使我们不时感受到幸福——我们不知道这幸福将持续多久，也许只是闪电般的一瞬，也许其中还掺杂着费解乃至恐惧——然而我以为这样的幸福是带着诗意的，甚至它本身就是诗。

What is found in books is not architecture but a reflection and a representation thereof. This is something that the reader should keep in mind. And what is architecture for that matter? Only a word to begin with, but one of those important words that is continually the crux and focus of questions that are repeatedly and ceaselessly being asked, like the questions that children ask which have no answers but which help them grow up.

Architecture is the realm of thought to which we refer when we want to evoke buildings or more generally places that we build and in which we live. It is a realm whose contours are vague and whose topology is marked by countless peculiarities. Our perceptions, all of our perceptions (including those of our muscles and articulations which are no less important than the others), our words (often the most unexpected), and our feelings (be they clear or vague) come to be gathered, knitted together and tangled in this realm at some point or another. The happiness that we sometimes experience, as incomprehensible and mingled with fear as it might be, and which we know for sure opens an unknown world to us for a while—for how long, we don't know, perhaps only for the time of a lightning flash, I think this happiness is the sign of poetry. And even poetry itself.

一栋房屋经过构思、设计、建设而从无到有，经过居住、变迁、破坏、损毁再重归于无。这一过程——人们的记忆往往会改造和延长这个过程——即使没有通常所谓的建筑师的参与，建筑也依然是无处不在的。建筑与建筑师的工作之间不是简单的对等关系，将其归结为创造活动或简化成建造行为都是不确切的。它比我们出于叙述和思考的方便而暂时限定的范围要广阔得多。

我认为以下解释是对“建筑师”的最佳定义：所谓建筑师，就是设计并建造房屋，且比其他任何人都更多地服务于房屋的人；或者，由于这一工作远远超出了单个人所具有的能力，我们不如说建筑师是将技巧、想像、才干与活力汇集到一起的人，他引导并协调上述因素为房屋服务，使设计得以实现、房屋得以建成并适于人的居住。

在我看来，所有这些工作都是联系在一起的。对我来说，它们同等重要。

对于时下流行的将“概念”等同于创造本身，乃至将其与项目的开发和实施分离开来的观点，我实在不敢苟同。很显然，我们的期望和想法要远远多于实际能够建成的东西。有些项目我们没能进行到底，有些从一开始就未被接受。然而，这并不意味着它们都化为乌有，它们仍然存在于文本之中，存在于实实在在的图纸或模型之中，并且是我们进行思考的重要的参照点。我们将这些项目公诸于众，事实上并不只是为了我们自己，我们的目的并不是要就自己的运气不佳、不被理解或受到的不公正对待博取同情，而是希望有人能在我们止步的地方重新开始，并最终由此找到新的路。

然而，未实施项目的存在形式与那些实施项目截然不同。对后者来说，创造不仅仅局限于概念之中：它们甚至根本无法被分割成概念与实施两个阶段——因为这两个阶段共同构成了一次完整的冒险和一个独立的实体。建筑与绘画不同，它不是一个人的作品；也不像音乐，在某种程度上由作曲家和演奏家共同完成。建筑需要的是来自各个领域的众多参与者。为了确保每个人都能有条不紊地为整体贡献力量，必须有一个信息系统将所有的参与者联系起来，而这个系统往往建立在一组表现图和模型的基础上。因此，不论表现图还是模型，都不过是一种手段，是暂时对工作状态进行整体描述的工具。当其为这一目的服务时，必定有一些内容要被丢弃；当其不能为设计人所用时，也就失去了存在的意义——不论设计人的放弃是主动还是被动，也不论彼时它是丰富还是贫乏。

说到底，没有人类与建成空间的冲突，没有由此引发的思想与情感，就根本没有建筑。

图纸、规划和模型仅仅是为深化工作所做的准备。在某些情况下，照片也不过是方便交流的手段。然而，照片常

A building is conceived, designed, built, inhabited, altered, damaged, and destroyed. At no stage in this existence, caught between a beginning and an end and often transformed and prolonged by memory, is architecture ever absent, even though those whom we call architects are no longer there. Architecture is not related simply to the work and creation of architects. It does not boil down to an act of creation nor can it be reduced to an act of construction. It is something a great deal vaster that we limit for a while for the purpose of thinking something through or making ourselves clear.

I have never found a better definition of the “a rchitect” than the following: the architect is the one, who more than any other, is in the service of a building, the one who designs it and builds it, or rather, considering how the job extends beyond the capacities of a single person, who brings together the skill, imagination, talent and energy of many others, directing and coordinating them in the service of the building, so that it may be designed and constructed, and that others may live in it.

To my mind, all these tasks are related. To my mind, they are all equally important.

I do not share the attitude, which has widespread currency these days, towards highlighting he concept as if it were the creation itself, separate from the project's development and “execution”. Obviously there was more in our thoughts and desires than what was actually built. There were projects that we didn'tmanage to bring to fruition and projects that were refused. They were not, however, brought to naught. They exist in texts and they are there in the material reality of drawings and models. They constitute important intellectual reference point. This is true, for our own thinking as well as for others because our reason for making them public is not to incite others to denounce a misfortune, incomprehension or injustice of sorts but rather to make it possible for them eventually to start off again from where we stopped and to find a way where weren't able to.

These unrealized projects exist, however, in an altogether different manner than the built projects. In the case of the latter, the creation is never limited to the concept: it can never even be separated into two phases-a concept phase and then its execution-for they are both integral part of a single adventure and a single reality. Unlike painting, architecture is not a total solitary creation. It is not, like music, a creation that composers and performers share to varying degrees. Architecture requires the participation of many people from a wide range of different fields. To ensure that each person may contribute in turn to this ensemble, all must be connected by a communication system founded on a set of representations and models. Not one of these representations, not one of these models, is anything more than a temporary means, a tool devised for a specific purpose in view of the work as a whole, something that is dropped when it has served its purpose, and that becomes meaningless when it has not been used by those who conceived it-what remains of an abandonment, by choice or by force, fruitful or barren.

At bottom there is no architecture outside the emotions and thoughts born from the confrontation between the body and built space.

Drawings, plans, models are but tools through which the final work was prepared. Sometimes photographs are but representations lined to

常记录着人们对建筑的凝视，亦即建筑被领会的方式，从这一点来看，它对于建筑有着更为重要的意义。不错，这一点要重要得多，因为建筑师的作品除供人居住以外惟一受欢迎的用途就是这样的凝视——也就是说，被“他人”观察、感知、使用、想像、体验、记忆和描述。在建筑师的视角之外，在这种凝视所留下的主观痕迹之中，作品得到理解并开始供人居住，尽管这种理解并不完全。摄影是建筑的一种映射。

被放弃的工具、集体交流的痕迹和一种物质的映射，这就是我们通过书本所了解的建筑，也是您将在这本书里看到的一切。

一旦您赞同这一点，您也就会明白一本建筑书籍的要点何在。不在于它提供了何种解释、判断或模型，而在于它使我们观察建筑、体验建筑，使我们亲身居住于其中的欲望变得更加强烈。通过将时空远隔的建筑物汇集到一起，它赋予读者或作者散乱的记忆以秩序和意义，也就是说，把一个特定的坐标网格提供给我们，以便于我们抓住建筑、理解建筑，唤起我们新的发现和求索的欲望。（郑怿译）

保罗·安德鲁

2002年1月20日于巴黎

a functional, organized communication. But, in a way that is much more important for architecture, they are often the trace of a gaze, a perspective from which the work was grasped. Yes, in a much more important way, because the only acceptable purpose for an architect's work is to be inhabited, that is to say seen, felt, used, imagined, experienced, memorized and described by "others". In a perspective that is not that of the architect's , in the subjective photographic trace that this gaze leaved, the work is grasped and it begins to be inhabited, if in a still incomplete way. Photography is a reflection of architecture.

Abandoned tools, traces of communication that joined a group, a reflection of the product to which they contributed and which is a work of architecture is all that is found in books and all that will be found in this one.

Once you've accepted this, you can understand what is important in an architecture book. Not the explanation, justifications or models it supplies, but the extent to which it reinforces our desire to see, experience and inhabit the buildings evoked. By bringing together works that are distant from one other in space and time, it gives order to the scattered memories that the readers or the author had of them, and provides them with meaning, that is to say one of those temporary reading grids that we pin on things in order to grasp them and to enhance our desire for new research and new discoveries.

Paris, January 20, 2002

前言

INTRODUCTION

菲利普·贝尔特拉米·加多拉

Filippo Beltrami Gadola

在一个圆形空间中，悬浮于空中的自动扶梯上下穿梭。30年前，当这种独特的、不与其他任何建筑形式和风格等同的空间景象第一次出现在人们面前时，曾经引来世界各地无数评论家惊异的目光。即使在今天，这种景象依然令人惊叹不已。从某种意义上说，如此大胆地使用钢筋混凝土、钢材和玻璃设计创造全新的建筑形态、模式和空间，标志着整个欧洲大陆建筑意识的觉醒。几十年来，欧洲第一次有能力根据自己的基本原则，创造出属于自己的现代形象，第一次有能力在更加客观、公正的基础上真正与现代事物直接相面。

30年前出现在我们电视机屏幕上的节目不是、事实上也不可能是来自于高楼林立的美国，也不是来自于被称为“沉睡中的巨人”的亚洲，它们只能来源于“旧世界”的中心。刚过而立之年的保罗·安德鲁主持设计了巴黎戴高乐机场，他运用极具独创性的几何造型和风格化的设计原则，彻底改革了机场内部的交通运输和旅客活动方式以及不同交通工具之间的联系模式。

在当时，戴高乐机场绝无仅有的宏伟尺度使其成为建筑界的一大创举。

曾几何时，机场不过是为空中旅行这一伟大的现代神话举行仪式的场所，但从那一刻起，机场开始适应人们感情交流的渴望，陪伴旅客度过飞向蓝天之前的一段时光。作为体现这种本质转变的空间载体，戴高乐机场的建筑布局也与以往截然不同：7座卫星厅由地下通道相互串联形成网络，1座圆形建筑居于网络的中央。

历史上，巴黎曾经为新建筑风格的繁荣提供了良好的生长环境，至今她无疑仍在这方面发挥着重要作用。在当时所有的欧洲城市中，巴黎表现出最强烈的愿望和最坚定的决心，为了适应社会经济的发展变化，她勇于改变城市的形象和功能。

法国国土面积与欧洲国家的平均值相当，人口分布却很分散。随着传统的公共和私人交通工具的快速更新、保有量的迅速增长，法国对发展交通运输系统予以高度重视，兴建了一批重要的交通枢纽，从而为建筑技术、类型和风格的创作提供了试验场所。作为旅客换乘或公众聚集的地点，这些交通枢纽无疑是城市的公共空间。由于其内部空间规模巨大，并且常常位于地下，因此为了满足空间组织的要求，建筑本身往往造型各异，成为城市中的标志性建筑。

法国，特别是首都巴黎，既是居民的生活中心，也是欧洲大陆最重要的旅游中心，其丰富的建筑创作艺术和完善的服务设施建设足以为她赢得如此声誉。

如果把法国的交通运输系统比喻成一顶皇冠，那么巴黎戴高乐机场就是这顶皇冠上最珍贵的宝石。今天，它看上去像一台构造复杂的机器，处理着大量的客货运输，容纳大批中途停留的货物和旅客，其内部的某些内容、功能和整体尺度是旅客永远都无法了解的。

这里汇集了地区和国家两级公路网、区域性地下铁路系统以及国际航空运输系统。

多年以来，保罗·安德鲁积累了宝贵的创作经验，并且在中国、加勒比海地区的不同环境条件下获得了巨大成功。可以说，正在建设中的戴高乐机场第二空港进一步证明了他追求现代精神的强烈愿望以及在技术、风格层面上不断创新试验的坚定决心。

实事求是地讲，戴高乐机场规模庞大、功能复杂，足以与设施完备、自给自足的城市相媲美，但在布局形态上，它并不是一个完整的建筑，而是一系列尺度不同、功能迥异的空间。旅客出港、进港或者换乘其他交通工具必须依照某条路线，以避免在这台“机场机器”的复杂功能面前束手无策、莽打莽撞。旅客的活动、人流的运动和货物的传输在形态和功能截然不同的空间中同时展开，整台机器的运作过程异常复杂，相比之下，飞机的起飞和降落不过是其中的细枝末节而已。

从许多方面来看，安德鲁对巴黎戴高乐机场的研究和设计创作是不连贯的阶段性工作，因为设计本身就是在相当长时间内分不同阶段实施完成的，并且在方案实施的缓慢进程中，又进行了一系列的增补和修改，从而使整个机场综合运作并逐渐发展成为极端复杂、高效实用的交通枢纽。为了创造行进中的空间序列感，创造新型建筑风格，以表达技术进步的真正含义，安德鲁对设计中正确的理论方法进行了长期不懈的探索。

在戴高乐机场的发展过程中，安德鲁个人的设计风格和直觉成为保持不同阶段的建设和谐统一的关键因素，由此创造出

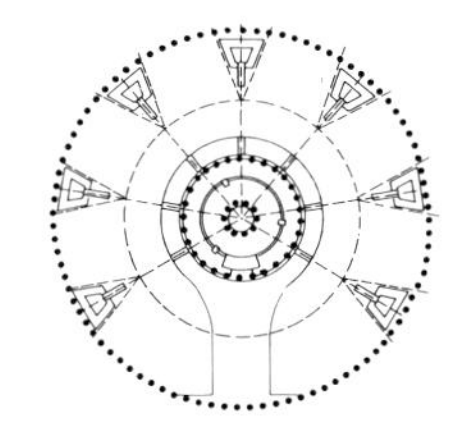

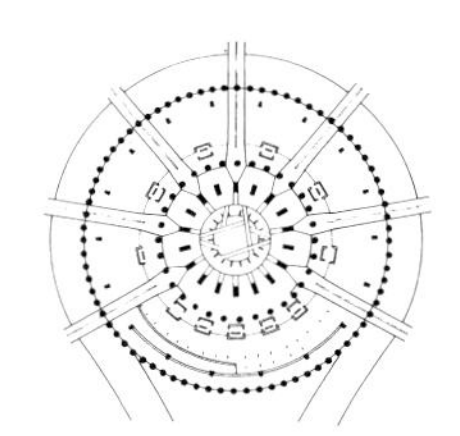

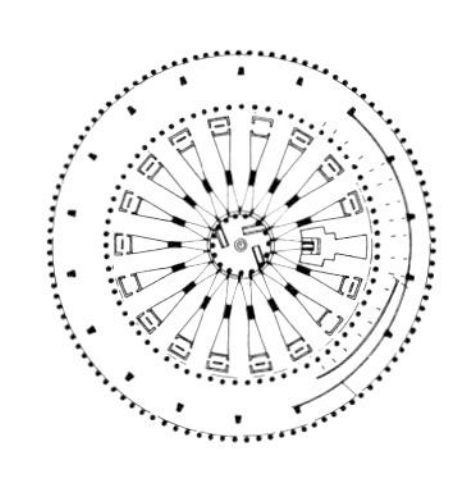

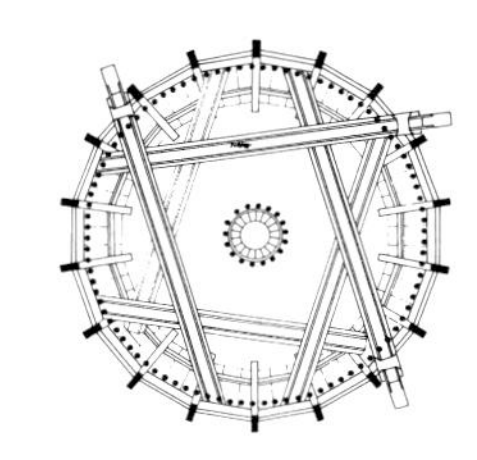

查尔斯·戴高乐机场第一空港中央吹拔
Central space of Charles-de-Gaulle 1

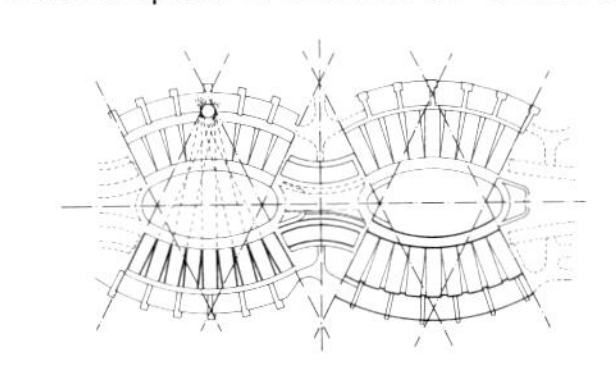

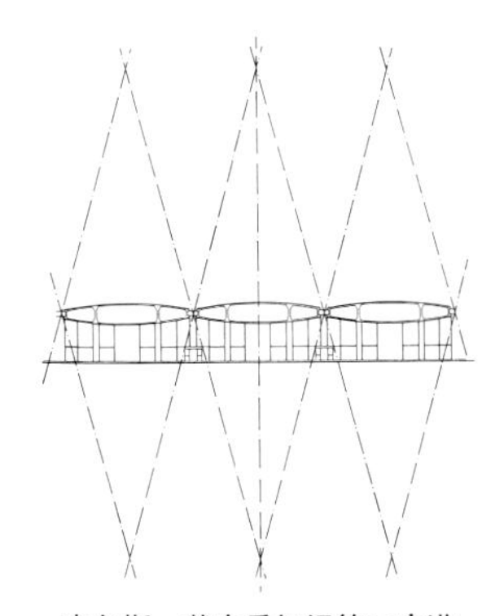

查尔斯·戴高乐机场第二空港
Charles-de-Gaulle 2

一种特有的艺术感受，在建筑内部随处可见：迥然不同的建筑风格并置，光与影、明与暗对比强烈，各种材料相互交织；另一方面，通过将开敞与封闭空间巧妙组合，对空间体量仔细推敲，在适当部位创造腾空飞翔之势，保证了这台机器的功能平衡和平稳运转。与其说他力图通过设计方案创造出一种明确的和谐统一感，不如说是一种不确定性，一种非理性化的、风格化的感情意识——建筑的几何造型设计，比如椭圆形、圆形和三角形，似乎是设计过程中的偶然结果而不是设计初期的有意设想。

人们走过机场内部的通道，或者走过穿越这部巨大机器的无数条可能的途径，可以惊奇地发现建筑空间多样性的特点：这里既有带顶的通廊引导着人们在巨大的空间中穿行，也有地下通道把人们从黑暗处带到洒满阳光的穹窿大厅，以及如教堂般壮丽辉煌的火车站。

安德鲁的建筑充分展现了丰富的几何形体、对结构的大胆运用和情感的收放自如。在戴高乐机场，我们的目光首先被候机厅重复出现的反转穹顶的迷人形式所吸引，此后掠过旅客登机口轻柔的曲线轮廓，在呈梭形的喜来登酒店旁踯躅片刻，转而又被换乘站屋顶耀眼的反光映照得眼花缭乱。

白天，阳光滑过金属薄片的表面，流入到钢筋混凝土的结构框架之中。它通过玻璃幕墙反射出太阳的光辉，又在坡道和建筑之间投下浓重的阴影。

几乎在所有的设计作品中，安德鲁都采用了含蓄而非直白的手法，赋予几何造型以丰富的情感。例如，倒映在平静的水面上，大阪海事博物馆的金属穹顶会变成一个完整的球形。同样，通过倒映在巨大的人工湖水面上，英法跨海隧道的拱形入口变成了环形。这表明，仅仅以二维的空间概念来描述不同空间尺度下的几何元素无疑是行不通的。日本久美滨高尔夫度假村的建筑与周边环境浑然一体，在方圆数十公里的范围内呈环形布置了一系列明亮的灯塔，但是除非站在更远的山上，否则这种景象基本上是看不到的。

戴高乐机场第一空港是安德鲁在巴黎所做的第一个机场设计项目，这为他后来在地理、经济和文化条件不同的其他地区的机场设计项目中继续其有关功能和风格的实验打下了基础。

显然，在不同地区，创作的结果是不同的。

从几十年的发展来看，时至今日，机场似乎已经拥有了强大的集聚力，逐渐发展成为自我完善的系统，成为全球经济网络的重要节点。它们并不仅仅是旅途的起点或者终点，而是旅途中不得不停留的驿站，是由商店、旅馆、银行、商务中心和旅客休息区共同组成的一条简短的旅行路线。

就机场的建筑特性而言，最重要的是它的象征性。在当今时代，航空似乎注定成为最受欢迎的环球旅行方式，而机场则因此成为旅客抵达目的地时最先接触的地方，如同遗留在记忆中的古老城门或者工业革命时期城镇里的火车站。

在人们的普遍认识中，机场总是与以下内容联系在一起的：川流不息的抵达或过境旅客，货物运输的组织和疏散，相关的商业贸易活动以及旅店服务设施。

作为旅途起点或终点的重要关口，巴黎戴高乐机场的象征意义通过布局上与加来英法跨海隧道法方终点站相对应的位置的相互关系得到进一步彰显。在面向隧道一侧，与戴高乐机场的入口处形成了特殊的道路交通网络，以满足私人汽车、旅客通行等不同方面的需求。一条宽敞的通道通往铁路站台，令人隐约回忆起尼约雷城堡（Fort Nieulay）巨大的建筑形象。从反方向来看，旅客离开机场时首先必须穿越一个巨大的圆形人工湖，然后通过拱形入口进入隧道。隧道入口的几何造型与其内部的断面形式完全相同，当然对旅客而言，实际上根本无法得知隧道内部具体的构造情况。

作为城市门户，机场具有重大的象征意义，几乎无一例外地成为城市中的地标建筑，通过体型和环境体现出所在国家的雄心。同时，它也是数额巨大的投资，建筑技术的标准化、管理成本的降低和适当的维护都是影响机场发展的重要因素。

在某些城市，部分由于土地规划的历史原因，城市和它的“对外门户”之间相互分离，保持着一定的空间距离，但是两者之间仍然具有必要的密切联系，这种情况下，机场就成为城市的附属体。在这里，相对封闭的机场内部空间与几乎所有可供利用的交通联系方式聚合在一起，包括公路、停车场、铁路车站和月台、通道以及旅客候机厅等等，它们根据相关技术的特殊要求决定各自的几何形态和空间安排。例如，经过精心设计的机场内部通道形态各异，既有弧度不同的曲线通道，又有笔直的通廊；既有带顶的步行通道，又有栈道、隧道和人行立交桥。它们与规整的几何化平面布局紧密结合，相得益彰，但更为重要的是，它们是在不同层面上进行的技术性规划设计，不同层面之间既保持独立，又有必要的交流和联系。

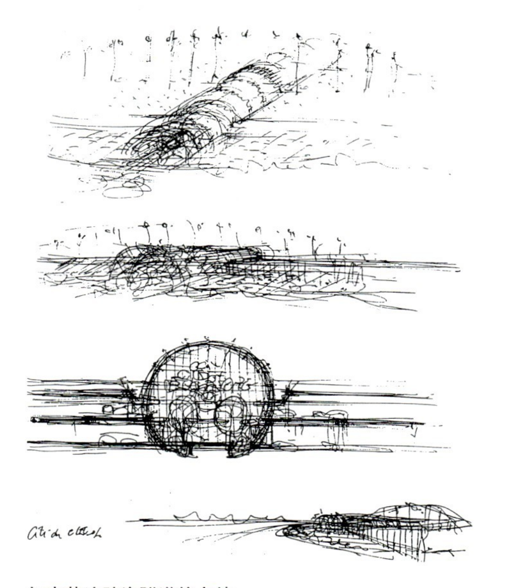

加来英法跨海隧道终点站
Cross channel terminal, Calais

大阪海事博物馆
Osaka maritime museum

久美滨高尔夫度假村
Kumihama golf resort

除了象征性之外，机场建筑还具有另外一个重要特性，即机场设施以不可遏止的速度不断在空间上扩大发展，以适应新功能（经常是始料未及的，或者是不可预知的）或新技术的特殊要求。

机场的发展与扩大总是与所在地区的经济形势和社会动态相一致的。作为活的有机体，机场的成功依赖于它适应时代、适应现有基础设施网络的能力。

以汉城机场为例，设计者清醒地认识到，如此复杂的一个建筑综合体应当有一系列完全不同、有时甚至是相互对立的发展形式。它必须是一个和谐统一的设计作品，能够适应未来的发展变化。

此外，在某种意义上，机场是现代社会的公众空间，足以与历史上的古老广场或市场相提并论，因此对其中所蕴涵的人类社会学关联要予以应有的重视，分析其平面布局，内部活动的动因以及旅客的安全感和舒适感。特别对具有高技术特征的空间更要精心组织，使其中的每个人，即便是在非常有限的时间里，都可以感受到安全和愉快。此时，建筑将默默承担起重要使命，引导人们在机场巨大的室内外空间里穿梭流动，通过光与影的交织反映出不同交通方式的交替，即使休息区的设计也要紧紧围绕与旅行相关的微妙的感情变化。

安德鲁特有的设计方法使得建筑尺度、建筑物的真实尺寸（无论是建成的还是正在建设中的）以及整个综合系统的复杂性都毫不相干，通过机场设施的内部组织，一切完全取决于旅客的需求，取决于他们既不在地面又不在空中的那个短暂时刻的需求。

他的主要设计依据在于，一是对技术规范进行试验，在某些方面这些技术规范具有严格的定式，而在另一些方面它们又处于快速的发展变化之中；二是迎合顾主的多种需要，从关心旅客和建筑的安全性、舒适度，到渴望房地产投资的利润回报；三是对当地建筑风格进行多样化的阐释。

正是基于上述考虑，雅加达机场成为“掩映于飞机和树木之中的住宅”，曼谷机场也成为泰国丛林中的庞大温室，如出水芙蓉般亭亭玉立。

安德鲁通过对建筑几何造型的认真推敲，充分考虑使用当地传统的建筑技术，将现代技术条件下的建筑形态与传统的地方风格有机地融合在一起。曼谷机场的曲线墙面，雅加达机场的屋顶以及色彩的运用、周围环境的景观设计、树种的选择和对当地气候条件的关注，凡此种种都体现出他对现代技术和地方特色的同等关注。他将机场周围地区的独有特征和感受作为现成的设计语汇，以此来表达最新技术条件所创造的建筑形象的深层内涵。实事求是地讲，至今这一指导思想已经取得了巨大成功。

于是机场变成了开放的、动态发展的建筑，能够充分体现气候条件、自然特征及其所处时代的精华。

遵循同样的设计指导思想，他通过调用色彩、光线和阴影，在不断变化的建筑材料之间寻求平衡。例如法国南部的尼斯机场，晴朗的天空下，明媚的阳光洒入宽敞的机场大厅，将深色的巨大拱廊勾勒得非常清晰，从而引导旅客穿过拱廊直达登机口，使他们从中体会到这个巨大封闭空间的平和与安宁。拱廊由一种平滑的金属所覆盖，上面的细小纹理几乎难以察觉，它不断向前延伸，给人以即将起程的感觉。

在瓜德罗普的皮特尔角城机场的设计中，安德鲁通过对当地气候条件进行仔细测算，精心设计了一种类似于有盖容器的建筑造型，利用建筑的立面和屋顶控制建筑内部的进光量。

在雅典机场，浓重的阴影与远处的光亮形成强烈对比，使人们仿佛感觉到从公路入口到停机坪是惟一的通路。洒进机场大厅的阳光构造了完美的明暗变换，忽而使旅客和家具沐浴在阳光的温暖之中，忽而又使他们远离阳光的普照，恰如一台计时器计算着时光的缓缓流逝。在一天中的不同时段，在一年中的不同季节，建筑及其内部的各种事物无时无刻不在变化之中，于是等待也成了观察视觉变化的过程。

安德鲁的设计创作也包含了城市发展的项目，比如道路设施和体育设施的建设等，和机场一样，这类建筑为他创造另外一种具有强大震撼力的地标提供了新的途径。

作为城市市民集聚的主要场所，体育场与其所在城市的相互关系总有一种强烈的不确定性。一方面，体育设施特有的宏伟尺度使它成为城市景观中独树一帜的地标；另一方面，体育场显然是举办各种大型活动的场地，这与周围环境中的日常活动形成鲜明对比，它是城市中的一个特殊区域，日常大部分时间寥无人烟，只是在某一段特定时间里才会人满如潮。

这种矛盾由来已久，因为体育场和机场建筑不同，尽管它有着自己的发展规律，但毕竟是城市物质环境的一部分。

在圣但尼体育场的设计中，安德鲁采用了几何分解的设计手法，试图通过创造一种全新的建筑形式来反映体育场与城市之间的相互关系。最终，体育场的形象和

汉城国际机场
Seoul international airport

雅加达苏加诺·哈达国际机场
Jakarta Soekarno-Hatta international airport

曼谷国际机场
Bangkok international airport

尼斯蓝色海岸国际机场
Nice-Côte D'Azur international airport

尺度完全出乎当地市民的“预期愿望”之外，甚至与之背道而驰。这座被称为“城市之墙”的体育场没有像以往那样，成为一个巨大的封闭空间，成为噪声的发源地和集体暴力的大本营。

设计采用了全新的形态体系，看台入口同主体结构相分离，或者通过高架步道与看台相连，或者干脆保持独立；步道，连廊和天桥成为联系体育场不同分区的主要通路。

从体育场向外看可以发现，看台被设计成一种不易穿越的空间肌理，其中的音响装置和高科技材料将体育场从城市环境中隔离开来。

相反从外观上看，体育场像一座透明的城市建筑，很容易与周围建筑相协调并与它们融为一体，这在一定程度上要归功于附近的商业店铺、会议厅和电影院。由于这个项目规模庞大，使它具有微观层次上的城市规划的典型特征，即在单纯的体育运动场地之外，还建有独立的人行道、汽车道、休闲场所和娱乐设施等等。

圣但尼体育场的入口恰恰位于城市中心，从而将日常城市生活引向体育场。实际上，这一点从体育场的建筑外观已经可见一斑。安德鲁的建筑设计利用了最先进的科学技术，目的在于从根本上改变城市与体育场之间的相互关系，使体育设施的功能用途更加灵活，能够吸引当地居民更多地参与使用，这远比单纯的风格变化更为重要。

除此之外，安德鲁还在圣但尼体育场的设计中对其他一些相关问题进行了认真研究，包括体育场内部的空间布局，通过专用人行通道联系看台、停车场以及周围地区的可能性，进出体育场的路线设计以及建筑材料的筛选等等。这项规划设计本着观众至上的原则，旨在减少观众与观众之间，观众与运动员之间以及运动员与运动员之间的隔阂感，保证体育比赛的顺利进行，并在体育场和城市之间建立起切实可行的契合点。

（刘健，赵亮译自《Paul Andreu—The Discovery of Universal Space》，原载于《世界建筑》杂志 2000 年第 2 期）

皮特尔角城国际机场
Pointe-À-Pitre international airport

皮特尔角城国际机场
Pointe-À-Pitre international airport

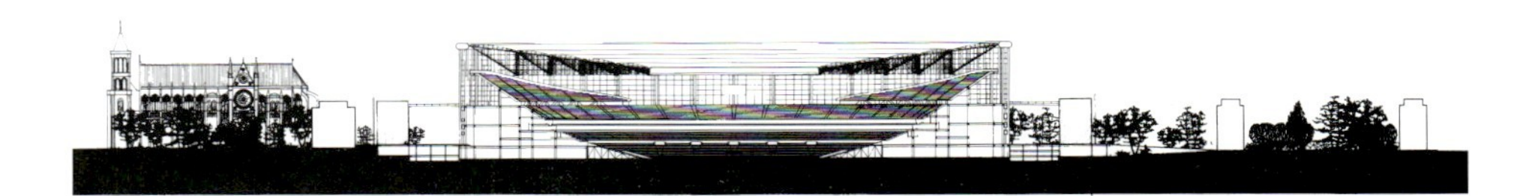

圣但尼大体育场
Saint Denis grand stadium

目　　录

CONTENTS

作　品

SELECTED WORKS

鲁瓦西查尔斯·戴高乐国际机场 Roissy Charles-de-Gaulle International Airport
第一空港 Terminal 1

圆形的布局
A Circular Layout

对功能的考虑奠定了鲁瓦西查尔斯·戴高乐机场第一空港的基础。例如缩短旅客行走距离的需要促使主楼采用了圆形布局，并由此确定了所有次级结构的环绕方式。飞机环绕着卫星楼，而卫星楼又环绕着中心的主楼。供飞机停靠及调头的区域呈环形，公路支线恰好从这个环形的下方穿过主楼，并沿着圆周螺旋上升，直至抵达主楼顶部的停车场。总体规划清晰地表达了第一空港作为地面与空中交通的转换场所的功能：在驶近机场的过程中，旅客们从远处便可以看到环形公路中心的停车场，而公路又被飞机环绕在中央，同时，还能感觉到地面与空中的交通流线纷纷会聚到这个圆心，然后再纷纷散开。

主楼的直径达190m，被7个梯形卫星楼所包围，正圆形的几何特征使其成为表现收敛与集中、离散与分裂的典范。主楼的功能可以比拟为一只泵，或者更像是一个心脏。

从构建角度来说，主楼共分为九部分，两部分与道路相连，其余七部分连接着卫星楼。为了便于用钢筋混凝土进行施工，圆形被分割成连续的矩形和三角形，技术设备便包含在矩形区域之中。

建设场景 / 摄于 1971 年 6 月
The construction site, June 1971

空港的圆形几何设计
The terminal's circular geometric design

明亮的中央吹拔空间

The Light Empty Core

主楼的中心是一个大而明亮的共享空间。6条覆盖着玻璃的自动步道在其中纵横交错，喷泉则是室内空间在“空”与“满”以及“虚”与“实”之间的缓冲。第一空港高度组织化的系统正是在其正中心，亦即会聚作用最强烈的圆心，出人意料地被这些自动步道和不断变换水柱形状的喷泉所打断。

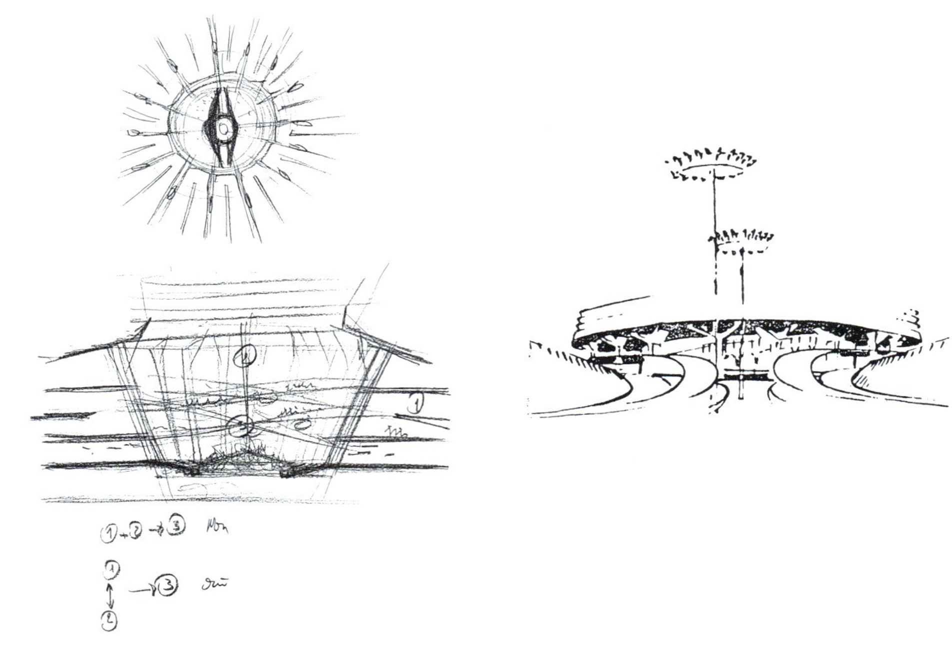

保罗·安德鲁手绘草图

Drawings by Paul Andreu

南北轴线上的两条对称的进出坡道

The two symmetrical access ramps on the north-south axis

道路与建筑的设计完全整合成一体
The roads are totally integrated into the design of the building

建筑由头部呈Y形的混凝土柱所支撑。每根柱子可承受与艾菲尔铁塔等重的荷载
The building is supported by a concrete column crown in the shape of a Y. Each one is capable of bearing the weight of the Eiffel tower

中央吹拔与喷泉
The empty core and the fountain

动感与光

Motion and Light

运动（Movement）是贯穿于空港建筑内外的本质特征。建筑与外部道路密不可分：两者是同一整体的两个组成部分，共同表达着联通与交互的各种关系。动感无疑在建筑外部居于主导地位，但它同时也是室内最重要的元素，对中央吹拔空间和连接主楼及卫星楼的地下走廊来说，尤其如此。

室内顶棚的高度根据使用者的速度而定，休息厅处最低，乘客行进最快的地方则最高，从而在空间与速度之间建立了呼应。总而言之，整座建筑由一系列迥异的空间所组成，各个空间的尺度、照度以及混凝土表面的质感都随着各自功能的不同而不同。室内日照强度的变化包含了从完全背光到完全受光之间的各种情况，由此使空港以走廊为起点（initiation）的特征被大大加强。旅客将首先从主楼较暗的区域中行进到遍布光线的中央吹拔空间，然后再经过一条幽暗的走廊，最后抵达通透明亮的卫星楼。光与影象征性地反映了地面和天空的差异。

从门厅到卫星楼，对比的空间序列创造出一种过渡感，仿佛是起程的仪式正在进行

The sequence of contrasting spaces, from the entrance lobby to the satellites, creates a sense of passage as in initiation rite

穿过中央吹拔的自动步道内景

On a travelater across the empty core

旅客流线

Passenger Flows

除直接通向空港的环形公路和沿南北轴线对称的两条坡道外，公路系统还通过捷运车（people mover）与郊区RER（Regional Transportation Network）车站相连，并由此与巴黎地区的区域交通网连接到了一起。

用于交通组织的三个楼层分别为离港层、转换层和进港层。为了实现进、出港客流的分离，在卫星楼的入口处设置了安检系统。公共交通层位于行李处理层和上层的停车设施之间。离港旅客可以沿两条环路向下绕行，也可在停车层乘电梯下到离港层。

接下来旅客便可乘自动扶梯穿过中央吹拔空间抵达过渡层，到登机时间后继续行进便可进入卫星楼。旅客行李先是垂直向下运至底层的集中分检处，然后通过行李通道经卫星楼送上飞机。进港旅客则乘自动扶梯上行，穿过中央吹拔空间后抵达行李交付区和海关。

自进港层望转换层
A view of the transfers level from the arrivals floor

卫星楼内的候机厅
Waiting lounge in one of the satellites

公共大厅
Public lobby

总体规划

The Master Plan

第一空港于1974年投入使用，是鲁瓦西查尔斯·戴高乐机场的第一个节点。基本的分区规划完成于1967年。机场占地达3000hm²，相当于整个巴黎市区面积的1/3；坐落在乡郊的机场脱离了城市的束缚，同时又与首都保持着相当近的距离，并与北侧的高速公路有着便捷的联系。

整个设计的点睛之笔是保持空间的三维动感。在接近机场的过程中，景观和建筑作为不断变化的前景展现在观察者的面前。从远方即可识别出来的主要元素——第一空港、控制塔和水塔都呈圆形，因此不会显示地形的变化，但是其外观尺度和相对位置关系却可以提供方向感。蜿蜒起伏的公路由一系列连续的曲线构成，最终会聚成一组导向建筑的通路，而建筑本身也孕育在其中。

屋顶平面图

Roof plan

空侧透视

Airside view

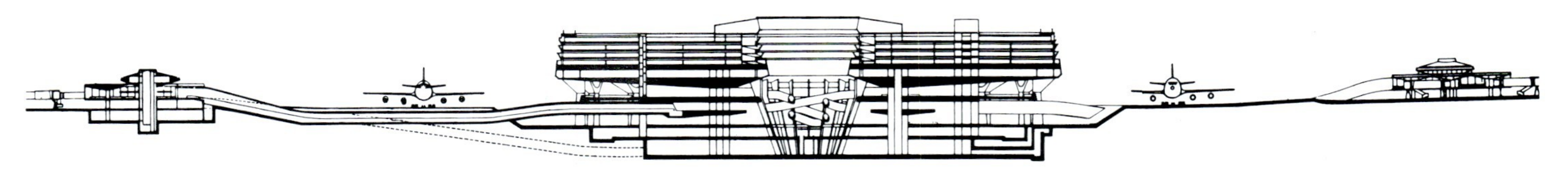

主楼及卫星楼典型剖面
Cross-section of the main building and the satellites

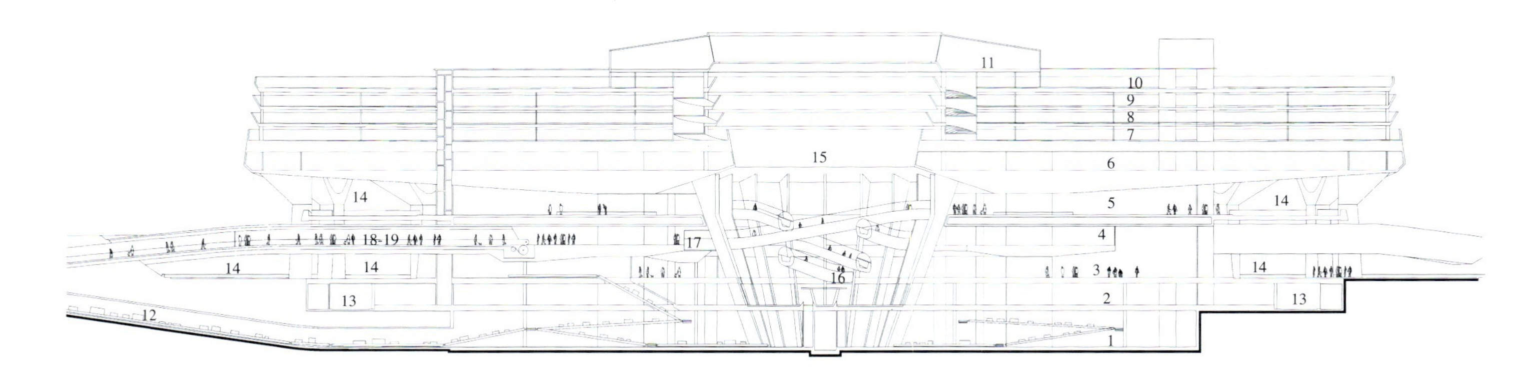

具有原创性的主楼典型剖面图
Original cross-section of the main building

1. 行李分检层 Baggage sorting level
2. 商店及办公层 Shops and offices level
3. 离港层 Departures level
4. 转换层及登机通道 Transfers level, access to planes
5. 进港层 Arrivals level
6. 技术及后勤辅助设施，停车场通道 Technical and administrative support facilities, access to car park
7. 停车层 Car park level
8. 停车层 Car park level
9. 停车层 Car park level
10. 行政办公层 Administrative offices level
11. 办公及饮食广场层 Offices and food court level
12. 通往卫星厅的行李通道 Baggage tunnel to satellites
13. 后勤通道 Service road
14. 陆侧通道 Cityside access road
15. 吹拔 Empty core
16. 离港层乘客通道 Passenger access from departures level
17. 进港层乘客通道 Passenger access from arrivals level
18. 至卫星楼的乘客通道 Passenger access to the satellites
19. 自卫星楼的乘客通道 Passenger access from the satellites

机场远眺：圆形的建筑及相切而过的道路
The view from a distance:circular buildings with roads approaching them tangentially

1a. 离港大厅 Public departures lobby
1b. 进港大厅 Public arrivals lobby
2. 值机柜台区 Check-in area
3a. 出境护照检查 Outgoing passport control
3b. 安检 Security control
3c. 入境护照检查 Incoming passport control
3d. 海关 Customs
6. 中转 Transfers
10a. 商店 Shops
10b. 资讯 Information
10c. 免税商店 Duty-free shops
11. 行政办公 Administrative offices
14. 陆侧通道 Cityside access road
15. 吹拔 Empty core
16. 离港层乘客通道 Passenger access from departures level
17. 进港层乘客通道Passenger access from arrivals level
18、19. 至卫星楼的乘客往返通道 Passenger access to or from the satellites

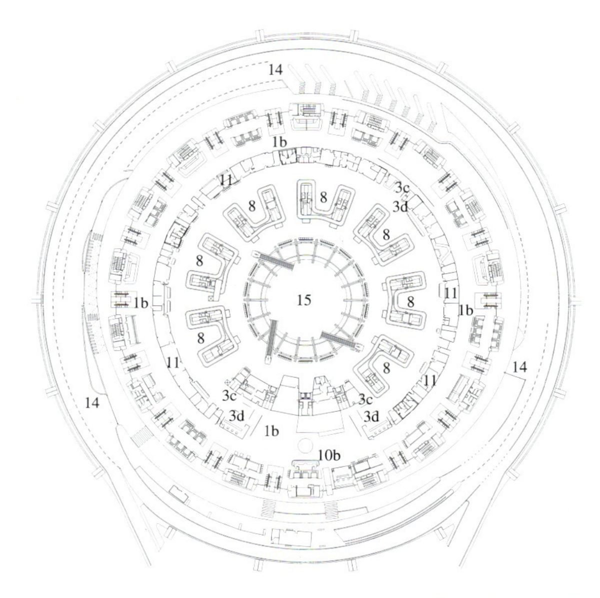

5 层平面图：进港层
Plan of level 5: arrivals

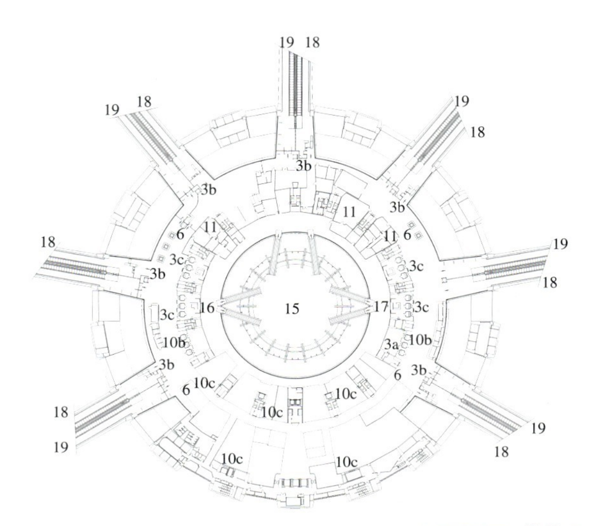

4 层平面图：转换层
Plan of level 4: transfers

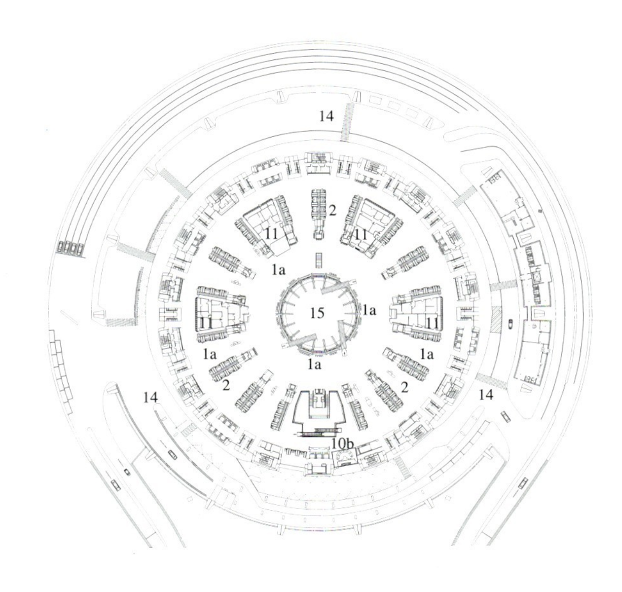

3 层平面图：离港层
Plan of level 3: departures

鲁瓦西查尔斯·戴高乐国际机场
第二空港，A、B厅

Roissy Charles-de-Gaulle International Airport
Terminal 2, Halls A and B

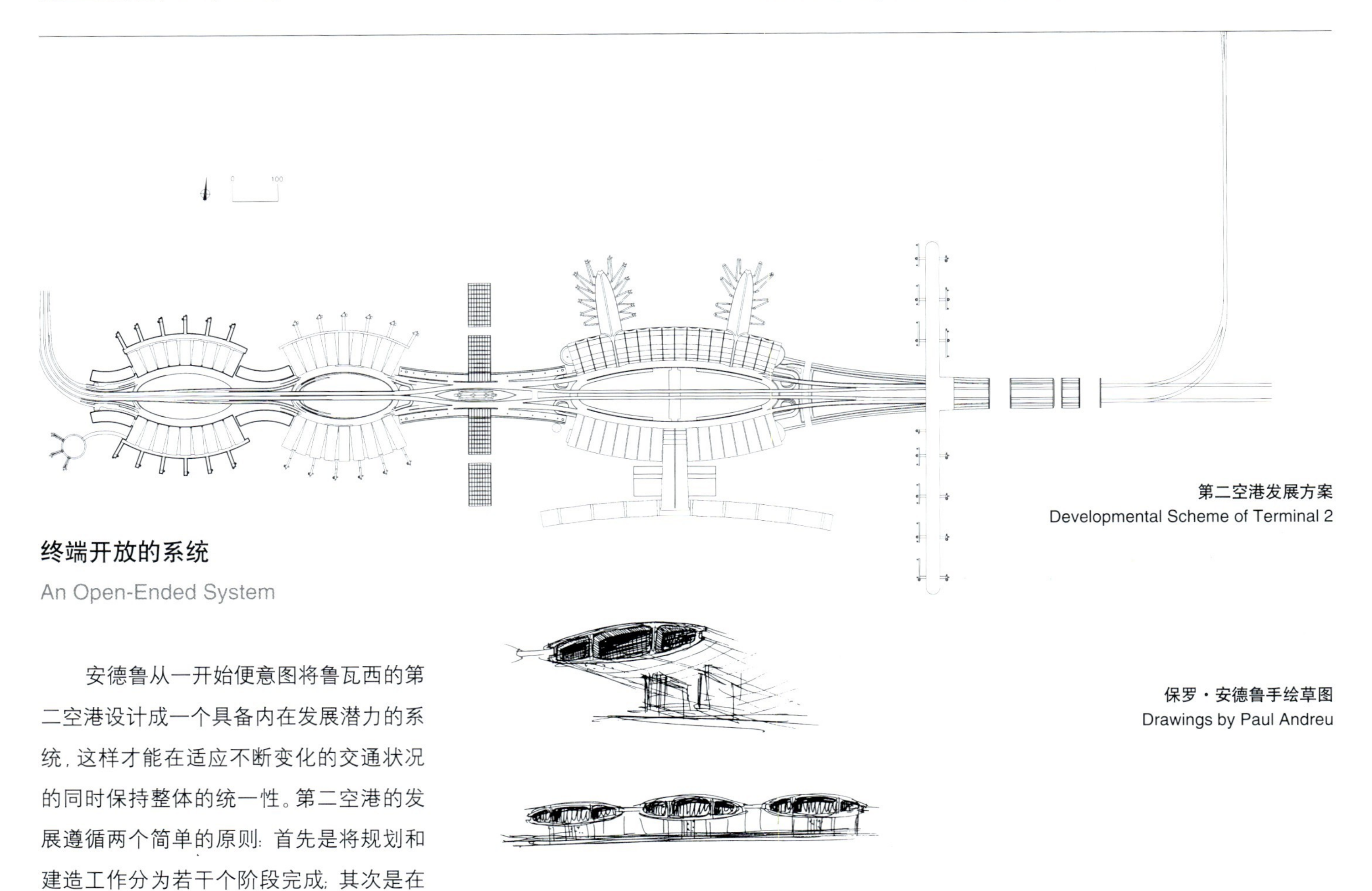

第二空港发展方案
Developmental Scheme of Terminal 2

保罗·安德鲁手绘草图
Drawings by Paul Andreu

终端开放的系统
An Open-Ended System

安德鲁从一开始便意图将鲁瓦西的第二空港设计成一个具备内在发展潜力的系统，这样才能在适应不断变化的交通状况的同时保持整体的统一性。第二空港的发展遵循两个简单的原则：首先是将规划和建造工作分为若干个阶段完成；其次是在任意一个阶段中，已投入使用的部分和在建部分之间要有一个清晰的界限。这两点原则为分期建设和终端开放规划的成功奠定了基础。

高度组织化的发展方案确定了公路网、停车场和各个交通模块间的基本关系以及技术支持系统的大体脉络，同时又为具体内容的定义预留了极大的回旋余地。由此可以在各个修建阶段内，针对经济和技术条件的变化进行相应调整。项目的特色建立在组织化方案的基础上，并通过预留部分的灵活性体现出来。这两个特点携手将第二空港定义为一个终端开放的系统，因此缺一不可。

从1969年最初的草案开始直到现在，这个系统一直在不断演进，其形式也在不断变换。该系统最充分地结合了时间因素，不仅各个系列之间是相互关联的，而且在构成元素和材料应用方面也达成了和谐。

建筑通透而修长，一侧是公路和汽车，另一侧则是跑道和飞机
The building is a slender,transparent layer between the roads and cars on one side and the runways and planes on the other

鸟瞰照片 / 摄于 1982 年 5 月
Aerial view taken in May, 1982

鸟瞰照片 / 摄于 1983 年 8 月
终端开放的方式，即各个开发阶段都会在建筑的结束端预留一个复合接口
Aerial view taken in August, 1983
An open figure which at each stage of development presents a sort of intricate outlet at the end of the building

推动分期建设的公路网

A Road Network that Facilitates Construction Phasing

连接一长串空港的公路网由一条中央高架桥以及一系列环路组成，环路上伸出的支路直接通向各个独立的单体和高架桥下的辅路（slip roads），辅路在地面层将建筑物相互连接在一起。路网的组织模式将空港的轴线划分为若干段，每段分别对应着不同的“模块（modules）”，如交通模块（traffic modules）中安置着所有与交通相关的设施，而交通模块之间的接合模块（junction modules）则容纳了次一级的支持设施。

安德鲁从一开始便希望建成单体和在建单体之间能有清晰的分界，并由此确定了方案的开放形式，即每个发展阶段都要在建筑的结束端留一个复合接口（intricate outlet），通过这个接口，不但可以连接不同的单元，而且还能保持公路网络和技术网络的连续。这一模式从第二空港最初的4个候机厅中即开始应用，这4个厅大体相同，仅在室内布置和某些细节上存在差异。公路和高架桥的设计并非是为解决功能问题得出的简单结果，而是整个项目发展的推进器。路网是房屋建筑体系的组成部分，和空港的屋顶一样，是最重要的建筑要素。

鸟瞰照片 / 摄于1982年5月
Aerial view taken in May, 1982

壳体采用了放射状的几何形式
The shell layout follows a radiating geometric pattern

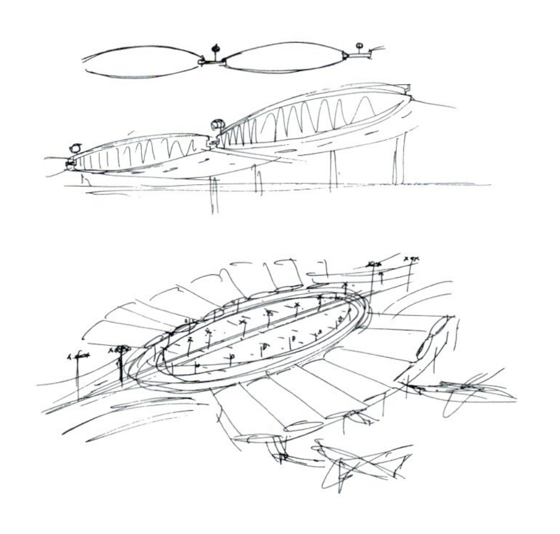

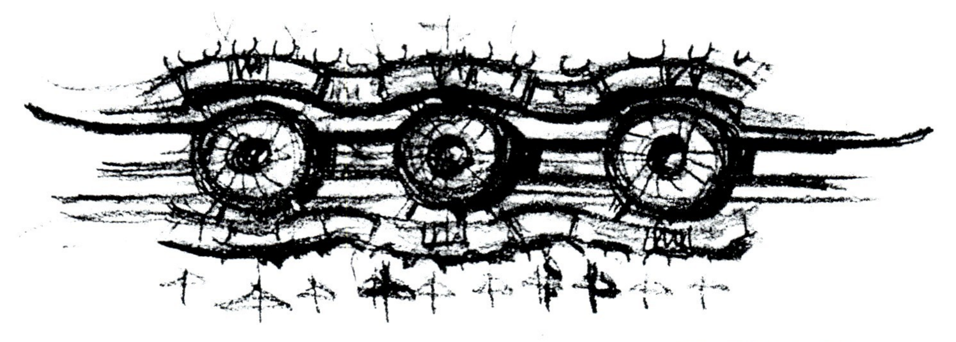

保罗·安德鲁手绘草图，1969年
Drawings by Paul Andreu, 1969

公路网由一条中央高架桥及一系列环路组成，并由环路上伸出支路通向各个独立的单体
The road network consists of a central overpass with loop roads branching off to the individual units

狭长透明的建筑

A Narrow, Transparent Building

在陆侧(landside)的公路和车辆以及空侧(airside)的跑道和飞机中间，伫立着一座修长、透明的建筑——一处夹在两种运动方式之间的狭长而高效的交通空间，将公路与飞机隔开了将近60m的距离。

屋顶的壳体创建了一种模式，特别是对公路和停机坪（apron space）来说，这种模式清晰地指明了乘客的流向。

上述效果因顶部的照明进一步得到加强，并由此强调出该空港的一个重要特征：它是如此的修长和通透，以至于陆侧的人们可以直接透过它看到空侧的飞机。

保罗·安德鲁手绘草图
Drawing by Paul Andreu

离港厅
Departures hall

陆侧立面
Cityside Facade

屋顶：技术的“天空”

The Roof: a Technical “Sky”

空港的屋顶由若干个混凝土壳组成，每个壳体的平面投影呈矩形，这些矩形在同一个水平高度上呈放射状排列，两两之间则由梯形相连。壳体的断面由两条曲率不同的曲线组成；下方的曲线较上方的平缓，这便使整体外观具有了一种强烈的稳定感。空港平面和屋顶的剖面之间似乎存在着某种类比：两者同样都基于椭圆形，并以相同的方式将各种元素耦合到一起。由此，不但空港综合体得以生成，而且这些综合体所组成的系统的统一性也得到了巩固。

空调、照明和音响设备都包含在混凝土壳中，维修人员不必干扰正常交通便可进入这些体积庞大的保险箱。与后来的尼斯空港一样，此处的顶棚亦如“天空”一般纯净洗练，没有任何附着物，也没有任何垂吊下来的东西。

所有的混凝土壳体都是先在首层地面上浇筑成形的，然后通过若干临时性的金属支杆举高并就位到四根固定的混凝土柱上。

登机厅 Boarding lounges

离港厅 Departures hall

交通组织

Traffic Organization

停机坪沿着四条相互平行的线展开，其中的两条紧邻候机厅，另两条则稍远些。

方案设想的最佳使用状态是全部交通量的85%由近机位（contact stands）解决。A、B厅分别位于椭圆形停车场的两翼。首层同时包括离港和进港。B厅用于中距离航线，A厅则为长途国际航班提供服务。

建设场景，前方较低的几层为停车场

On the construction site with the lower levels of the car park in the foreground

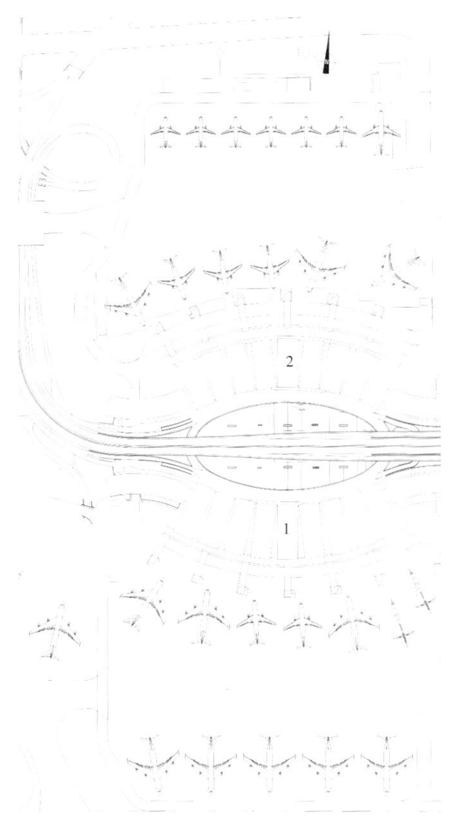

屋顶平面图

Roof Plan

1. A厅 Hall A
2. B厅 Hall B

屋面正在吊装。建设场景 /1979 年 9 月

The roof shells being set in place. Construction site, September, 1979

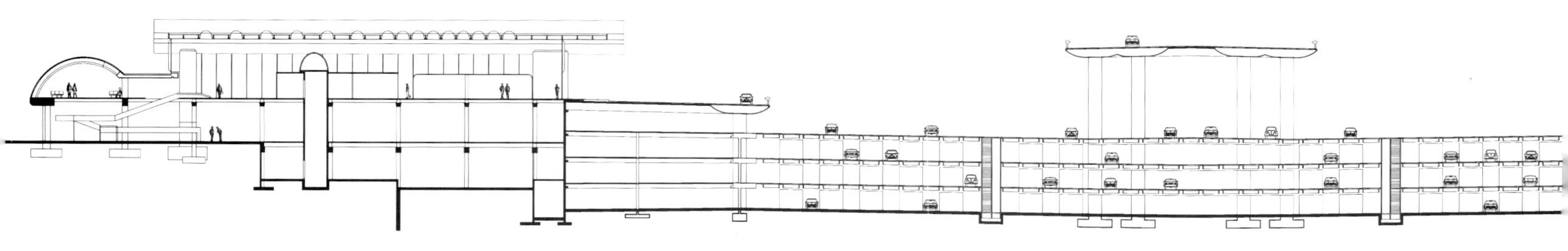

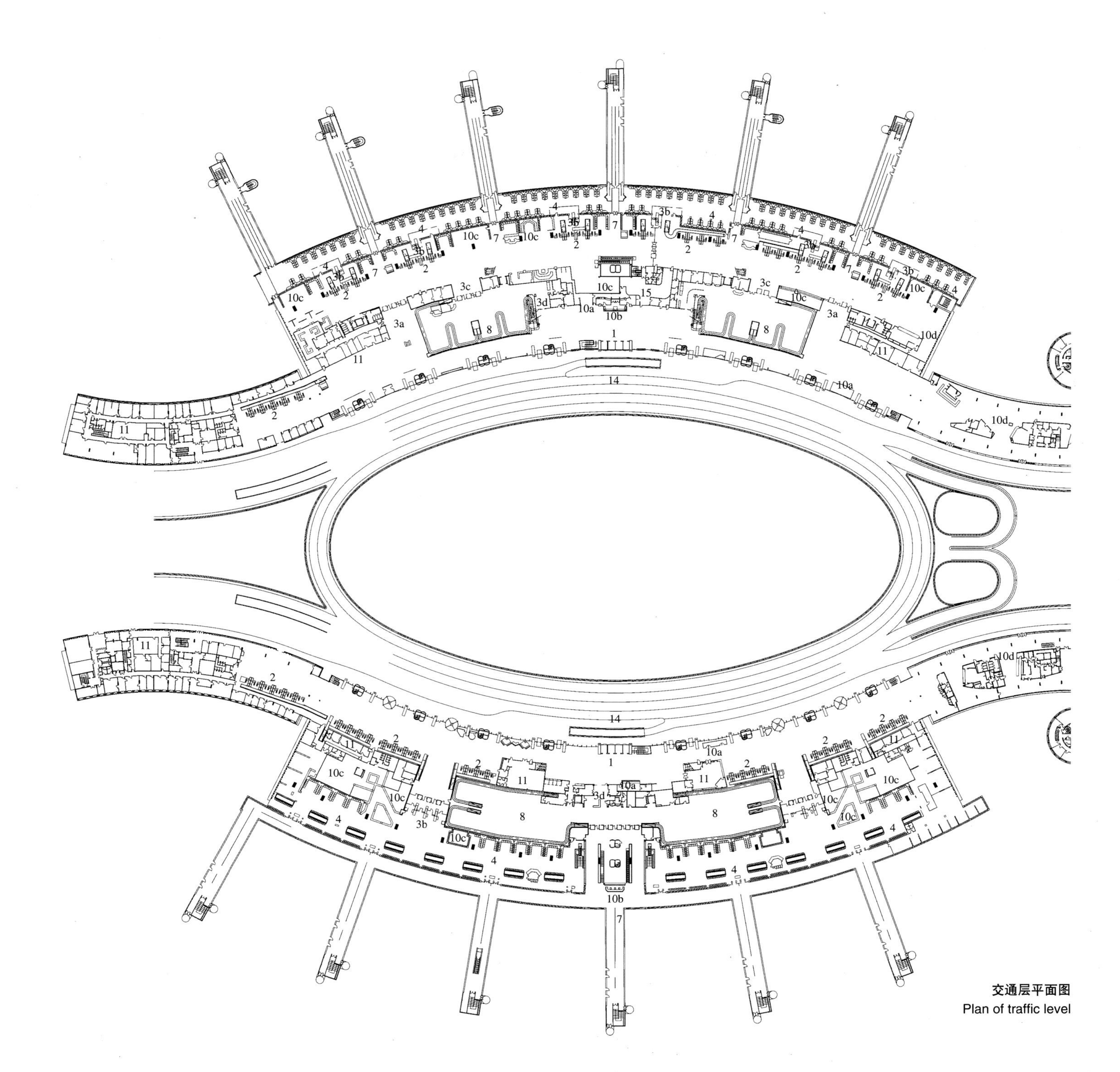

交通层平面图
Plan of traffic level

1. 公共大厅 Public lobby
1a. 离港厅 Departures lobby
1b. 进港厅 Arrivals lobby
2. 值机柜台区 Check-in area
3a. 出境护照检查 Outgoing passport control
3b. 安检 Security control
3c. 入境护照检查 Incoming passport control
3d. 海关 Customs
4. 登机厅 Boarding lounges
7. 进港 Arrivals
8. 行李交付 Baggage delivery
10a. 商店 Shops
10b. 资讯 Information
10c. 免税商店 Duty-free shops
10d. 饮食广场 Food court
11. 行政办公 Administrative offices
14. 陆侧通道 Cityside access road
15. 休息厅 Lounges

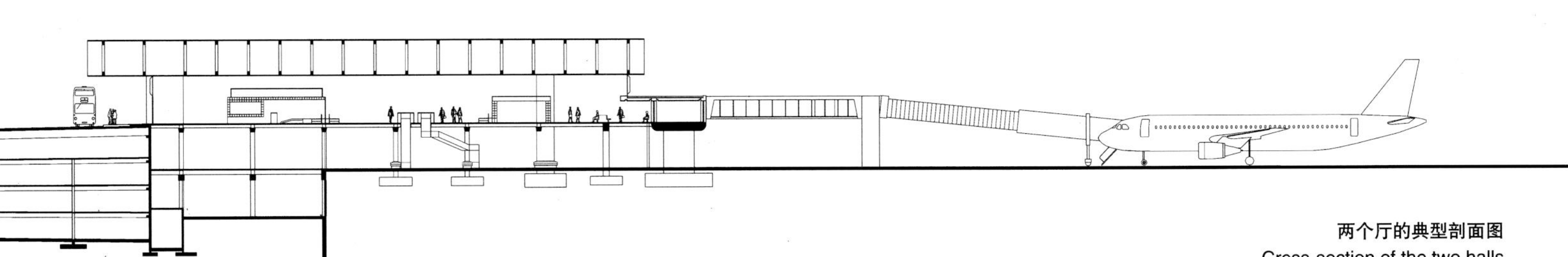

两个厅的典型剖面图
Cross-section of the two halls
1. Hall A
2. Hall B

鲁瓦西查尔斯·戴高乐国际机场 Roissy Charles-de-Gaulle International Airport

第二空港，C、D厅 Terminal 2, Halls C and D

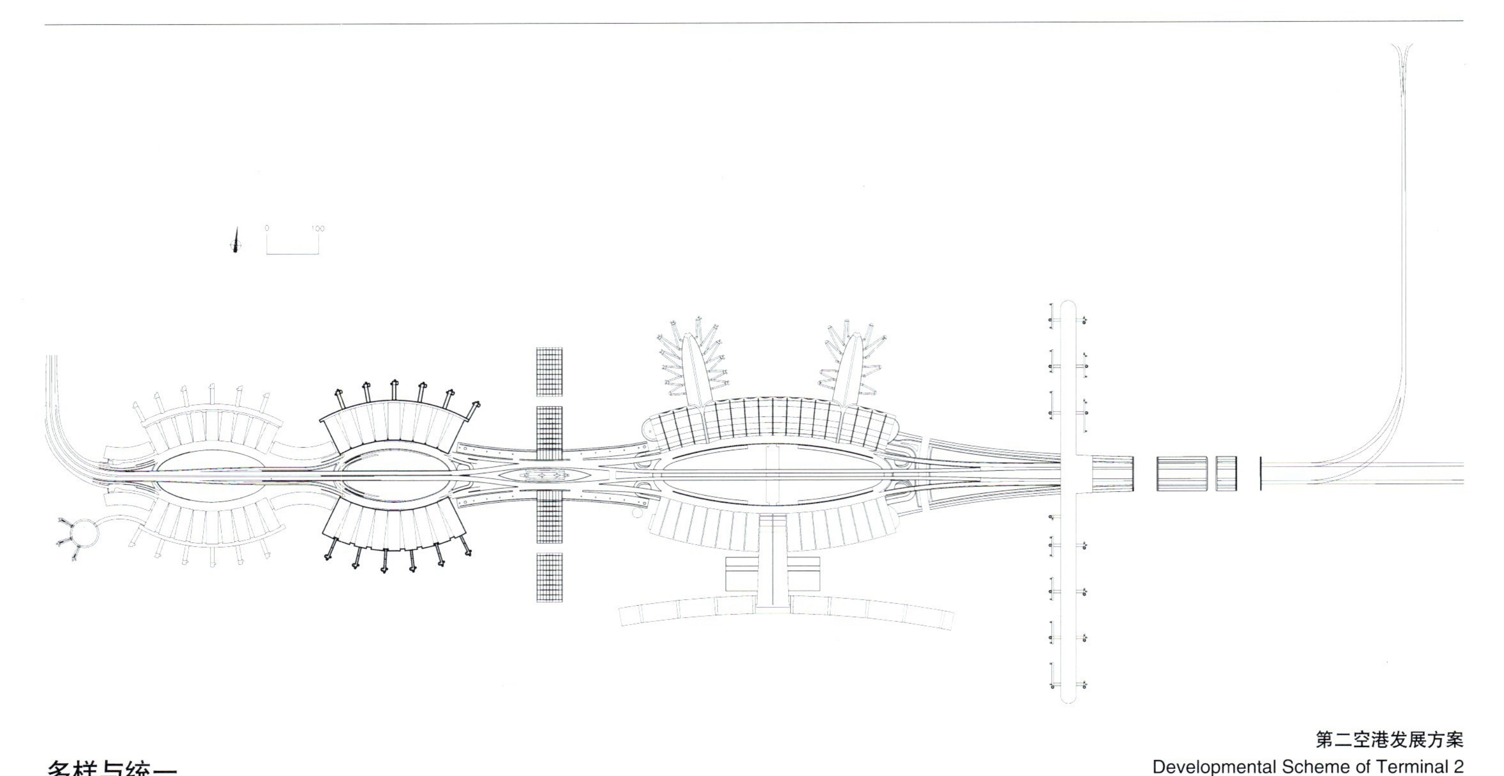

第二空港发展方案
Developmental Scheme of Terminal 2

多样与统一

Unity and Diversity

查尔斯·戴高乐机场第二空港C、D厅的外观与A、B厅大体相似，只是内部的交通组织略有不同。

第二空港最显著的特征之一就是在保持明确的统一性的同时允许新的独立元素的加入，从而发展出较先前不同的风貌。C厅和D厅以A、B厅为基础，历经20余年的构思和建造，与前者共同形成了一个连贯的整体。

C厅8.5m的双层玻璃立面从地面直顶到顶棚，体现出安德鲁早期对清晰与通透的追求。与让·米歇尔·维尔莫特(Jean-Michel Wilmotte)合作设计的室内空间沿用了外部的建筑手法，通过不锈钢、磨砂和透明玻璃以及白色大理石等材料的应用，为建筑奠定了一片和谐的灰色基调。缤纷的色彩将源于乘客自身。

C、D厅及其室内布置的统一性得益于商铺、电梯以及电视架等多种装饰要素的透明设计。光线可以在这些透明的表面自如地穿行。

C厅离港区的等候空间
Hall C waiting rooms in the departures area

重叠的玻璃与清水混凝土结合在一起，创造出一个模糊的空间，带有无定形的抽象边界
The superimposition of layers of glass combined with the bareness of concrete creates a diaphanous space of abstract, intangible bounds

（下三图）D厅内部的明亮与通透
Brightness and clarity in Hall D

（上二图）乘客与植物为透明的基调添加了色彩
The passengers and the plantings bring elements of color into a basically transparent setting

和A、B厅一样，C厅也在公路和飞机之间建立了直接联系
As in Halls A and B, Hall C establishes a direct path between the road and the aircraft

商店沿着一条“街”布置，商店的立面及顶棚都是透明的
The shops are arranged along a “street”, their facades and ceilings are transparent

商店沿着一条“街”布置，店面和天花板都是透明的

The shops are arranged along a “street”; their facades and ceilings are transparent

自行李交付厅望商店的背立面

The rear of the shops as seen from the baggage delivery hall

更顺畅的流线

Smoother Passenger Flows

D厅供欧洲内部的航线使用，其设计以A、B厅为蓝本，同样只有一个交通层，但是较前者（75m）为宽，乘客的流线也更为顺畅，并且保留了更多的零售空间。一条专用的离机(deplane)走廊成为离港与进港流线间的分水岭。

C厅用于长途国际航班。进港与离港乘客分布在一层半高的交通空间中——附加的半层使C厅比A、B和D厅都要高。

C厅的值机柜台是不分区的，采用了最先进的行李处理系统，去往不同目的地的乘客可以在任意一个柜台办理登记和托运手续。

登机区（boarding zone）的面积逾800m²，为免税商店预留的区域为1200m²，各个商铺分布在一条“街”的两侧，商业街沿着空侧立面和登机廊的长向延伸。

6条有着透明立面的自动登机桥可以使乘客实现在底部的进港层与上部离港层之间的垂直转换。此外，夹层中还有一个700m²的为中转乘客服务的休息区。

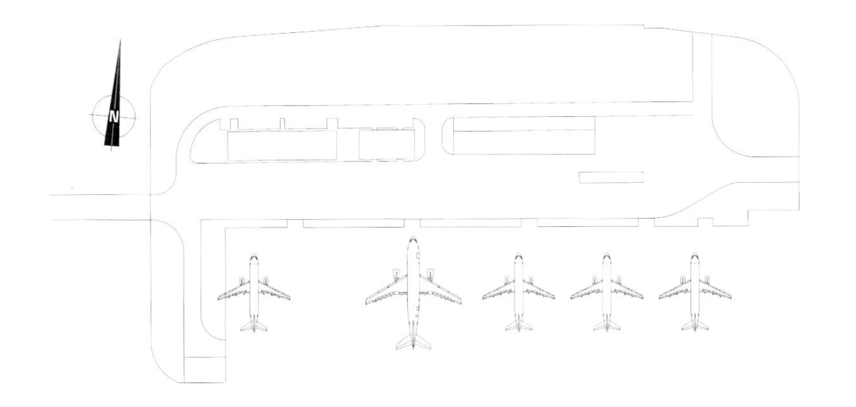

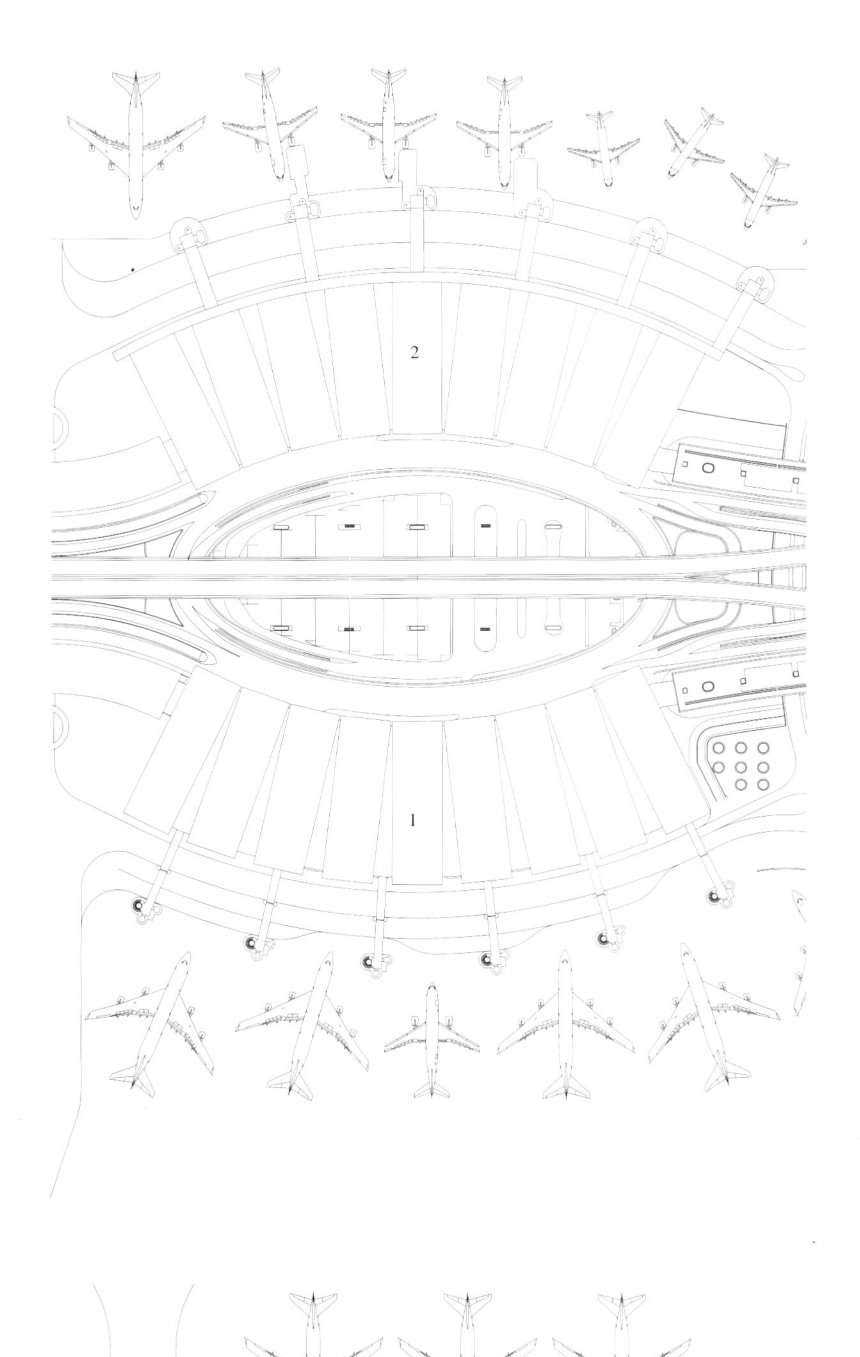

屋顶平面图
Roof Plan
1. C厅 Hall C
2. D厅 Hall D

空侧立面和登机桥的几何造型以及对通透性的关注
The geometrical scheme and the focus on transparency are pursued on the runway side with the loading bridges leading to the planes

D 厅的屋面壳之一正在吊装
Lifting one of Hall D's roof shells

与 A、B 厅及 D 厅不同，C 厅的屋顶要更高一些，并且是在现场浇筑成的
Unlike Halls A, B and D, the shells of Hall C's roof, which is higher than the others, were cast on site

A、B、C 和 D 厅
Views of Halls A, B, C and D

空侧的登机桥
Loading bridge on the runway side

第二空港的标准壳体结构，远景为第一空港的控制塔
Perspective view of the modular structure of the Terminal 2 shells, with the terminal 1 control tower in the farground

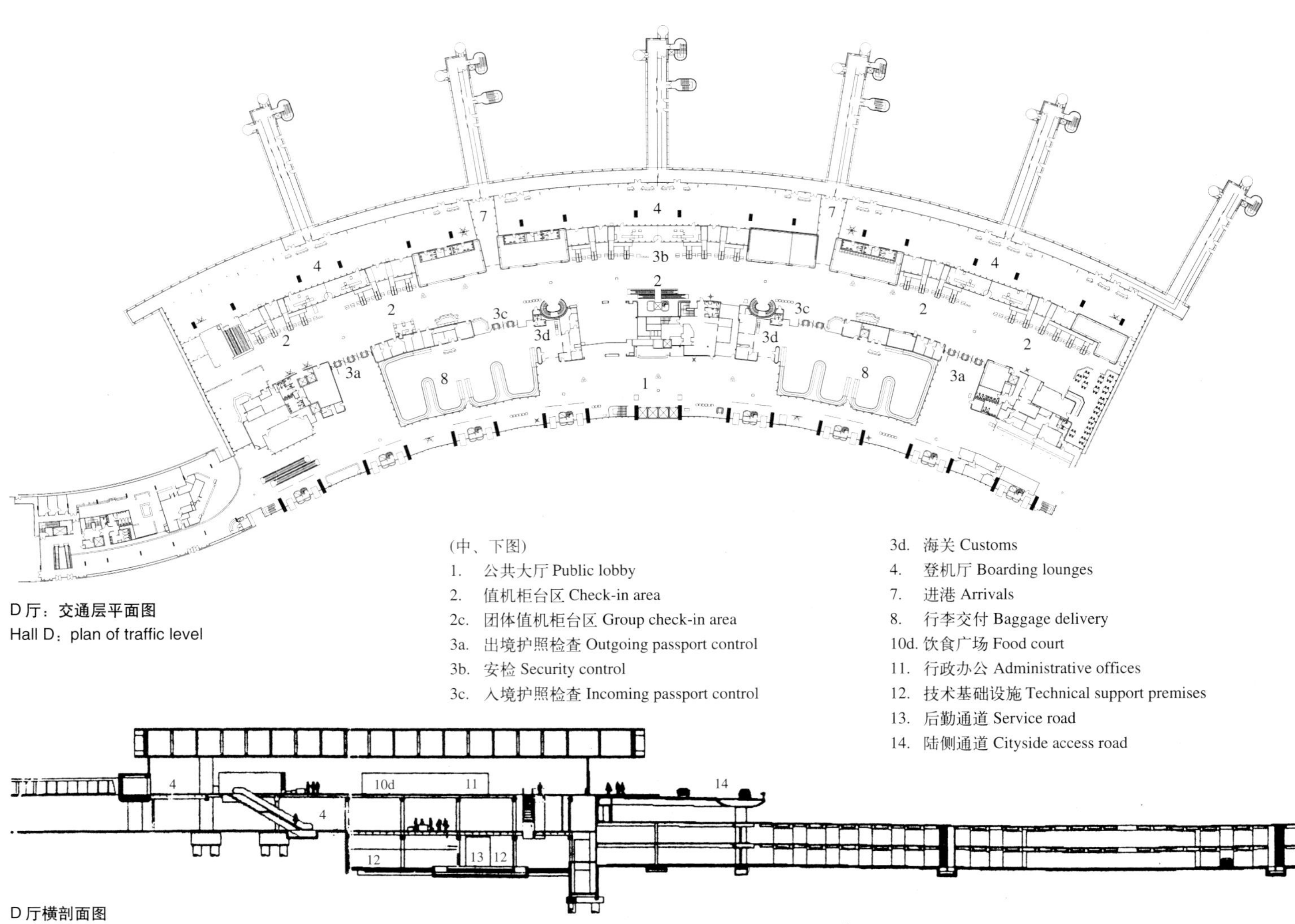

D 厅：交通层平面图
Hall D：plan of traffic level

(中、下图)
1. 公共大厅 Public lobby
2. 值机柜台区 Check-in area
2c. 团体值机柜台区 Group check-in area
3a. 出境护照检查 Outgoing passport control
3b. 安检 Security control
3c. 入境护照检查 Incoming passport control
3d. 海关 Customs
4. 登机厅 Boarding lounges
7. 进港 Arrivals
8. 行李交付 Baggage delivery
10d. 饮食广场 Food court
11. 行政办公 Administrative offices
12. 技术基础设施 Technical support premises
13. 后勤通道 Service road
14. 陆侧通道 Cityside access road

D 厅横剖面图
Transversal Section of Hall D

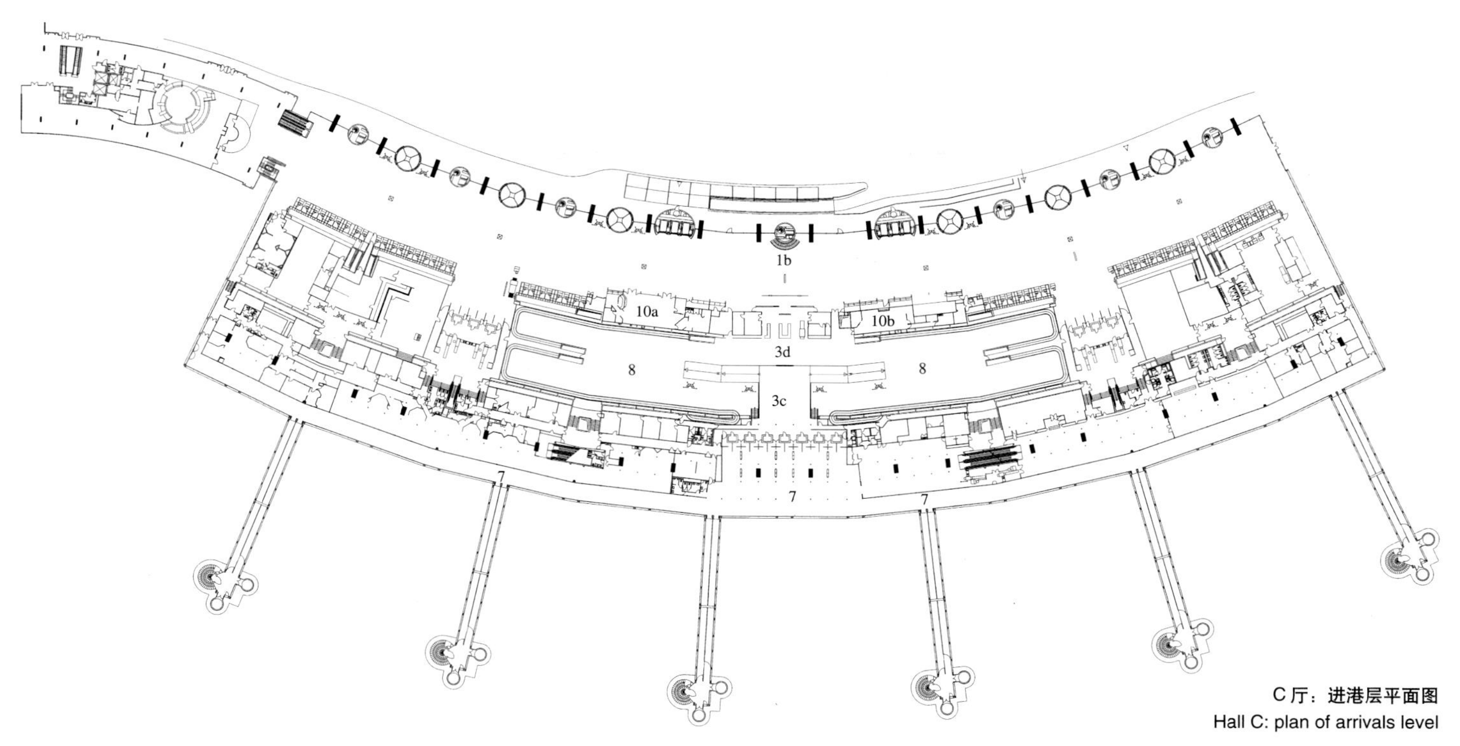

C 厅：进港层平面图
Hall C: plan of arrivals level

（上、中图、下图）

1. 公共大厅 Public lobby
1a. 离港厅 Departures lobby
1b. 进港厅 Arrivals lobby
2. 值机柜台区 Check-in area
2c. 团体值机柜台区 Group check-in area
3a. 出境护照检查 Outgoing passport control
3b. 安检 Security control
3c. 入境护照检查 Incoming passport control
3d. 海关 Customs
4. 登机厅 Boarding lounges
7. 进港 Arrivals
8. 行李交付 Baggage delivery
10a. 商店 Shops
10b. 资讯 Information
10c. 免税商店 Duty-free shops
13. 后勤通道 Service road
14. 陆侧通道 Cityside access road
15. 自动登机桥 Mobile loading bridges

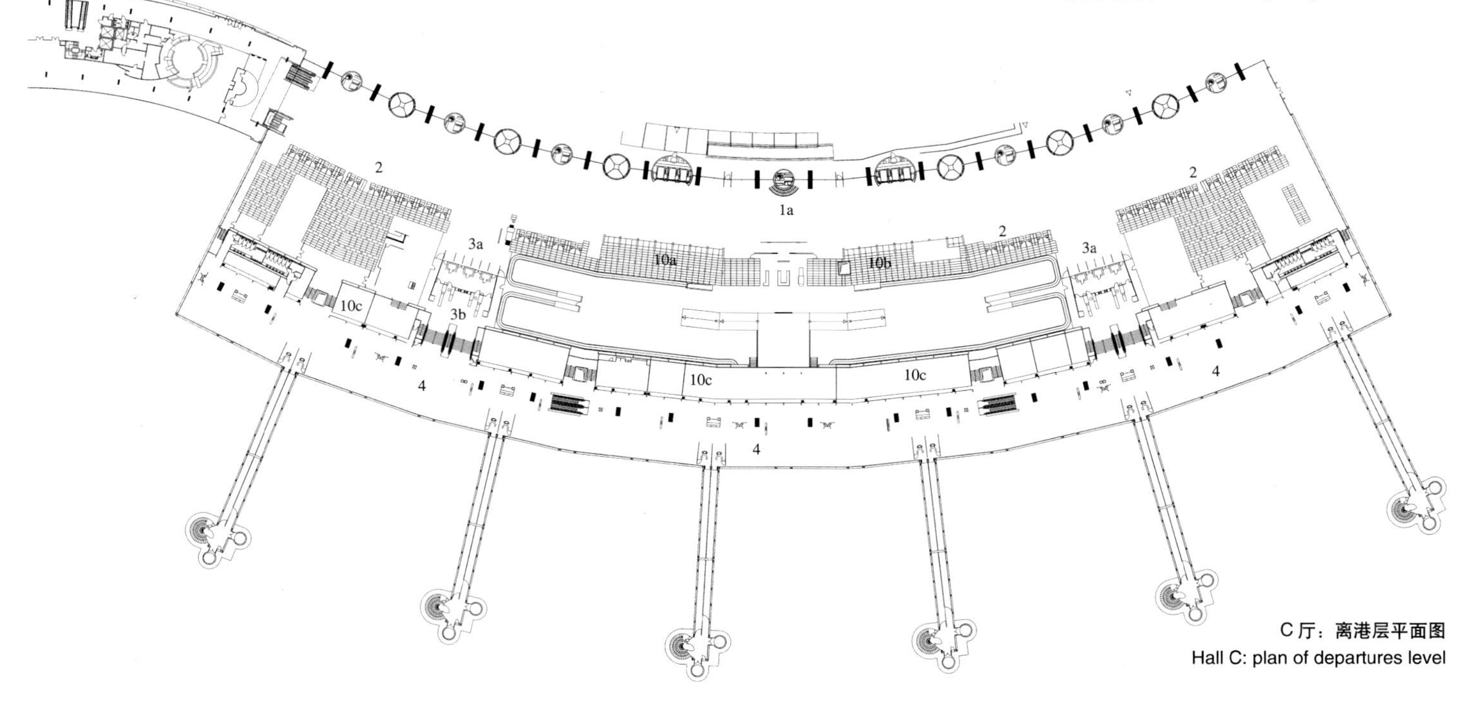

C 厅：离港层平面图
Hall C: plan of departures level

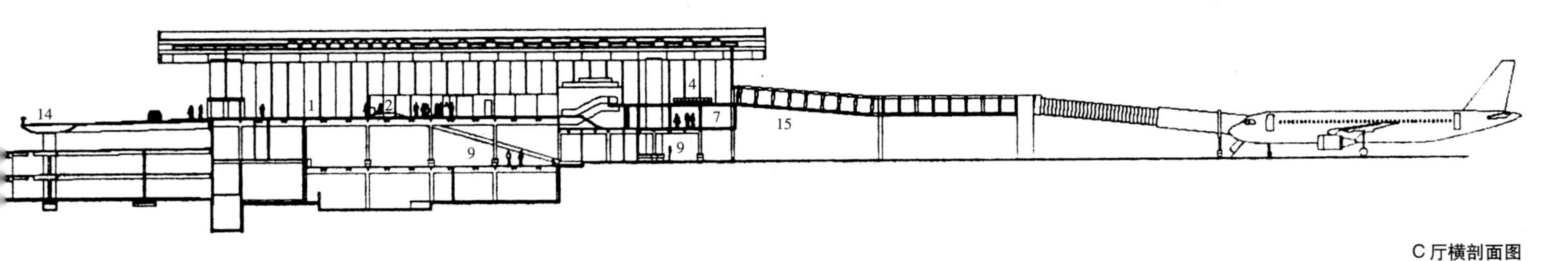

C 厅横剖面图
Transversal Section of Hall C

鲁瓦西查尔斯·戴高乐国际机场 Roissy Charles-de-Gaulle International Airport

第二空港，换乘中心、TGV站、喜来登饭店 Terminal 2, Exchange Module -TGV Station-Hotel Sheraton

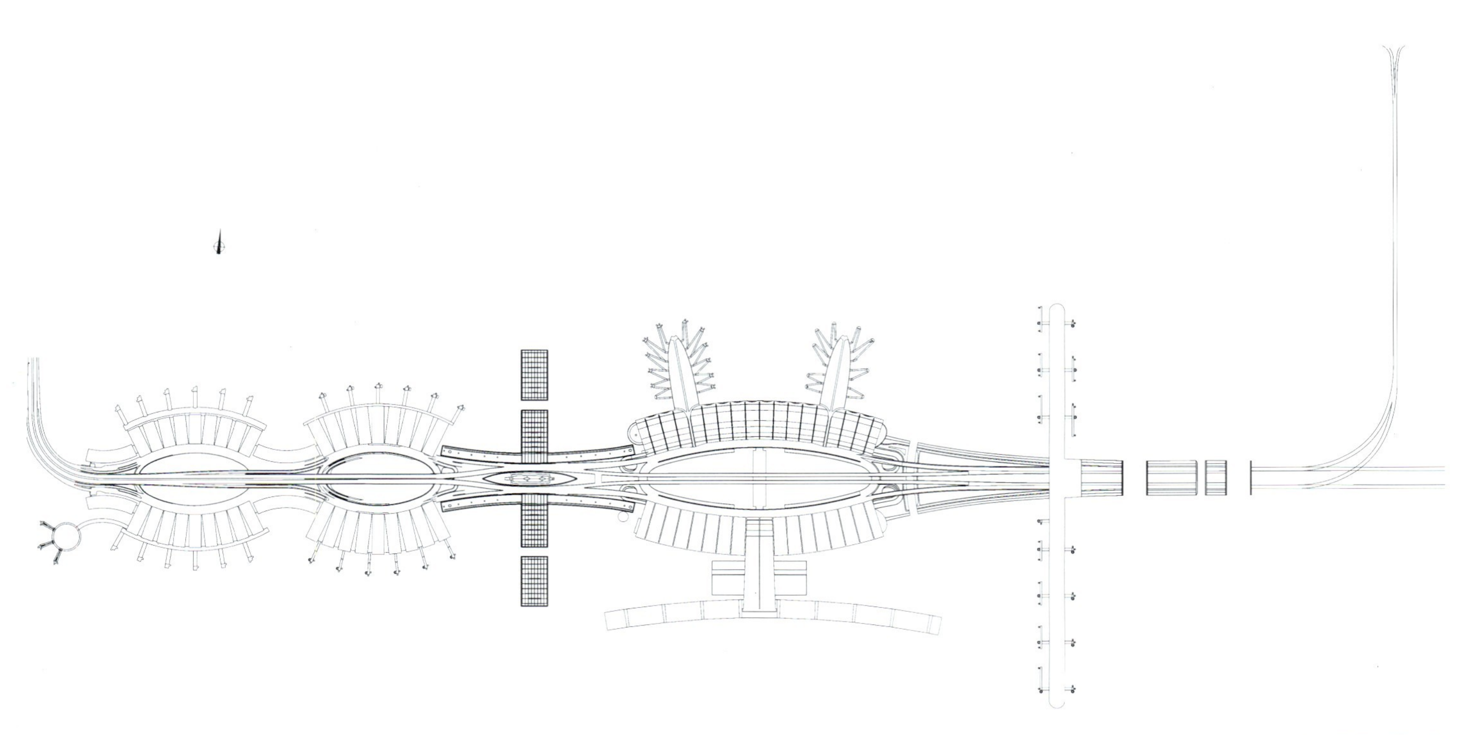

第二空港发展方案
Developmental Scheme of Terminal 2

铁路与航空交通的枢纽

A Complex Hub where Train Meets Plane

在第二空港的中心位置，换乘中心总共组合了一个TGV（高速铁路）车站、一个地下RER（区域地铁）车站、两条连接空港的捷运车道（people mover line）以及其他辅助设施——包括一个商务会议中心和一家饭店。

作为铁路与航空交通的高效集成枢纽，换乘中心全新的建造概念使得不同运输方式之间的快速转换成为可能：

一、较低的部分是铁路，包括TGV线和RER线，不仅与巴黎地区（Parisian area）和多数法国城市有直接的联系，并且还提供了若干条线路通往布鲁塞尔、阿姆斯特丹和伦敦等欧洲国家的首都；

二、中间楼层提供了连接各空港的通路，在这里可换乘第二空港的travelator（第二空港特有的小型运送系统）或者第一空港的临时往返车——直到1997年连接TGV车站、远端停车场和第一空港的迷你地铁（mini-metro）竣工为止；

三、余下的主要是饭店的四个客房层，再加上一个与高架公路终端结合在一起的技术层。

第二空港的规划结构采用了终端开放的模式，这种扩建模式可以适应不断发展的需求，形成日趋复合的组织系统，并在发展过程中将各个不同的要素综合起来。换乘中心被视为两条垂线相交处的一个复合节点，这两条线分别是构成第二空港主轴的东西向高架公路以及南北向的铁路线。项目所有的构成要素都相对于两条线中的某一条对称：铁路站台相当于铁路线向两侧的扩展；饭店与公路之间也是类似的关系。换乘中心作为一个整体协调了现有的两条轴线，不过在不同的楼层中采取了不同的方式。

1996年的查尔斯·戴高乐机场鸟瞰。机场覆盖的面积相当于巴黎市的三分之一
Aerial view of Charles-de-Gaulle airport in 1996. The airport covers a surface area equivalent to a third of Paris

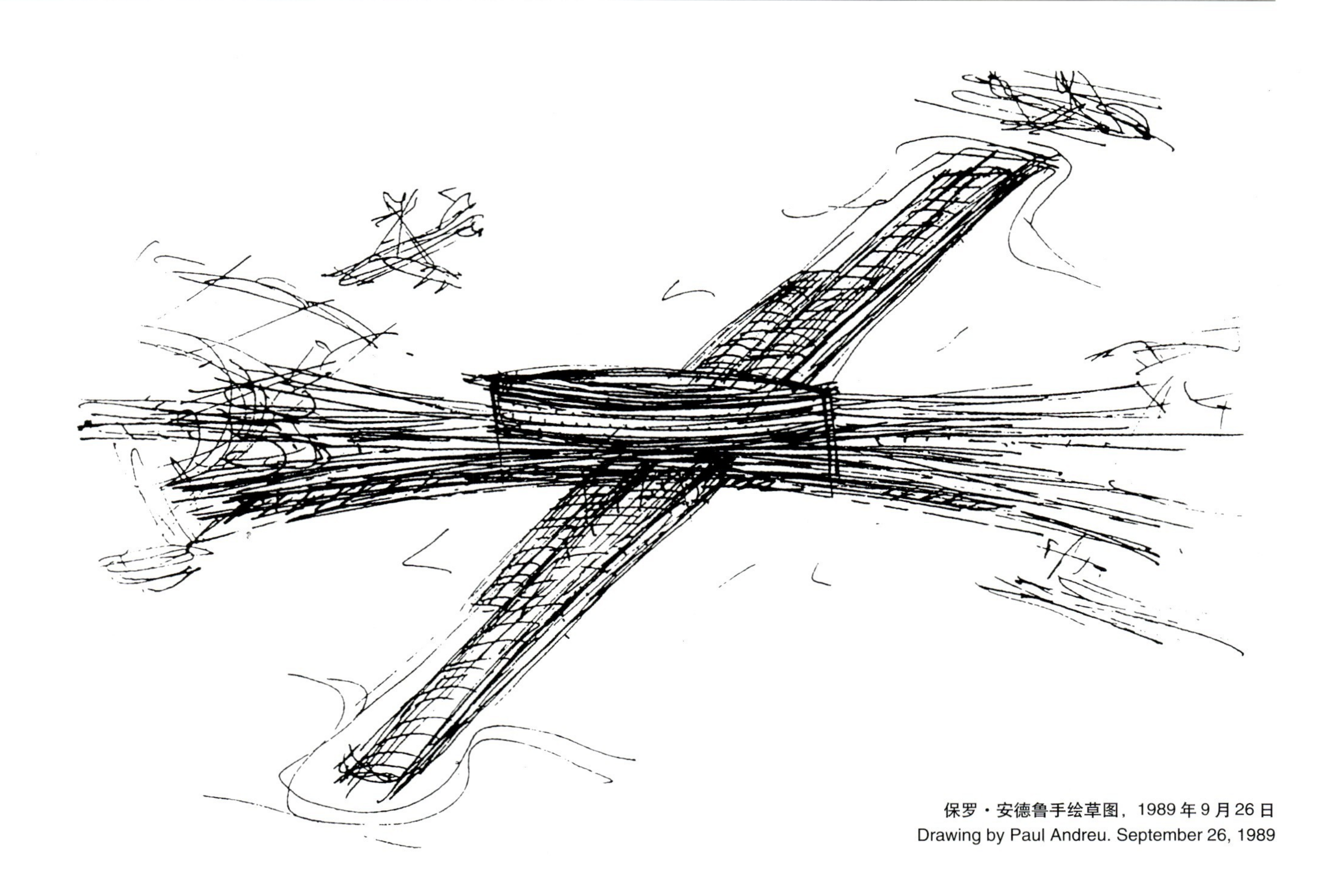

保罗・安德鲁手绘草图，1989 年 9 月 26 日
Drawing by Paul Andreu. September 26, 1989

玻璃屋顶结构。保罗・安德鲁手绘草图，1990 年 6 月
Glass roof structure. Drawing by Paul Andreu, June 1990

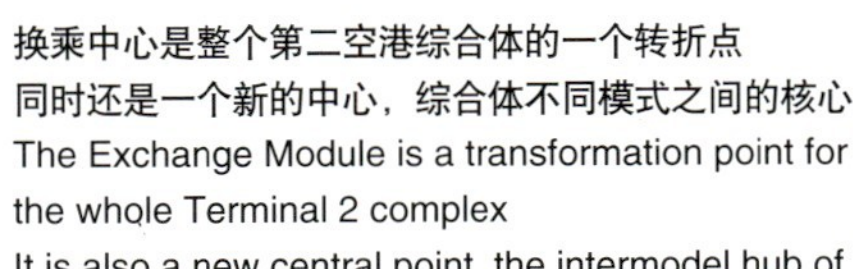

换乘中心是整个第二空港综合体的一个转折点
同时还是一个新的中心，综合体不同模式之间的核心
The Exchange Module is a transformation point for the whole Terminal 2 complex
It is also a new central point, the intermodel hub of the complex

作为数学意义上的惟一的转折点，换乘中心堪称是第二空港系统的巅峰和中心，它赋予整个体系以一种理性，同时又使其具有了新的可能性
A transformation point, a singular point in the mathematical sense, the Exchange Module is the culmination of the Terminal 2 system, the central point that endows the system with a sense, and opens it to new possibilities

在换乘中心的规划设计过程中，安德鲁对19世纪火车站的铸铁和玻璃构造进行了仔细斟酌。他希望延续这一被中断的传统，但并非是作为结构的参照物，而只是试图再现其粗野大胆的技术特征，如铸铁构件的朴素应用、不同材料的混合，以及轻重结构的对比
The cast iron and glass construction of 19th-century stations were in Paul Andreu's thought throughout the planning and designing of the Exchange Module. He wanted to extend this interrupted tradition but not through structural references; he simply tried to recreate the same technical boldness, the simplicity in the use of cast iron, the mixture of different materials, and the contrast between heavy and light structures

向天空敞开的地下建筑

Beneath the Ground but Open to the Sky

TGV车站是停机坪上的一个凹槽，飞机纷纷从这一多层建构的顶上飞过。尽管处于地面以下，但车站内部依然非常开敞和明亮。玻璃顶是一项带有象征意义的选择：机场中的车站不应藏在地下；相反的，它一定要向天空敞开。

该项目在站台与各楼层之间建立了视觉联系。只需简单的一瞥，便可以捕捉到所有的交通方式——飞机、高速列车、捷运车和汽车。

车站共有500m长。玻璃天顶覆盖了2800m^{2}的面积，耗费了2000t钢材才将其支撑起来。屋顶分为两部分，相对于第二空港的主轴对称。每部分又各自被一条通道分为两半。屋顶的弧线在开始时较为弯曲，到远离饭店的结束端则渐趋平缓。天顶分为四部分后，每一部分的平面投影都可近似为100m × 50m的矩形。

玻璃屋顶结构在室外分为一个水平面和一个横向曲面。在室内这两部分沿一条斜向的弧形轮廓线逐渐过渡成两个平面

The two elements of the glass roof structure on the outside are horizontal with a transverse curve. The two parts inside are sloping with a curved profile that gradually flattens

结构的明晰性。结构被作为一个系统来设计，由不同等级的元素组成，每一级都有各自的几何和尺度特征，这些层级像是从地面生长起来的复合体，同时相互间又是脱开的，因此在换乘中心各个楼层中呈现出的风貌也大相径庭

Structural clarity. The structure is designed as a system of distinct hierarchical elements, each with its own geometry and scale, these superimposed strata draw apart as the complex emerges from the ground, so that each level in the Exchange Module provides a different view cutting between the layers

饭店造成的公路裂隙。路网为换乘中心的各个楼层提供了秩序。公路围绕着饭店开合起伏。饭店在路的当中伫立着，彼此没有丝毫接触

The rent in the roads made by the hotel. The roads provide order to the multiple levels of the Exchange Module. They descend, rise and branch out to contain the hotel. The hotel emerges from the roads without touching them

屋顶的外观，分层和变形

Emergence, Stratification and Metamorphosis of a Roof

屋顶结构是与彼得·莱斯（Peter Rice）合作完成的，设计基于几个简单的概念，都源于结构要从地下生长起来这一基本想法。第一个概念是将屋顶分成连续的层级（hierarchical layers），从树形的组合柱（struts）开始，到横向的月牙形桁架梁，最后结束于平板玻璃结构。这些层级之间是相互脱开的，屋顶由此也是从大地中独立出来，在每个楼层内都可以看到不同层级间的景观。

第二个概念是屋顶的变形。当结构逐渐从大地中生长起来，月牙形横梁的矢高开始变深（从4m到7m），其支柱也变得越发复杂，每组从两根、三根直到四根，最后构成了树形的组合柱。

从视觉效果的角度来看，结构可以被分为三个连续的部分：首先是玻璃及其纤细的支柱，后者优雅地穿过了横梁；其次是横梁的竖向支撑，主要由高密度钢制成的竖杆和斜杆组成；最后是月牙形横梁的下弦杆，耗费了大部分钢材并形成了一个个反转的拱。这些拱构成了室内最突出的面——实际上是一个虚化（immaterial）的表面；而惟一的实体表面——玻璃板——却在强烈的光线中消失得无影无踪。

综合体剖轴侧图

Cutaway axonometric projection of the whole complex

基本概念是有力的混凝土基础与其上轻盈的钢和玻璃结构的垂直分层。上部结构本身便分为若干个层级。这些截然不同的层级——从组合柱、横向的月牙形桁架梁到最后的玻璃支撑格网，清晰地诠释出结构的各个组成要素

The underlying concept involves a vertical stratification between a heavy concrete base and a light superstructure in steel and glass.

The composition of the superstructure is itself hierarchized and treated in superimposed layers.

Each of the structure's hierarchical elements is interpreted as a clearly distinct layer from the pylon columns, to the transverse crescent beams, and finally the grid structure supporting the glass surface

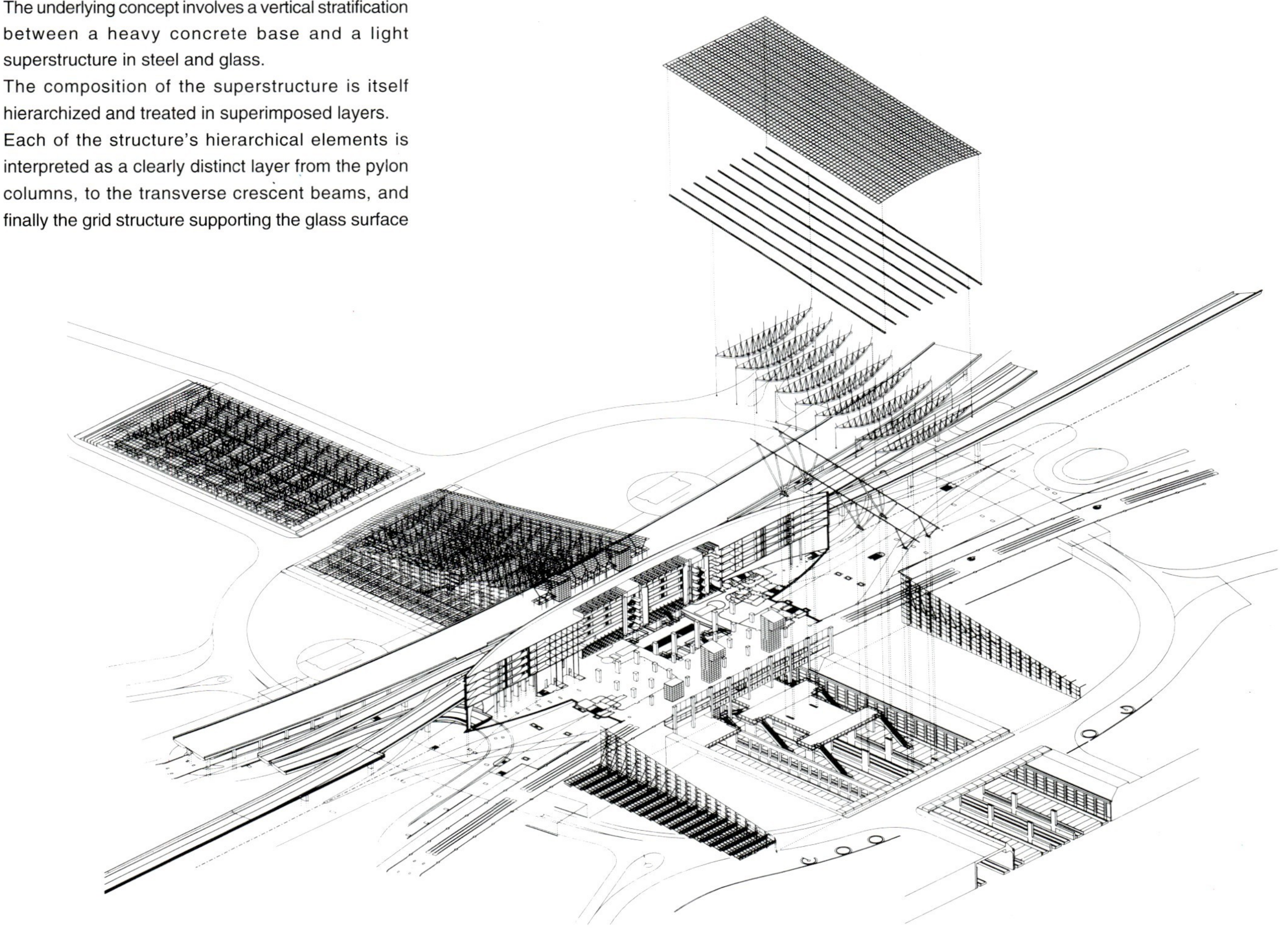

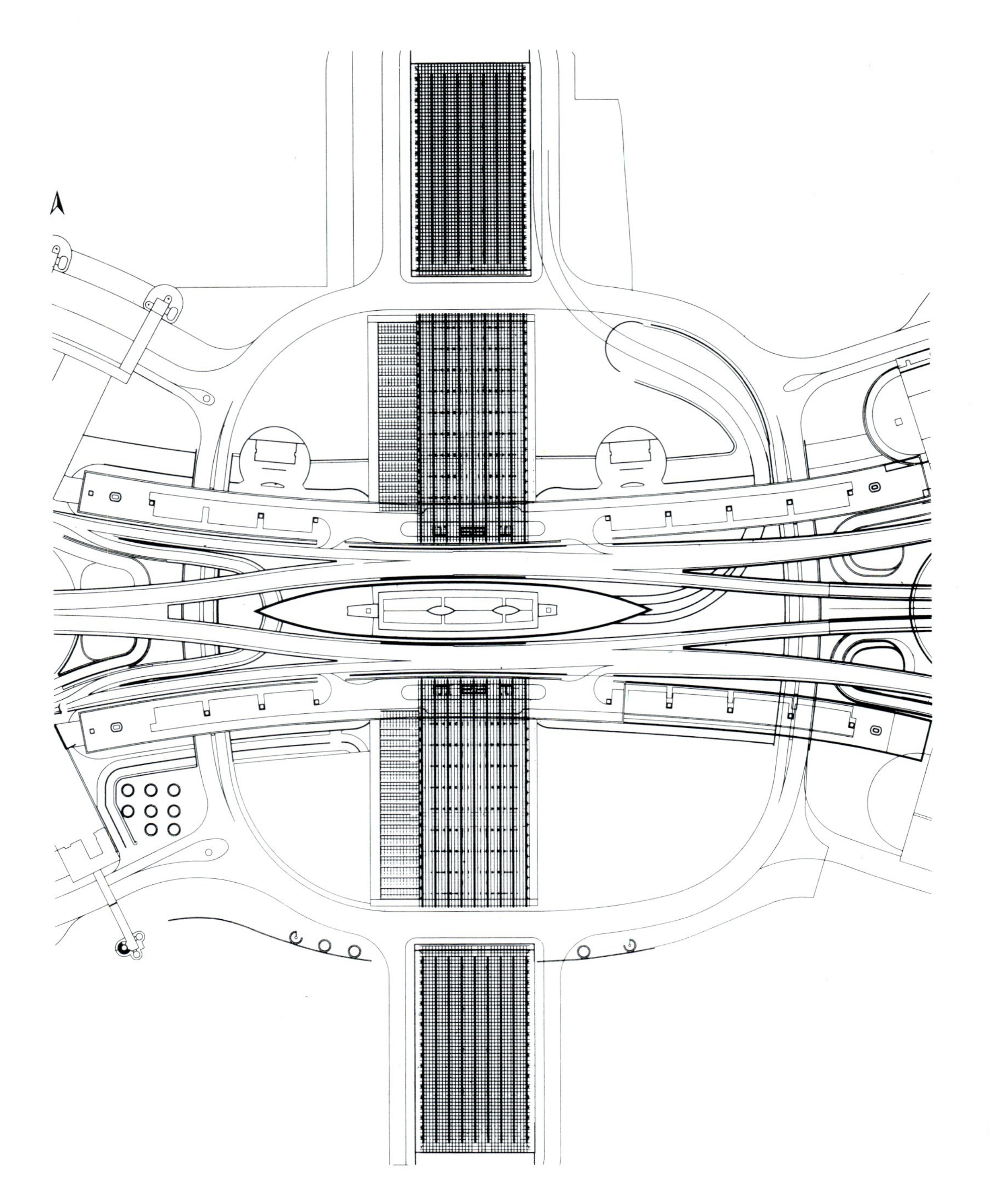

屋顶平面图
Roof Plan

（左图及右页上图）
车行道仿佛是编织而成的，相互交错成十字形，并穿过饭店的底部
The roadways can be compared to a fabric, split and then stretched crosswise. The roads run through the hotel base

光与影

Light and Shade

换乘中心贯彻了第二空港对光的关注，并迈出了重要的一步。每一个附加单元都进一步强化了对光的渲染，并且随着日照强度的增加，建筑的性质也发生了变化。

换乘中心对明暗关系进行了精心的安排，在第一空港可以找到类似手法的痕迹。综合体的混凝土核及其由玻璃和钢构成的两翼就此被分化成对比的两极。

在全部组成要素中，喜来登饭店扮演了一个重要的角色。

饭店造成的切口（cut）使公路从连续的线形转变为新的形态，就像是一片被撕裂的织物。在饭店和公路、以及公路和公路之间，玻璃表面将各个要素分隔开来，并勾画出它们各自的轮廓。

饭店的中央是一个巨大的中庭，一个非常狭长的、与建筑等高的空间。走廊自车站层开始始终环绕着中庭，站在中庭内可以看到沿走廊排列的各层客房。

要将两组独立的网络联系到一起——TGV 网络和空港自身的网络，涉及到复杂的拓扑关系问题。建筑的表面是两者之间的界面。某个网络的内部是另一个网络的外部，例如公路会变成另一座建筑的屋顶

Complex topological problems were involved in linking the two separate networks - the TGV's network with the airport terminals network. The architectural surfaces act as an interface between the two. The interior of one network becomes the exterior of the other. The roads, for instance, turn into the roof of a building

连接车站和各空港的捷运车

A people mover connects the station to the different terminals

（下图）

混凝土结构延续着第二空港的基本要素。支柱呈喇叭形。在车行道底部，现浇钢筋混凝土梁的两侧为预制的混凝土壳

The concrete structures extend elements of Terminal 2. The posts are tulip-shaped. The underside of the roadways are covered in prefabricated shells on either side of the support beams in reinforced concrete poured on site

光线与边界

Light and Boundaries

换乘中心除了关注道路的纵向影线（hatching）及其与光线的对比关系外，还对穿透玻璃顶的光线给予了特别关注。光在这里更像是一种实在的材料，建筑师是依据光的本原属性而非图形效果对其加以运用的。当光线在整个空间中散布开来时，甚至可以使人感觉到它的厚度。

这种效果得益于各个因素的结合。天顶采用了多孔玻璃。钢构件越接近玻璃越变得细小，其中绝大部分还采用了圆形截面，结果便使得整个建筑的边界都渐趋于光亮和朦胧，就好像云彩的边界一样。

月牙形桁架梁每组重14t，长47.5m，高4m至7m不等。桁架梁由两部分组成：一是顶部直而且细的受拉杆；一是底部受压的弧形空腹梁。两者通过管状的垂直支撑及斜向支撑连接起来

The crescent beams weight 14 tons each. They are 47.5 meters long and vary from 4 to 7 meters in depth. They consist of two elements: a top tension member in the form of a thin chord, and a compressed bottom member in the form of a curved vierendeel beam. The two members are linked by tubular verticals and diagonal ties

站内停泊的高速列车

A high-speed train at the station

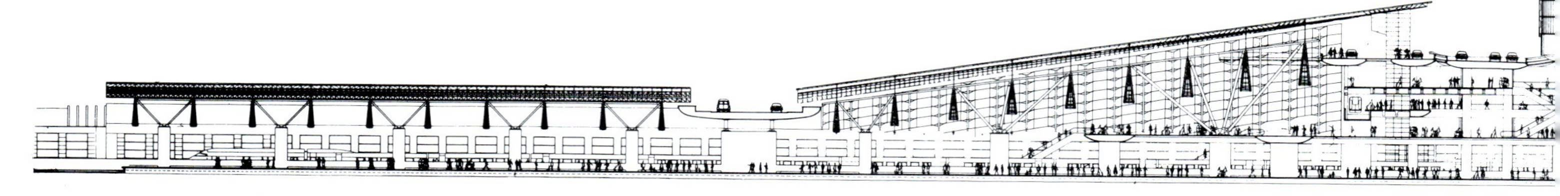

纵剖面图

Longitudinal section

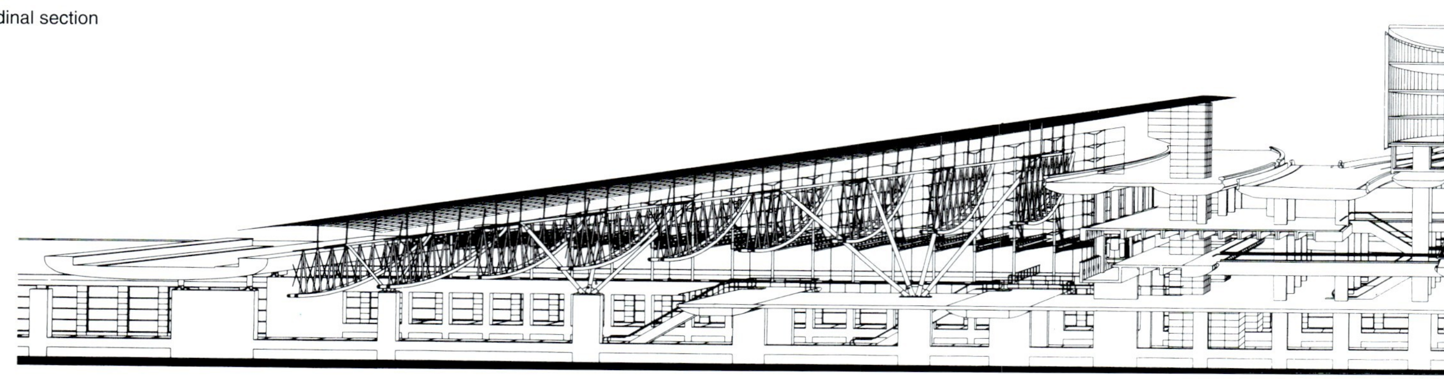

剖透视图

Perspective cross-section

车站的楼层

The Station Levels

车站共占用了5个楼层，覆盖了10万m^2的面积，每一层都对应着特定的功能，并与各个夹层、自动扶梯和吹拔等组成了一个连贯的整体。车站入口位于－6.5m标高层。换乘中心内共有2条RER线，6条TGV线，中央位置还有2条供过境列车行驶的特快线，最高允许时速超过200km。在－3.05m标高层中，法国国立铁路公司（SNCF）办公室、乘客服务设施及商店都分布在一间大厅的两侧，并围绕着中央的吹拔。

夹层位于+1.4m标高处，是两条捷运车道的入口层。车道两边布置着商业中心、警察局、商店和餐馆。

第二空港各个厅之间的人行交通绝大部分都在+5.2m标高层解决，因此该层中有更多的商店和乘客服务设施，此外还是饭店大堂和商业中心的入口。最后，+0.9m标高层与高架公路等高。

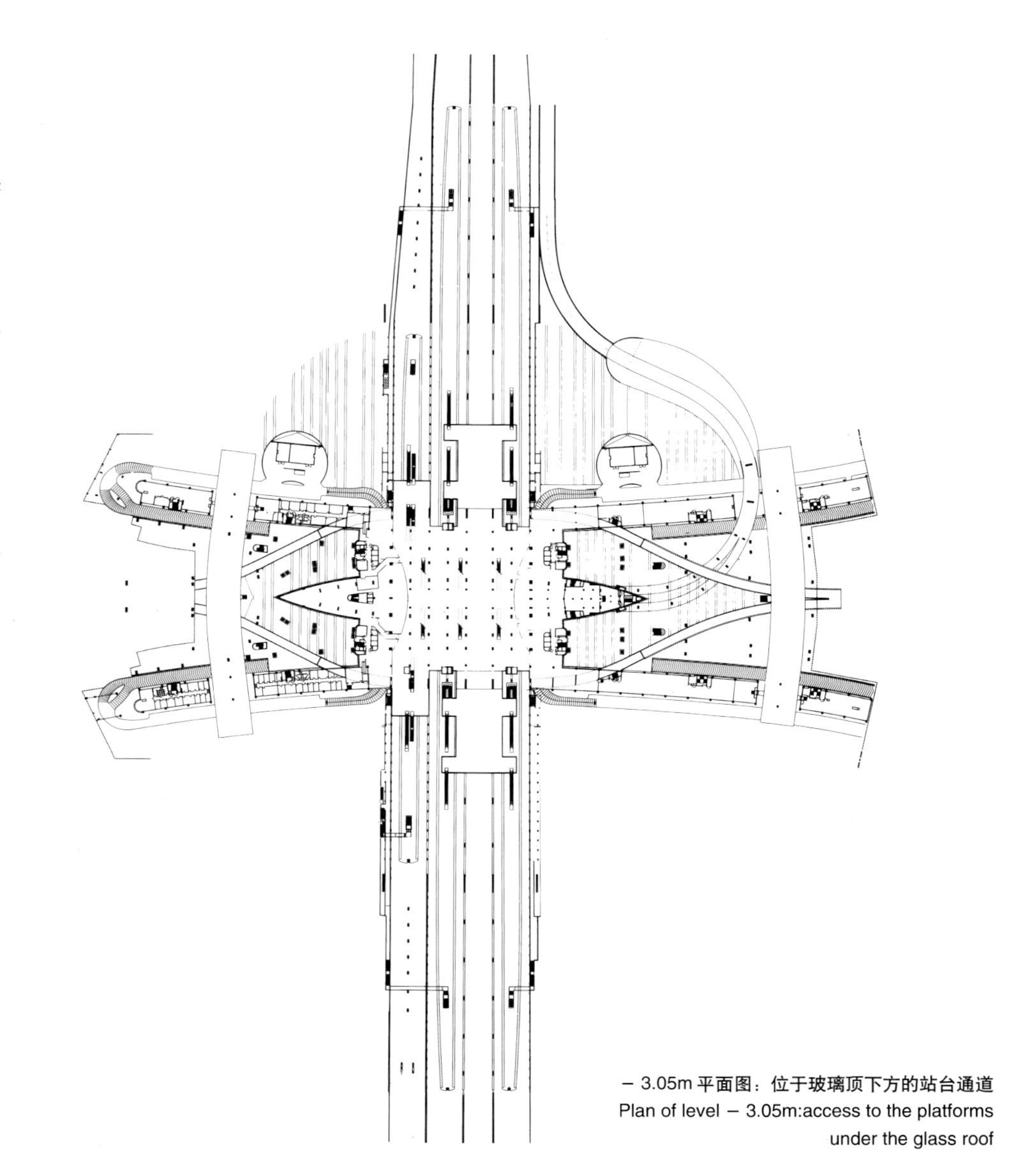

－3.05m 平面图：位于玻璃顶下方的站台通道
Plan of level －3.05m:access to the platforms under the glass roof

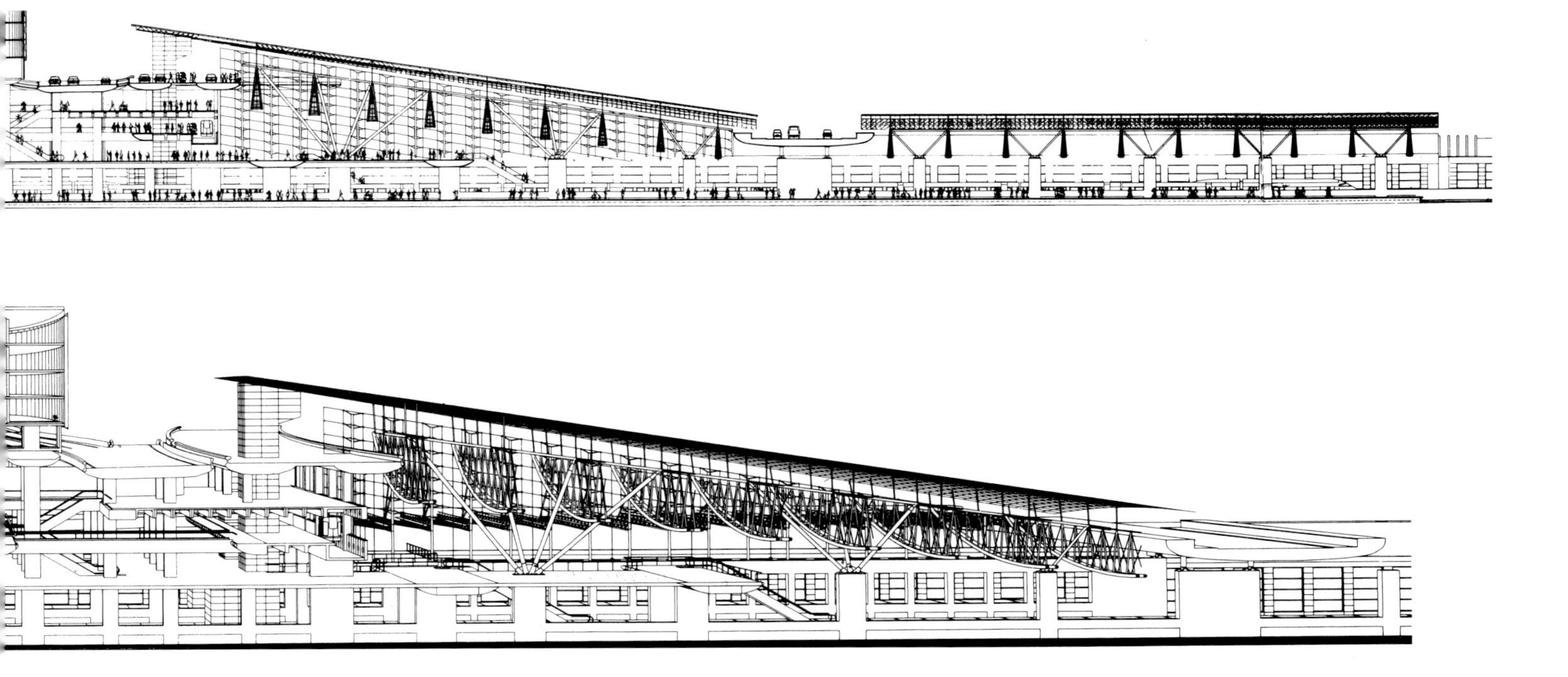

+1.4m 标高层平面图：火车站及服务设施
Plan of level+1.4m: the train station and services

喜来登饭店

Hotel Sheraton

喜来登饭店位于TGV和RER站的正上方，总共可以提供256间豪华客房及套房。

换乘中心覆盖在铁路上方的巨大的玻璃穹顶明显地标示出南北两个方向；与此同时，梭形的饭店综合体则植入了第二空港东西向的主轴。喜来登饭店的形状与公路网络匹配得非常合适，恰到好处地"搅扰"了公路的走向，并使其流线与邻近空港的形式相协调；停车场的形式与饭店的体型类似，而后者则与换乘中心、TGV及RER站完美地结合成为一个整体。

饭店的接待处和其他便利设施，如餐馆、酒吧、商店等均位于换乘中心内部，分布在连接火车、飞机以及不同航班的乘客流线的两侧。

车站上方的客房围绕着底部的中央天窗，占据了整座建筑余下的四个楼层，并构成整个建筑的顶部。这一方式使光线都聚焦到乘客们再次分开前的汇集点上，从而强化了建筑的中心地位，并加强了构造传达出来的通透感。

如此理想的位置可能也有其不利的一面，然而任何一个不利因素都被考虑到了，因此下方的火车、周边往来的汽车及飞机都不会打扰饭店旅客的休息。

饭店采用了高效双重抗噪结构来消除外部噪声，并在基础上辅以弹性装置以隔绝来自地面的振动，从而成功地过滤了各种噪声。

车站的垂直交通组织。一个通过自动扶梯联系的夹层打通了内部空间，巨大的竖向吹拔使其功能清晰地呈现出来
View of the vertical organization of the station. An intermediate level linked by escalators serves to open the space. The large vertical floor opening renders the functional use of the space clearly comprehensible

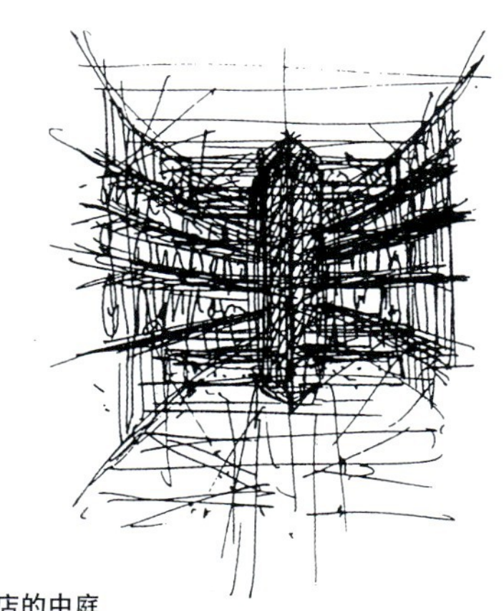

饭店的中庭
The hotel's atrium
保罗·安德鲁手绘草图，1994 年 9 月
Drawing by Paul Andreu, September 1994

自TGV车站仰望饭店的玻璃顶
The underside of the hotel's glass roof seen from the TGV station
保罗·安德鲁手绘草图，1991年9月
Drawing by Paul Andreu, September 1991

（下二图）
4层高的饭店位于车站上方，凌驾在10m高的混凝土柱之上。饭店自身由两根3m高的纵向钢筋混凝土梁提供支撑。
在这两种结构及支墩之间共有360个弹簧箱，使得底部车站的振动不致影响到上部的饭店
A four-story hotel is positioned above the station on concrete pillars culminating at 10 meters. It is supported by two 3-meter-high longitudinal beams in reinforced concrete.
Between these two structural elements and the piers, 360 spring boxes keep the vibrations in the station infrastructure from reaching the hotel superstructure

鲁瓦西查尔斯·戴高乐国际机场 Roissy Charles-de-Gaulle International Airport

第二空港，F厅 Terminal 2, Hall F

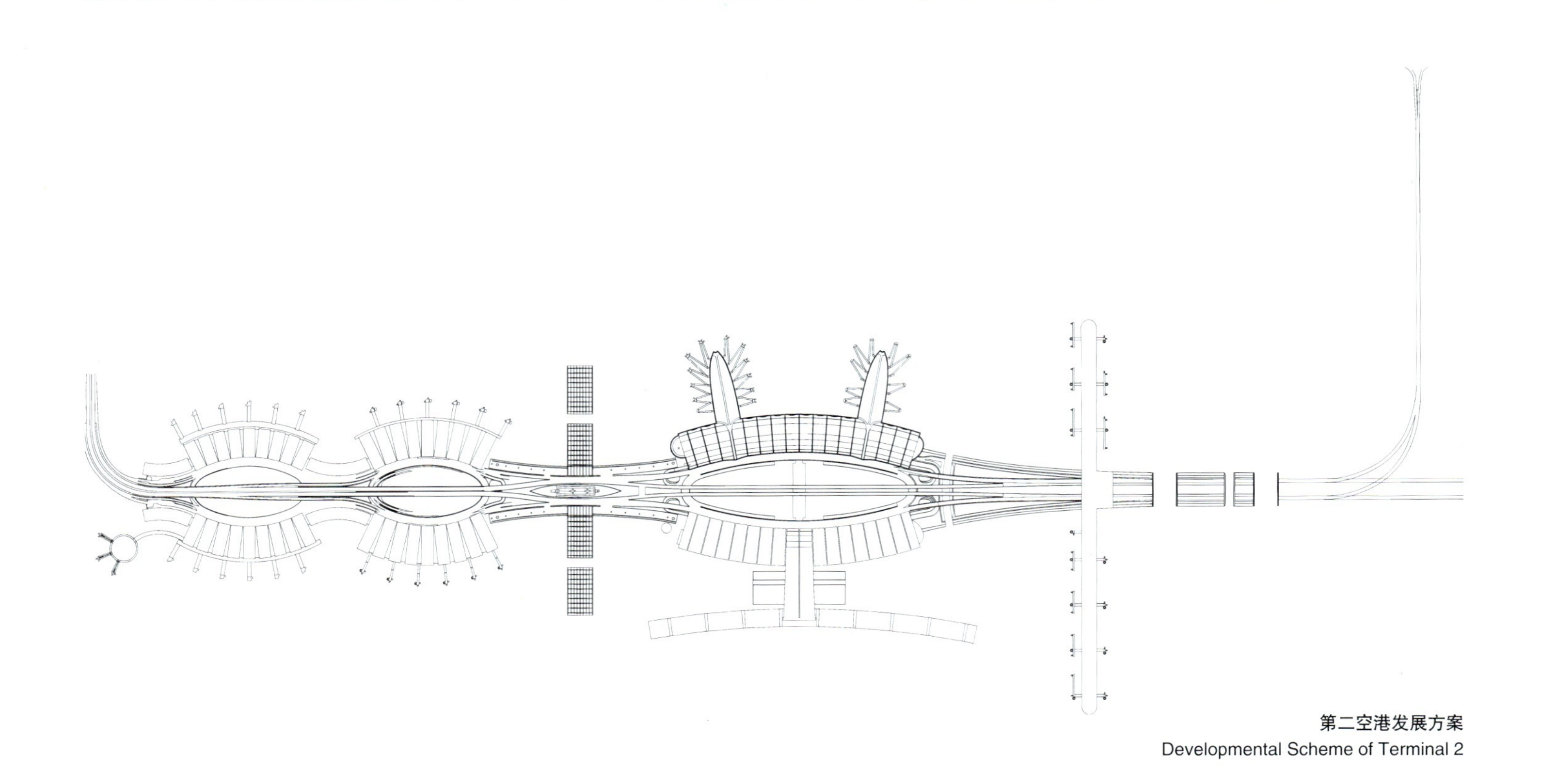

第二空港发展方案
Developmental Scheme of Terminal 2

新的设计要求

New Program Requirements

F厅的设计和建造始于换乘中心(Exchange Module)之后，在不偏离第二空港整体原则的前提下，其尺度和内部空间组织都经过了重大调整，复杂程度大为提高。在对已有单体进行充分的辩证综合的基础上，F厅的设计又迈出了新的一步。新的使用要求直接导致了交通单元的尺度和近机位数的变化，从而引起了交通转换量的增加以及停机坪和登机口位置的变化。飞机不再像A、B、C、D厅中那样纵向排列(lengthwise)，而改为横向排列(crosswise)。同时，F厅的规模也比上述四个厅大得多，包括两个交通层，此外还有垂直伸向停机坪的两个“半岛 (peninsulars)”。

鸟瞰照片
Aerial view

F51
F50
F49
F48
F53

(上页图)
连续的白色轻质玻璃结构罩住了“半岛”，并由于建筑的曲面及透视关系而显得十分复杂。穿孔金属板柔化了中心部分射入的阳光，两侧为了满足开阔的水平视野则采用了透明玻璃。在最远端，各种曲线的交会点全部暴露在阳光下

A glass structure entirely covers the “peninsula”. It is sustained by light-weight, white elements whose appearance is fairly complex due to the perspective of the building and its curves. A screen of perforated sheet metal softens the light throughout the central part, but the two sides are curved walls in clear glass that provide an unimpeded horizontal view all around. The outer edge, where all the curves end before meeting, is entirely open to the light

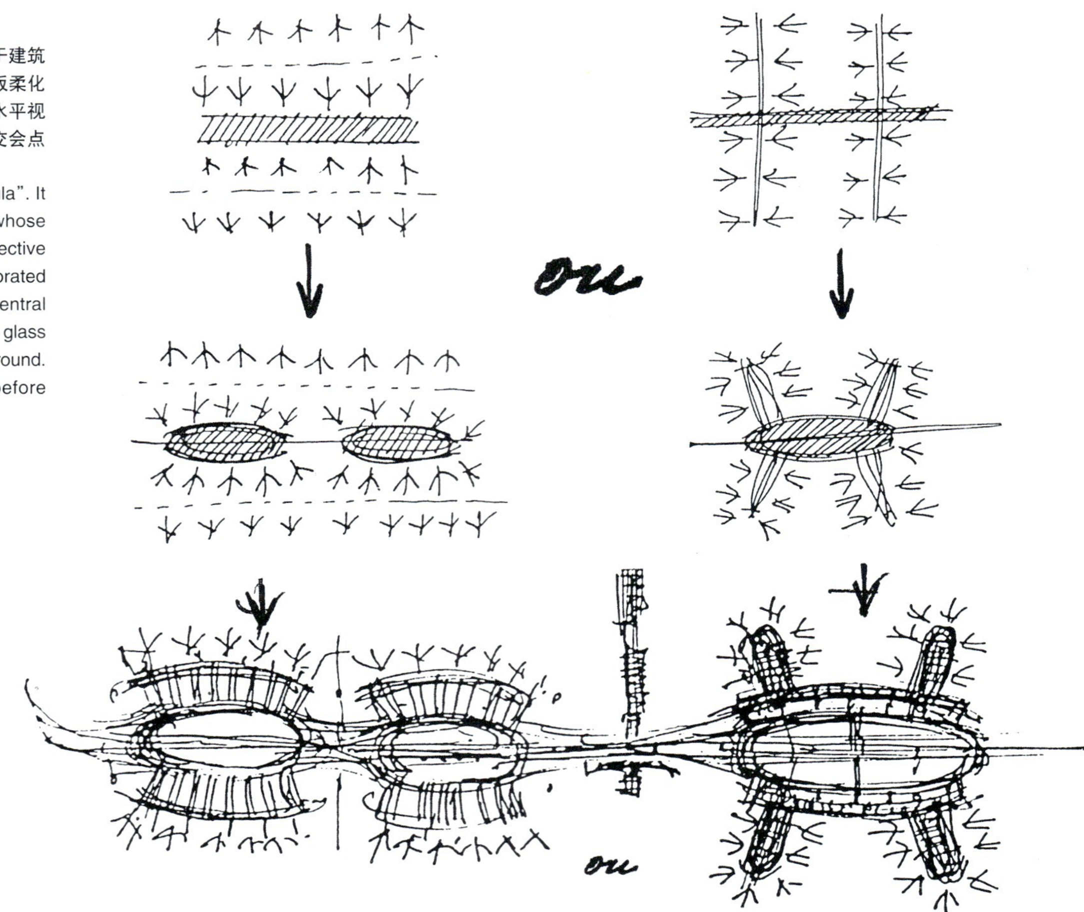

保罗・安德鲁手绘草图，1989 年 2 月 23 日
Drawing by Paul Andreu, February 23, 1989

自停机坪望 F 厅
View from the apron

主楼和“半岛”：由暗到明

Main Building and “Peninsula”: from the Cave to the Light

F厅的设计在两种不同成份之间建立了平衡：一是以混凝土结构和不透明为主要特征的主楼（尽管玻璃和光斑也随处可见）；一是两个45m宽、140m长、由轻钢结构支撑着玻璃屋顶和立面的“半岛”。主楼在陆侧的立面是开敞的，在空侧的一面则相对封闭，只有两条光带像剑一般劈开屋顶，一直延伸到“半岛”。只要站到这两条光带之下，就可以看见环绕着“半岛”的一架架飞机。换言之就是，只要走向飞机，就等于走进光明——这一点已经在第一空港中得到了实现。

（右上图）
洒满阳光的“半岛”和主楼较幽暗的内部空间仿佛是对比的两极。刺穿主楼屋顶的两缕光带一直延伸到“半岛”
There is a polarity between the light-filled space of the “peninsula” and the darker space inside the main building. The two streaks of light that cut across the ceiling of the main building develop into the “peninsulas”

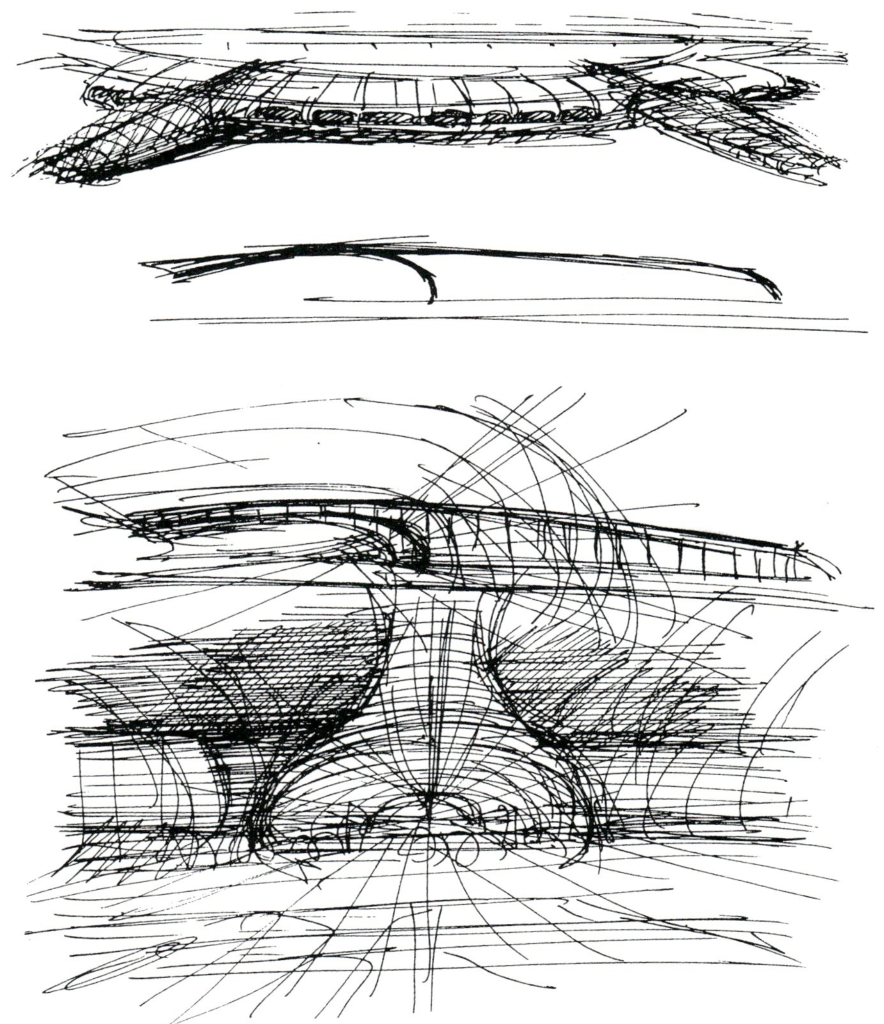

空侧外观。保罗·安德鲁手绘草图，1990年4月15日
The exterior of the building from the airside.
Drawing by Paul Andreu, April 15, 1990

这张草图表现了两条曲线，从相同的起点出发然后渐渐分离，分别与主楼的横向和“半岛”的纵向形式相协调，从而弥合了两者之间的冲突
This drawing of two curves, starting off with equal momentum and then separating, provided the solution to the conflict between the “peninsula” and the main building, by associating the latter's transverse form with the longitudinal form of the “peninsula”
保罗·安德鲁手绘草图，1990年4月15日
Drawing by Paul Andreu, April 15, 1990

“半岛”内景
Interior views of the “peninsula”

3 层表皮可以调节光的强度。外层是金属板组成的坚固、闪亮的“鞘”。中层是纤细的格栅支撑着的玻璃。第三层在白天是由一个个露明栓接点的底面标示出来的；到了夜间，每个节点尾部的小亮点使其显得更为清晰。这些亮点是一根根光纤的发光点，相关设备则藏身在一道道“肋条”之中。随着昼夜交替，3 层表皮间不断变换着光影，创造出一片深邃、模糊与明亮的边界

The density of light is modulated by three surfaces. On the outside is the sheet metal of the “elytron” which is at once solid and bright. In the middle is the surface materialized by the grid of thin joists sustaining the glass. The third surface is suggested during the day by the visibility of the bottom ends of the kingbolts. It stands out even more distinctly at night when one can see tiny points of light at the end of each kingbolt; these are the endpoints of the optical fibers whose supply source is located in the arris, or “knife”. The interplay between the three surface, which changes with the lighting in the day and at night, works to create a boundary that is deep, fuzzy and bright

“半岛”的模糊边界

The Blurry Boundaries of the“Peninsula”

“半岛”的外围护结构由不同穿孔率的不锈钢板、玻璃及其内侧极为轻盈的钢结构组成。与TGV (High Speed Trains) 车站类似, 这种组合方式形成了边界模糊的层化效果。身处其中时, 目光仿佛是在无垠的混沌中游弋, 光与物似乎融为了一体。透过玻璃立面便可将飞机一览无余。

“半岛”是使乘客得以深入到空侧腹地的一处空间。然而它更像是一块向着阳光和空气伸展的土地,渐渐变得越来越窄, 直到最后结束在一个既是起点、又是终点的地方

The “peninsula” is a passenger space jutting out into the heart of the aircraft space. But even more so, it is a piece of land projecting into the air and into the light, and gradually dwindling until it reaches a place that is both an end and a beginning

就空间而言，“半岛”并没有跟着主楼亦步亦趋：在“半岛”探出主楼的交界处，混凝土拱顶斜降了下来，同时一道更大的“光缝”嵌入到两者之间，从而使“半岛”得以跳出主楼的窠臼，以独立的几何形式拓展出自己的空间

The “peninsula” does not spatially follow from the main body: it dawns out of it and develops there as a rent of light becoming larger as the concrete vault slopes down, and then gaining autonomy and moving forward in space as an independent form

几何复杂性和经济性

Geometrically Complex but Economical

玻璃屋顶的外表面是由垂直面上的一条曲梁沿水平面上的两条对称曲线旋转形成的，原本是一个复杂的几何形，但是被简化成为有限的重复单元，这样结构构件和玻璃便可以批量生产和快速安装。

“半岛”的屋脊实际上是一个技术舱（technical nacelle），所有结构构件都在这里集中并统合在一起。

“半岛”的楼面自玻璃立面向后退进了4m，看起来就像一块飞毯漂浮在空中。

在“半岛”内部，候机厅的地面退到了玻璃立面之后，后者如同一个玻璃泡，完整地包裹着整个空间

Inside the “peninsula”, the floor of the boarding lounges is set back from the glass facades which completely englobe the space, enclosing it like a bubble

“半岛”的尽端

Outer edge of the “peninsula”

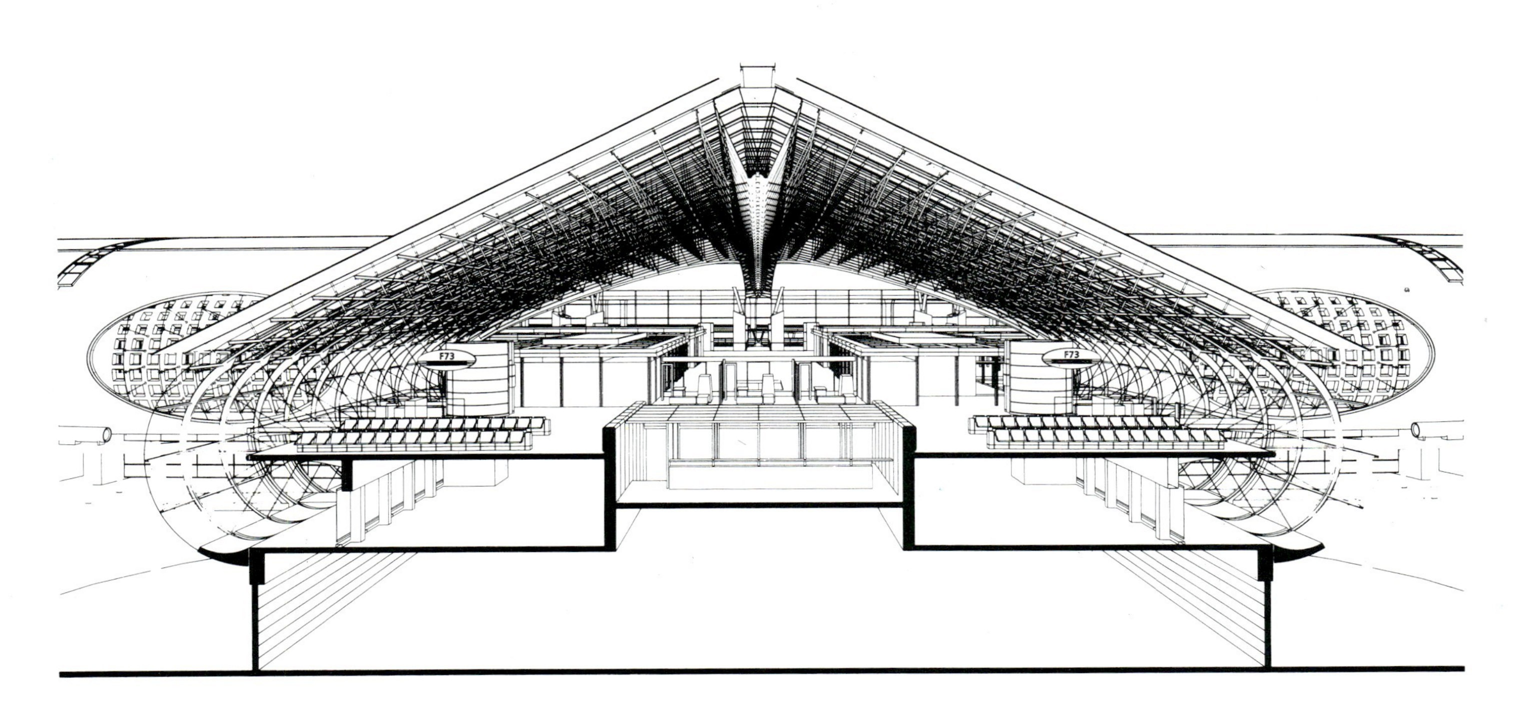

“半岛”中轴线上的剖透视

Perspective cross-section in the axis of the “peninsula”

主楼的多层壳

The Layered Shell of the Main Building

主楼是一栋450m长，70m宽的壳体建筑，长向的建筑模数为25m。这个壳体是分层的，外层为锌板，内层为混凝土，中间为承重的钢结构。壳体在空侧的一面开有20m长的椭圆形巨窗，被称为“跑道眼(runway eyes)”，这里的椭圆形同“半岛”的横断面互为相似形，同时也是整个第二空港的基本几何构成。窗玻璃与混凝土十分轻巧地交接在一起，几乎看不见结构构件，从而保持了锌板的连续性。窗子内侧的混凝土表面上开有一个个小方洞，洞口面积由高到低逐渐减小。壳体内外两层的表皮处理以及各层自身的变化，形成了一种步移景异的效果。即便是同一位置，在不同时刻和不同的光线下，也会呈现出不同的风貌。

当混凝土被刺穿、光线被引入的那一刻，混凝土表面实际上便被弱化了，似乎突然丧失了重量感

The concrete surface suddenly seems fragile and practically devoid of thickness at the spots where it is pierced and open to the light

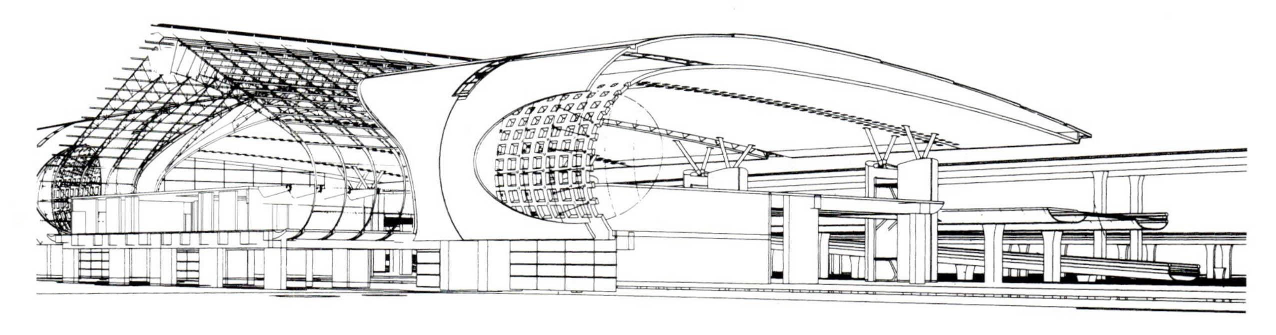

主楼与“半岛”剖透视，多层结构得以表达
Perspective cross-section of the main body and the “peninsula” showing their layered structure

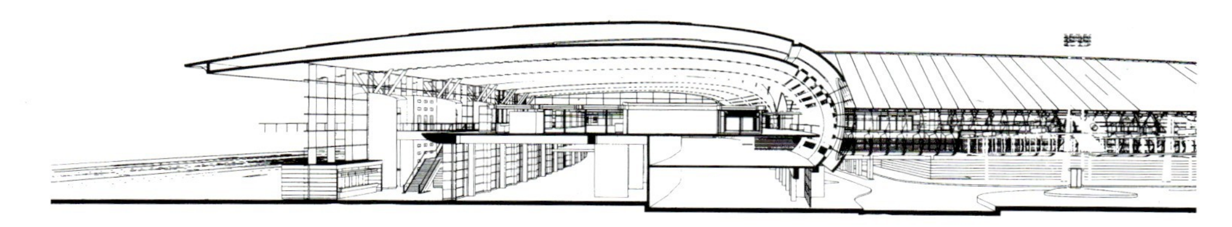

主楼剖透视图
Perspective cross-section of the main body

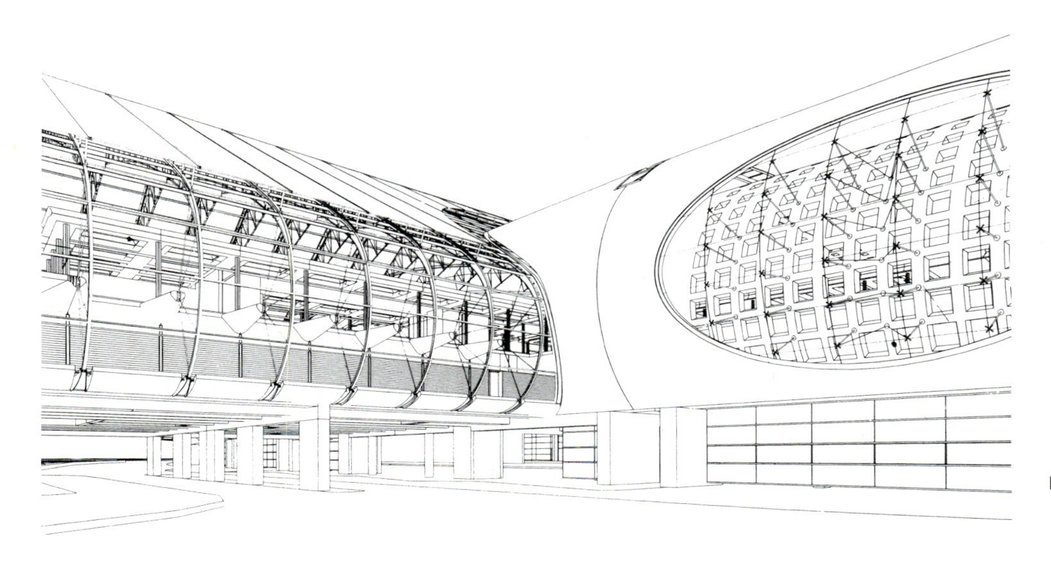

主楼与“半岛”交界处外观
Exterior view of the intersection between the main body and the “peninsula”

主楼为巨大的混凝土拱顶所覆盖，拱顶探出了室外，一直延伸到出入通道的上方，并在空侧沿着与“半岛”侧墙相似的弧线向下卷曲
The main body is covered by an enormous concrete vault that juts out to the exterior over the access roads, and curves down on the airside, in a way that resembles the lateral walls of the “peninsula”

"峡谷"是一个定位空间，提供了主楼各层的剖视景观。各种联络要素，如走廊、楼梯、电梯和扶梯，都穿梭在其中
The"canyon"is an orientation space. It provides a cross-section view of the entire volume of the main body and its different levels. Connecting elements such as passageways, stairways, elevators and escalators run across the "canyon"

第二空港鸟瞰，包括A、B、C、D、F厅，A厅卫星楼以及新控制塔
Aerial view of Terminal 2, including Halls A, B, C, D, F, Satellite A, and new control tower

交通组织

Traffic Organization

在陆侧，混凝土筒体和金属承重结构共同支撑着主楼的外壳。高架路和离港层之间有18m宽的裂隙，由此形成的巨大的垂直空间被称为“峡谷（canyon）”。“峡谷”与主楼等长，在其中可以看到空港的各个楼层。

“峡谷”中10m高的通顶玻璃幕墙是室内和室外之间的一道透明分隔。一条空中走廊从支撑着屋顶的混凝土筒中穿出，跨过“峡谷”通往登机层。

F厅的主楼和“半岛”中各有两个完全分离的交通层。离港在上层解决，旅客们通过值机柜台和安检后，进入“半岛”的候机室准备登机。

进港旅客离机后先进入“半岛”夹层中的进港通道，然后再进入主楼的夹层（mezzanine）换乘其他交通工具。行李交付区位于跑道层。

F厅的建设分两期进行，这样更利于投资优化，也便于根据使用者的需求进行调整。共有50余家公司参与了F厅的建设，分别承担了方案调整、管理和监督等工作。

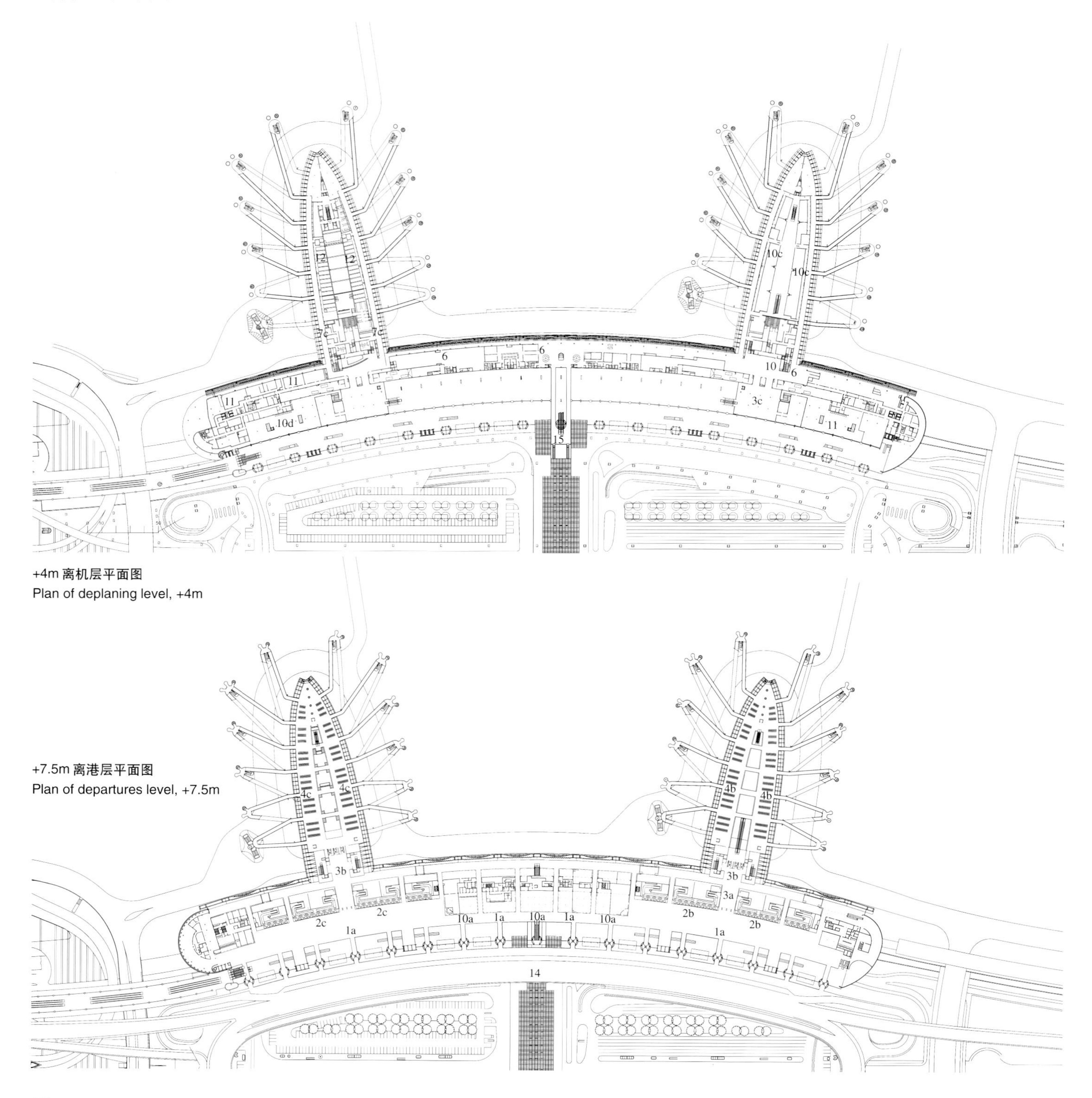

+4m 离机层平面图
Plan of deplaning level, +4m

+7.5m 离港层平面图
Plan of departures level, +7.5m

（52、53页平面图）

1a. 离港厅 Departures lobby
1b. 进港厅 Arrivals lobby
2b. 国际离港值机柜台区 Check-in area-International departures
2c. “申根”（欧盟）离港值机柜台区 Check-in area-“Schengen” departures(European Union)
3a. 出境护照检查 Outgoing passport control
3b. 安检 Security control
3c. 入境护照检查 Incoming passport control
3d. 海关 Customs
4b. 国际登机厅 International boarding lounges
4c. “申根”登机厅“Schengen” boarding lounges
5. 远端飞机捷运系统 People movers for remote aircraft
6. 中转 Transit
7b. 国际进港 International arrivals
7c. “申根”(欧盟)进港“Schengen”arrivals (European Union)
8b. 国际行李交付 International baggage delivery
8c. “申根”（欧盟）行李交付 “Schengen” baggage delivery (European Union)
9. 行李分检 Baggage sorting
10. 公共康乐设施 Public amenities
10a. 商店 Shops
10c. 免税店 Duty-free shops
10d. 饮食广场 Food court
11. 行政办公 Administrative offices
12. 技术基础设施 Technical support premises
13. 后勤通道 Service road
14. 陆侧通道 Cityside access road
15. 通往E厅的连廊 Connecting corridor to Hall E

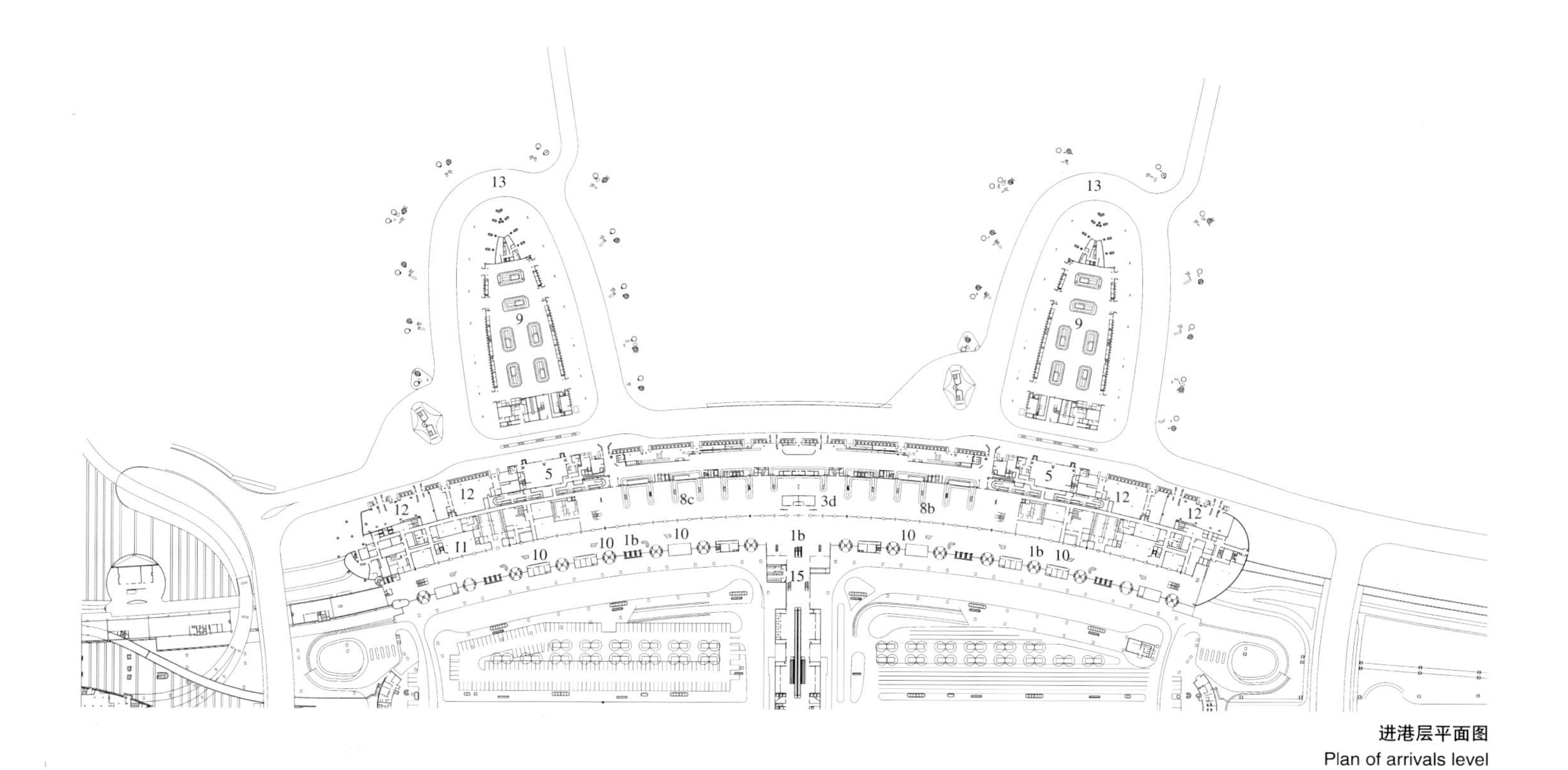

进港层平面图
Plan of arrivals level

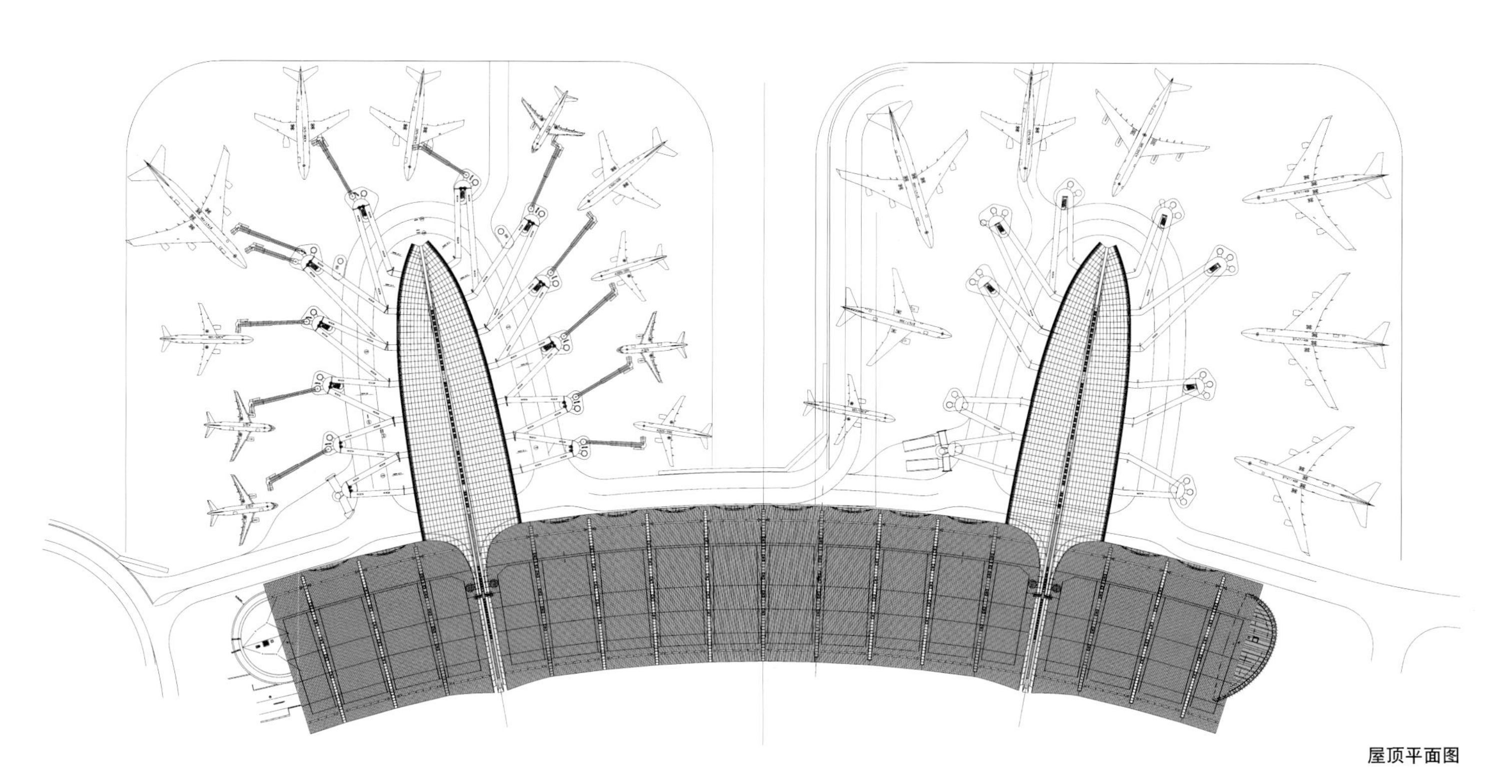

屋顶平面图
Roof plan

鲁瓦西查尔斯·戴高乐国际机场 Roissy Charles-de-Gaulle International Airport

第二空港，A厅卫星楼 Terminal 2, Satellite A

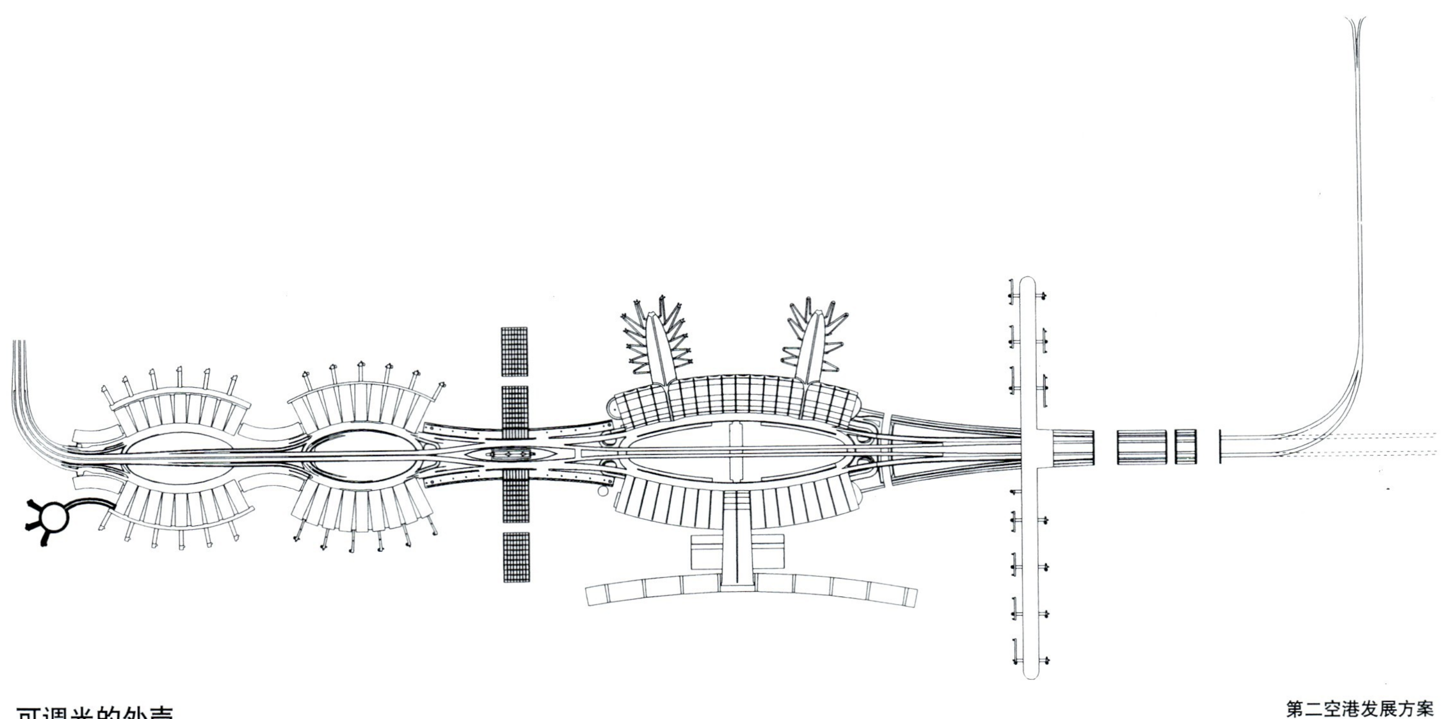

第二空港发展方案
Developmental scheme of Terminal 2

可调光的外壳

A Shell Modulated by Light and Opacity

A 厅增建的卫星楼可增加近机位数，同时还可以为离港乘客提供附加服务。卫星楼就是一个大型登机区，有三条固定的自动登机桥分别通向三个宽体式机位。商店与登机厅同在第二层。离机附属设施、休息室、办公和管理部门分布在首层、跑道层及地下层中。

扩建部分由壳体和基座组成。混凝土壳坐落在4m高的基座上，壳的内径为56m，最高点凸出地面11m。卷曲的混凝土表皮从壳体的中心一直向下伸展到离港层楼面的四周，并与楼面断开了2.5m宽的缝隙，继而又向下延伸，直到与进港层的楼面交接到一起。在连廊和登机桥与卫星楼的相交处，分别开设了两个巨大的长椭圆形窗。壳体的钢框架在窗洞处依势延伸，和多孔玻璃保持在同一曲面，丝毫没有打断壳体外形的完整。登机桥处的窗洞从进港层的楼面开始，向上延伸了9m，展开宽度将近50m。连接A厅处的窗洞则从离港层楼面以下2m处开始，一直延伸到其上7m处，展开宽度约为20m。除了能给卫星厅带来通透感之外，这两个开口还简化了交通流线。同样地，进港坡道也沿着混凝土壳的不透明部分延伸，并在连接A厅的弧形走廊中结束。

就这样，光在室内被精心地加以运用，从而使卫星楼的功能流程更为清晰易懂。

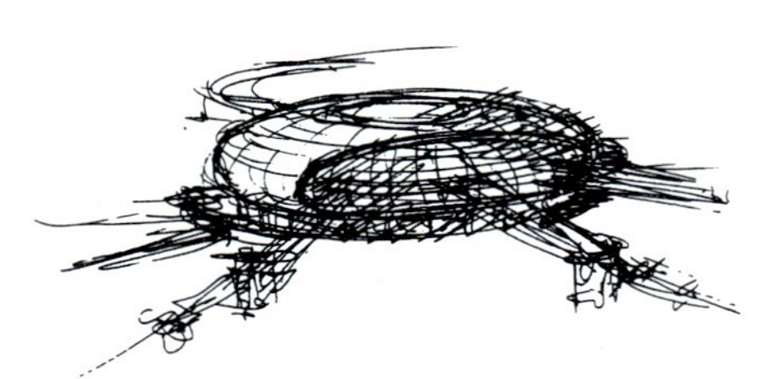

透视图。保罗·安德鲁手绘，1996年4月10日
Perspective view. Drawing by Paul Andreu, April 10, 1996

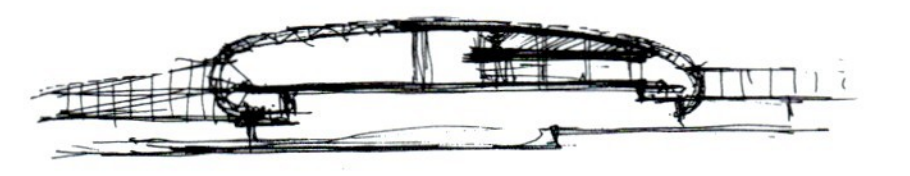

典型剖面。保罗·安德鲁手绘，1996年4月10日
Cross-section. Drawing by Paul Andreu, April 10, 1996

卫星楼及远处的弧形连廊。两个巨大的长椭圆窗分别位于登机桥及连廊插入卫星楼外壳的交接处，从而使该处变得十分通透。壳体的钢框架依势延伸过窗洞，并与多孔玻璃保持在同一曲面上
View of the satellite with the connecting concourse in the far ground. Two large-scale oblong windows make the shell transparent at the spots where the loading bridges and connecting corridor are latched onto the satellite building. The shell is pursued in these openings with a steel trim that forms a single surface with the fritted glass

空侧透视
View from the airside

边界：尖锐与模糊

Boundaries: Sharp and Fuzzy

流线型的外观是由一块块平板玻璃及平面铝板拼接而成的，支撑体系则是混凝土和钢材组成的复合结构。材料的转换——从玻璃到铝材以及从混凝土到钢材——沿着两条相邻的曲线进行，曲线的形状不完全相同，却共同定义了壳体上的两个窗洞的边界。

混凝土与钢在室内相交成一条清晰的曲线——两个斜面切入壳体形成的割线的交集。然而玻璃与铝材在外表面的交接却是渐变和模糊的，这是因为在铝板和透明玻璃之间还使用了微带金属光泽的多孔玻璃（fritted glass）。

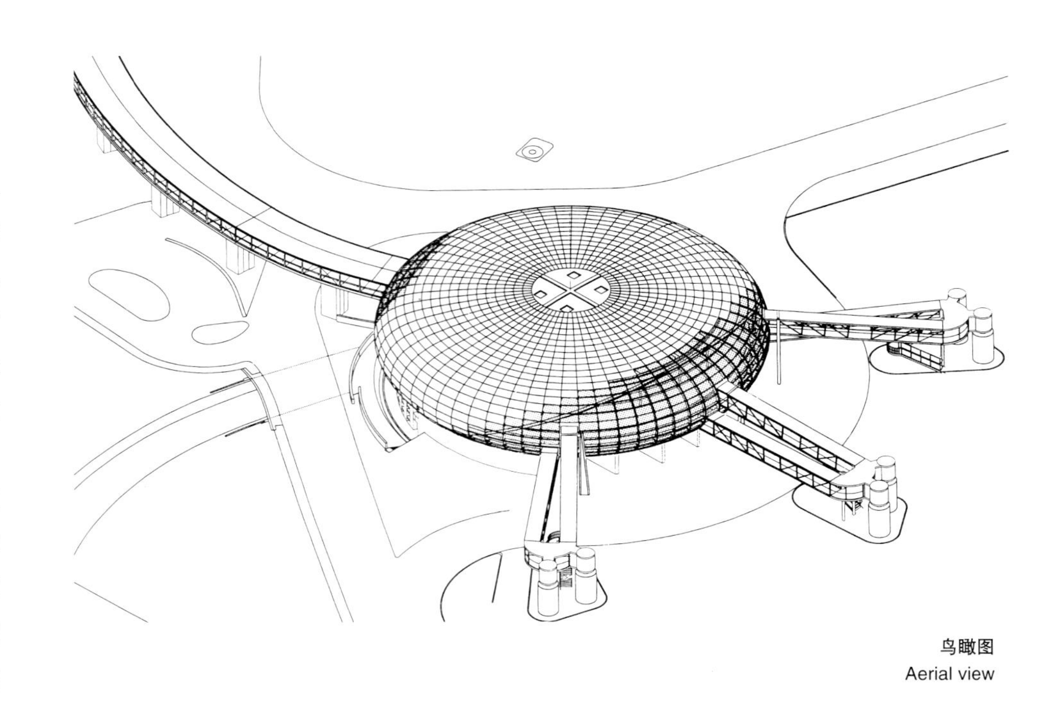

鸟瞰图
Aerial view

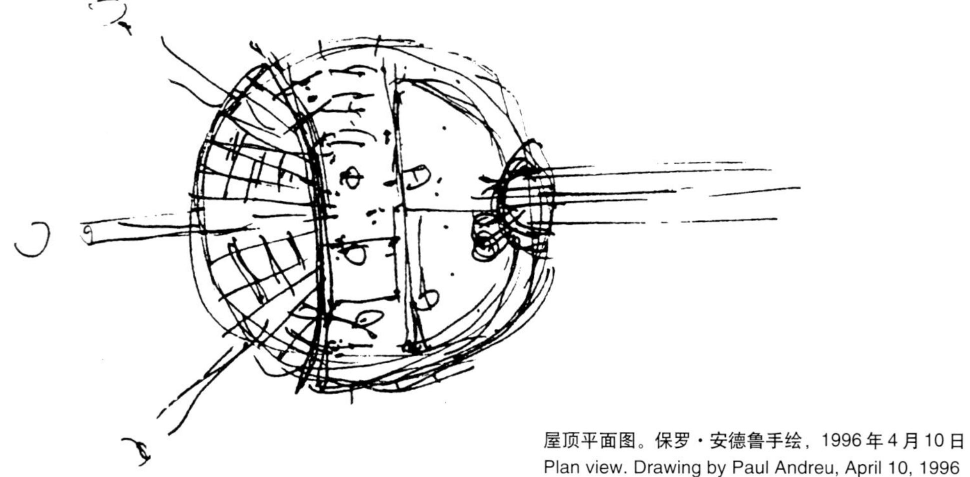

屋顶平面图。保罗・安德鲁手绘，1996 年 4 月 10 日
Plan view. Drawing by Paul Andreu, April 10, 1996

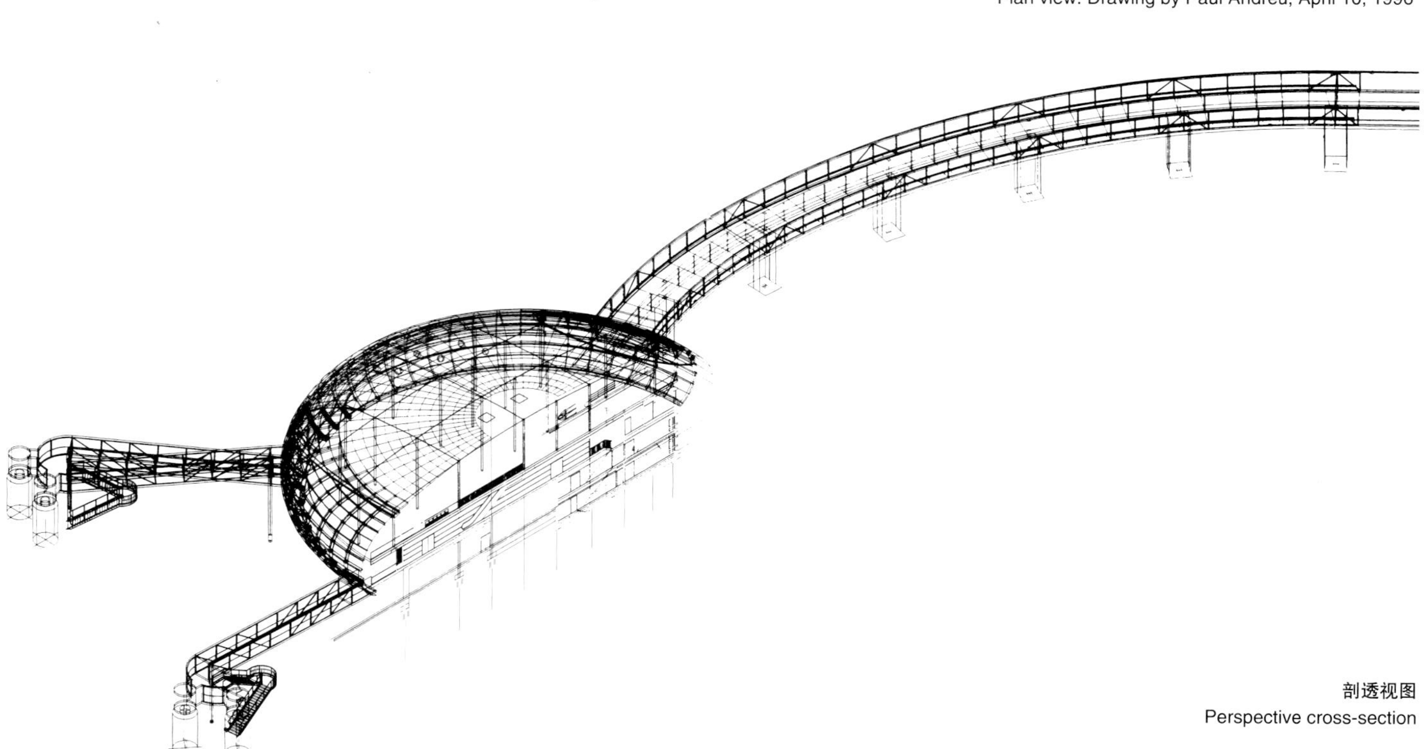

剖透视图
Perspective cross-section

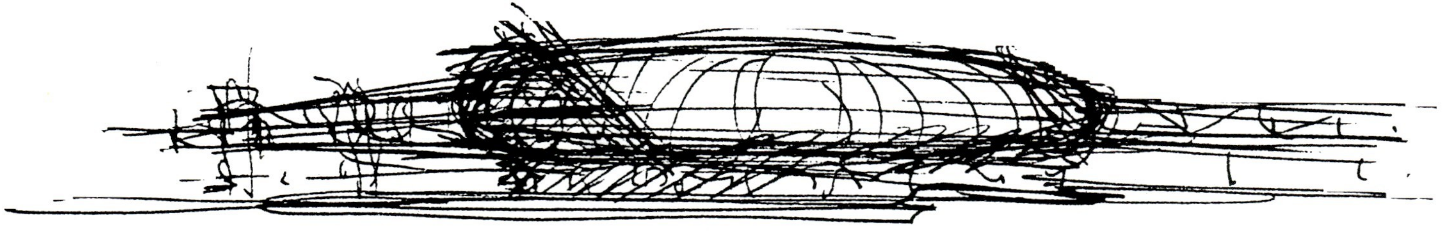

立面图。保罗・安德鲁手绘，1996 年 4 月 10 日
Elevation. Drawing by Paul Andreu, April 10, 1996

卫星楼内景
Inside the satellite

卫星楼的楼层

The Levels of the Satellite

卫星楼包含两个交通层，还有三个楼层用于容纳技术设施：管理与工程部门分布在跑道层和地下层，登机区及购物区的通风系统位于夹层之中。

登机厅、商店和餐饮设施全都设置在离港层。进港层位于离港层3.5m之下，包括四个候机室和有关的管理部门。进港旅客通过一条螺旋坡道沿着建筑的外围逐渐上升，直至到达与A厅连接的弧形走廊(Connecting Concourse)。总长100m的步道被分为两部分，以将进港与离港流线隔开。后者不需改变其垂直高度，因为卫星楼与A厅的离港层处于同一水平面上。

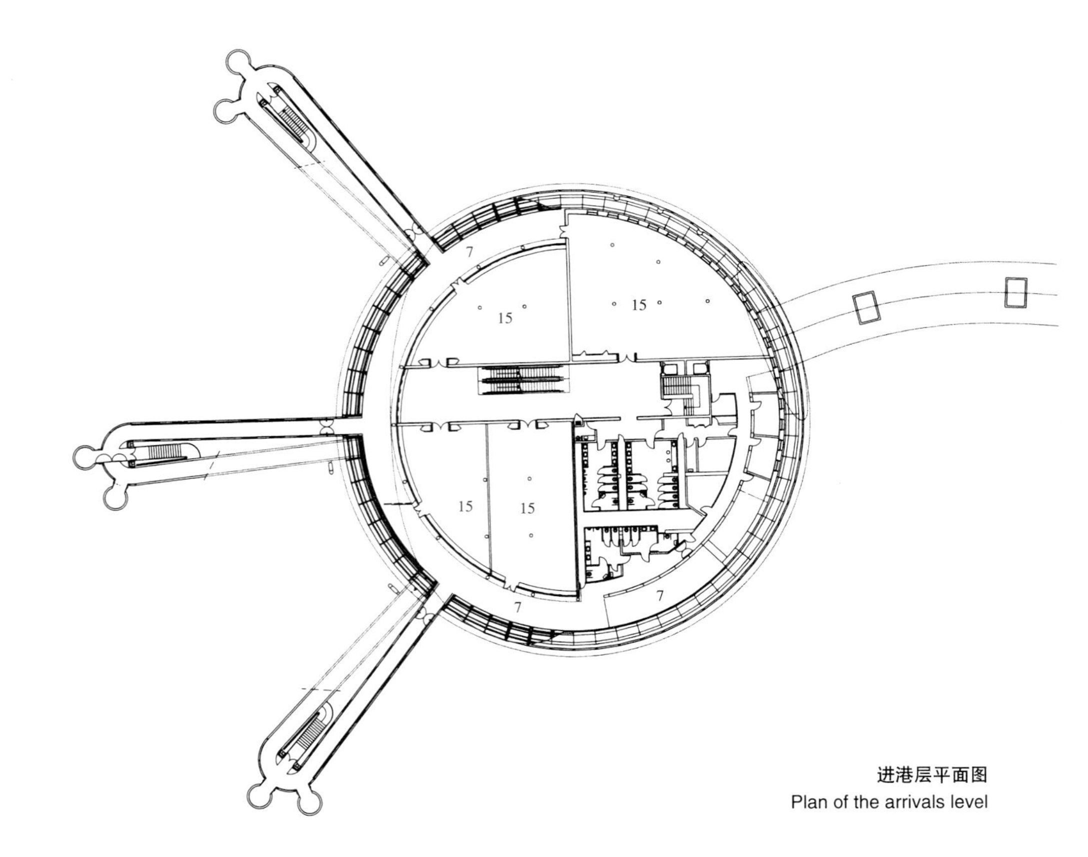

进港层平面图

Plan of the arrivals level

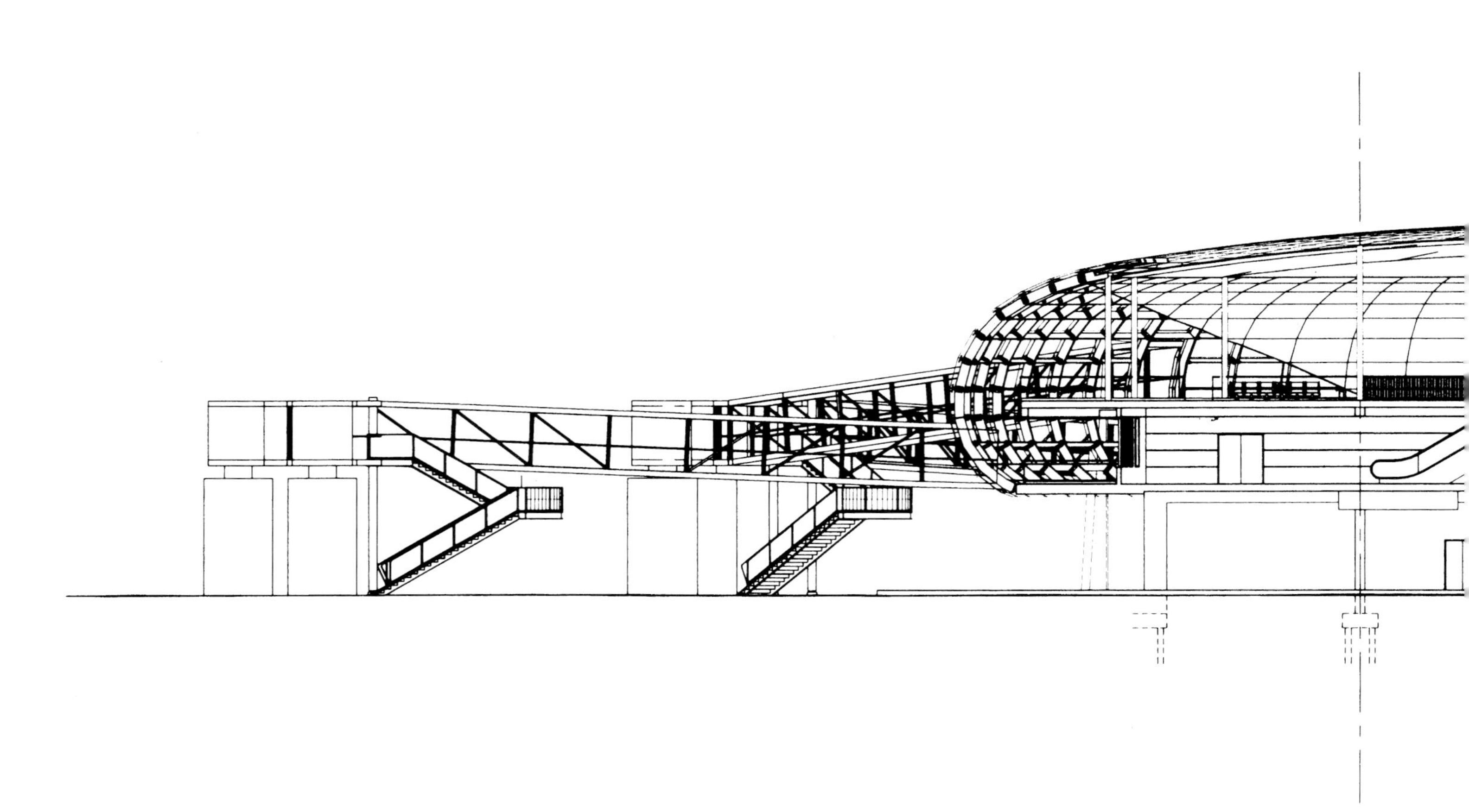

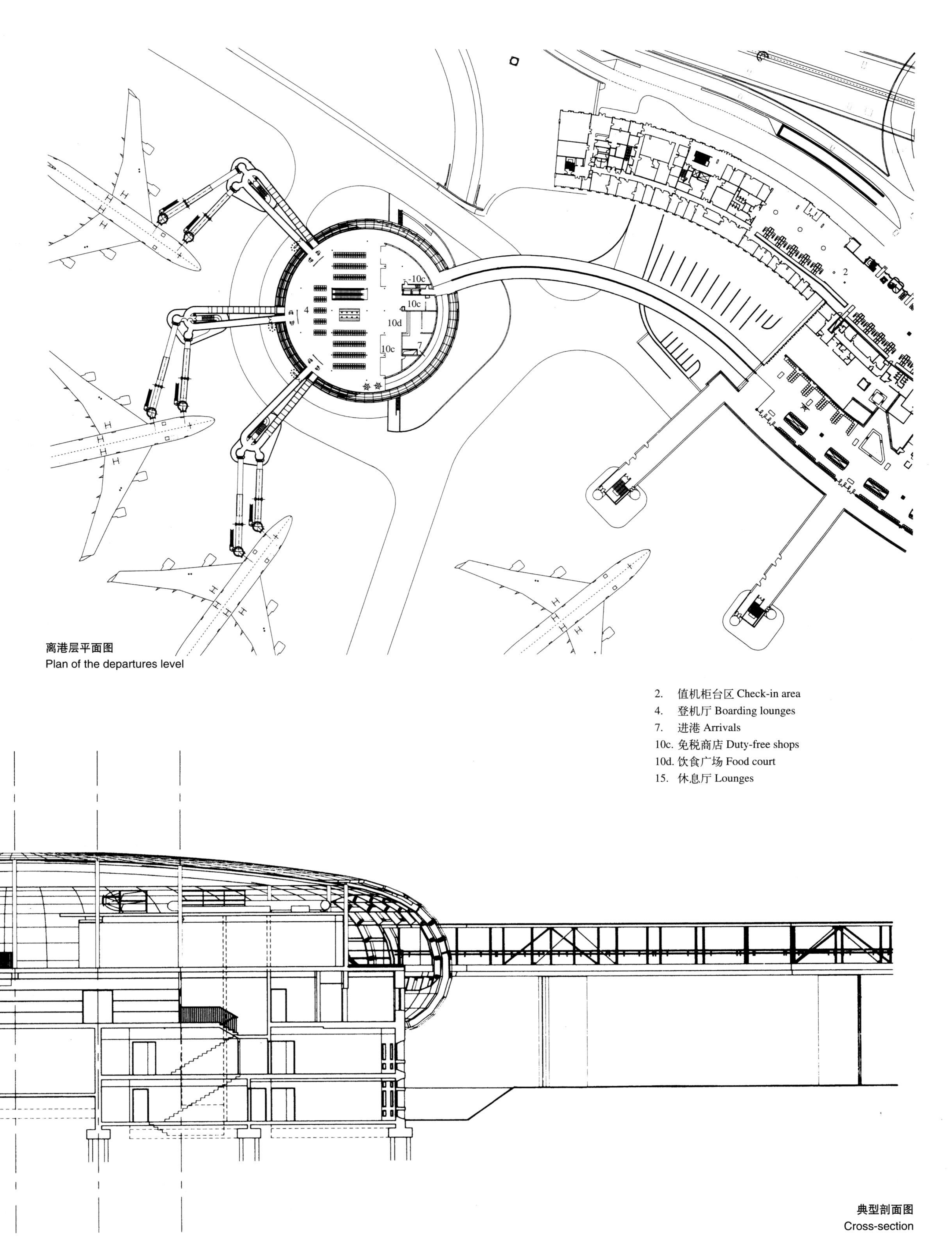

离港层平面图
Plan of the departures level

2. 值机柜台区 Check-in area
4. 登机厅 Boarding lounges
7. 进港 Arrivals
10c. 免税商店 Duty-free shops
10d. 饮食广场 Food court
15. 休息厅 Lounges

典型剖面图
Cross-section

鲁瓦西查尔斯·戴高乐国际机场 Roissy Charles-de-Gaulle International Airport

第二空港，新控制塔 Terminal 2, New Control Tower

最佳视野

Optimum Views

在机场增设了与原跑道平行的两条新道后，仅有的一座控制塔便已不敷使用。新控制塔的兴建由此提上日程。该设施必须要有面向跑道的最佳视角，才能与老控制塔相互配合，共同对跑道加以控制。除此之外，新塔还将承担对第二空港越来越复杂的地面设施进行调控的任务。

作为综合改造规划的一部分，新控制塔被安置在第二空港中部、靠近TGV车站与喜来登饭店的地方。设计力图采用最快捷、可靠的方式完成塔体的施工，并仔细地避开了所有障碍，使其能够提供最佳的视野。

控制塔鸟瞰，近处为换乘中心和喜来登饭店

Aerial view of the new control tower with Exchange Module and Hotel Sheraton in the foreground

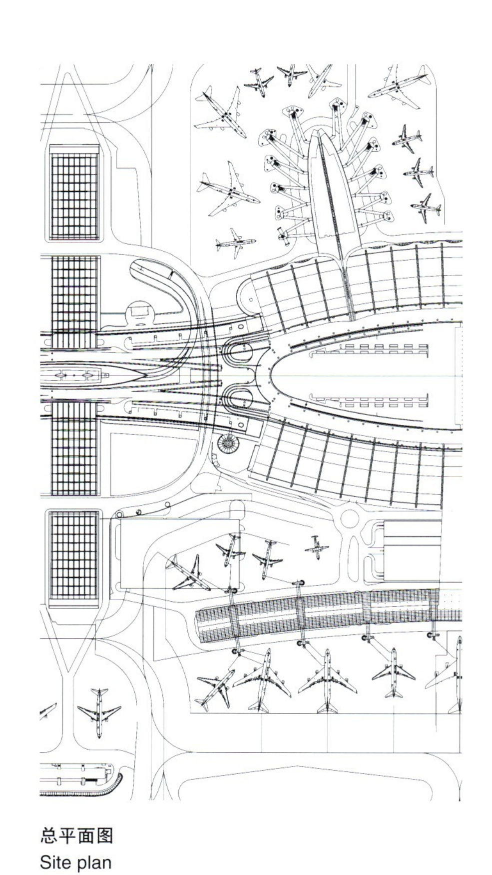

总平面图

Site plan

自C厅陆侧望新控制塔

View from the cityside of Hall C

混凝土内框与玻璃封套

The Concrete Frame and the Glass Envelope

位于老控制塔南端的新塔共有两个独立的控制层，其卵形平面经过精细地调整，才得以在如此之小的构筑物中安排下理想的控制位置。顶棚与立面的支撑体系包在内部的两个框架之外，框架内部没有直接采光，只能通过其上狭小的固定玻璃窗间接采光。

由两个控制层组成的塔顶是独立的双层金属结构，外层为预应力体系，内层为单纯受压体系。金属结构可以先在地面拼装好，然后再固定在混凝土的内框上。由此，这两种结构形式可以互不影响、分别施工。

混凝土框架通过现浇的方式迅速完工。主要的设备管道都装设在内框之外，进一步节省了工期。最后，整个框架将包上一层通高的夹丝玻璃外套作为观测塔的外立面。这个由平板玻璃构成的外壳似透非透：根据视点的不同，有时完全透明，有时则仅能分辨出内部结构和设备管道的大致轮廓。

塔体立面上的玻璃颜色较暗，并且不会反射阳光；而安装在主框架上的则是夹白丝的透明玻璃。

塔身上的所有紧固件都被施以了预应力，以使其尺寸尽量小巧。

View from the far side of Hall F

自F厅远端望新控制塔

新控制塔的玻璃立面图
The glass facade of the new control tower

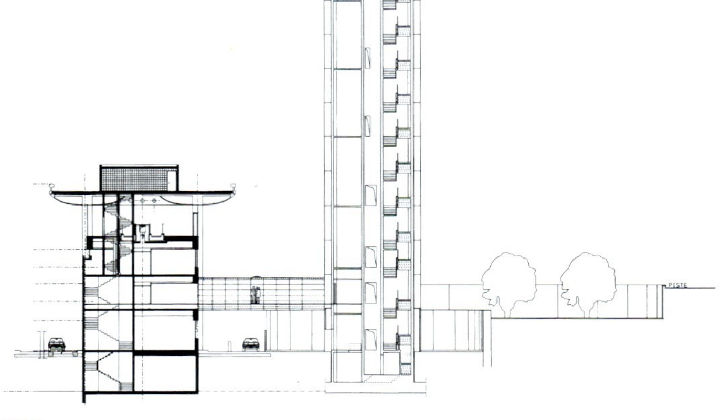

剖面图
Section

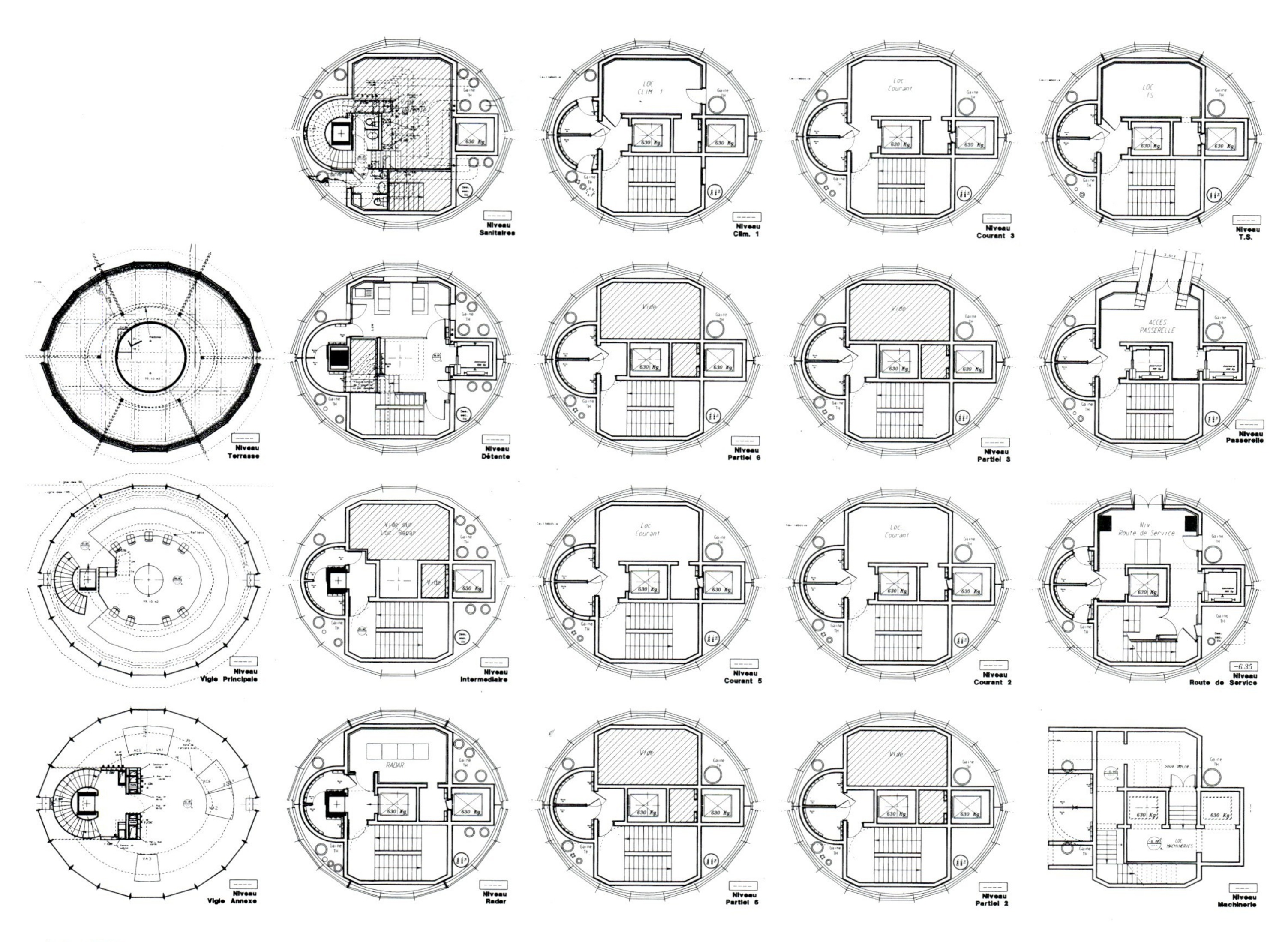

各层平面图

Plans of the various level

新控制塔、喜来登饭店和F厅。左侧为E厅所在的位置

New control tower, Hotel Sheraton and Hall F. On the left is the site of Hall E

鲁瓦西查尔斯·戴高乐国际机场 Roissy Charles-de-Gaulle International Airport

第二空港，E 厅 Terminal 2, Hall E

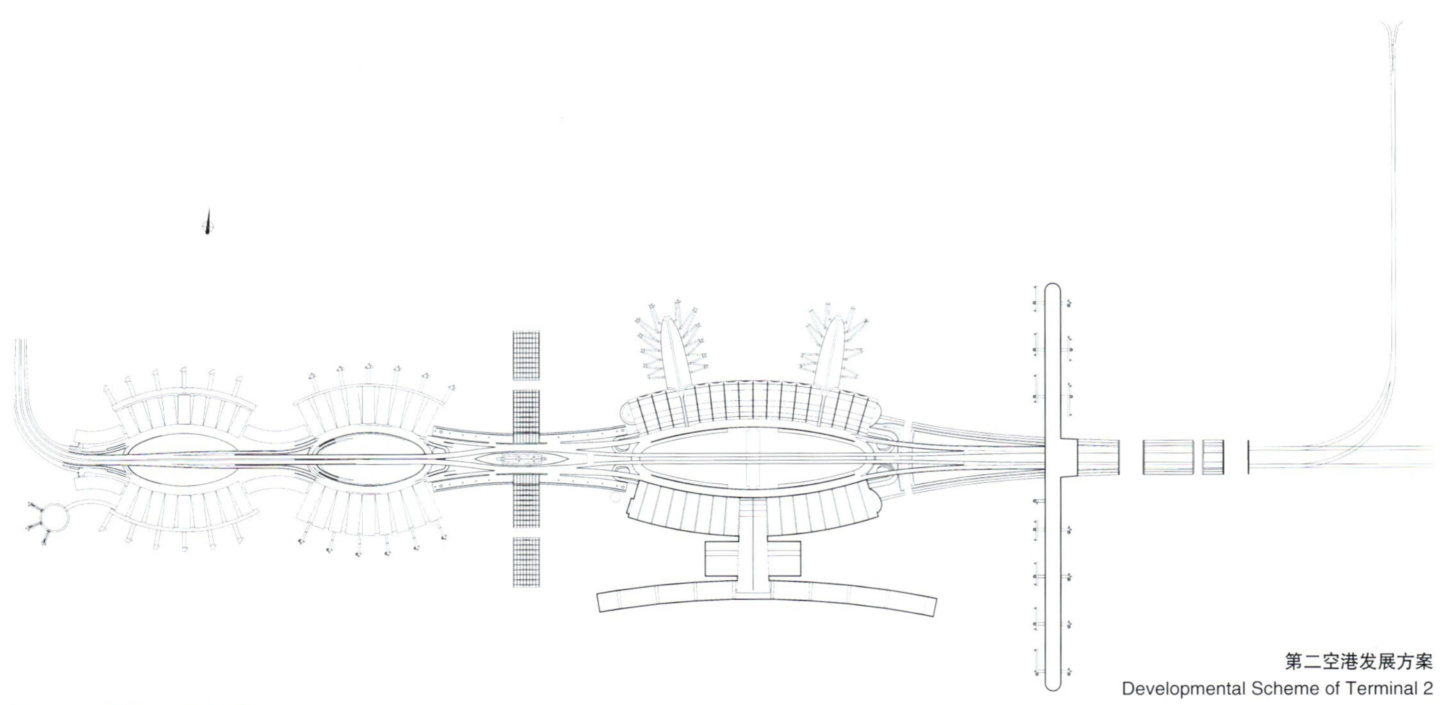

第二空港发展方案
Developmental Scheme of Terminal 2

欧洲的国际交通枢纽

A European Hub for International Traffic

E 厅是第二空港的最后一个节点，同时也是吞吐能力最强的单体。

E 厅位于 F 厅对面，预计客流量为每年1100万人次。与A、B、C、D诸厅不同，E 厅必须满足国际交通的需求，其中很大一部分是过境交通。这一点成为影响E 厅规划与设计的重要因素。主厅内需要设置更多的商店和安检站。同时，主厅和卫星厅都要有能力适应不断变换的空中交通的需求，特别是中转旅客数量的增长，如近机位与卫星厅内的登机廊需要在国际交通与欧洲内部交通两种模式之间实现平稳的转换等等。

模型照片
Scaled-model

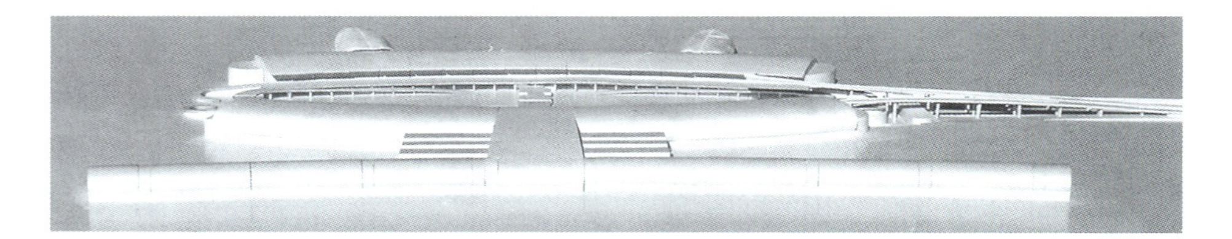

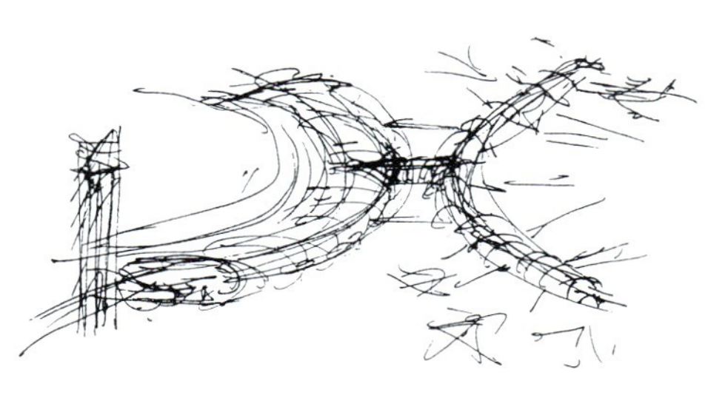

保罗·安德鲁手绘草图，1996 年 2 月 10 日
Drawing by Paul Andreu, February 10,1996

建设场景
The construction site

A、B、C和D厅的平面投影是由一段段重复的矩形加上梯形连接部分而形成的。与这几个较早的厅不同，E厅强调的是要创建一个平缓、连续的曲面

As in Halls A, B, C and D, the in-plane curve is obtained by the repetiton of rectangular segments with trapezoid-shaped junctions. Unlike the earlier halls, here the accent is placed on creating a gently curving, continuous surface

主体，“地峡”，登机楼与卫星厅

The Main Body, the“Isthmus”, the Pier and the Satellite

E厅是一座庞大的交通建筑综合体，根据不同的功能共分为三个部分：主楼（main body），包括值机柜台区与行李交付区；“地峡（isthmus）”，包括安检设施、空侧的商店和候机室；登机楼（pier），一个被众多飞机环绕着的尺度巨大的登机厅。

主楼的设计，特别是在屋顶及其与体量和室内拱顶的关系上，提取了F厅建筑语汇中的种种要素。“地峡”作为主楼的延续，规模远大于普通的交通空间。主楼的拱顶在“地峡”上方改变了弧度，跨过“地峡”向外延伸并与登机楼的拱顶连接到一起。

登机楼是由一系列直线段拼接成的一段圆弧。混凝土结构上开满了孔洞，光线透过这些孔洞点洒在巨大的空间中。

东侧的卫星厅位于E厅和F厅连线的中点以东570m处，其南北轴线与公路轴相垂直。

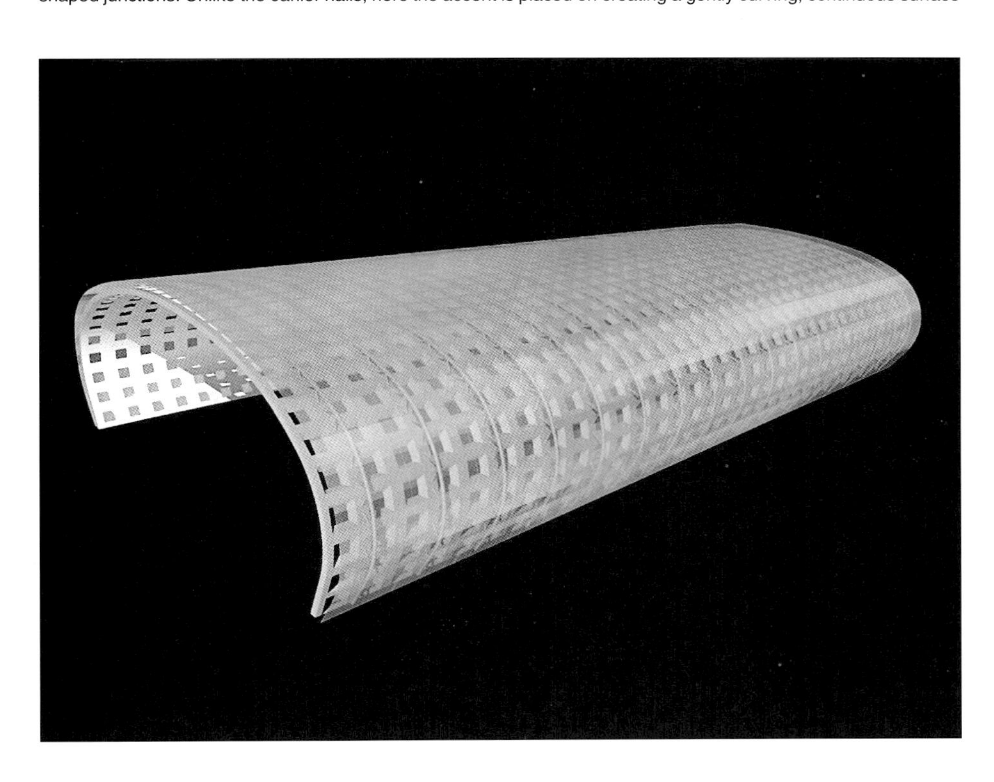

双层表皮不但可以过滤光线，并且在工程方面也发挥着作用。登机区的风管便位于双层表皮之间。这些风管被放置在各个建筑组成元素的接合处，每隔4m一根，与金属弧形肋一起构成相互交错的图案。人工照明灯具也位于双层表皮之间

The double skin acts to filter the light, but it also has an engineering function. The air ducts for the boarding area are located between the two skins. They are placed at the junctions between building elements that are four meters wide, thereby creating an alternating pattern of metal arcs and ducts. The artificial lighting is also placed between the two skins

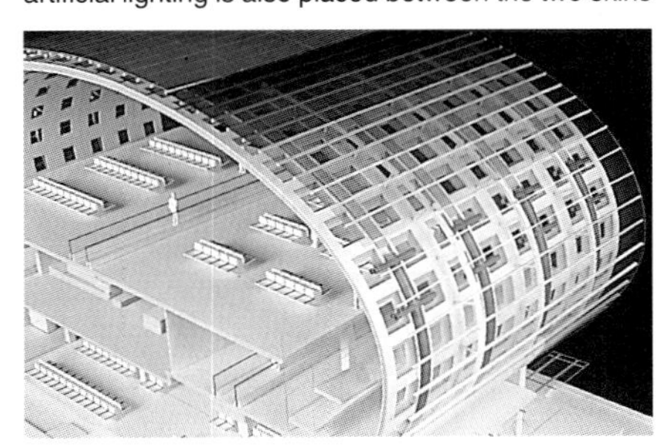

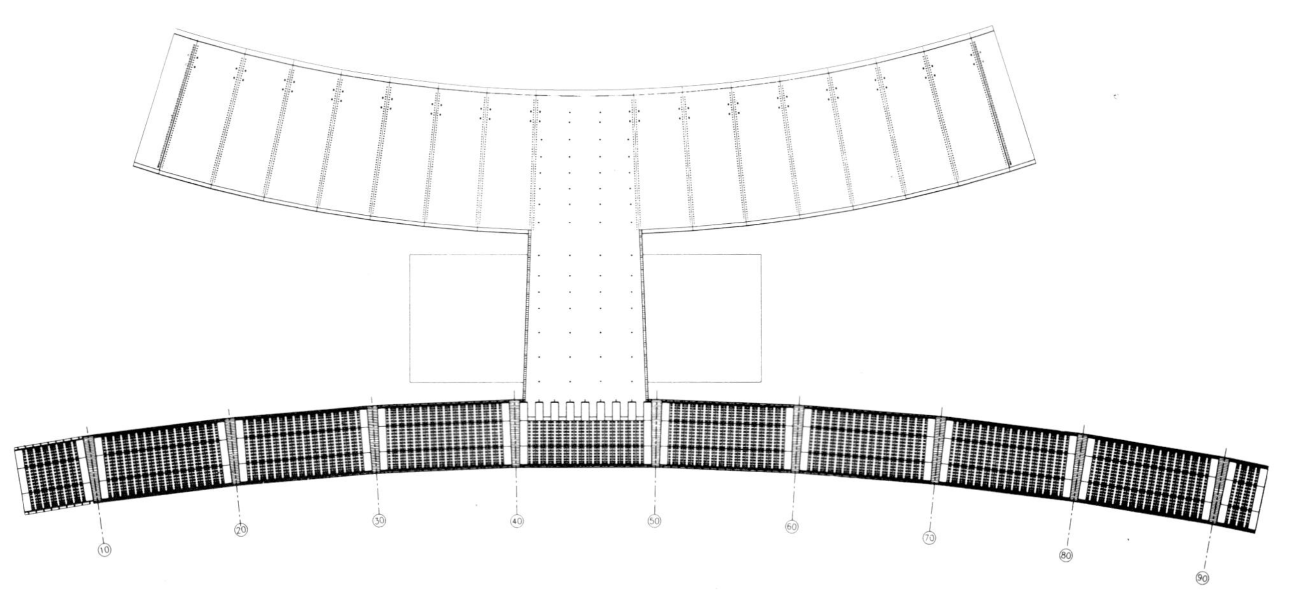

天花顶视。主楼的顶板为混凝土制或木制，在“地峡”上方改变了弧度并跨过“地峡”向外延伸，直到与登机楼自由伸展的混凝土与钢外壳连接到一起。混凝土壳体上开满了孔洞，由此可以过滤光线并使其变得更加柔和

The underside of the ceiling. The ceiling of the main body is in concrete or wood. It folds out over the “isthmus” and continues until it reaches the pier with its freestanding concrete and steel shells. A large number of openings in the concrete shell act to filter and soften the light

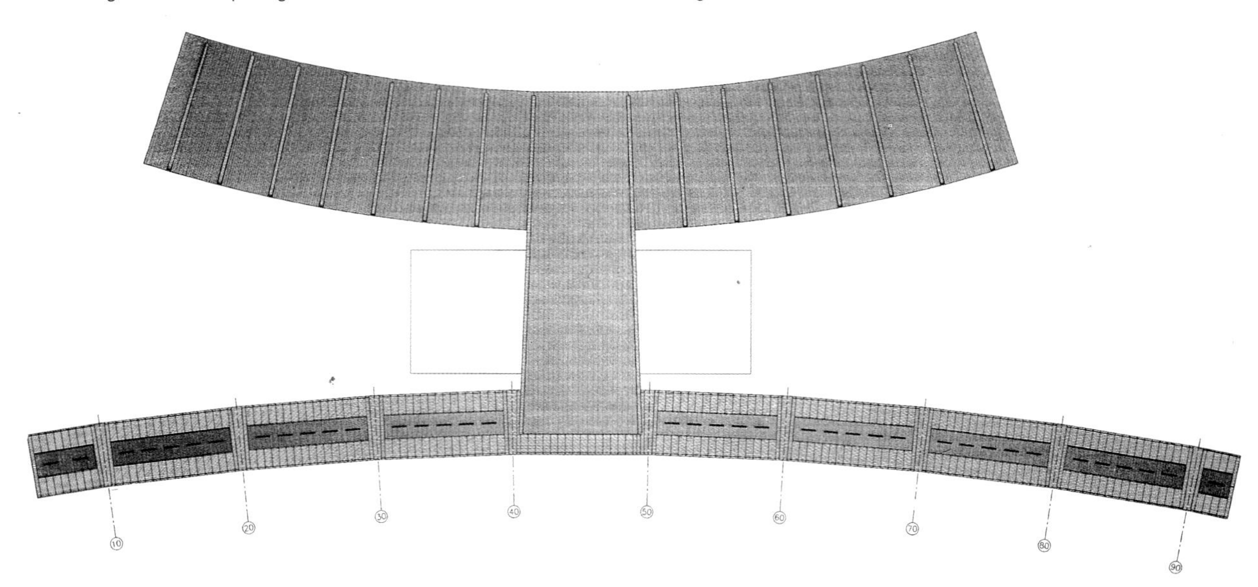

多层表皮的最外层平面。主楼的外包系统采用了锌材。登机楼外包系统的上半部分为锌材，下半部分为多孔玻璃，逐步从不透明转换到透明。锌材以下朝向室内的一面采用了印花玻璃。在夜间，室内拱顶的最高点反射着灯光，看起来非常明亮；随着观察者的目光缓缓下移，拱面也将变得越来越透明

The outer surface of the layered skin. The covering of the main building is in zinc. The covering of the pier is in zinc on the upper part and in fritted glass on the lower part, creating a gradual shift from opacity to transparency. The interior side of the zinc is treated with a printed glass. At night, the summit of the vault inside reflects light and appears very bright; as the eye descends the vault becomes increasingly transparent

剖透视 / 模型照片

Perspective cross-section. Scale-model

多层表面与柔和的光照

Multiple Surfaces and Subdued Lighting

E厅的设计贯彻了对多层表面和柔和的光照的追求。与F厅相似，乘客们也是跨过"峡谷"进入主楼的，因此可以同时将其内各个楼层的景象尽收眼底。与F厅不同的是，这里的光线不是通过"跑道眼(runway eyes)"里的多个方形孔洞流泻进来的，而是来自底部楼层的柔和宁静的漫射光。

乘客从登记处直到登上飞机所经过的空间序列以从黑暗到光明为主题，这一主题早在第一空港的设计中就已呈现出来。与A厅的卫星楼相似，登机楼内的光线也是穿过玻璃、钢与混凝土所构成的多层表面射入室内的——同时也意味着这段行程的结束。

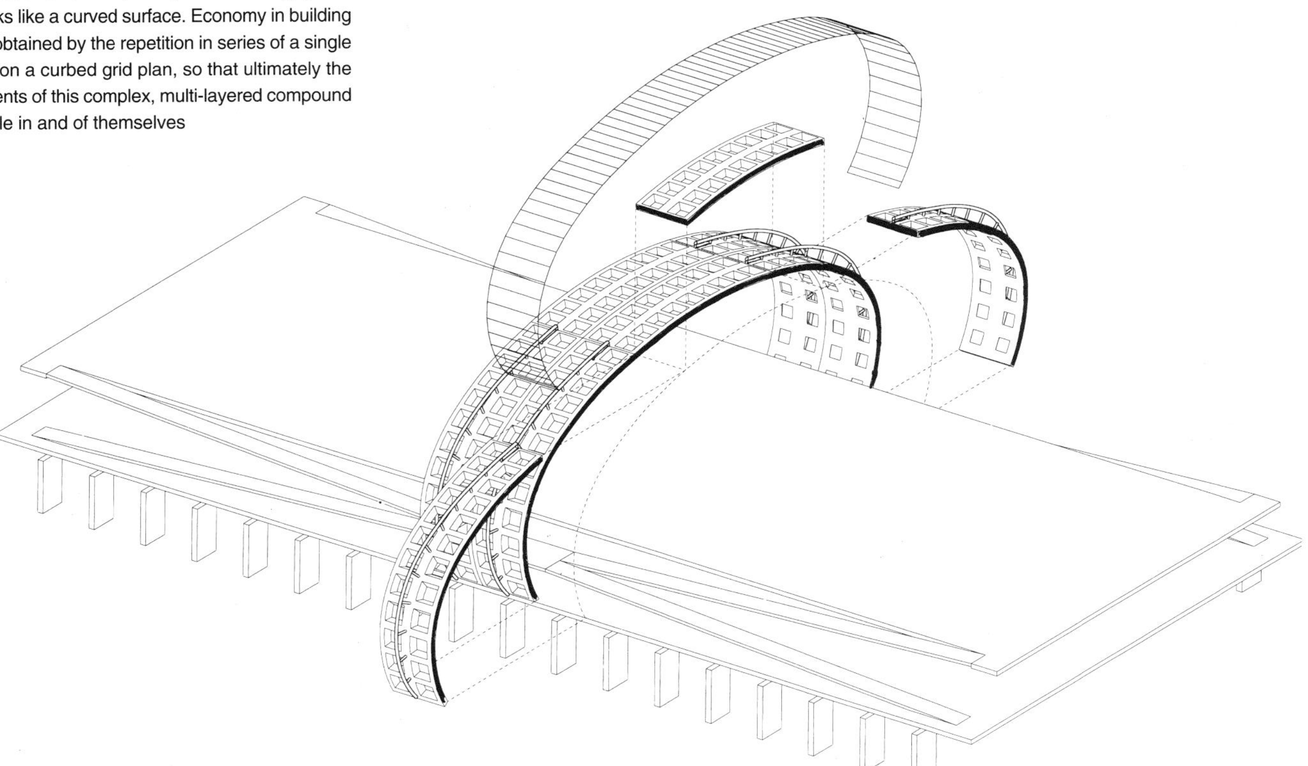

登机楼为一预制系统。4m宽的基本单元依次就位并装配到一起。40cm厚的混凝土壳承受压力，而钢制的弧形肋受拉。两种结构之间的距离取决于角动量(angular momentum)。双层透明玻璃组成的玻璃表面可以保证水密性，以两层结构之间的钢制弧形肋条为支撑。窗格很窄，仅有1m高，拼成的折面非常接近曲面的效果。建筑投资的经济性通过一系列单元在受格网约束的平面上不断重复而获得。最终，这一复杂多层综合体的组成部分及其组合方式都是十分简单的

The pier is a prefabricated system. Four-meter-wide elements are placed side by side and assembled. The 40-centimeter-thick concrete shell is in compression; the arcs in steel are in tension. The distance between the two structures follows the angular momentum. The glass surface that ensures water tightness is a double glazing supported by the steel arcs from one structure to the next. The narrow panes, one meter high, form what looks like a curved surface. Economy in building costs is obtained by the repetition in series of a single element on a curbed grid plan, so that ultimately the components of this complex, multi-layered compound are simple in and of themselves

建筑物的多重表皮
The multi-layered skin of the building

每隔一段距离，一缕光带便会规律性地射入到登机楼的内部：这里正是各种元素的交接点，也正是登机桥所在之处
The space in the pier is punctuated at regular intervals by bands of light: this is where the loading bridges are positioned at the junctions between the elements

总体规划

The Master Plan

自登机楼内部望新控制塔

View of the new control tower inside the pier

总体规划十分紧凑而且很容易识别。离港与进港乘客的流线完全分开。乘客在E厅和F厅之间的转换在地面的广场层(esplanade level)完成；一条封闭的、带有空调设备与若干自动步道的走廊与两座建筑相接，并与捷运车(people mover)联系起来。离港乘客集中在+7.5m楼层上，共有140个登记台。

对于国际航线的离港乘客来说，捷运车确保了E厅与卫星楼之间在空侧的联系。捷运车自离港层的“地峡”出发，钻过滑行道(taxiways)到达东侧的公路轴，最后在跑道层之下抵达卫星楼。对欧洲内部航线的乘客，F厅与卫星楼的联系则在陆侧解决。

新铺设的公路一直向东延伸，使整个机场的汽车流线更为顺畅，同时也使第二空港的构图更加完整。第二空港的设计与建造自1969年开始，至此已有30余年，并将一直持续到2008年。

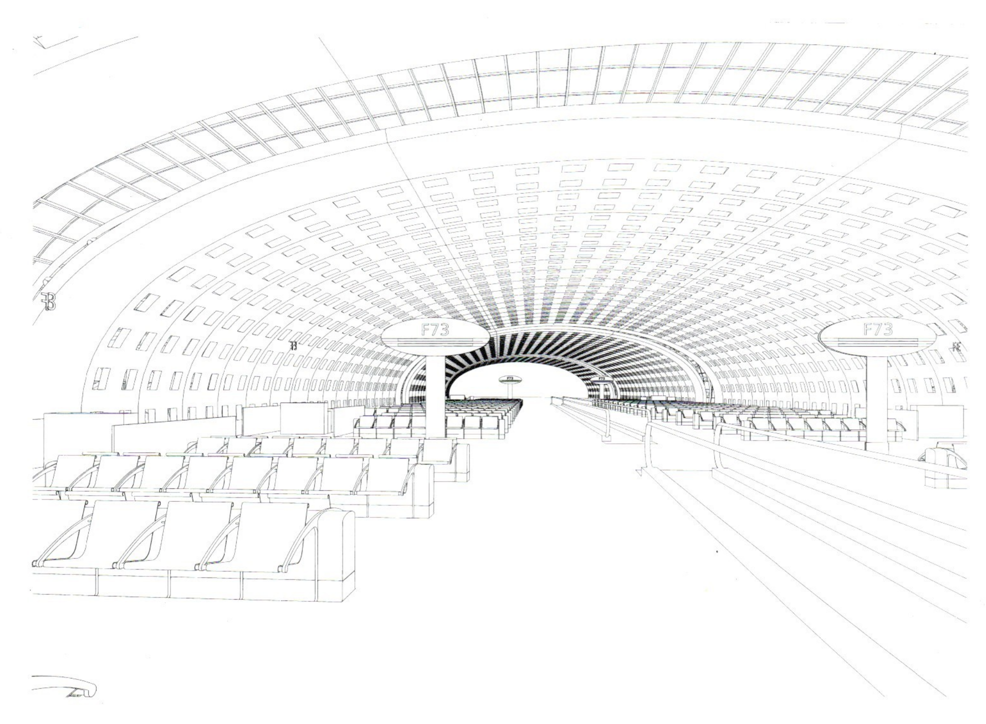

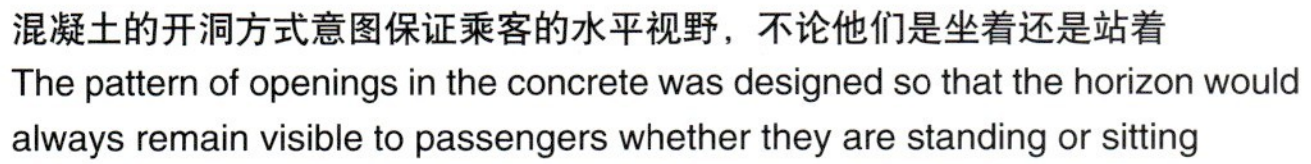

混凝土的开洞方式意图保证乘客的水平视野，不论他们是坐着还是站着

The pattern of openings in the concrete was designed so that the horizon would always remain visible to passengers whether they are standing or sitting

(上页图)
登机楼鸟瞰。每一直段的长度根据飞机的翼宽确定
Aerial view of the pier. The length of each straight element is determined by the wing span of a plane

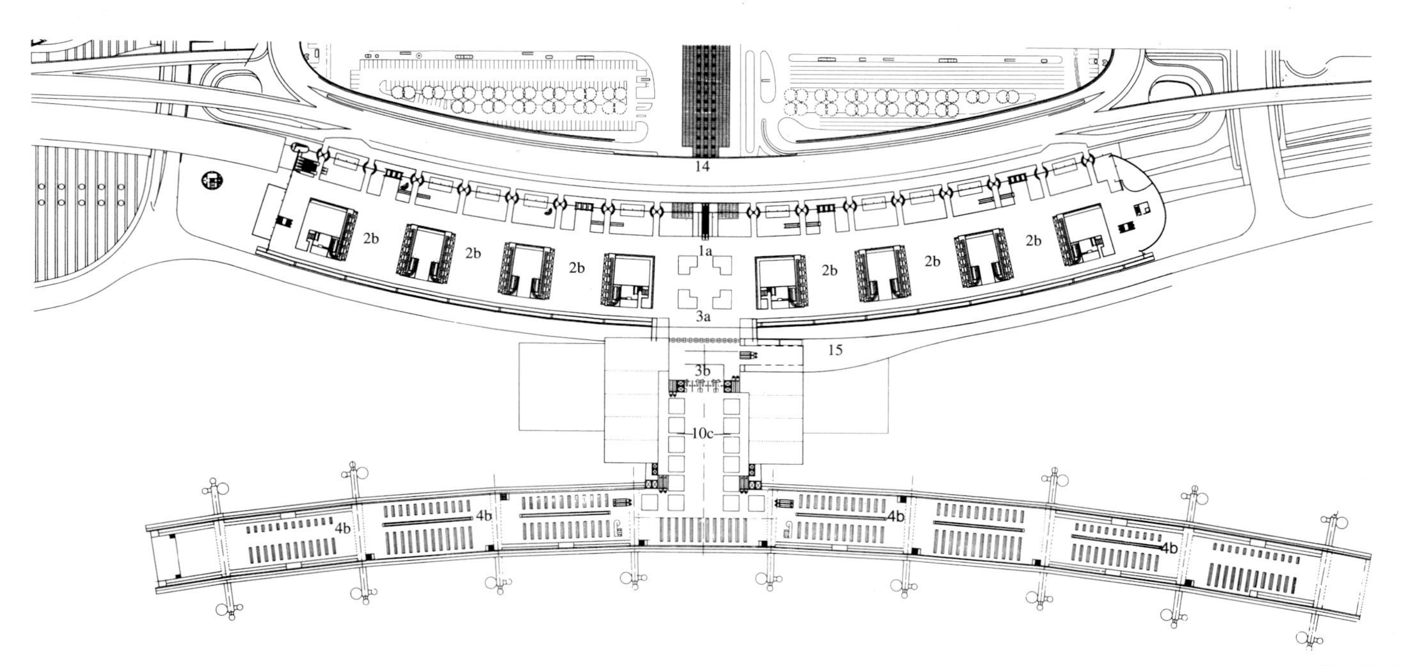

离港层平面图
Plan of departures level

1a. 离港厅 Departures lobby
2b. 国际离港值机柜台区 Check-in area-International departures
3a. 出境护照检查 Outgoing passport control
3b. 安检 Security control
3c. 入境护照检查 Incoming passport control
4b. 国际登机厅 International boarding lounges
6. 中转 Transit
7b. 国际进港 International arrivals
10c. 免税店 Duty-free shops
14. 陆侧通道 Cityside access road
15. 通往卫星厅的连廊 Link with the satellite

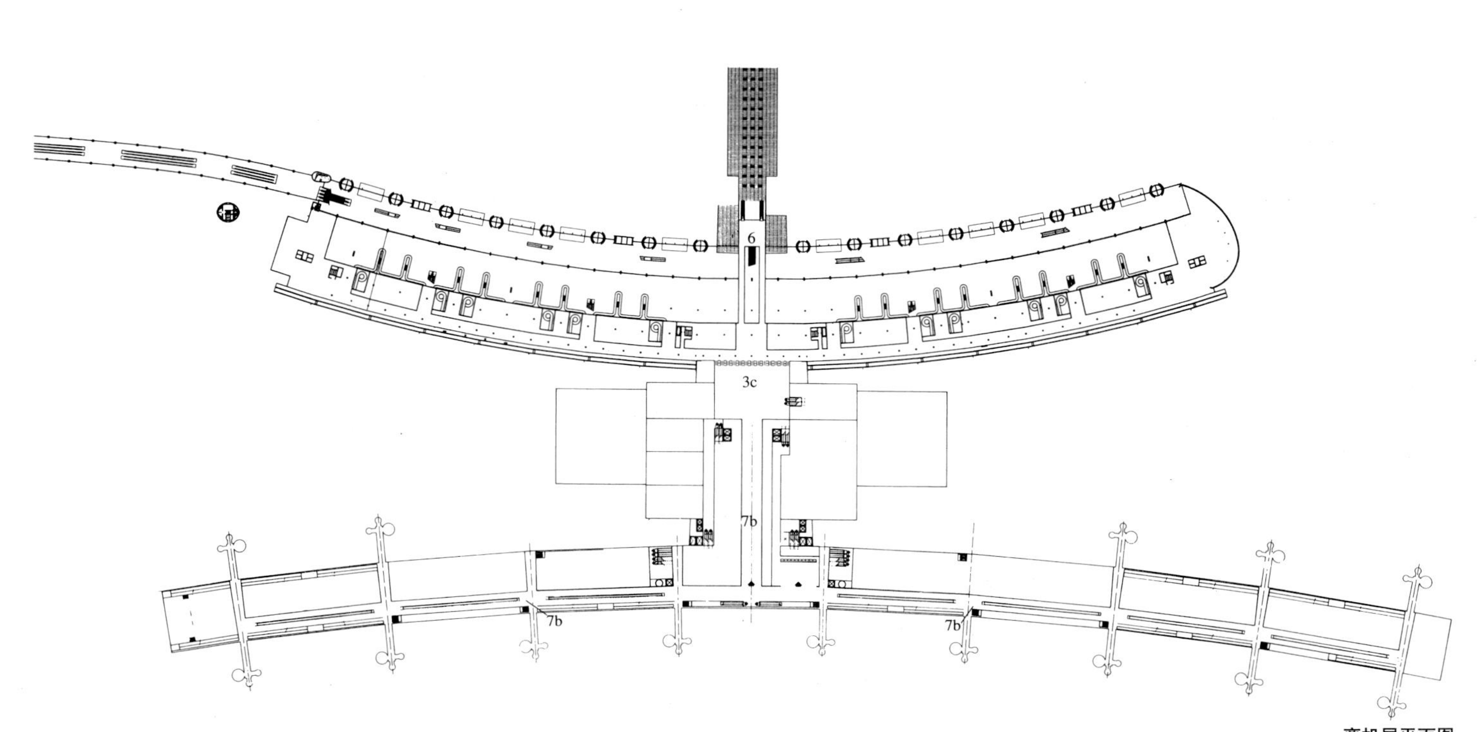

离机层平面图
Plan of deplaning level

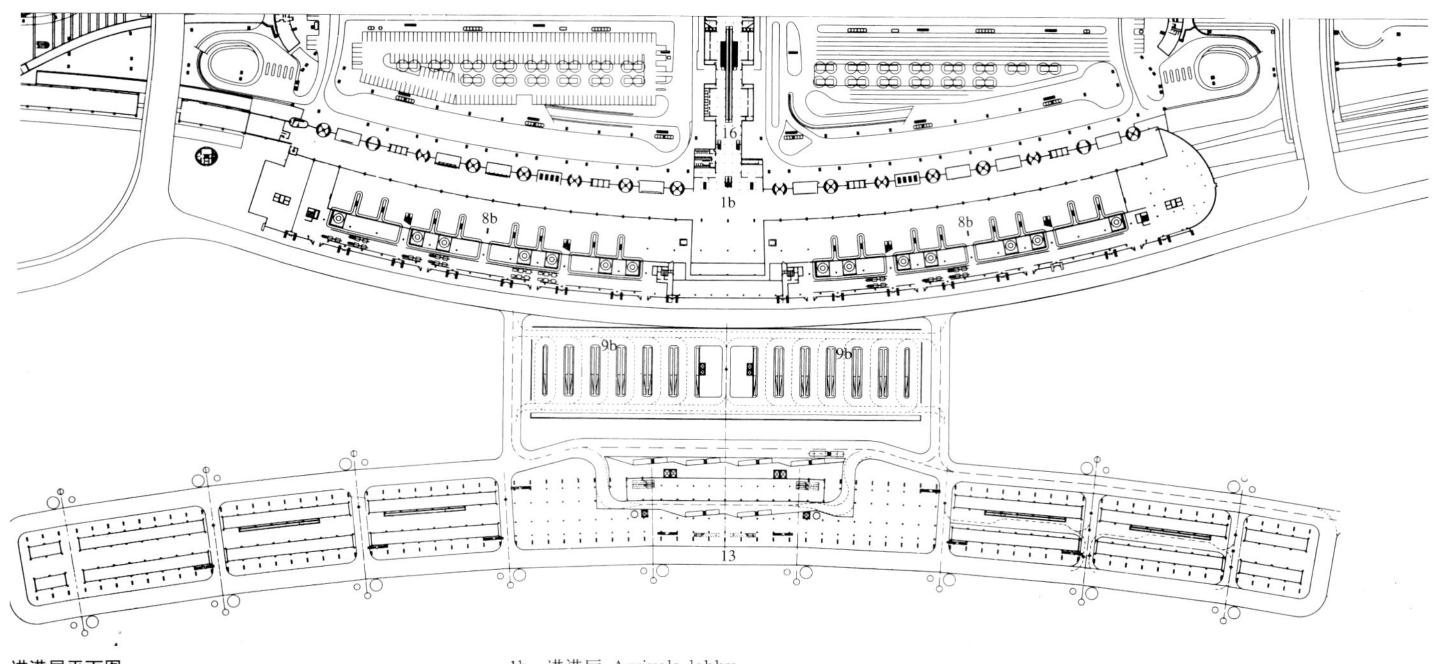

进港层平面图
Plan of arrivals level

1b. 进港厅 Arrivals lobby
8b. 国际行李交付 International baggage delivery
9b. 国际行李分检 International baggage sorting
13. 后勤通道 Service road
16. 通往F厅的连廊 Link with Hall F

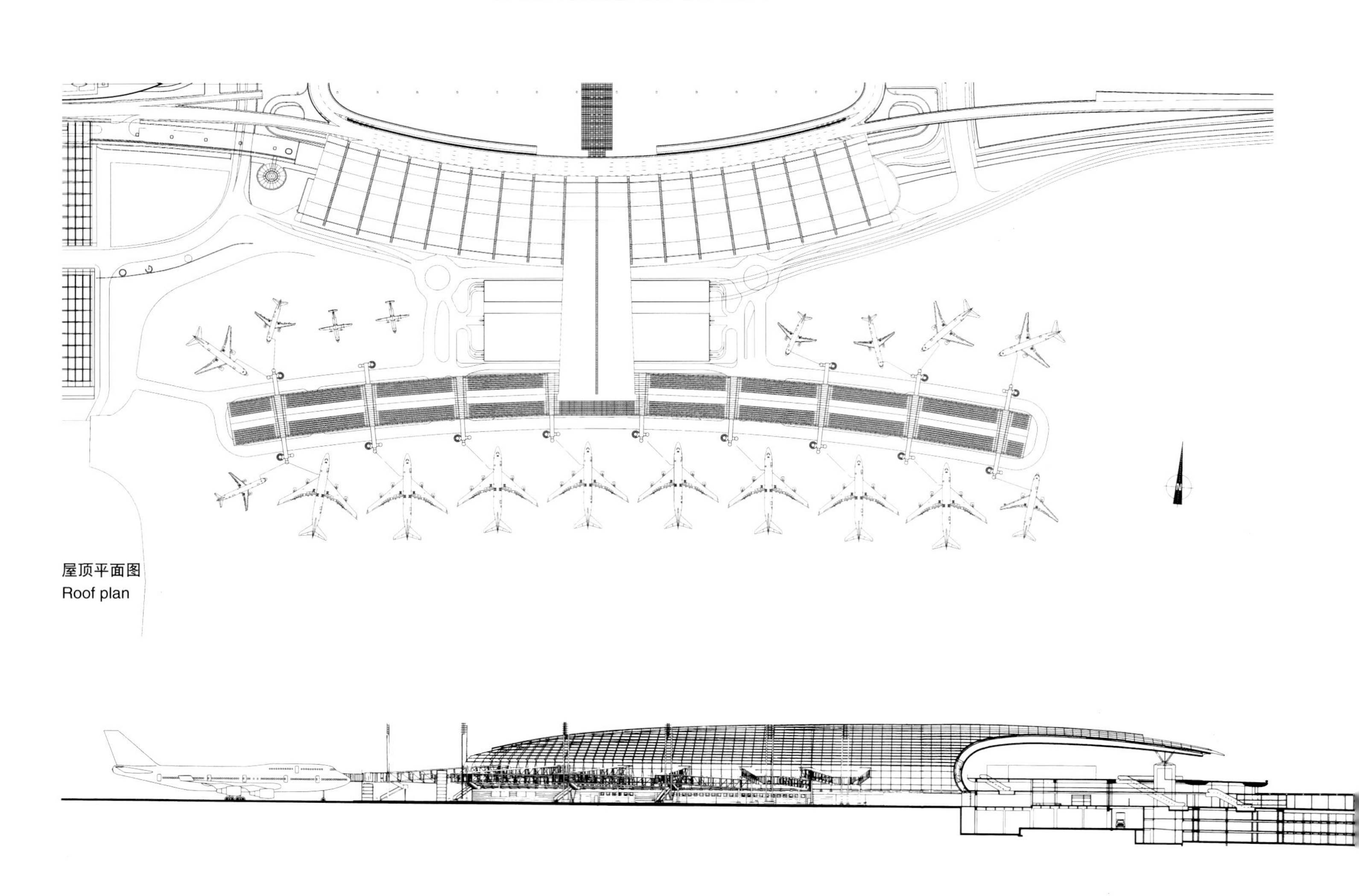

屋顶平面图
Roof plan

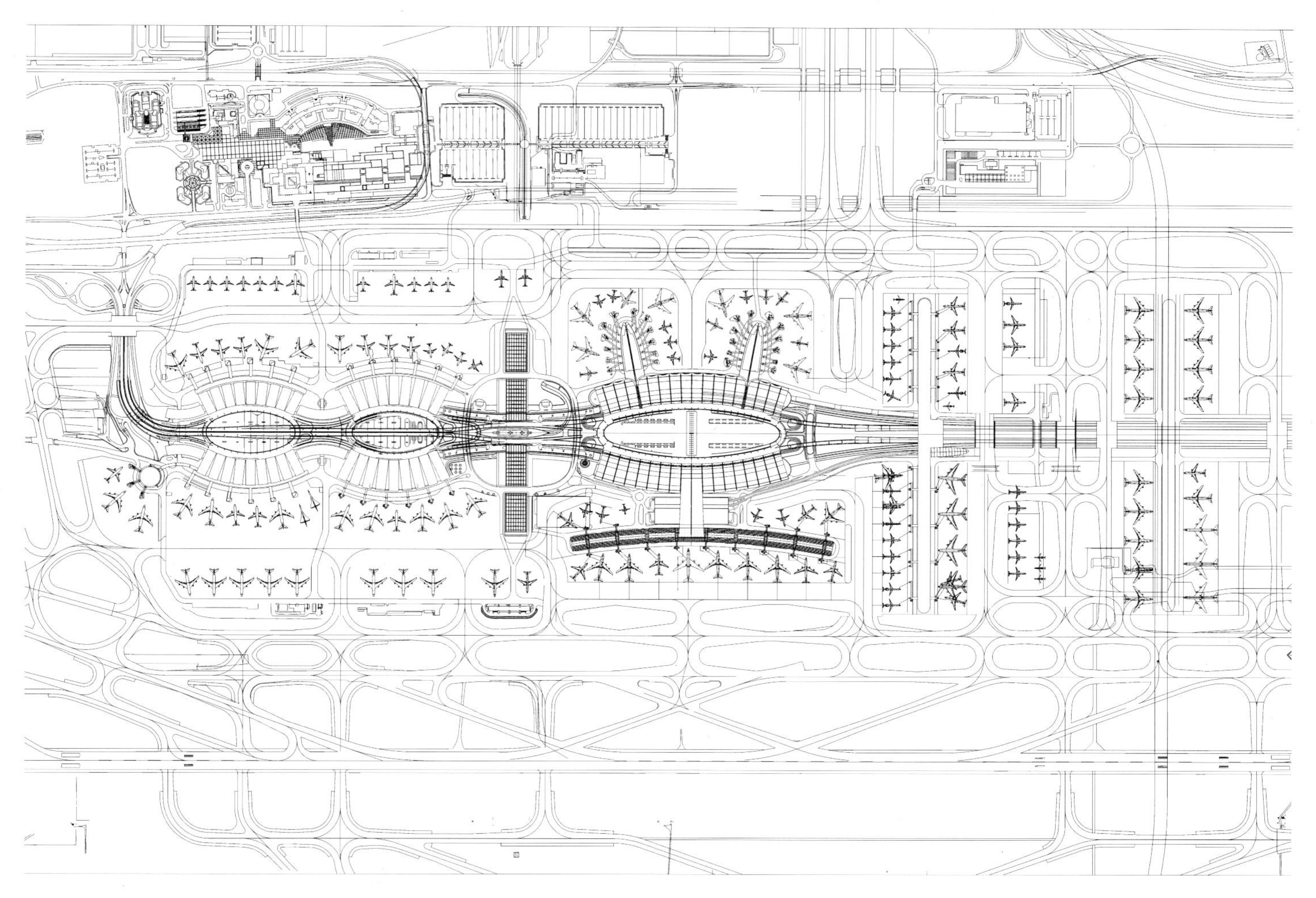

第二空港总体平面图
Overall plan of Terminal 2

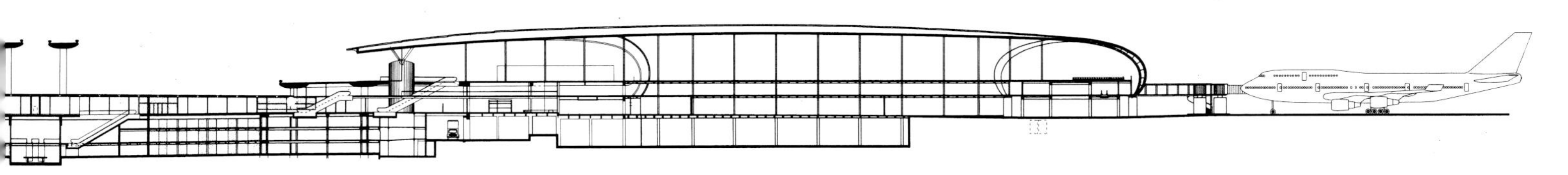

F厅（左）、E厅（右）横剖面图
Transverse section of Hall F (left) and E (right)

阿布扎比国际机场 Abu Dhabi International Airport

客运港第一单元 Passenger Terminal, Module 1

天空之脐

A Umbilical Point in Space

在过往旅客眼中，阿布扎比就像一颗卫星，是飞机集聚的中心和空中无形交错着的航线的起点。从功能和形式的角度来说，这颗卫星就好比天空的脐，或者说是一个数学意义上的空间节点。

在过境旅客人数远远超过本地旅客的情况下，对功能的考虑更是构成了空港的设计基础。这也是要有两个连成一体的独立建筑的原因：一个为本地旅客服务，是办理登机和托运手续的“终端站（terminal）”，另一个则为进港、离港及过境交通服务，是一栋圆形的卫星楼。两个建筑通过一条“廊道”连接起来，廊道的功能与戴高乐机场第一空港中的自动步道相同。

空港的规模虽不大，但环卫星楼一周仍然可以提供大量机位，这种泊机方式还尽可能地缩短了交通流线。

鸟瞰照片。空港的设计紧凑简洁，其造型如同矿石一般，与沙漠和大海形成鲜明的对比

Aerial photo. The terminal's compact, mineral-like design creates a counterpoint to the desert and the sea

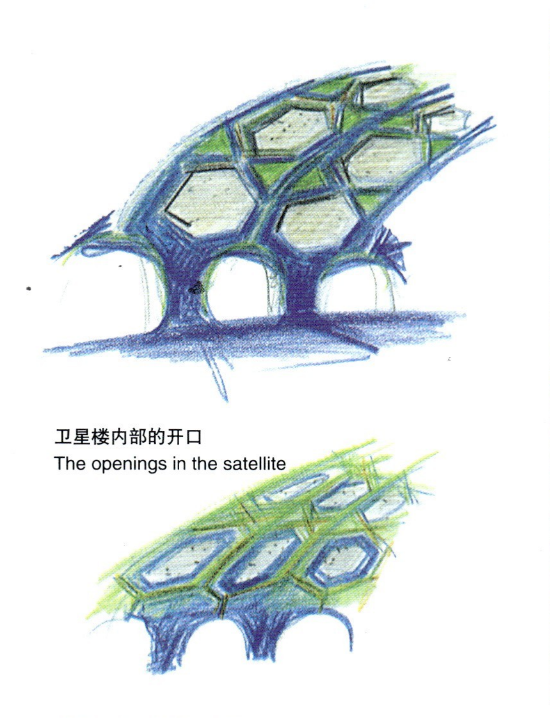

卫星楼内部的开口

The openings in the satellite

保罗·安德鲁手绘草图

Drawing by Paul Andreu

从跑道一侧望卫星楼

The satellite from the runway side

使人联想起甲壳的内部空间
The interior calls to mind the inside of a shell

卫星楼内景。分不清表面的动感究竟是向内还是向外
Interior views of the satellite. Is the surface flowing in or out

岩洞般的建筑

A Cave-like Architecture

为了表达特定的“场所感（sense of place)”，卫星楼的外表面是灰色的，而内表面的色彩则十分明快，构成图案像是龟壳上的花纹。卫星楼和空港的室内与室外的光源、热源基本隔绝，使人想起岩石掩蔽下的洞穴内、外的空间对比。

正如洞穴是由裸露的巨石向内凹陷而形成，本项目的地面、墙面和顶棚也是由同种材料所构筑成的一个整体，像熔岩一样地自楼板中央涌出，逐渐凝成地面、墙体、栏杆和穹顶，直至这种由蓝色或绿色“碎砖”拼成的图案遍及整个室内。

出口处的金属格栅、回风系统、指示系统以及穹顶的间接照明都包含在从地面升起的结构体之中。

(右上图)
主楼与卫星楼之间的连廊
Connecting corridor between the satellite and the main building

(右下图)
在室内外光线的交界处，墙面的图案只剩下了最浓重的蓝色
Where the pattern comes into contact with the outside light, only the deepest, darkest blue remains

穹顶：色彩与动感的表演

The Vault: A Play on Color and Motion

穹顶的几何设计基于一个圆环面（torus）——以数段圆弧拼成的曲线为母线，再加以旋转而形成的曲面。

瓷砖图案便脱胎于生成这个圆环面的一根根母线。这是一种更为复杂的、由多个扭曲的六边形拼成的纹样，加上色彩的变化后，创造出了强烈的动感。

颜色的变换遵循一个简单的原则：愈向外围愈偏蓝，愈向中心则愈偏绿。到室内外的交界处，便只剩下最浓重的蓝色了。瓷砖图案由外及内，从蓝底绿纹逐渐变成了绿底蓝纹。这一图底转换由于白色的加入得以实现；色彩的流泻仿佛是涌动着的喷泉。

陆侧立面
Cityside facade

（上二图）
遮阳板的设计造成了斑驳的光影
The design of the brise-soleil creates a geometrical pattern of fragmented light

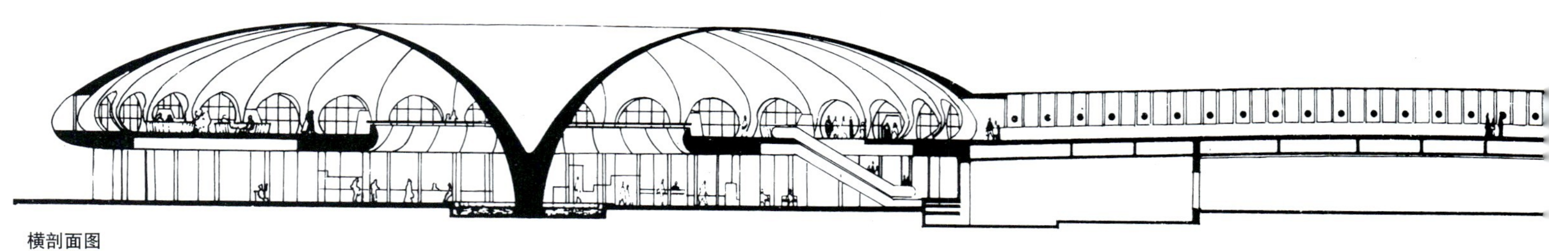

横剖面图
Transverse section

交通组织

Traffic Organization

进港和离港交通都集中在主楼的首层，通过高架在路基上的环路便可抵达。行李分检位于主楼的跑道层，二层则是行政办公和服务部门。

放射状的规划使空港自身便具有扩展性。特别是空港的陆侧，不需延长交通流线便可以轻松地添加各种辅助设施。

此外，总体规划还为每个功能分区都留出了余地，以便使空港的所有活动都能在今后加倍扩展。

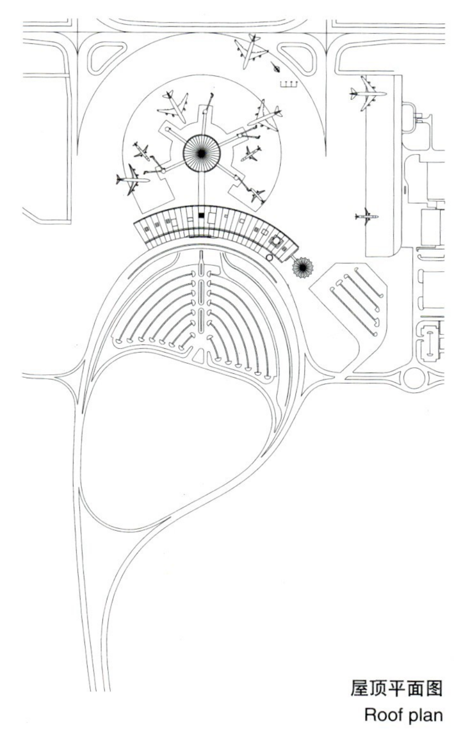

屋顶平面图
Roof plan

公共大厅
The public concourse

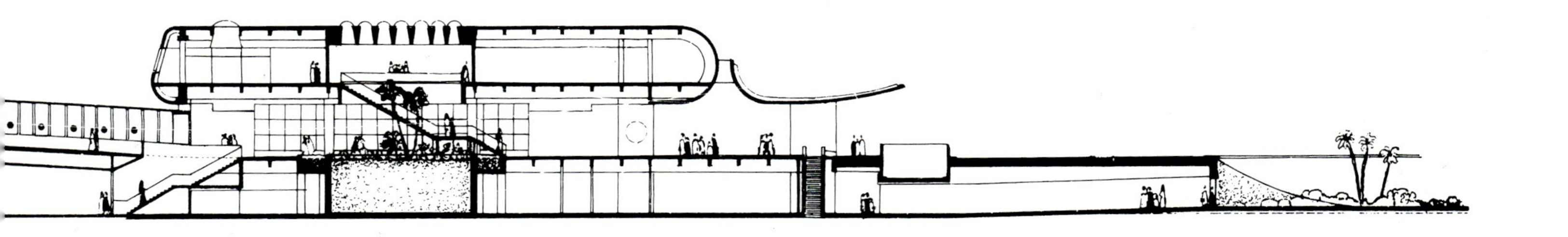

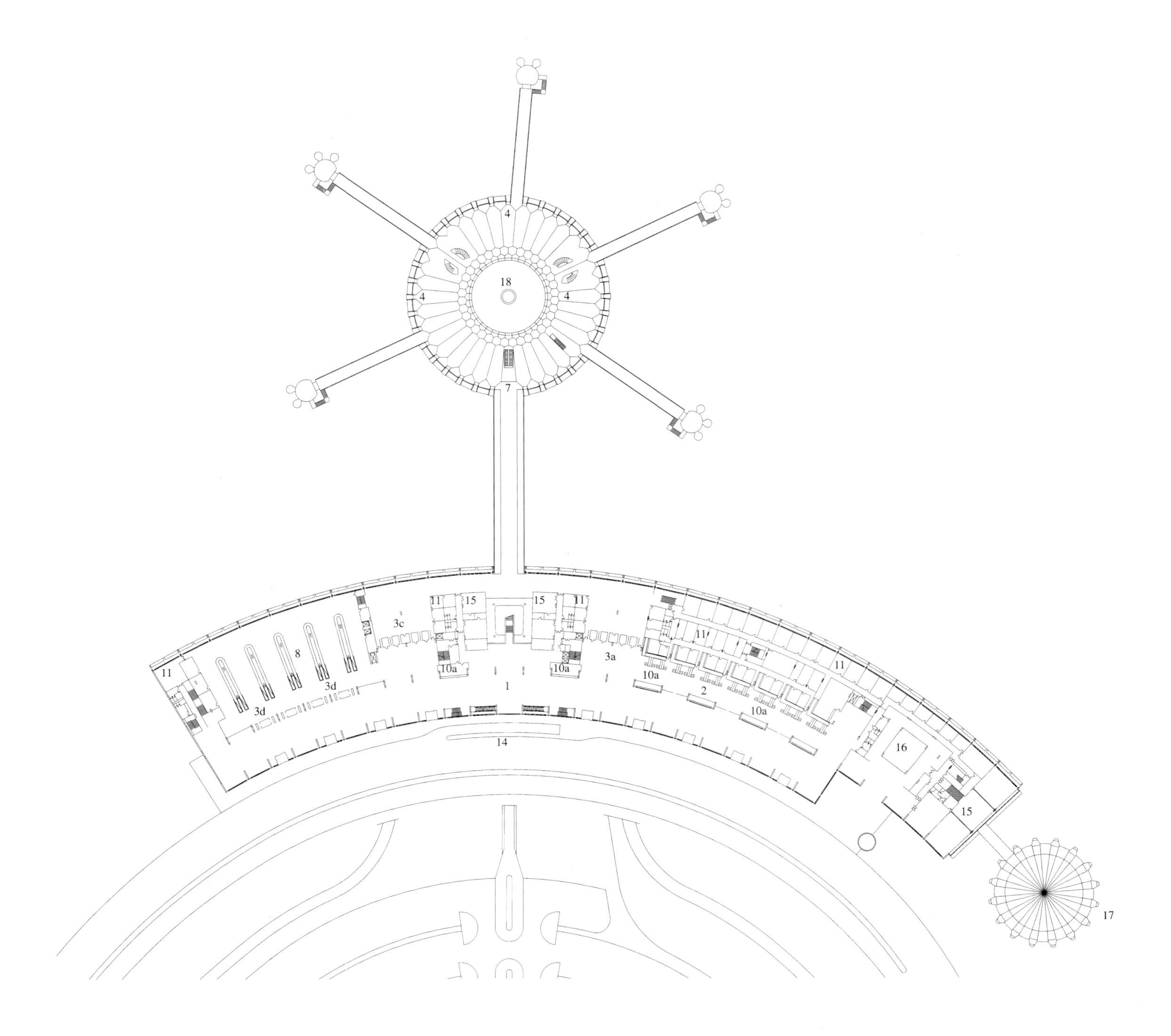

交通层平面图

Plan of traffic level

1. 公共大厅 Public lobby
2. 值机柜台区 Check-in area

3a. 出境护照检查 Outgoing passport control

3c. 入境护照检查 Incoming passport control

3d. 海关 Customs

4. 登机厅 Boarding lounges
7. 进港 Arrivals
8. 行李交付 Baggage delivery

10a. 商店 Shops

11. 行政办公 Administrative offices
14. 陆侧通道 Cityside access road
15. 休息室 Lounges
16. 清真寺 Mosque
17. 贵宾区 Distinguished visitors area
18. 免税店上空 Empty space over the duty-free shops

空侧立面图

Airside facade

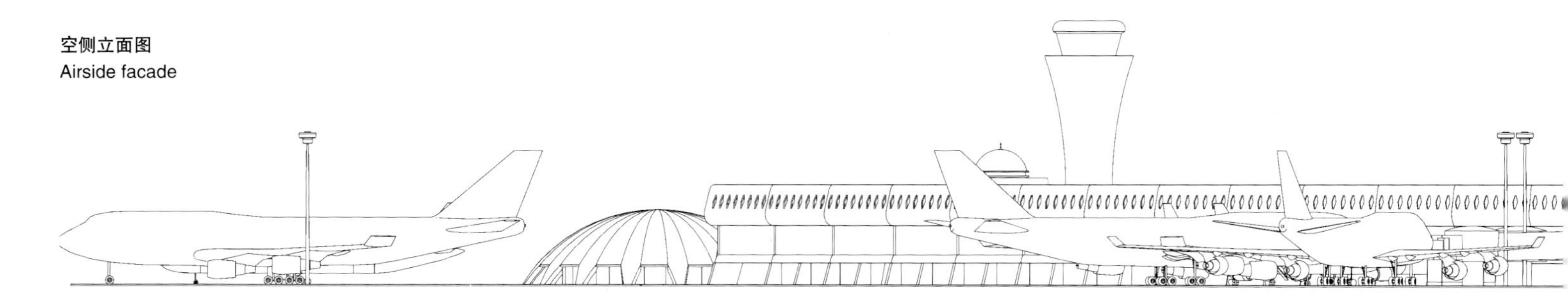

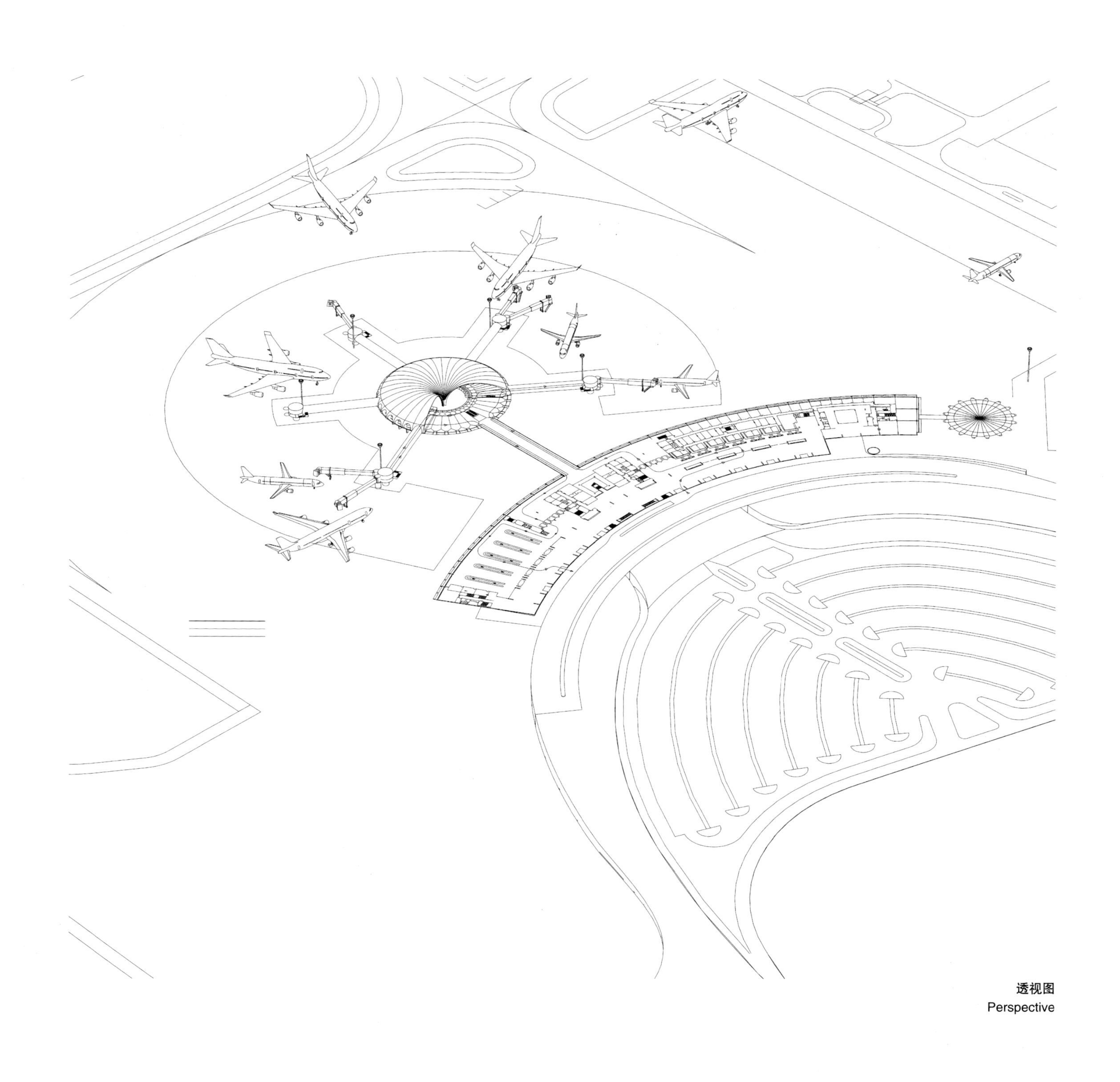

透视图
Perspective

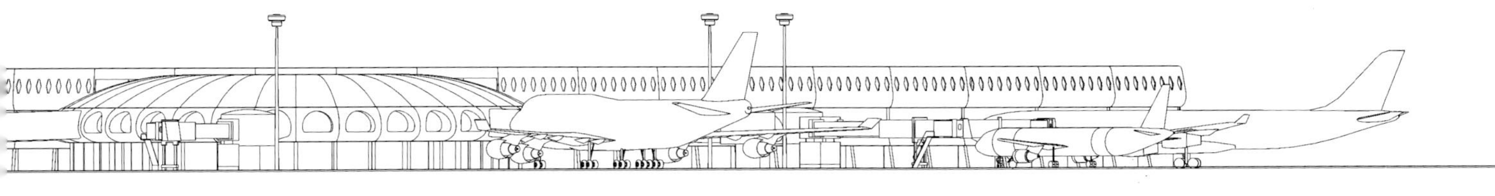

阿布扎比国际机场
客运港扩建暨第二单元

Abu Dhabi International Airport
Passenger Termial Extension, Module 2

第一单元的续篇
A Sequel to the Original Project

扩建部分继续着20年前就已经开始的主题——圆、收敛与发散、场所感——由喷泉般自中心涌出的蓝绿色穹顶而固定下来。扩建部分既是初始工程的续篇，同时又饶有新意，就像查尔斯·戴高乐机场增建的建筑物一样。扩建部分的形状与原来的穹顶属于同一类型，用几何术语来讲，两者互为相似形，只是后者比前者更为高大（直径达100m）而已。另一方面，扩建部分的功能流程及其采用的工程技术手段则发生了根本性的改变。

大漠星空的隐喻限定了建筑的时空背景
The metaphor of a star-filled desert night grounds the building in time and space

卫星楼。保罗·安德鲁手绘草图，1996年8月28日
The satellite building. Drawing by Paul Andreu, August 28,1996

从透明到不透明

From Transparency to Opacity

此外，由于原来的建筑具有光滑连续的封闭表面，受光面与背光面间尽可能柔和地过渡，因此卫星楼的穹顶也采用了渐变的方式，从透明慢慢过渡到了不透明。

新的穹顶由上百个钢管所支撑，每根钢管的直径为 25cm，壁厚 1cm。建筑的面材在透明玻璃、穿孔金属板和不透明金属板之间逐渐变换，通过这种过渡式的表皮处理可以对建筑物的透明度进行精细地调节。

正常视高处的立面是完全透明的，旅客们可以一览飞机的全景。随着穹顶向上发散，内表面的蓝色逐渐加深，同时透明度也逐渐降低；待其升到最高点后，又重新向下聚敛，直至汇入建筑中央的绿色"泉眼"。建筑的内部好似夜幕下的天穹，使旅客忘却了骄阳的烤炙；然而地平线处却是明亮的，仿佛是天将破晓时从飞机跑道处透入的一缕曙光。

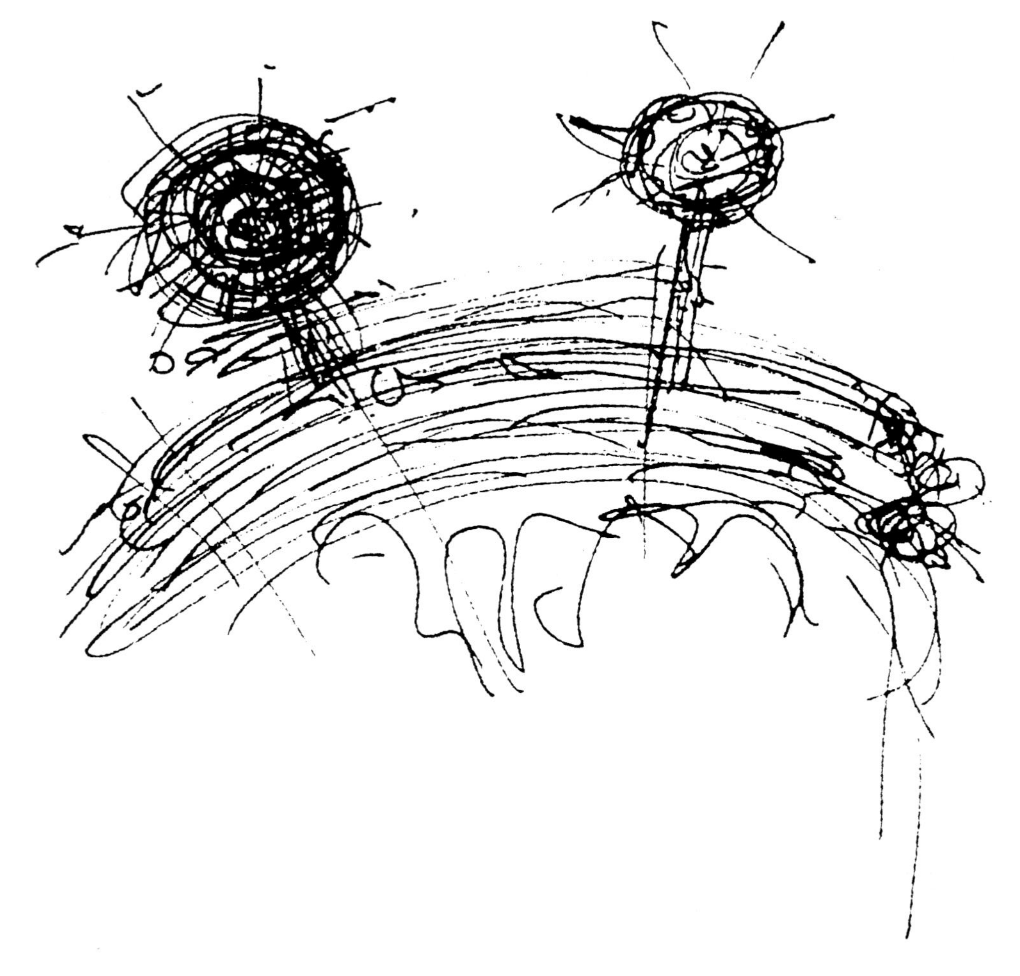

总平面。保罗·安德鲁手绘草图，1996 年 8 月 18 日
Master plan. Drawing by Paul Andreu, August 18,1996

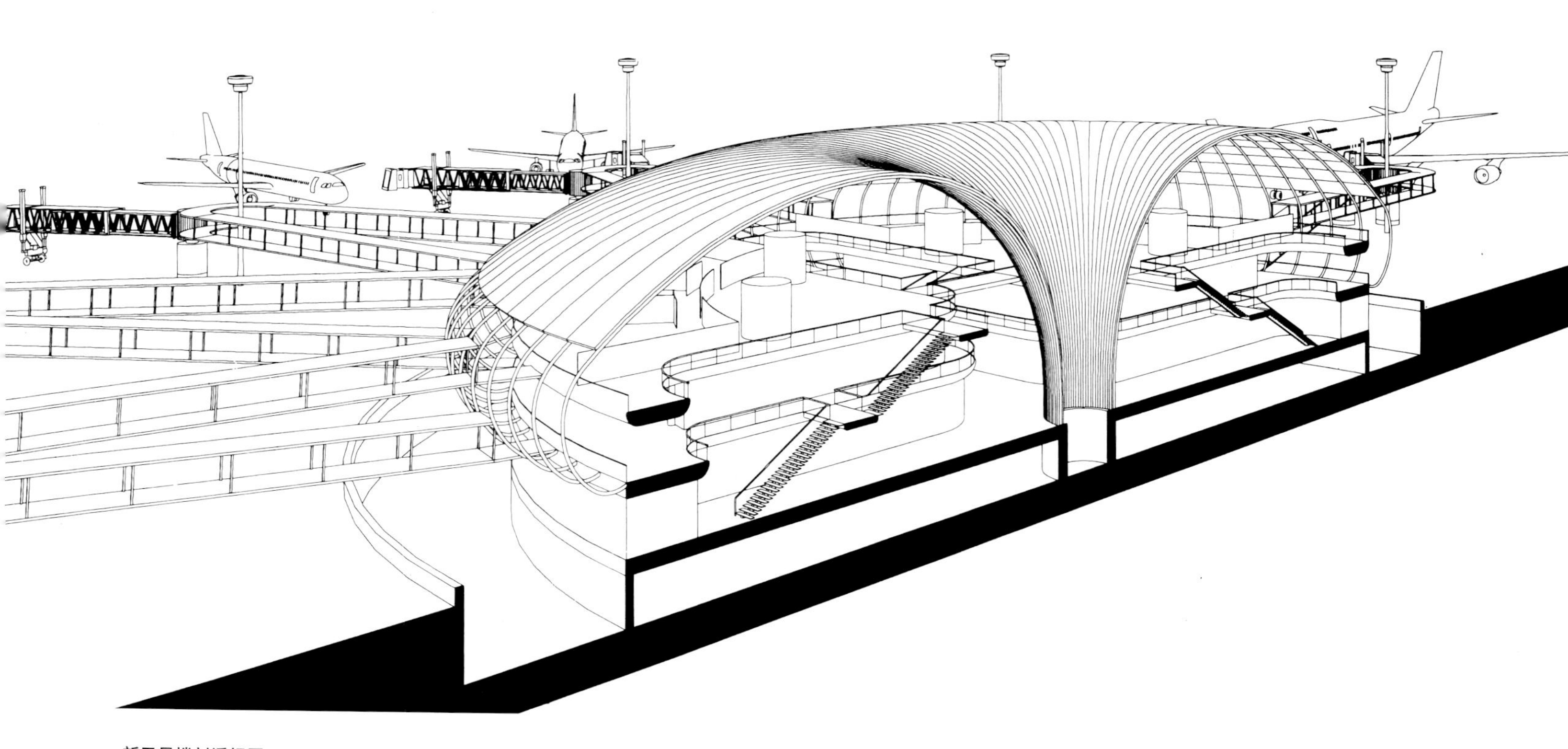

新卫星楼剖透视图
Perspective cross-section of the new satellite

飞机环绕的大型购物区

Spacious Shopping Areas Surrounded by Planes

新的规划要求建设 4000m² 的商业空间。这意味着要重新考虑空港内部空间的组织模式。解决方案是设计一个周围环绕着飞机泊位的、实用而宜人的购物区，同时满足零售与旅行的需求。既简单又复杂的三维组织模式创造出一个纯粹而丰富的空间，旅客们一踏进入口便可以立即抓住其整体特征；不过，空间内部仍然保留着相当多的细节，足以为漫步于其中的旅客们提供一些意外的惊喜。

穹顶下部的空间通过两条相互垂直的"街"来组织，这两条街向上贯穿了建筑物的通高并在穹顶的源头处相交。旅客们通过其交点、亦即地面层的中心进入卫星厅。站在交点上可以看到所有楼层和各个功能分区。抵达通往登机厅的第三层前需要先经过包括一座电影院、若干个会议厅和商店的第二层。旅客们随时都可以方便地进入商店购物或继续往登机厅方向行进——不论旅客身处何处，上述一切都能够一览无余。

通过中心点附近的向心感与两条街的发散感的结合，通过在视觉和功能上都已经整体化的各个楼层，卫星厅内部形成了一个既便于使用又易于理解的空间。其中的穿行路线十分简单，然而就为过境旅客提供娱乐以消磨时间这一目的来说，这个空间已经足够丰富和复杂了。

组织方案基于一个正圆形，利用圆的向心性和放射性，以两条相互垂直的街道为骨架创造出空间，并形成多处水平和垂直联系

The organizational scheme is based on the geometry of a circle, and makes use of its simultaneously centralized and radial character to create a space structured around two perpendicular streets with numerous horizontal and vertical links

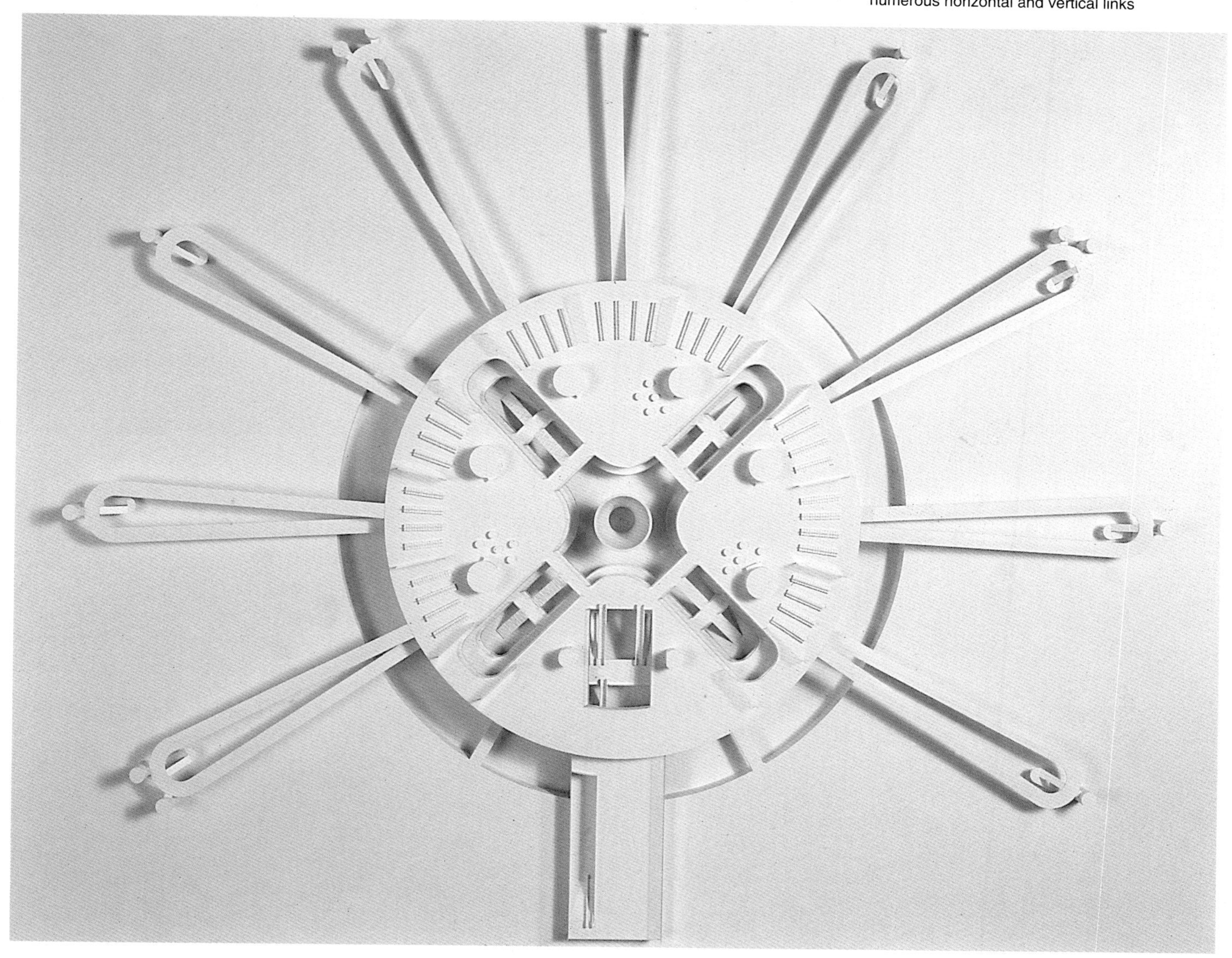

大漠星空

A Star-Filled Desert Night

在色彩、光线与材料的共同作用下，沙漠星空的隐喻得以显现。这一隐喻限定了建筑的时空背景。

照明设备的运用使空间和移动流线更易被理解。光线从楼梯、电梯、自动扶梯以及“街”上的天桥散发开来。温暖的点光源被普遍利用，为深蓝色屋面下的相应区域带来了亲切感。

因传导光线的能力以及所能提供的变化模式，玻璃在建筑的表面处理上得到了广泛应用；其质感可以在透明、半透明和乳光白之间大幅度地变化。在颜色处理上使用了强对比的手法，以黄沙、木材和大地的暖，对比蓝绿色顶棚与玻璃的冷。这一色彩方案与第一空港的瓷砖图案及色彩变化模式形成了呼应。

（上图）

自登机厅望穹顶中心。在这一被飞机环绕的、功能性很强且令人愉快的商业区中，商业需求和旅行需求间没有丝毫冲突

The view from the boarding lounges. There is no conflict between commercial and travel needs in this functional, pleasant shopping area, surrounded by the aircraft

（中图）

自中间层望穹顶中心

View from the intermediate floor

（下图）

正常视高处的立面是完全透明的，旅客们可以一览飞机的全景。随着穹顶向上发散，内表面的蓝色逐渐加深，同时透明度也逐渐降低；待其升到最高点后，又重新向下聚敛，直至汇入建筑中央的绿色“泉眼”。建筑的内部好似夜幕下的天穹，使旅客忘却了骄阳的烤炙；然而地平线处却是明亮的，仿佛是天将破晓时从飞机跑道处透入的一缕曙光

Completely transparent at eye level where the passenger has a panoramic view of the planes, the surface gradually becomes less transparent and the color blue deepens as the vault rises and then falls back down into a green source at the center of the building. The overall effect is of a night sky that protects the passengers from the blazing sun but that brightens on the horizon as if the day were dawning on the runways and planes

两期扩建

Extensions in Two Phases

第二单元的落成使阿布扎比机场的年吞吐能力达到650万人次。设计要求中还包括修建一个新的停机坪、增加11个近台泊位以及扩建停车场。

一期工程包括卫星楼和连接两个航站楼的捷运系统（people mover system）。二期工程准备沿着环路修建一个与现有扩建部分相同的单体。

新卫星楼内的离港层和进港层是完全隔开的。在一期工程中，为了能配合现有建筑共同发挥作用，卫星楼中还包括了登机、离机以及相关的运输设备，此外在空侧还有一个大型购物中心。卫星楼的二层由九个候机室组成。一条由玻璃密封的进港走廊在一层环绕着购物中心，将旅客们导向主楼中的行李交付区。所有楼梯、扶梯和电梯位置的确定都是为了能够最优化地利用空间，并使功能流程尽量简单、明晰。

新主楼的交通组织也基于与现有主楼类似的各个楼层，不过从运行角度看来有了诸多改进。在离港一侧，值机柜台成五个组团布置，以更为简化的方式发挥着功能。进港通道尽端的行李交付厅中有一个大型交通区，便于旅客推车经过海关。两栋楼的行李分检区是连在一起的，位于地面层；二层则容纳了行政办公区、饮食广场和绿化庭园。

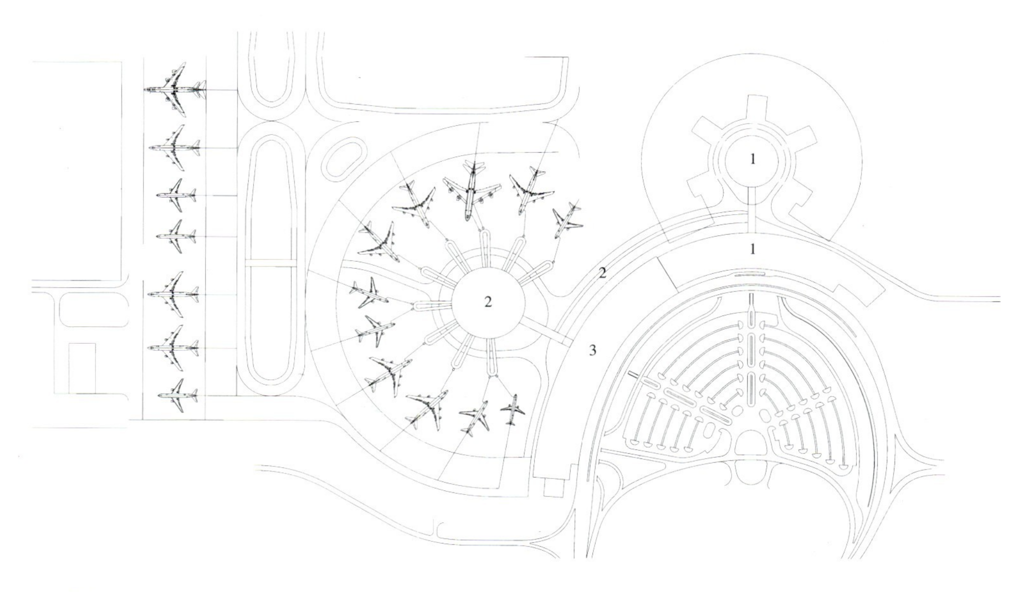

终期屋顶平面图

Roof plan in the final phase

1. 现有空港——主楼及卫星楼 Existing terminal-main building and satellite
2. 扩建部分——一期 Extension-phase 1
3. 扩建部分——二期 Extension-phase 2

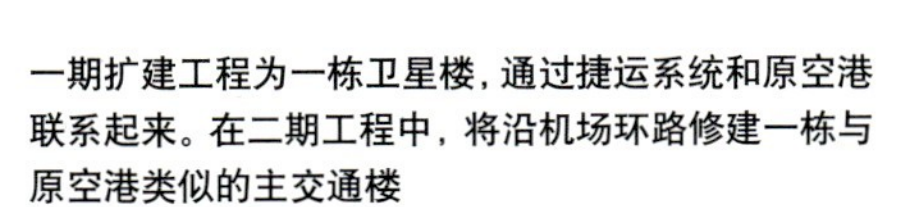

一期扩建工程为一栋卫星楼，通过捷运系统和原空港联系起来。在二期工程中，将沿机场环路修建一栋与原空港类似的主交通楼

The first phase of the extension involves the building of a satellite and a people mover system to link it to the existing terminal. During the second phase, a main traffic building, similar to the existing terminal, is to be constructed along the access road loop

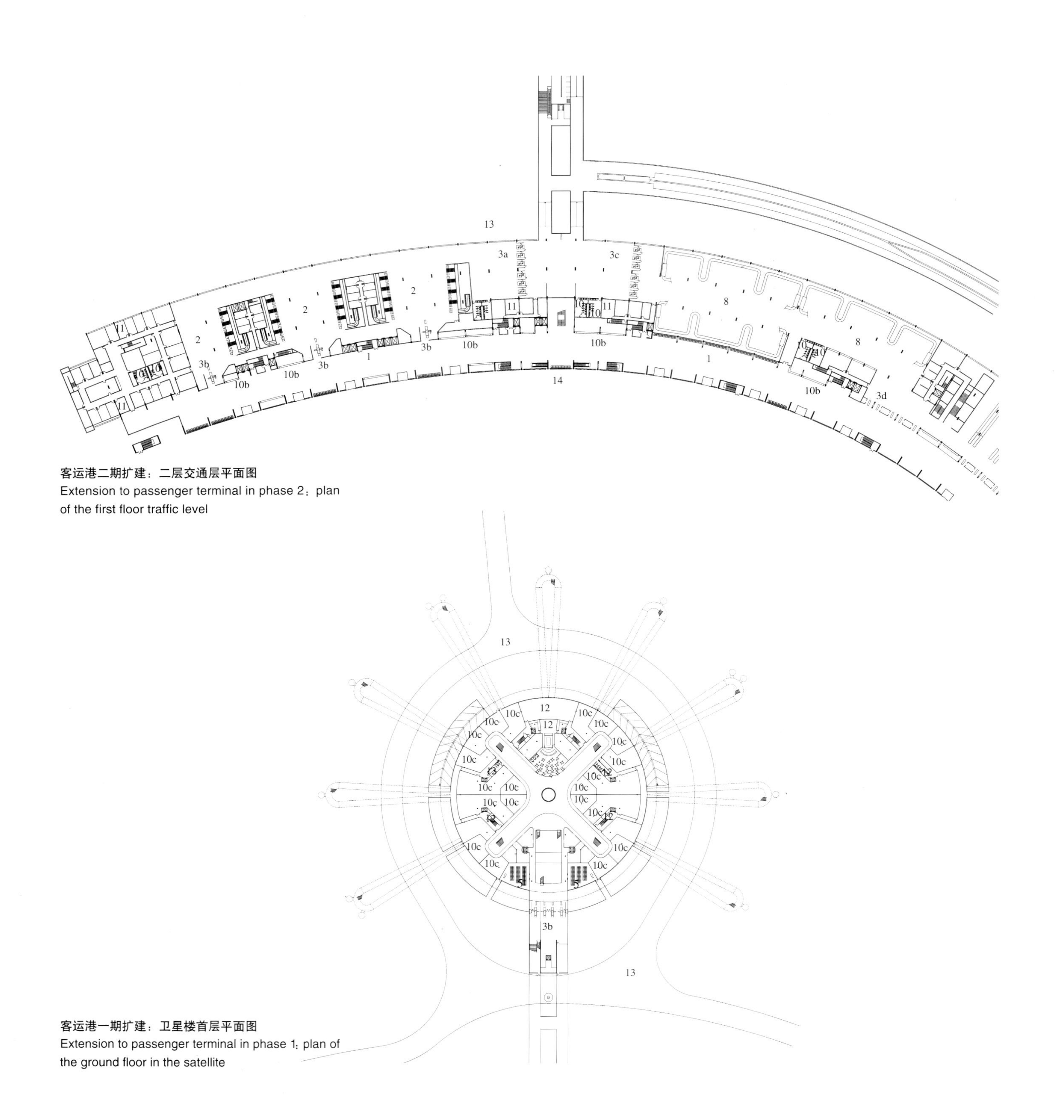

客运港二期扩建：二层交通层平面图
Extension to passenger terminal in phase 2：plan of the first floor traffic level

客运港一期扩建：卫星楼首层平面图
Extension to passenger terminal in phase 1：plan of the ground floor in the satellite

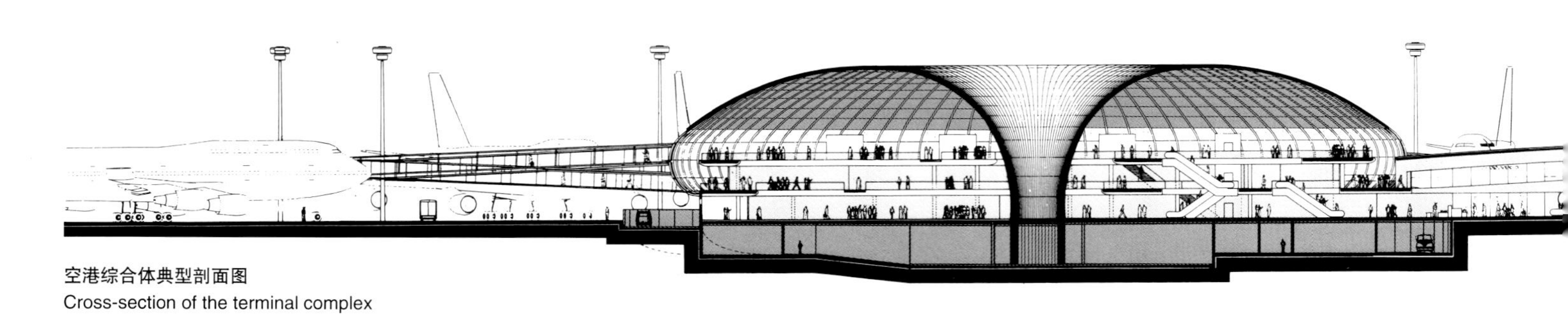

空港综合体典型剖面图
Cross-section of the terminal complex

客运港一期扩建：卫星楼二层平面图

Extension to passenger terminal in phase 1：plan of the first floor in the satellite

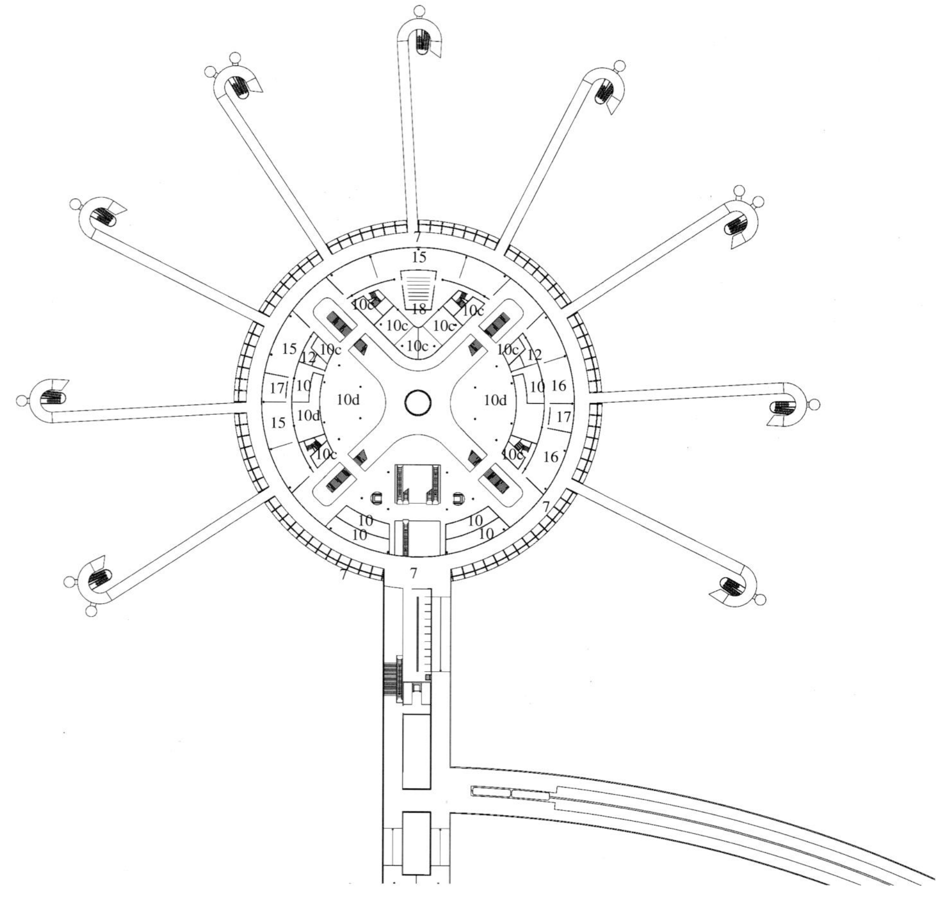

1. 公共大厅 Public lobby
2. 值机柜台区 Check-in area
3a. 出境护照检查 Outgoing passport control
3b. 安检 Security control
3c. 入境护照检查 Incoming passport control
3d. 海关 Customs
4. 登机厅 Boarding lounges
5. 远台飞机捷运系统 People movers for remote aircraft
7. 进港 Arrivals
8. 行李交付 Baggage delivery
9. 行李分检 Baggage sorting
10. 公共康乐设施 Public amenities
10b.资讯 Information
10c.免税店 Duty-free shops
10d.饮食广场 Food court
11. 行政办公 Administrative offices
12. 技术基础设施 Technical support premises
13. 后勤通道 Service road
14. 陆侧通道 Cityside access road
15. 休息室 Lounges
16. 商务中心 Business center
17. 祈祷区 Praying area
18. 影院 Movie theatre

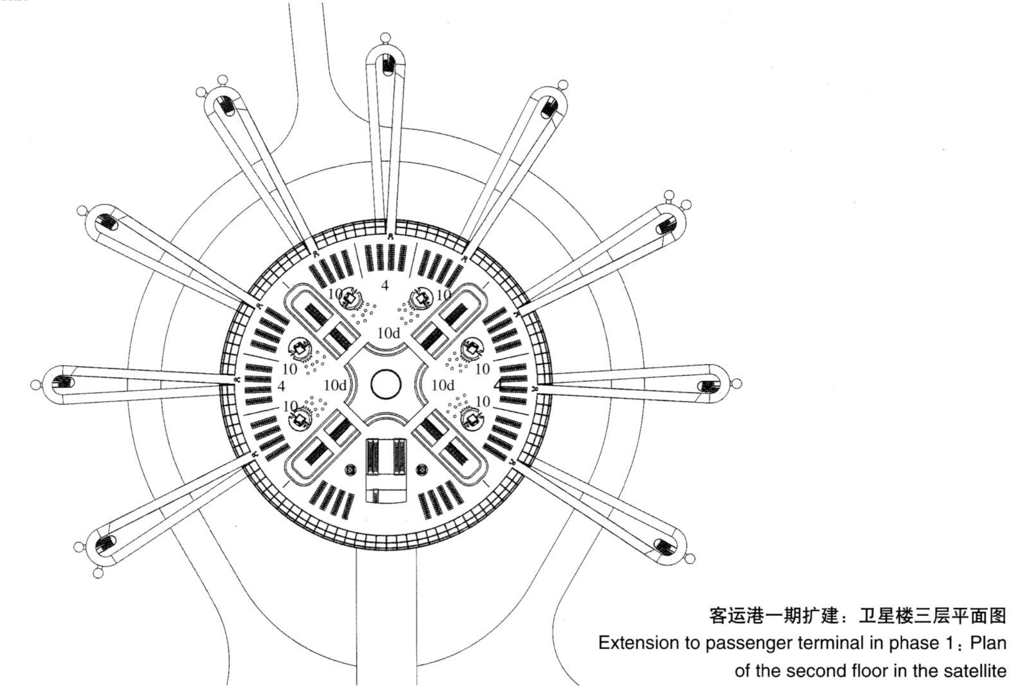

客运港一期扩建：卫星楼三层平面图

Extension to passenger terminal in phase 1：Plan of the second floor in the satellite

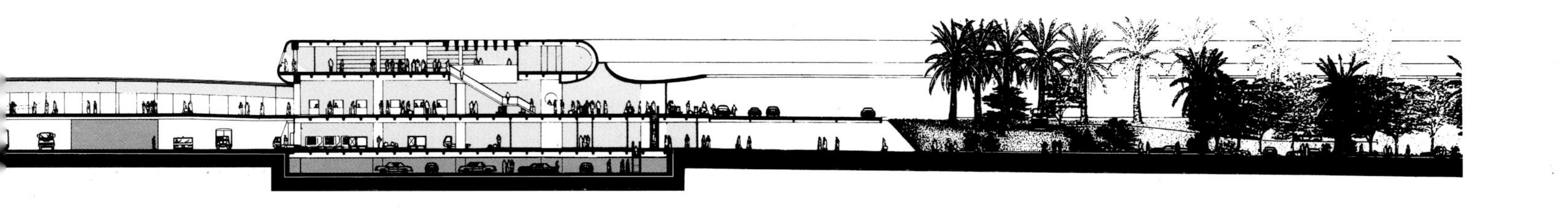

雅加达苏加诺·哈达国际机场 Jakarta Soekarno-Hatta International Airport

花园里的村庄

A Village in a Garden

位于苏加诺·哈达（Soekarno—Hatta）的新雅加达机场坐落在优美的环境当中。空港仿佛是印度尼西亚的一个小村庄：红瓦屋顶的小建筑群被树木环绕，伫立在一望无际的稻田之中。这是一个简单而经济的建筑综合体，体现了自然与技术的和谐，并且还是第一个——尽管未必是最后一个——将景观（landscape）放在首要位置的项目。

保罗·安德鲁从未试图将这个供旅客使用的综合体与其周边的环境特征、湿热多雨的气候以及浓郁的乡土气息分割开来。建筑物是深深地根植于其所在地的。建筑师最关注的问题便是要让旅客能够在树木葱笼的建筑环境中，舒适、惬意地等候飞机的到来。

贯穿全局的设计主题是机场的步行道：密密层层的圆柱与树木的枝干错杂掩映；建筑师与园林师组织空间的手法以一种独特的方式组合到了一起。

保罗·安德鲁手绘草图
Drawing by Paul Andreu

这里最重要的问题是要让旅客能够在树木葱笼的建筑环境中惬意地候机
What is most important here is that passengers can wait comfortably seated in a house amid the trees

空港仿佛是稻田中的村庄
The terminal resembles a village in the midst of rice fields

自陆侧望见的重重叠叠的瓦顶
The juxtaposition of tile roofs seen from the landside

屋顶连绵在一起，其间的缝隙可以透过天光
A series of roofs fitted together with gaps providing views of the sky above

机场不同设施之间的联系通道为半开放的轻型结构，四周环绕着花园，植物也都带有地方特色
The connections between the various airport facilities are made out of semi-open light-weight structures surrounded by landscaping featuring typical local vegetation

从竹子到金属

From Bamboo to Metal

保罗·安德鲁手绘草图
Drawing by Paul Andreu

悬挂式的屋顶由红瓦铺就。金属管材取代了传统的竹子，但基本构成形式仍是相同的，这些金属管也是从中心向外辐射，与绑扎起来的竹子一样。

之所以采用传统的爪哇式屋顶，是因为其形式和色彩与花园配合到一起，能够创造出引人入胜的总体效果。尽管规模庞大，表现形式也不同，该设计依然撷取到了周边村庄所具有的那种悠远的和谐。主体建筑的公共区被连绵的坡屋顶所覆盖，每个屋顶的轮廓线都在中心部位醒目地突起。绵延叠替的屋顶按照印尼的传统方式相互组合到一起，并由此将旅客导向了登机厅。屋顶之间的缝隙（gap）刚好可以透出一线天光，使整个环境的氛围变得十分明快。

在路面高度上，混凝土结构的厚重密实与支撑屋顶的钢管的纤细精巧形成了鲜明的对比。

本项目最初只在行李交付区、登机区和购物区设有空调装置，公共交通空间即是向花园完全敞开的休息区。空港投入使用后，一些敞开的空间被封上了玻璃并配备了空调。

不论是墁砖地面、清水混凝土基座，还是喷涂成红色并与黑色顶棚形成对照的金属管，所有材料的遴选都取决于一点——其纹理和色调都要与花园中的植物达成精妙的和谐。

金属管材取代了传统的竹子，但基本构成形式仍是相同的，这些金属管也是从中心向外辐射，与绑扎起来的竹子一样
Metal tubes are used instead of traditional bamboo, but the basic form is the same; the tubes radiate from the center in the same way as bamboo lashed together

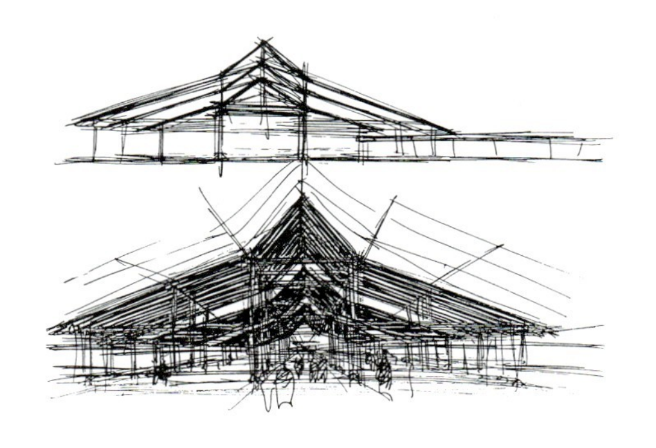

对称的姊妹港

Two Symmetrical Terminals

新空港位于雅加达以西约20km处。在1977年至1979年间精心设计的总体规划中，机场的设计吞吐能力将达到每年50000万人次。

两个空港相对公路轴对称，中轴路的环形辅路向两侧的建筑展开。在中轴路两侧平行设置了两条跑道。

每个空港各有3个交通单元（module），每个单元有7个卫星厅。第一空港为单层建筑，局部两层，其中两个单元用于国内航班。第二空港共分两层，3个单元都用于国际航班。

机场透视图
Perspective view of the airport

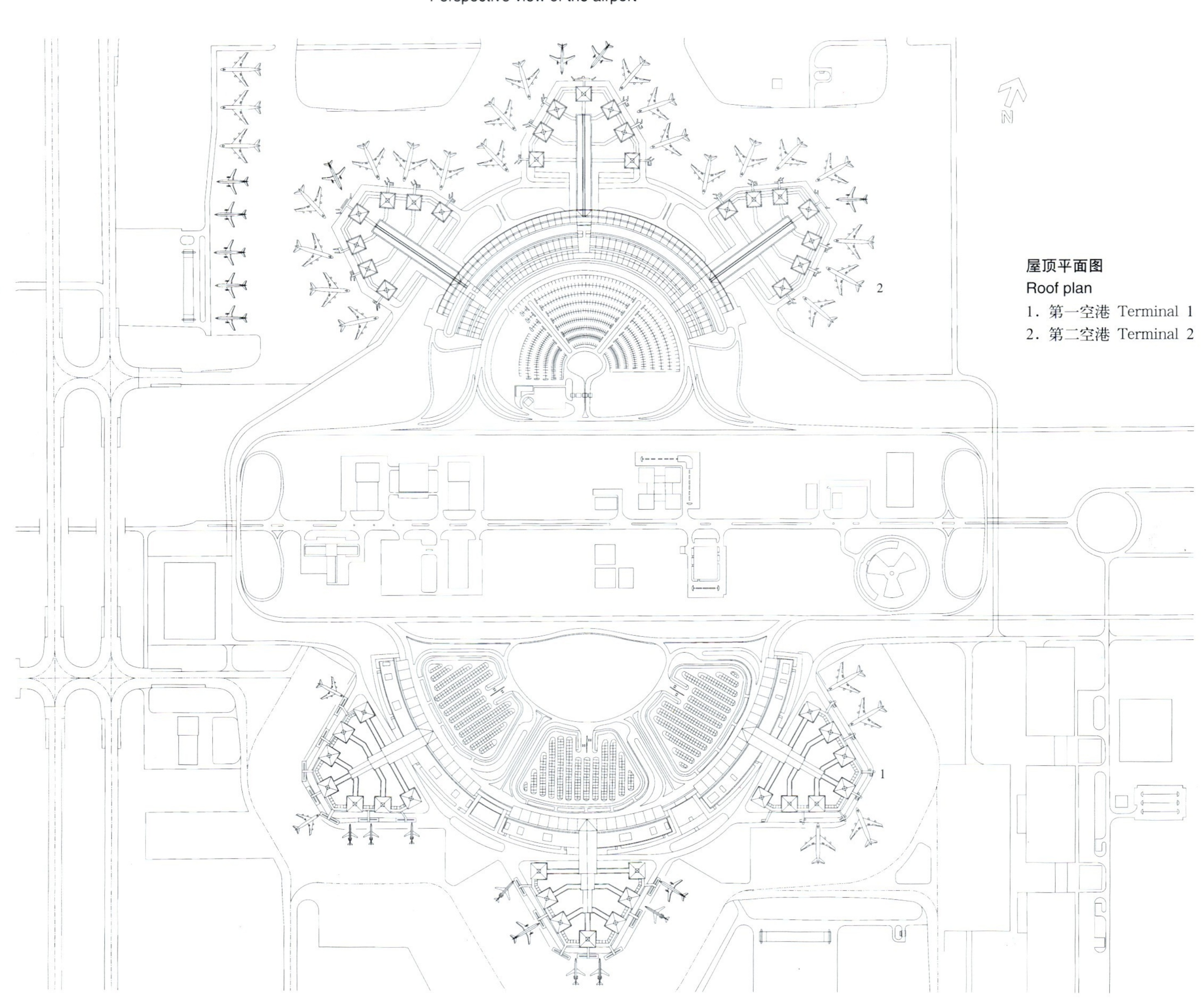

屋顶平面图
Roof plan
1. 第一空港 Terminal 1
2. 第二空港 Terminal 2

相对于中央公路轴对称的两座空港
Two symmetrical terminals separated by a central road axis

保罗·安德鲁手绘草图
Drawing by Paul Andreu

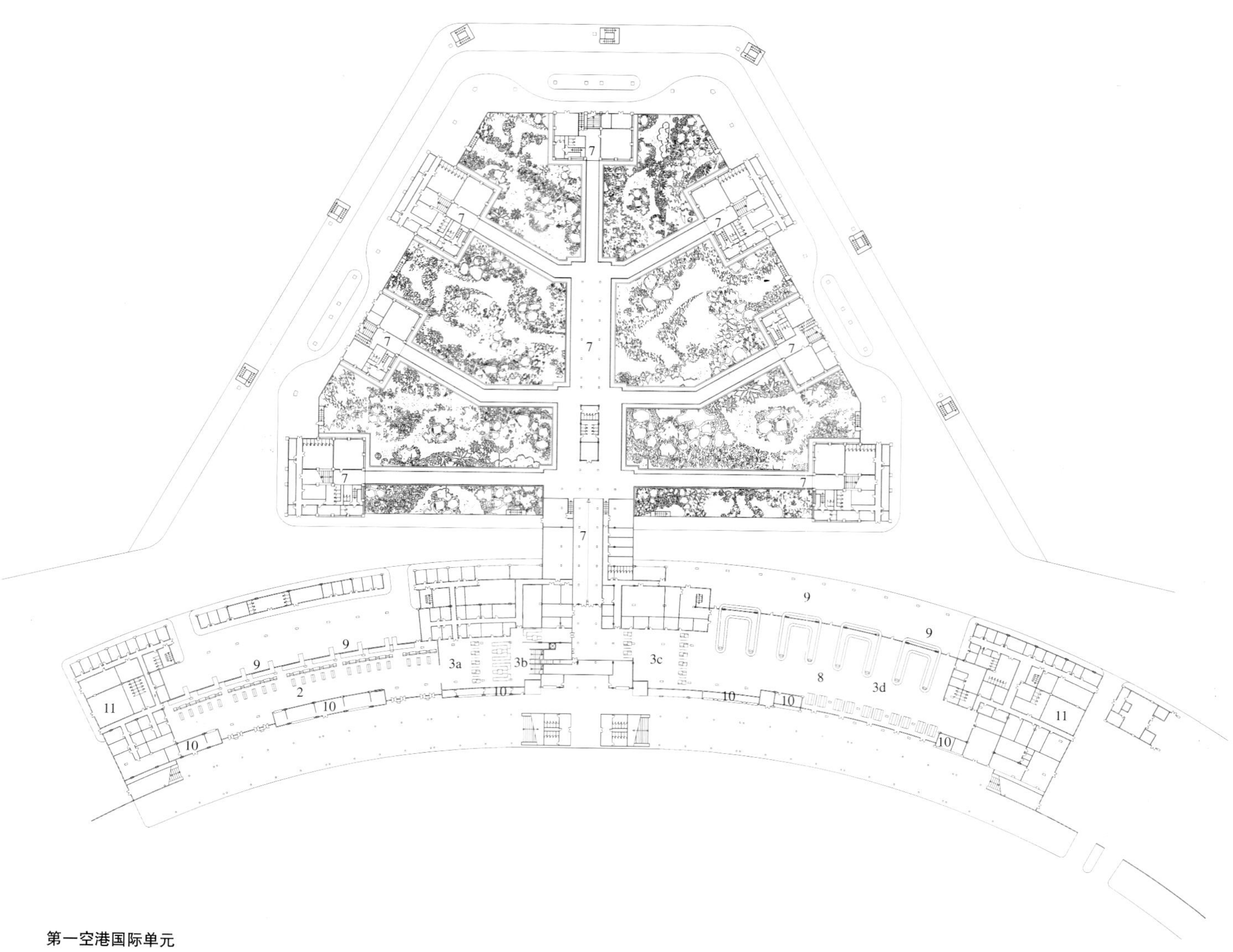

第一空港国际单元

International module in Terminal 1

首层平面图：值机柜台、行李交付

Plan of ground floor：check-in, baggage delivery

（左右页平面图）

1a. 离港厅 Departures lobby
1b. 进港厅 Arrivals lobby
2. 值机柜台区 Check-in area
3a. 出境护照检查 Outgoing passport control
3b. 安检 Security control
3c. 入境护照检查 Incoming passport control
3d. 海关 Customs
4. 登机厅 Boarding lounge
6. 中转 Transit
7. 进港 Arrivals
8. 行李交付 Baggage delivery
9. 行李分检 Baggage sorting
10. 公共康乐设施 Public amenities
10c.免税店 Duty-free shops
10d.饮食广场 Food court
11. 行政办公 Administrative offices
15. 参观区 Visitors zone

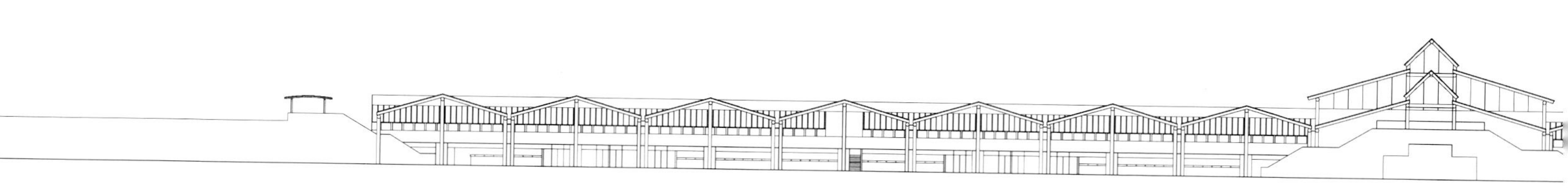

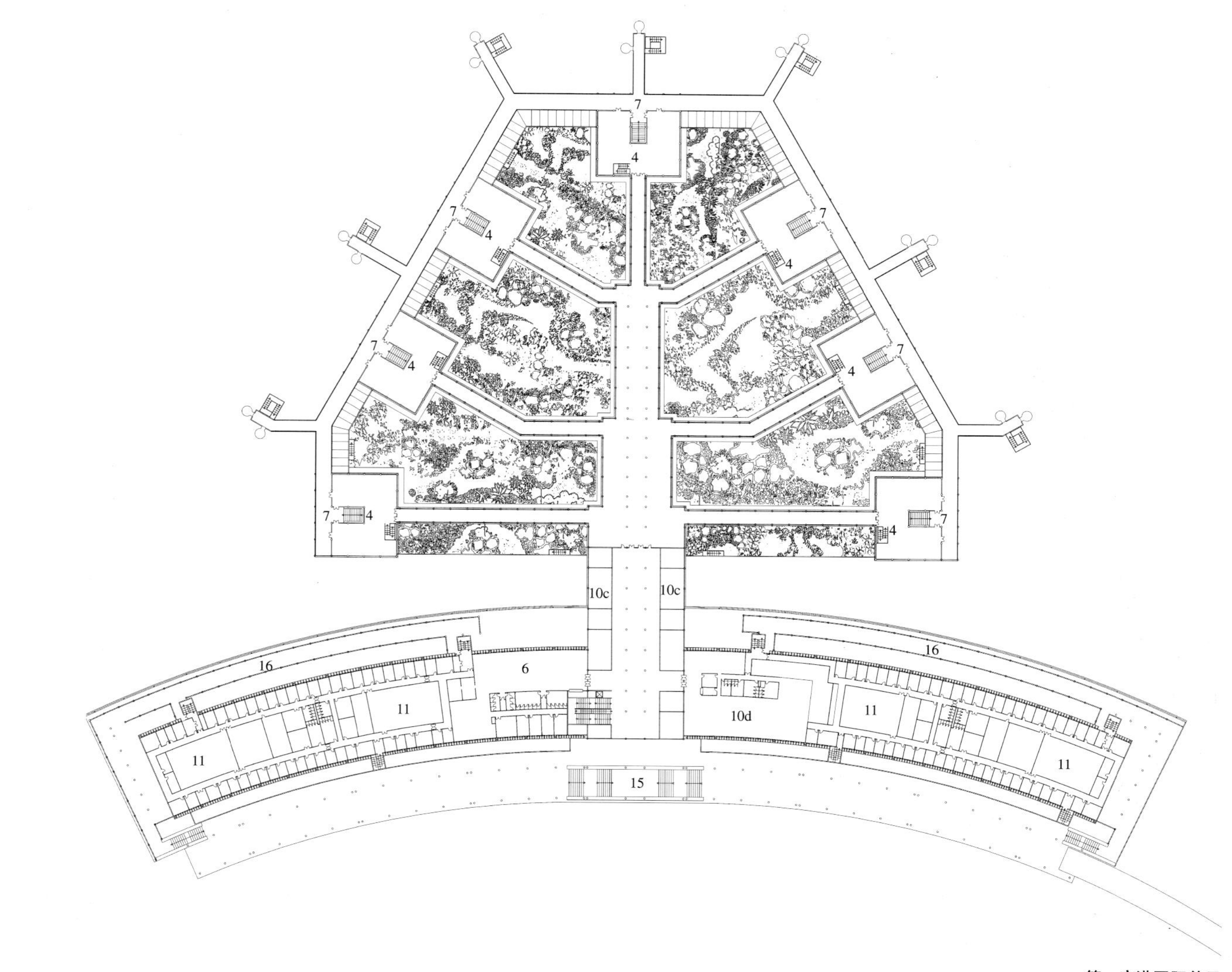

第一空港国际单元
International module in Terminal 1
二层平面图：登机、离机
Plan of first floor：boarding, deplaning

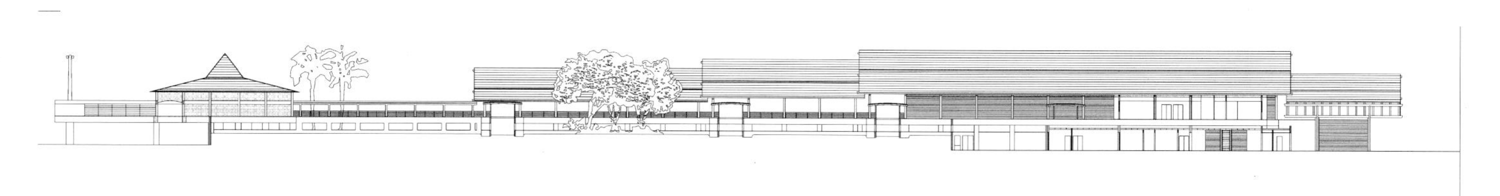

单元横剖面图：卫星楼及主楼
Transverse section of a module：satellite and main building

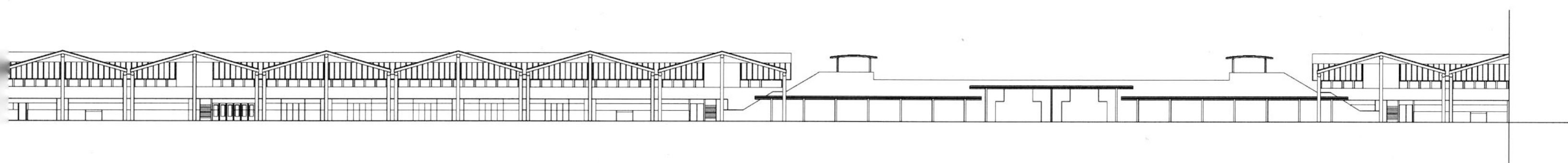

陆侧立面图
Cityside facade

开罗国际机场 Cairo International Airport
第二空港 Terminal 2

“连”与“断”
Reconciling Curves and Broken Lines

开罗空港的设计概念始于雅加达空港的某种变异。然而这个项目逐渐有了自己的发展方向，以致最后两个空港的相似之处仅仅是功能布局而已。

空港的几何形式在水平和垂直两个方向上都很复杂，这更多是出于构图的考虑而非结构的需求；复杂的体形全部由正交的矩形构成，掩盖了其内在的与阿拉伯式花饰（arabesque，一种复杂的装饰性设计，由花、叶及几何图案缠绕在一起组成）间的联系。构图的复杂性来自于全等几何形及相似形的重复与叠合。

最初的形式源于日本建筑师菊竹清训（Kiyonori Kikutake）设计的一座住宅角部无柱空间的启发。整个项目都由这一小而简单的住宅内景生发而来，逐渐趋于复杂，直至这最初的影迹——至少从表面看来——几乎完全消失。在直角的角部再切割出一个新的直角，便形成了一个与先前的直角迥异的新的构图元素。

最后，像雅加达机场那样对多个单元加以复合的想法，逐渐演进成为一个新的概念，即建造一个连续的建筑整体，其上有若干个断口（cuts），断口的形式仍然保持着对最初的基本单元的呼应，然而经过一番提炼和重组，已经发生了改变，并融入到新的整体之中。

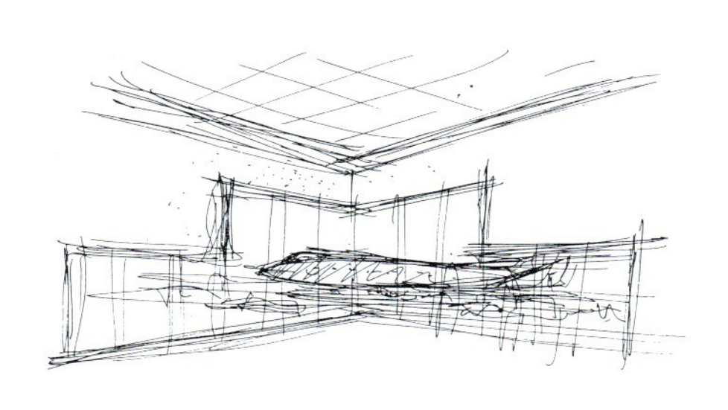

透过切角处看到的一架飞机
A vision of a plane through the cut angle

连续的光影图案从地面一直延伸到墙面和天花板，功能、构造和装饰设计都统合成为一体
Continuous patterns of light from the floor up the walls and over the ceilings, unifying function, construction and decoration in a single design

基于光影的几何形式

A Geometrical Scheme Based on Patterns of Light

所谓的提炼和重组，即是将光作为一个要素引入到项目中，并创造出以下特征：实体间的缝隙愈小，光影形成的图案就愈强烈，从而与其对应的实体要素互为映衬，形成互补的关系。最终，开罗空港成为建筑与光的一次完美的结合。该项目开创了一个先河，它所呈现的图案，一半是由人工设计出来的，另一半则是由投射在地面和墙面上的光影创造出来的。

在查尔斯·戴高乐第一空港的设计中，所有的要素都是非常清晰的：光线仅是以一种古典的方式来渲染体量，正如其在某个柱头设计中起到的作用一样。然而在开罗，光不再只是简单地使存在成为可见，而是直接生成了存在的一部分。这里的光很难再等同于柱头设计中的光，柱头离开光可以独立存在，通过手的触摸便可以感受到其形体；然而对这座空港建筑来说，没有光就是不完整的。

光投射到地面和墙面上的图案，不再是对建筑的某种注释或解读，而是建筑整体的一个组成部分，自然，还是一个可变的部分，会随着昼夜交替和四季更迭而不断改变。建筑师所做的全部工作只是制订规则。光所描绘的线条不可或缺，与地面和墙面固定的边界线同等重要，其意义就如同棒影对于日晷的意义一样。建筑既是固定的又是变化的，并通过这两者的结合展示出一种独特的个性。

实际上，所有的元素都是相互结合的：连续的光影图案从地面一直延伸到墙面和天花板；功能、构造和装饰设计也都统合成为一个整体。

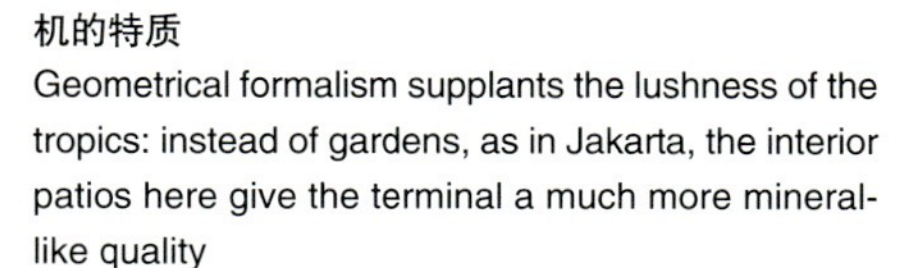

严整的几何形式取代了热带的繁花绿树：与雅加达机场的花园不同，此处的内院为空港带来了一种更为无机的特质

Geometrical formalism supplants the lushness of the tropics: instead of gardens, as in Jakarta, the interior patios here give the terminal a much more mineral-like quality

保罗·安德鲁手绘草图

Drawing by Paul Andreu

曲线和被打断的直线和谐地融入精细的几何设计之中

Curves and broken lines are reconciled in intricate geometrical design

交通组织

The Organization of Traffic

机场的总体规划始于1977年。规划中的航站楼由两座空港组成，均位于机场的西南端、起降跑道的北侧，总吞吐能力为每年3000万人次。

第一空港由两个相同的单元组成，年吞吐能力为1000万人次，两个单元分别服务于国际和国内航线。空港在空侧为两层；陆侧为单层，局部设有地下室。两个单元各与一个停机坪直接相连，每个停机坪可容纳9架飞机。

单元均以一栋主楼加一栋卫星楼的模式构成，每个卫星楼有7个候机厅。首层作为主要的交通层，中央为离港区，两侧为进港区。国内和国际航线各自有独立的行李交付区，不过都朝着同一个中央大厅敞开，这个大厅与离港区是隔离开的。

开罗空港于1986年交付使用，当时仅建成了一个单元。总体发展规划提供了不断扩建的可能性，在预留位置上可以再增加一个交通单元或是直接建设第二空港。

陆侧全景

General view from the cityside

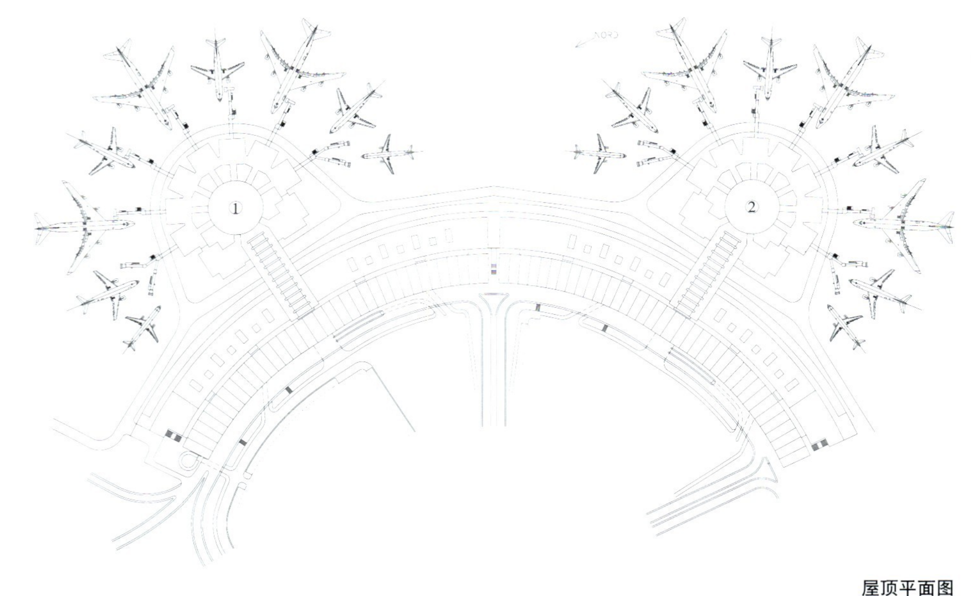

屋顶平面图

Roof plan

1. 第一单元：国内及国际 Module 1：domestic and international

2. 第二单元：国际 Module 2：international

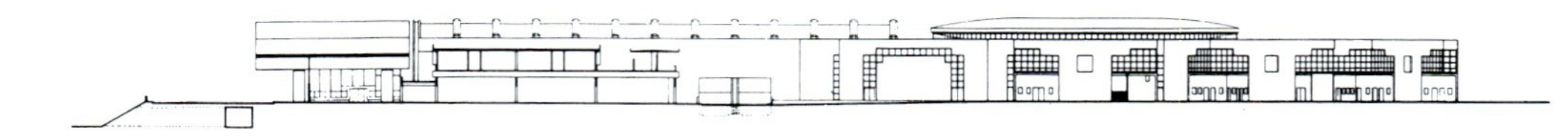

横剖面及卫星楼立面图

Transverse section with satellite facade

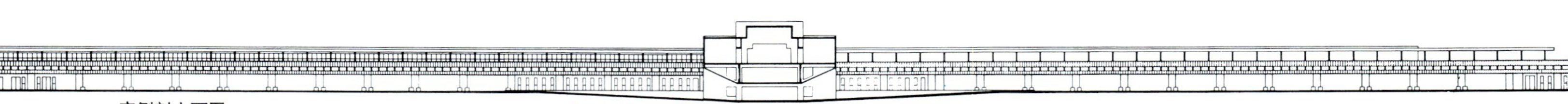

空侧剖立面图

Cross-section of airside facade

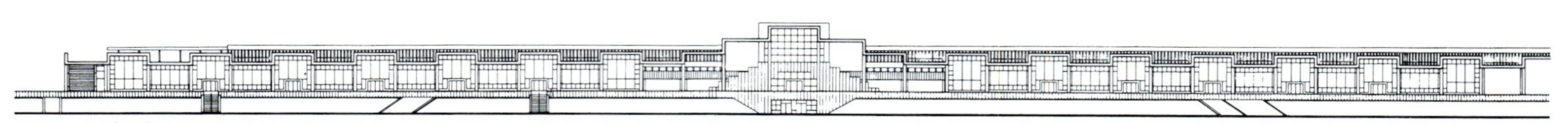

陆侧剖立面图

Cross-section of landside facade

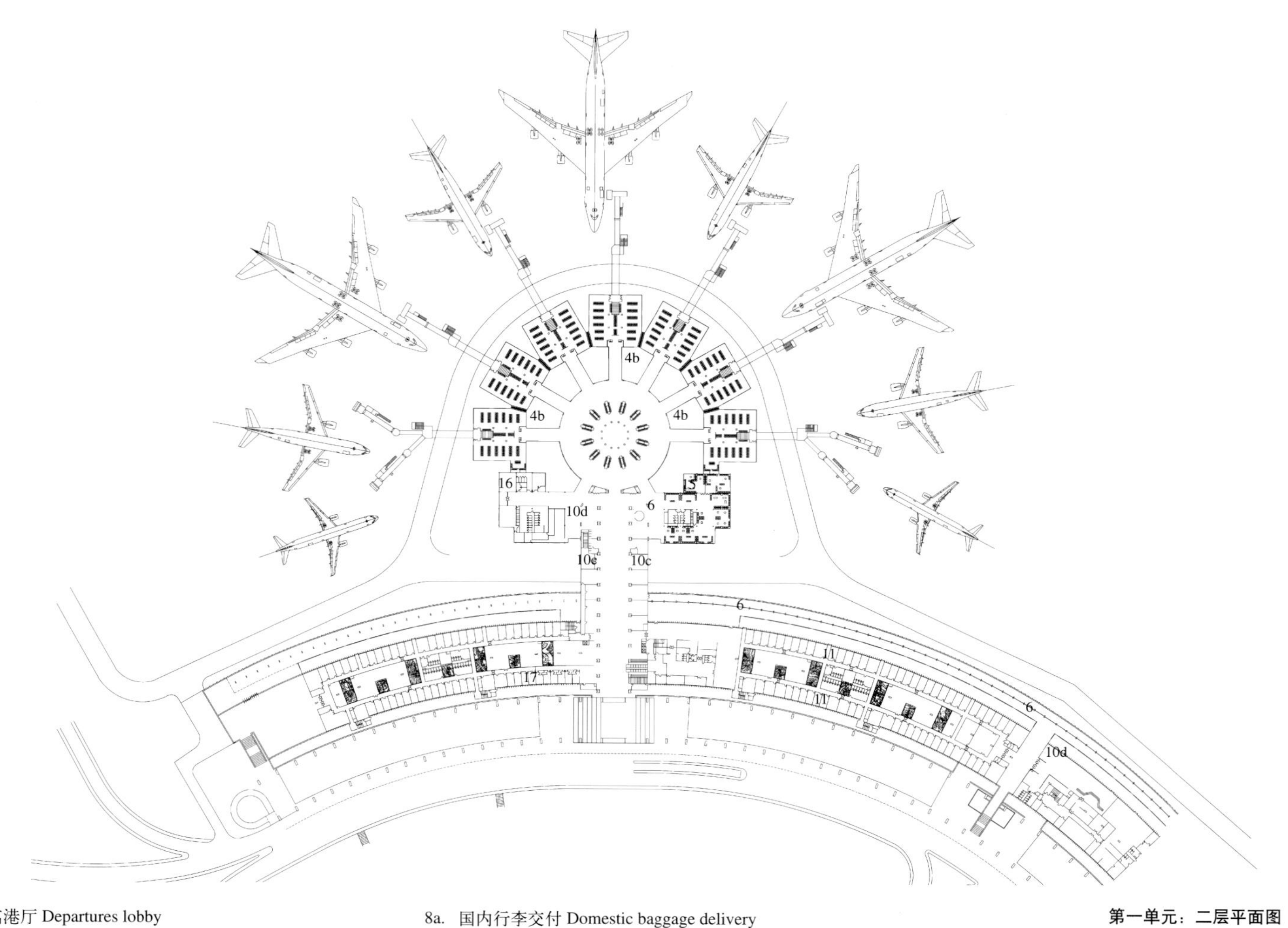

第一单元：二层平面图
Module 1：plan of first floor

1a. 离港厅 Departures lobby
1b. 进港厅 Arrivals lobby
2. 值机柜台区 Check-in area
3a. 出境护照检查 Outgoing passport control
3b. 安检 Security control
3c. 入境护照检查 Incoming passport control
3d. 海关 Customs
4a. 国内登机厅 Domestic boarding lounge
4b. 国际登机厅 International boarding lounges
6. 中转 Transit
7. 进港 Arrivals
8a. 国内行李交付 Domestic baggage delivery
8b. 国际行李交付 International baggage delivery
10. 公共康乐设施 Public amenities
10c.免税店 Duty-free shops
10d.饮食广场 Food court
11. 行政办公 Administrative offices
15. 休息室 Lounges
16. 祈祷区 Praying area
17. 旅馆客房 Hotel rooms

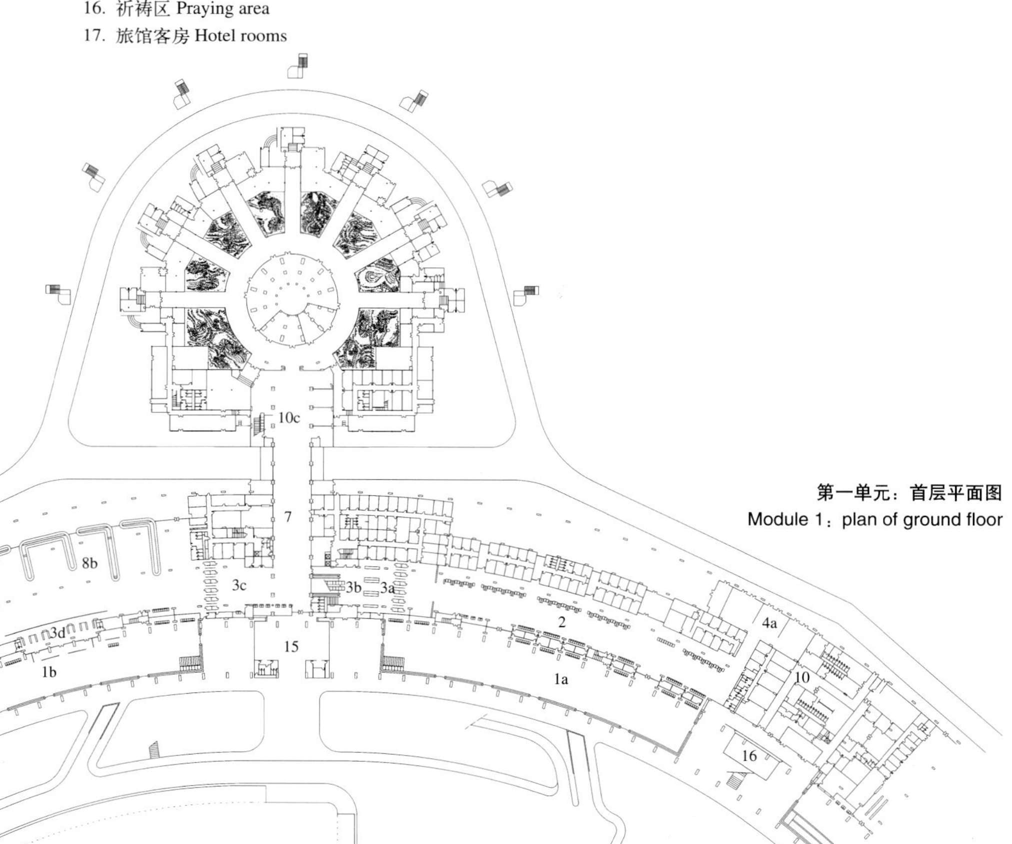

第一单元：首层平面图
Module 1：plan of ground floor

尼斯蓝色海岸国际机场 Nice-Côte D'Azur International Airport
第二空港 Terminal 2

曲面屋顶
A Curved Roof

尼斯空港的设计最初是作为查尔斯·戴高乐第二空港的变体而开始的。曲面屋顶被进一步强调，其厚度足以容纳交通区的全部设备，从而减少了对公共空间的限制；曲面的形式则表达了从地面到天空、从汽车到飞机这一转换过程。此后，该项目又进行了许多技术方面的调整，故而最终呈现出的面貌与戴高乐机场相去甚远。

首先，屋面的曲线是横向（transversal）的而不是纵向的。因为抗震的要求使用了钢材。屋顶的边缘薄得惊人——简直就是结构允许范围内极尽精巧的一根细管。所有的支撑物都暴露在室外。最后，这个屋顶还是“漂浮”在空中的，如同被支杆（stays）架起来的船底一样，不过这些支杆很难被看到。屋顶简洁的形式还生成了一种动态的方向感，将出入口、候机区和离港区都清晰地标示出来。所有的支撑点、垂直交通、卫生间及技术设施等均被安置在建筑外缘（outer edge），公共区由此从技术和工程因素的束缚中解脱出来。

陆侧透视
Cityside view

空侧透视
Airside view

保罗·安德鲁手绘草图
Drawing by Paul Andreu

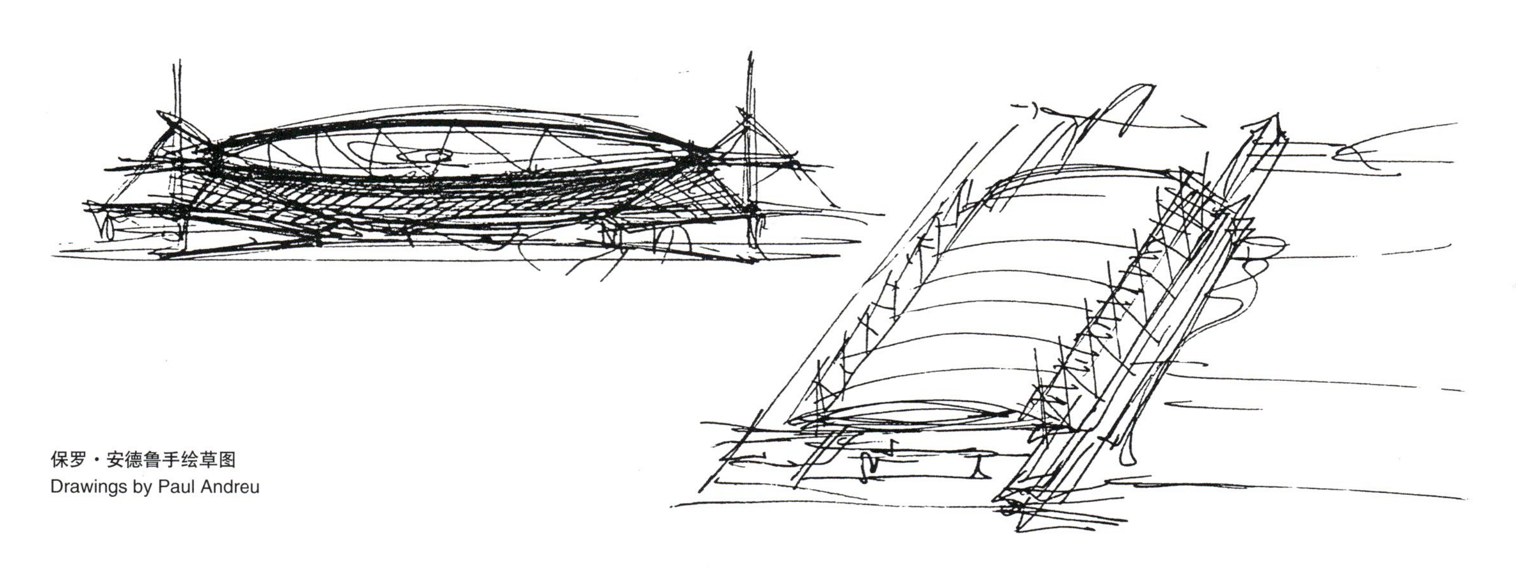

保罗・安德鲁手绘草图
Drawings by Paul Andreu

曲面屋顶的支撑全部安置在室外，建筑内部的空间由此获得了解放
The floor space is freed by positioning the supports for the curved roof on the exterior

深色的天花板使室外光线深入到整个空间之中
The dark ceiling makes the light outside seem all the brighter

玻璃登机桥
Loading bridge with glass facades

二层离港区的休息厅，屋顶和立面交接处的宽大的玻璃部分引入了自然光
The lounge in the departures area on the first floor, naturally illuminated by a wide glass section connecting the roof to the facades

通向餐厅的自动扶梯
Escalators leading to the restaurant

黑色反光镜

A Black Mirror to Reflect Light

顶棚的黑色意在突出室外的光线，因为黑背景对光的微妙反射可以生成一种非常浓郁的色彩。

金属饰面构成了深色的厚重表面，通过对光线的反射，随着时间和地点的不同，其质感也在神秘与通透之间不断变换。

正如苏拉热（Soulages1919— ，法国艺术家）在其画作中所表现的那样，黑色使空间具备了触感（a tactile feel），而光滑的黑色更使这种感触具备了某种深度。在这里，黑色本身就是一种材料。

与开罗机场一样，尼斯机场也通过材料与光线的组合创造出丰富的格构图案与光影效果。光线投射的图案会随着时间不断变幻，成为建筑的一个完整而生动的组成部分。

通道上的楼梯及雨棚
Stairs on the access and the exterior shelter

“峡谷”

A “Canyon”

出于功能方面的考虑，登机桥与主楼被分开设置，因此两者之间就出现了一个竖向空间，为不同楼层及不同交通流线提供了一个视觉控制点，同时还使自然光得以穿透各层抵达地面。类似的“峡谷”还将在后面的空港——关西、智利、广岛，以及查尔斯·戴高乐第二空港的E、F厅中反复出现。

自离港层望“峡谷”

The “Canyon” seen from the departures level

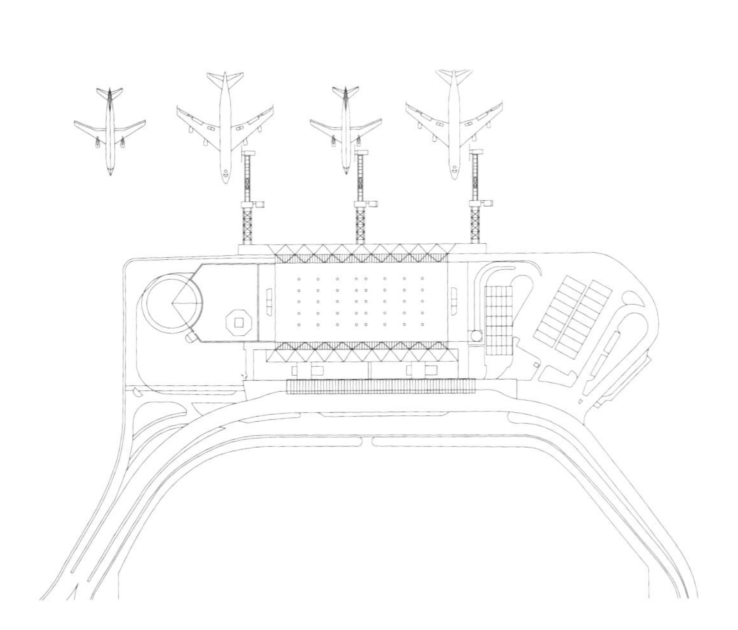

屋顶平面图

Roof plan

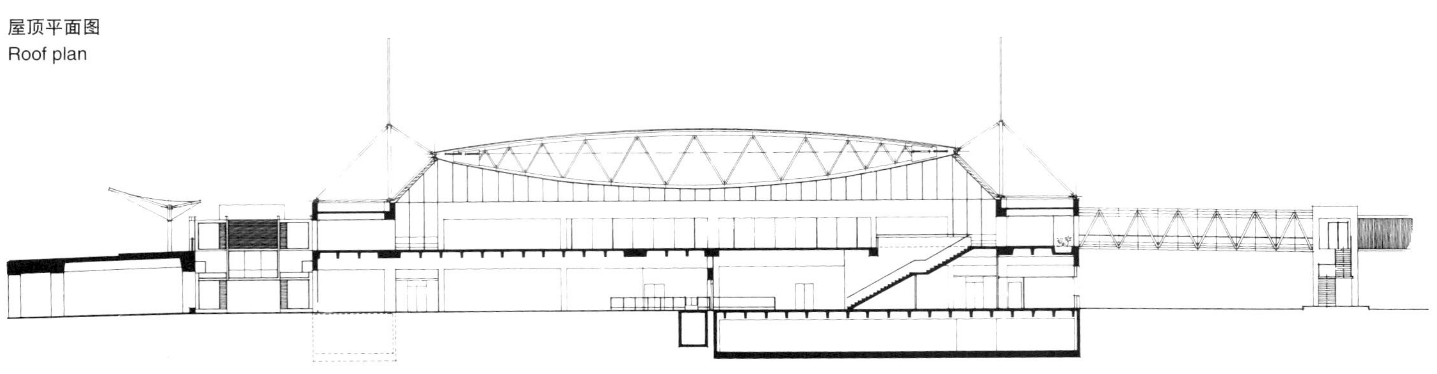

横剖面图

Transverse section

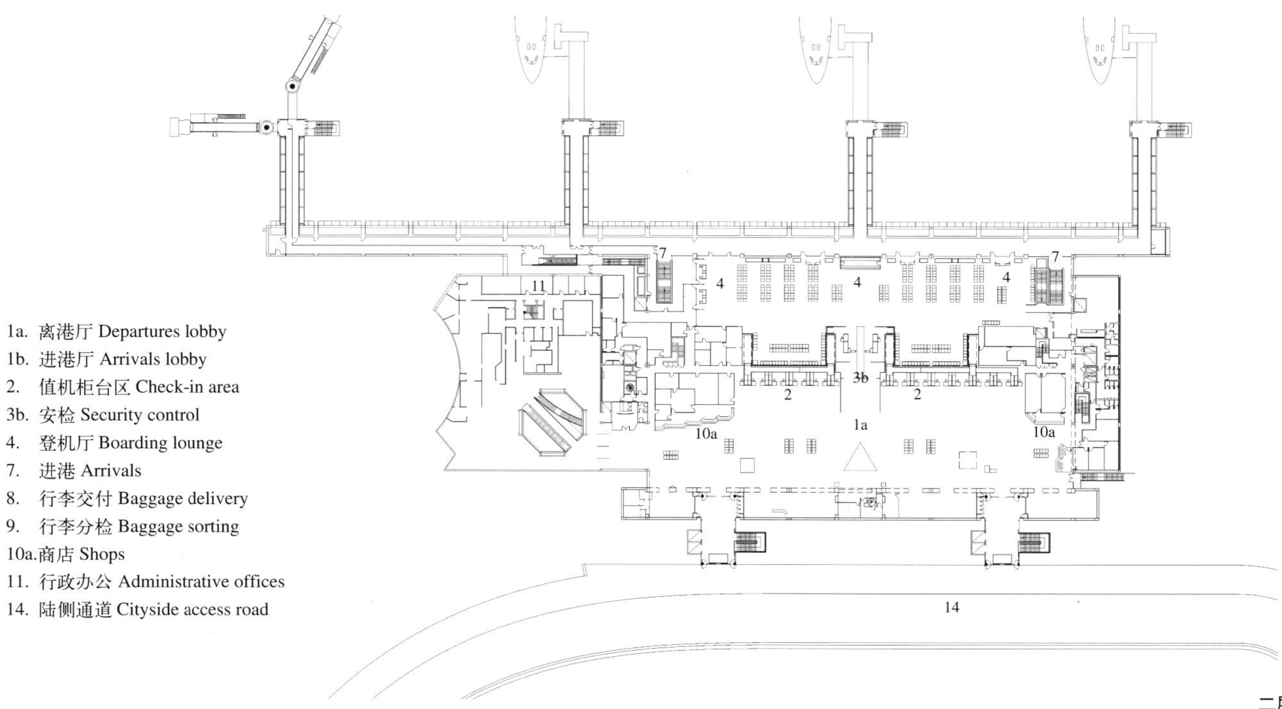

二层平面图：离港层
Plan of the first floor：departures level

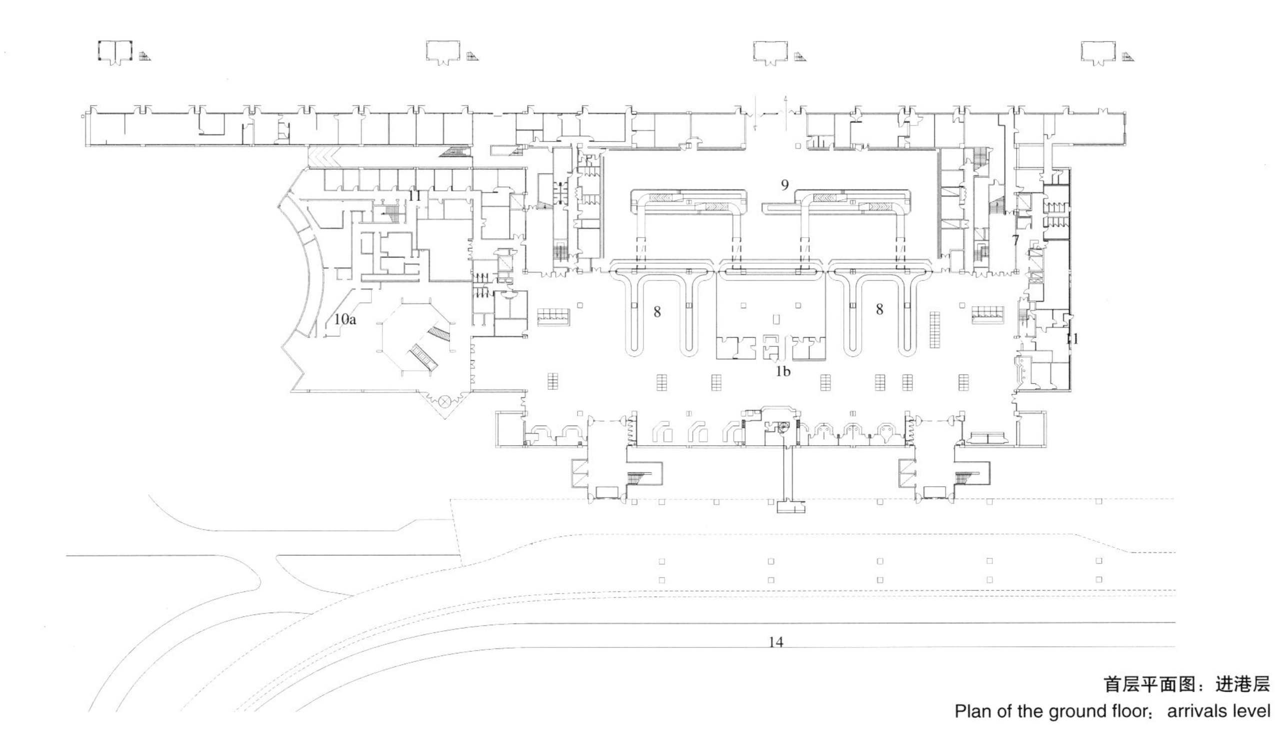

首层平面图：进港层
Plan of the ground floor：arrivals level

东立面图，自跑道一侧
Eastern facade on the runway side

尼斯蓝色海岸国际机场 Nice-Côte D'Azur International Airport

第二空港扩建暨第二单元 Terminal 2 Extension, Module 2

透明的圆锥体

A Transparent Cone

每年可通行300万人次的扩建部分使整个尼斯机场的吞吐能力翻了一番。

扩建部分是一个直径100m的圆形建筑，像一个向顶部展开的倒立的圆锥体。金属肋支撑着通高的玻璃墙。建筑物的主要功能从室外就都可以看到。一进入到建筑内部，旅客们便可观赏到大海、群山和尼斯市区的360°全景，在建筑顶部的餐厅中还可以鸟瞰机场和周围美妙的风景。

建筑物的主要功能从室外都可以看到。一进入室内便可以观赏到大海、群山和尼斯市区的360° 全景

All of the building' s main functions are visible from the outside. Once inside, passengers have a 360 degree panorama, with stunning views of the sea, the mountains and the city of Nice

第二空港新扩建的部分是一个向上展开的倒立的圆锥体，直径为100m

The new extension to Terminal 2 is in the form of an inverted cone, 100 meters in diameter, with the flared part at the top

现有建筑的延续

Continuity with the Existing Buildings

尽管地段限制造成了一些技术困难，不过第二空港向南侧延伸的新建部分与第一单元之间仍然实现了连续。第二单元与第二空港间也具有这种连续性，二者通过一个圆厅掩盖了楼层的高差，并建立了平滑的过渡。植满地中海植物的大型绿化带美化了建筑的立面和空港周围的环境。

新的单体有六个近机位。设计目标是要使其设施能为国内或国际交通提供最大的灵活性。旅客被分流到三个交通层中。第一层包括离港厅、值机柜台区以及连接上一层的通路；第二层包括国内和国际航班的登机厅。登机厅相互独立，其中有自由的公共通道与商店、酒吧和餐馆相连，不过免税店必须经过国际区才能进入。

进港旅客通过一条沿空侧立面延伸的走廊下到跑道层以下的行李交付厅。进港厅向着空港前的绿化庭园敞开。

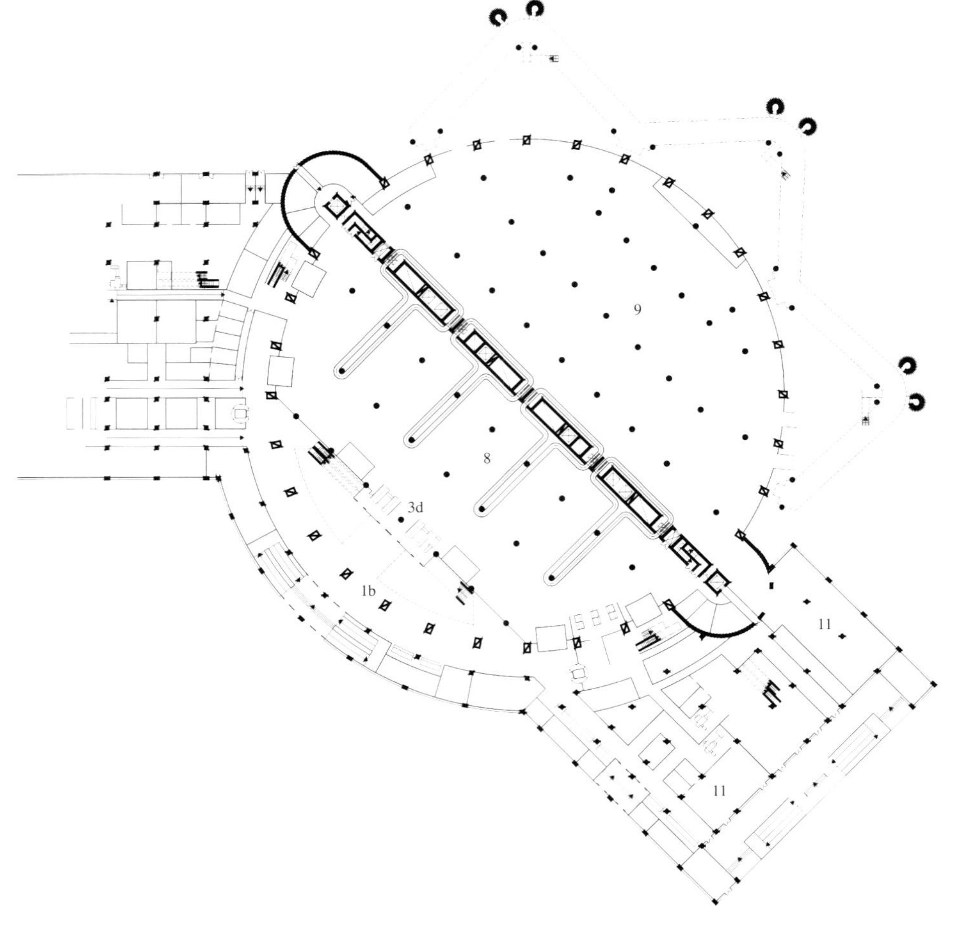

进港及跑道层平面图，+0.7m
Plan of the arrivals floor and the runway level, +0.7m

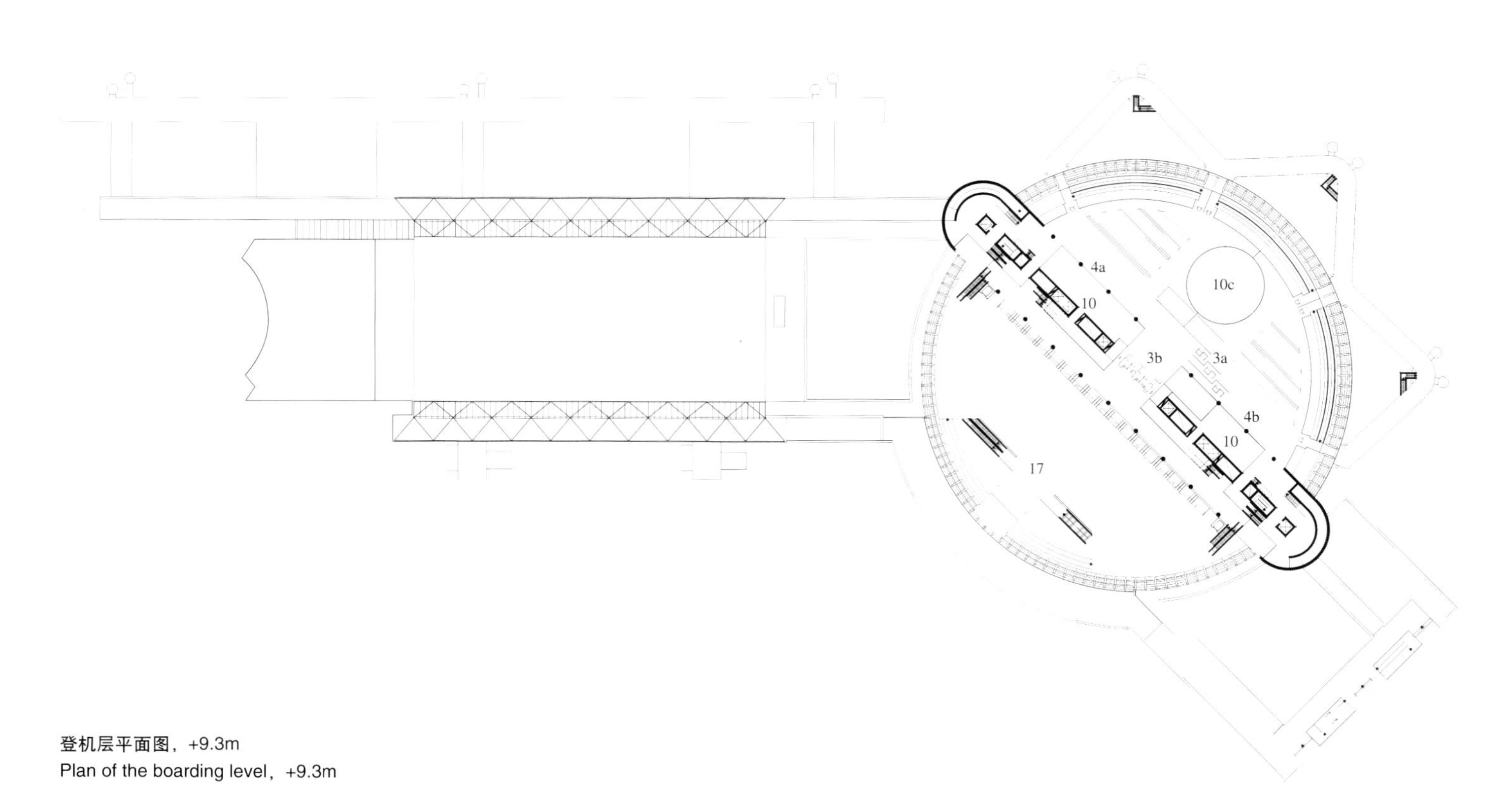

登机层平面图，+9.3m
Plan of the boarding level，+9.3m

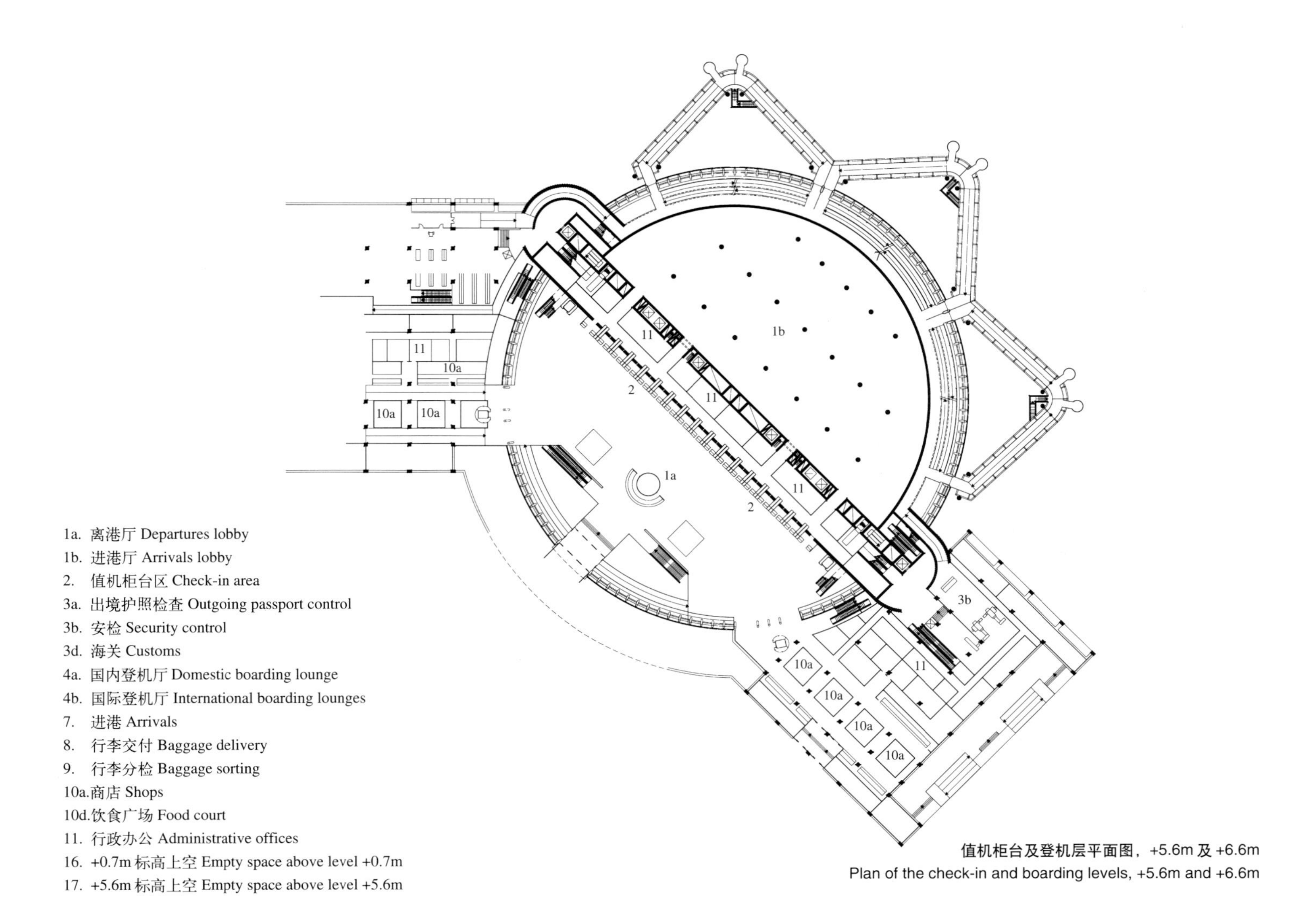

1a. 离港厅 Departures lobby
1b. 进港厅 Arrivals lobby
2. 值机柜台区 Check-in area
3a. 出境护照检查 Outgoing passport control
3b. 安检 Security control
3d. 海关 Customs
4a. 国内登机厅 Domestic boarding lounge
4b. 国际登机厅 International boarding lounges
7. 进港 Arrivals
8. 行李交付 Baggage delivery
9. 行李分检 Baggage sorting
10a.商店 Shops
10d.饮食广场 Food court
11. 行政办公 Administrative offices
16. +0.7m 标高上空 Empty space above level +0.7m
17. +5.6m 标高上空 Empty space above level +5.6m

值机柜台及登机层平面图，+5.6m 及 +6.6m
Plan of the check-in and boarding levels, +5.6m and +6.6m

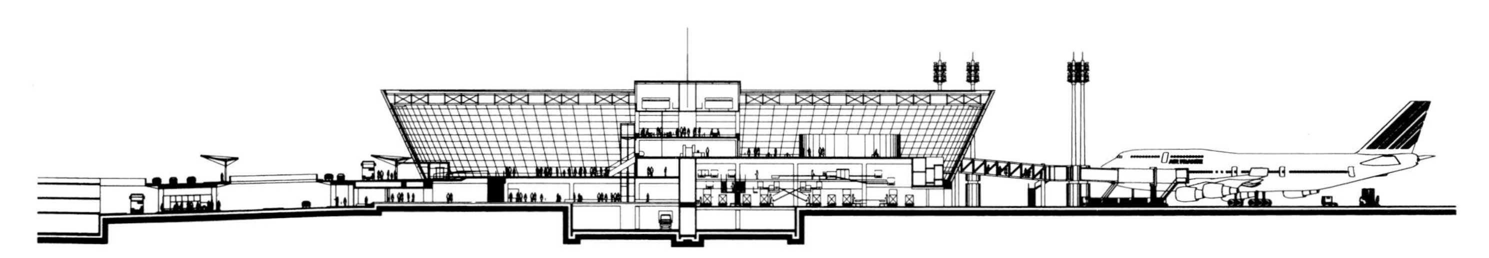

第二空港扩建单元典型剖面图
Cross-section of the extension to Terminal 2

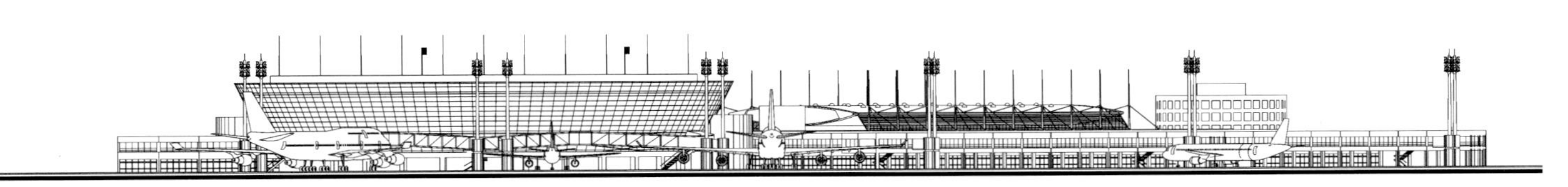

空港综合体陆侧立面图
Cityside facade of the whole terminal complex

巴黎德方斯巨门 La Defense Grand Arch,Paris

特殊的工程变故

Particular Changes of the Project

保罗·安德鲁为巨门所做的贡献是非常特殊的。原本是约翰·奥托（Johan Otto）与施普雷克尔森(Spreckelsen)共同赢得了国际竞赛的胜利，安德鲁作为该项目的联合设计人负责技术配合、施工计划及现场指导。可是后来施普雷克尔森（Spreckelsen）不得不撤出，经其同意，安德鲁成了该项目的主持人。此后不久，施普雷克尔森（Spreckelsen）便去世了。

施普雷克尔森（Spreckelsen）离开之时，许多问题已经经过了深入探讨，如立面、电梯塔、以及屋顶的饰面等等。然而由于场地和产权等原因，还有很多地方发生了变动，需要重新进行研究。出于为建筑本身及其实施而服务的目的，针对这些变动带来的所有问题，安德鲁制定了一系列新的解决方案。然而，他从不曾试图将自己的想法与施普雷克尔森的混淆，更没有去揣摩施普雷克尔森（Spreckelsen）的决策方式。

就这样，安德鲁重新设计了“火山口(crater)”、若干个大厅、“云（clouds)”、地面层和顶层的室内、顶部立面、休闲广场及地下入口的流线等等。就这些工作中的某些部分来说，安德鲁是一个执着而认真的实施者（builder)；而就另外一些不可忽视的部分来说，他又是一个名副其实的创造者（author)。

混凝土巨构

The Concrete of the Megastructures

修建计划的调整使巨门的两个最大的水平空间——顶层和底层——发生了彻底的改变。

安德鲁从巨构（megastructures）的混凝土表面开始着手进行研究，此时结构本身的施工已经完成，外立面也已进行得相当深入。从粗重有力的横梁上方向下眺望，巨构呈现出的样态十分动人。沿着横梁围成的方形空间的对角线可以俯瞰整个场地。

尽管混凝土有其固有的缺点，并且原方案也打算用饰面材料将混凝土包裹起来，但安德鲁仍然坚持保持这种材料的本色，如此一来，便没有任何杂质来削弱结构的力量。同时安德鲁还决定，在以后的建造过程中也不允许有任何东西掩盖它。这是一个质的问题。混凝土上附加的木构件或电灯开关都会改变其属性的明确性，梁将不成之为梁，而只是一片毫无特色的墙。

正是这一点促使安德鲁重新设计了室内立面，并重新定义了所有技术准则。必需的管道和照明系统组成的金属管网从混凝土楼板内的管井中穿过，楼板上方设置了相应的开孔。会议室的圆形体块——嵌挂在混凝土方格之中，就像小提琴嵌在琴盒里一样。只有这些依附于混凝土周边的实体才能对其起到支持而不是弱化的作用。这也是之所以采用圆形而不是其他形状的原因——不但避免了与混凝土表面的直接接触，而且还可以打开方形空间的转角，提供斜向视野。

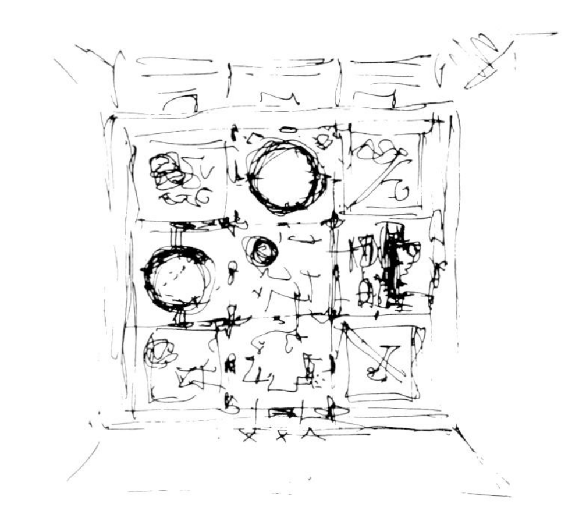

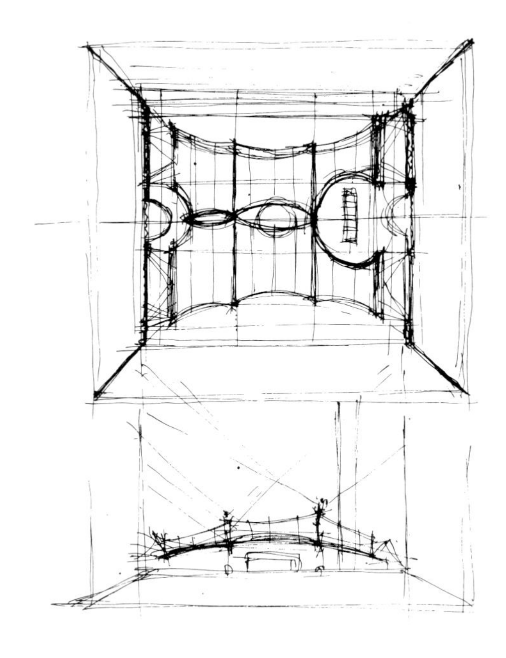

保罗·安德鲁手绘草图
Drawings by Paul Andreu

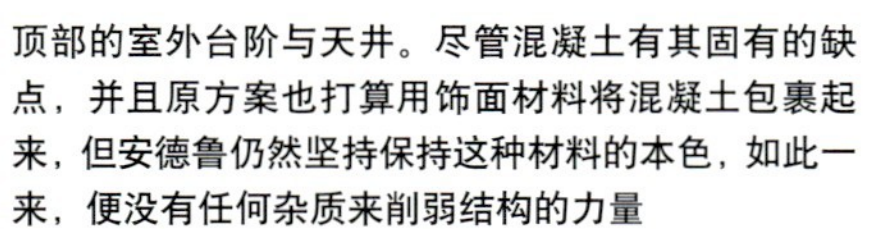

顶部的室外台阶与天井。尽管混凝土有其固有的缺点，并且原方案也打算用饰面材料将混凝土包裹起来，但安德鲁仍然坚持保持这种材料的本色，如此一来，便没有任何杂质来削弱结构的力量

Exterior steps and patio of the roof. In spite of the drawbacks of concrete, Paul Andreu decided to keep this material which, according to the original plan, was intended to be hidden by casings. So that nothing would diminish its force

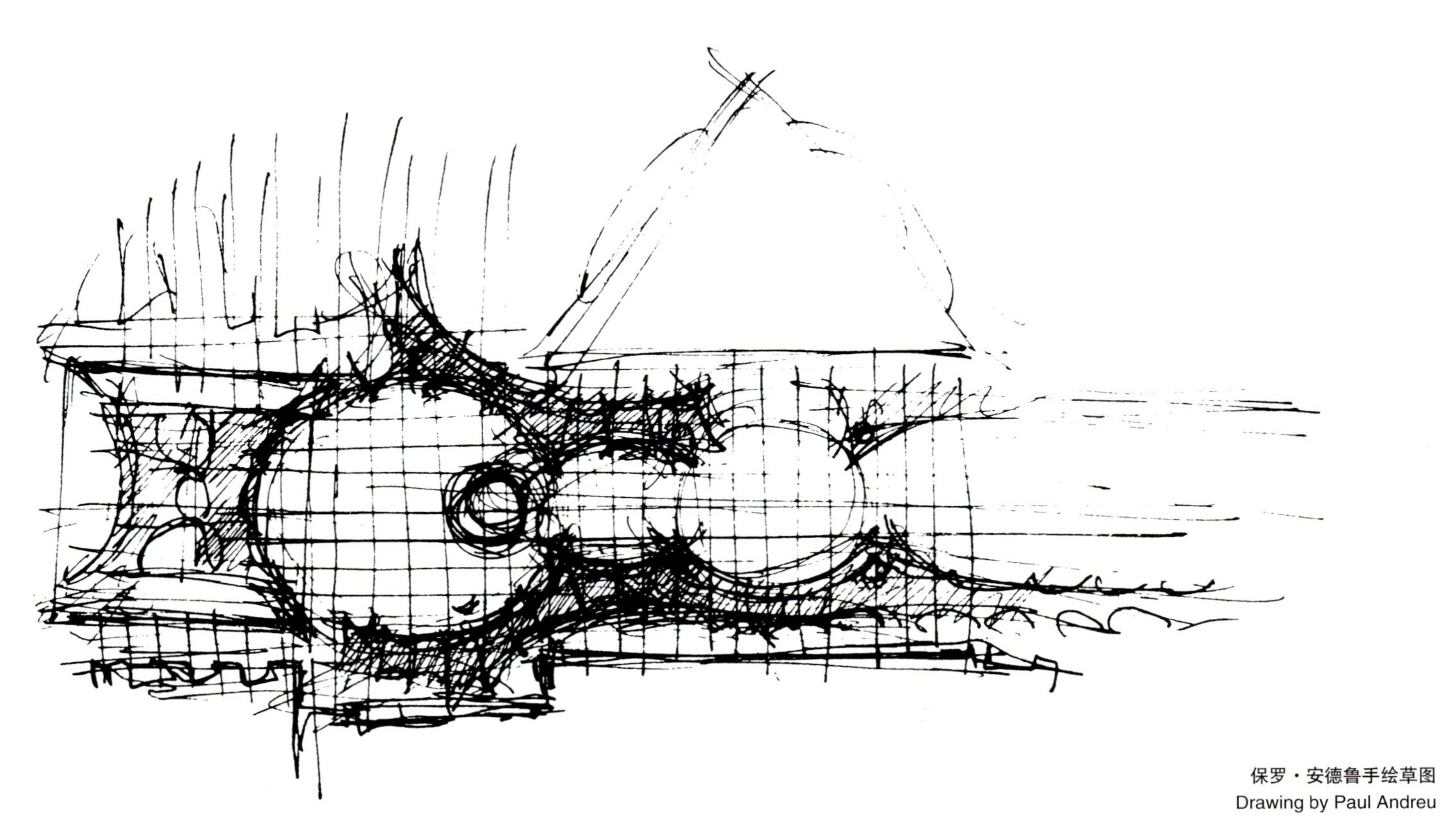

保罗・安德鲁手绘草图

Drawing by Paul Andreu

“火山口”。圆的韵律代表了空间的本质
The Crater. A circular pulsation is the true nature of the space

“火山口”

“The Crater”

“火山口”将地下交通、特别是地铁和特快列车入口以及地下街道与明亮的平台(plateau)连在了一起；平台还同时连通着立方体的侧墙，站在平台上可以看到整个巴黎城的历史轴线。安氏建筑的所有重要元素——循环性（circularity）、垂直性(verticality)以及光的各种层次都在“火山口”中一一得到了体现。光线要通过这个交通空间才能照射到平台下方的楼层，因此使这里更加明亮和通透便成为安德鲁的目标。他把连接“火山口”和巨构的混凝土结构设计成锥形，从而使两者交接得更为精巧；还用不锈钢索将3层高的环形楼梯直接吊挂在新风管道旁边的轻型伞式结构上。以“火山口”的竖向圆柱体为起点，安德鲁在底部与顶部楼层的中心建立了圆的母题。这种韵律代表了空间的本质。

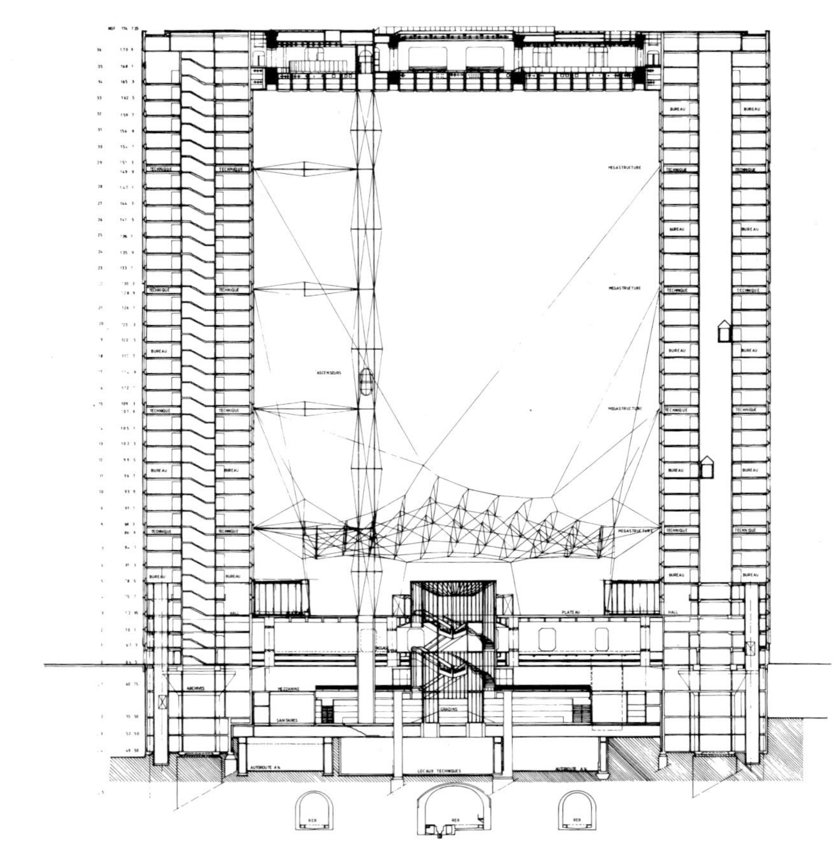

剖面图

Cross-section

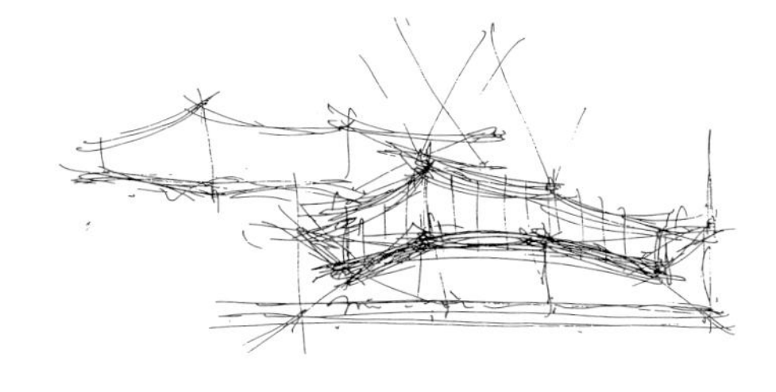

自室内望拱门和“云”

Interior view of the arch and the cloud

“云”

“The Clouds”

安德鲁希望“云”能够名副其实，因此不得不寻找一种办法来建造一个基本没有明确表面和清晰轮廓的复合体。由此才出现了双层的悬索结构——上层是悬索梁（cable beams），下层是张拉着膜材的索网（network of cables）——以及其他类似的细节。

“云”的几何形式从理论角度来说既精确又复杂，与正方体简洁的几何设计形成了鲜明的对比。“云”给人的感觉是经典几何学无法表示的不规则碎片形（fractal）。真正的云和植物都具有这种复杂性。云状构造体与正方体的关系就好比树木与建筑物之间存在的关系——与简单的几何形相反，复杂而不规则的前景不但可以调整人们对建筑的感受，还可以明确建筑物所处的空间位置。

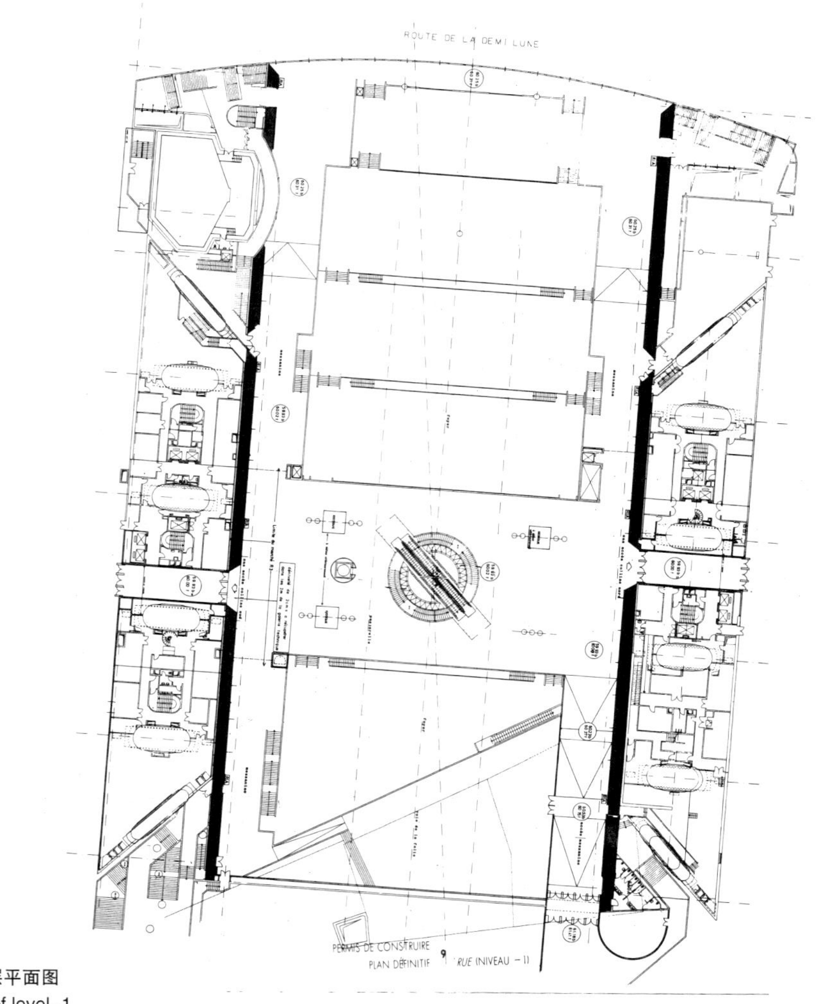

－1层平面图
Plan of level -1

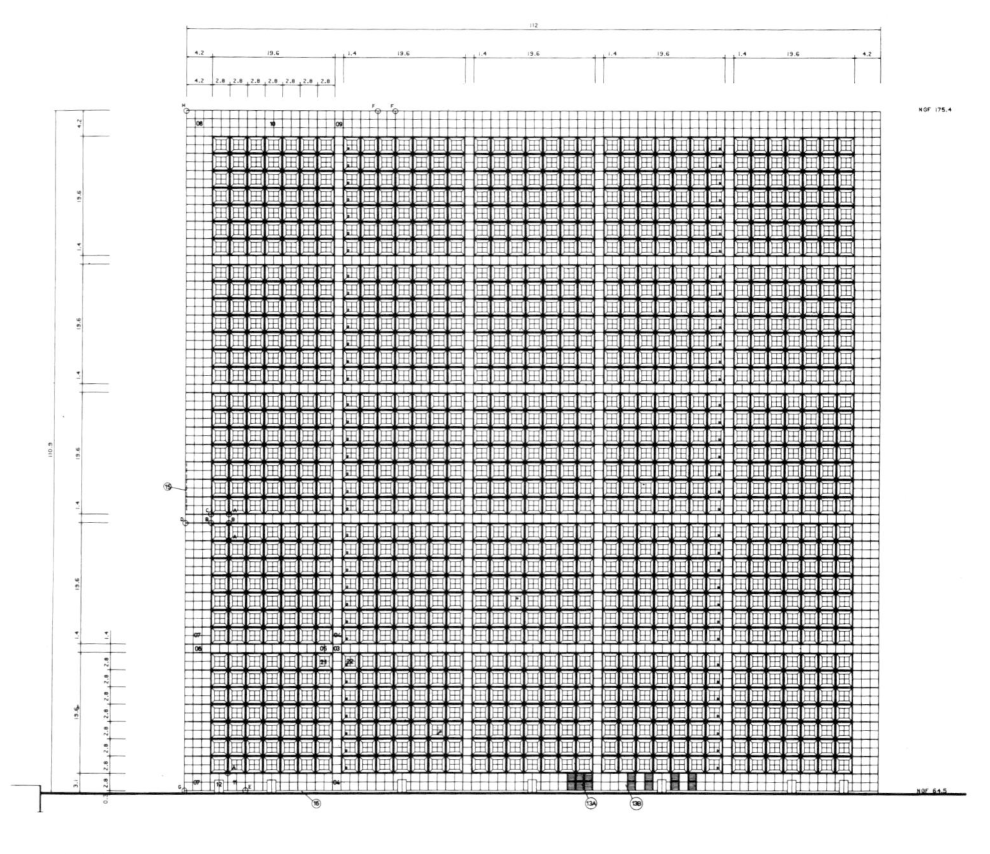

立面图
Elevation

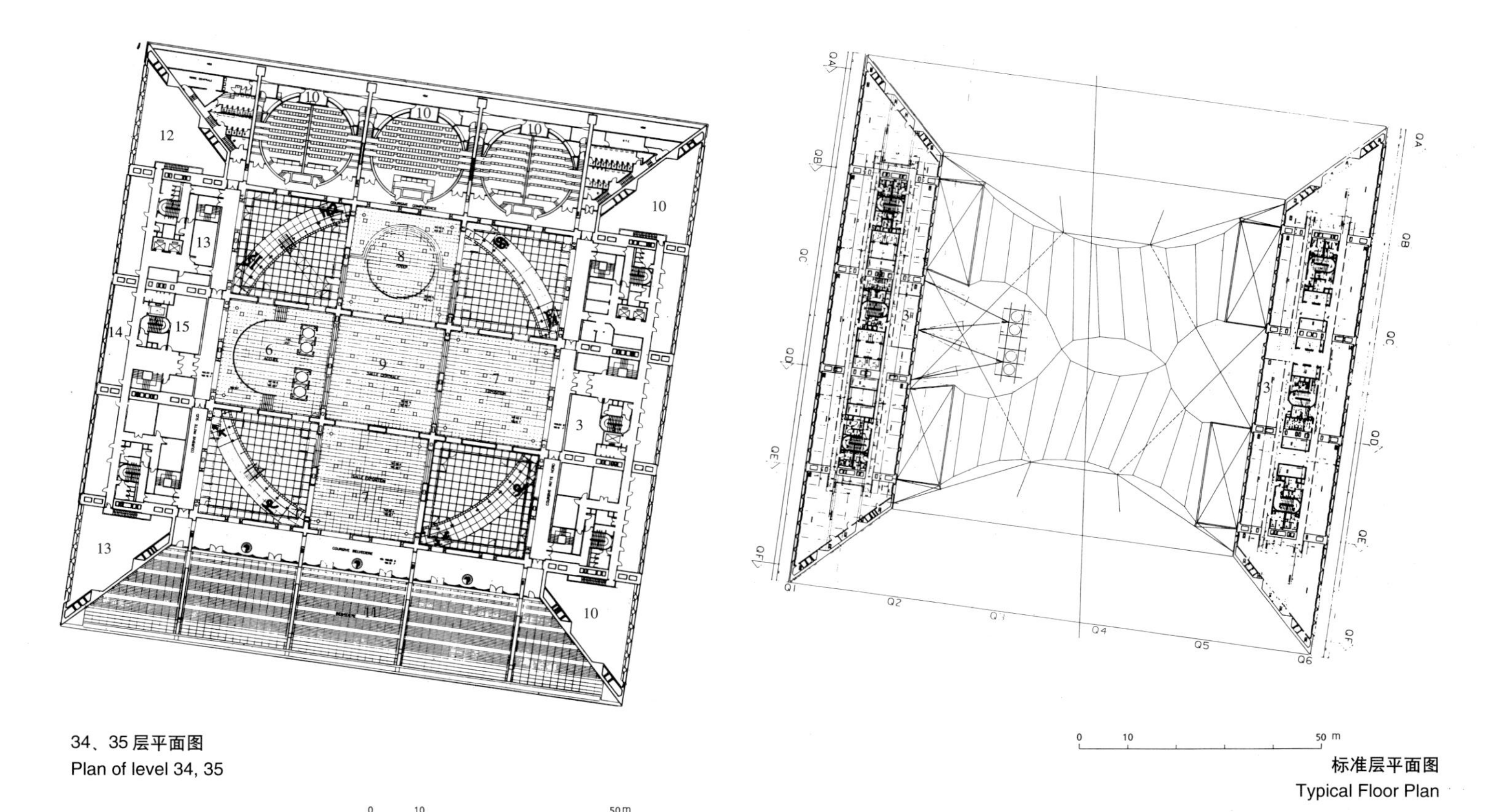

34、35层平面图
Plan of level 34, 35

标准层平面图
Typical Floor Plan

1. 火山口 The carter
2. 平台 / 步道 Platform/esplanade
3. 办公室 Office
4. 展室 Exhibition room
5. 会议室 Conference room
6. 公共资讯 Public information
7. 公共展室 Public exhibition room
8. 中心 Centre
9. 中心部 Central room
10. 公共会议室 Public conference room
11. 展望台 1 Belvedere 1
12. 设备室 Equipment room
13. 部门会议室 Conference room for ministry
14. 部门办公室 Office for ministry
15. 部门餐厅 Restaurant for ministry
16. 展望台 2 Belvedere 2
17. 特殊空间 Mirador

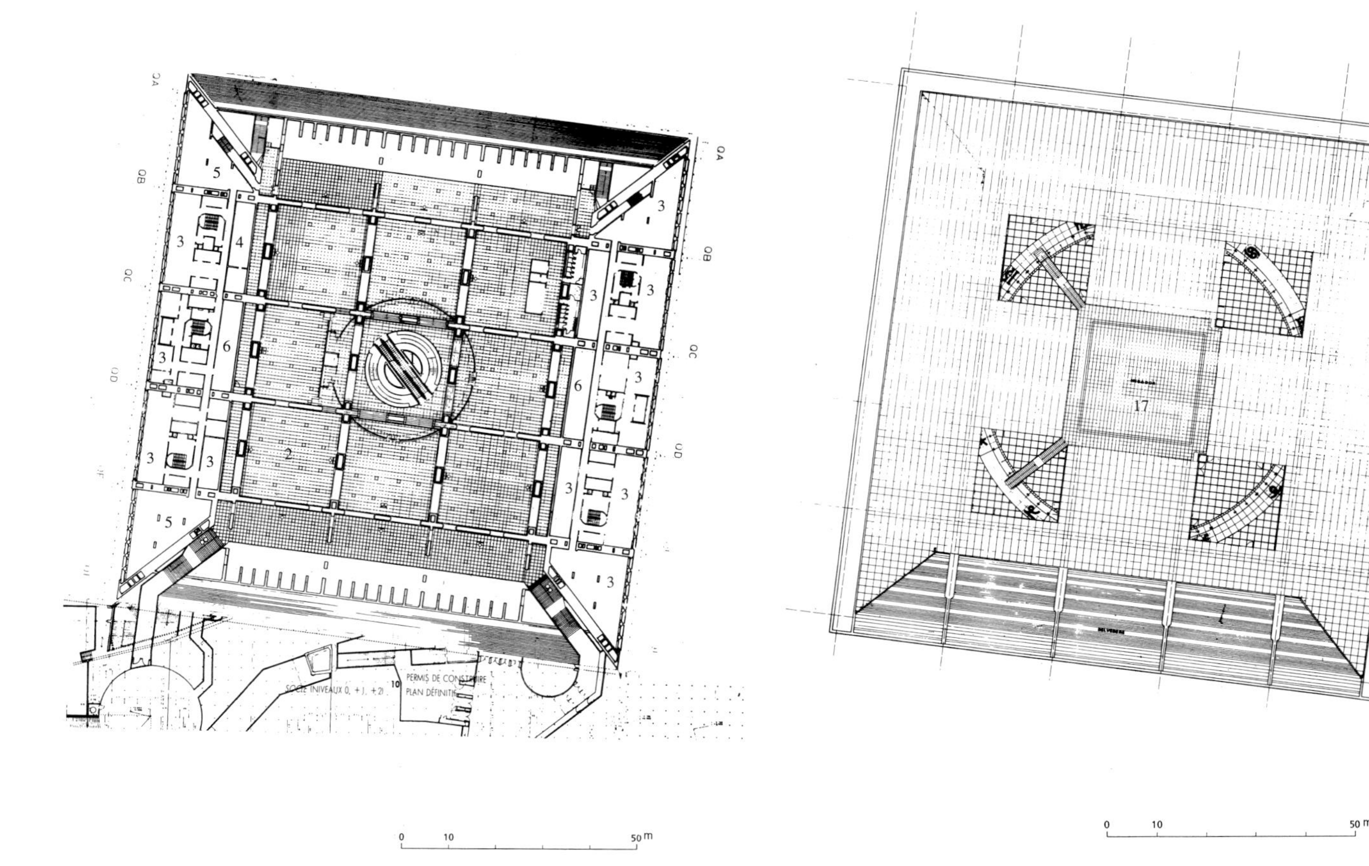

0、1、2层平面图
Plan of level 0,1,2

36层平面图
Plan of level 36

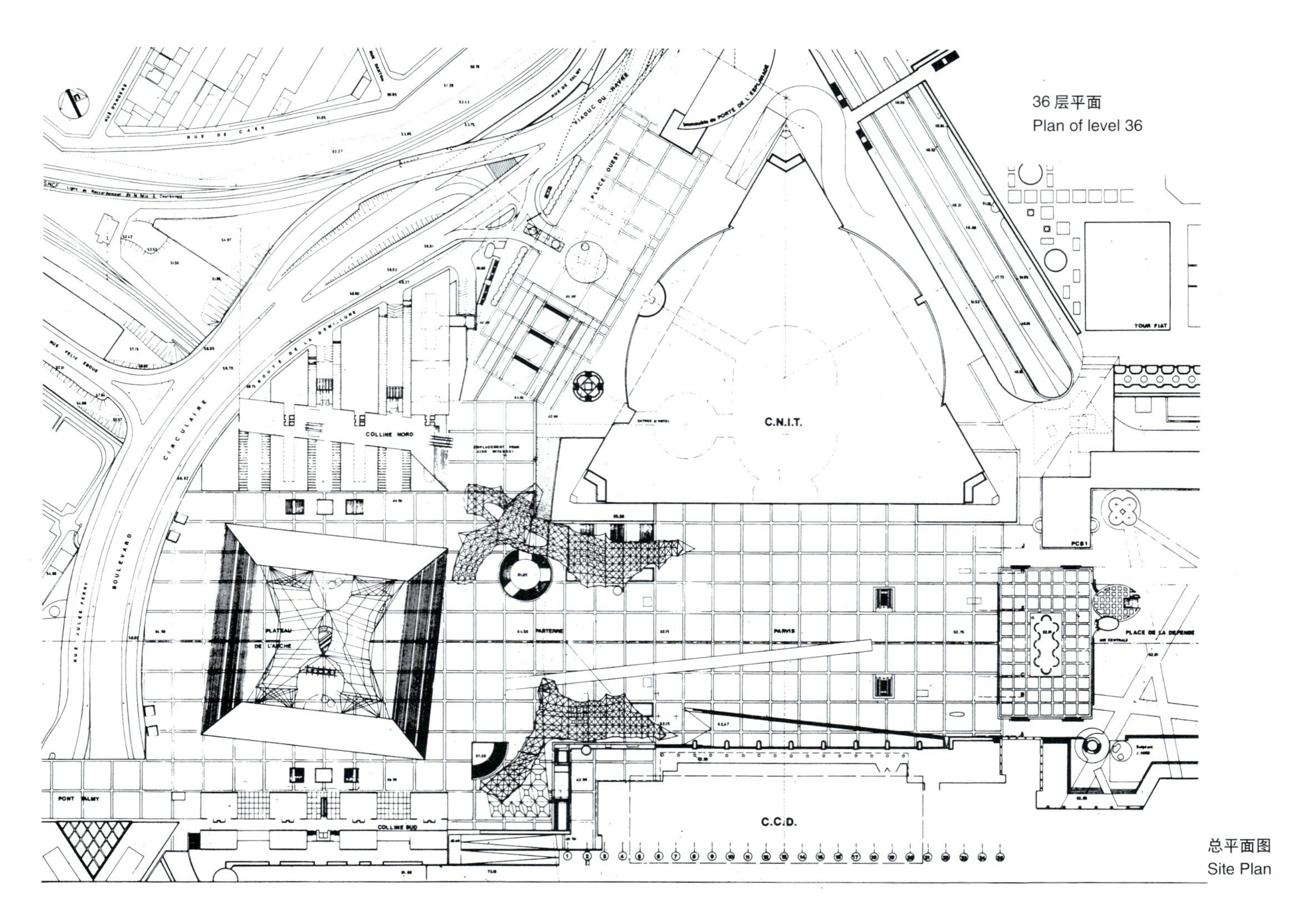

36层平面
Plan of level 36

总平面图
Site Plan

"火山口"和"云"
Crater and cloud

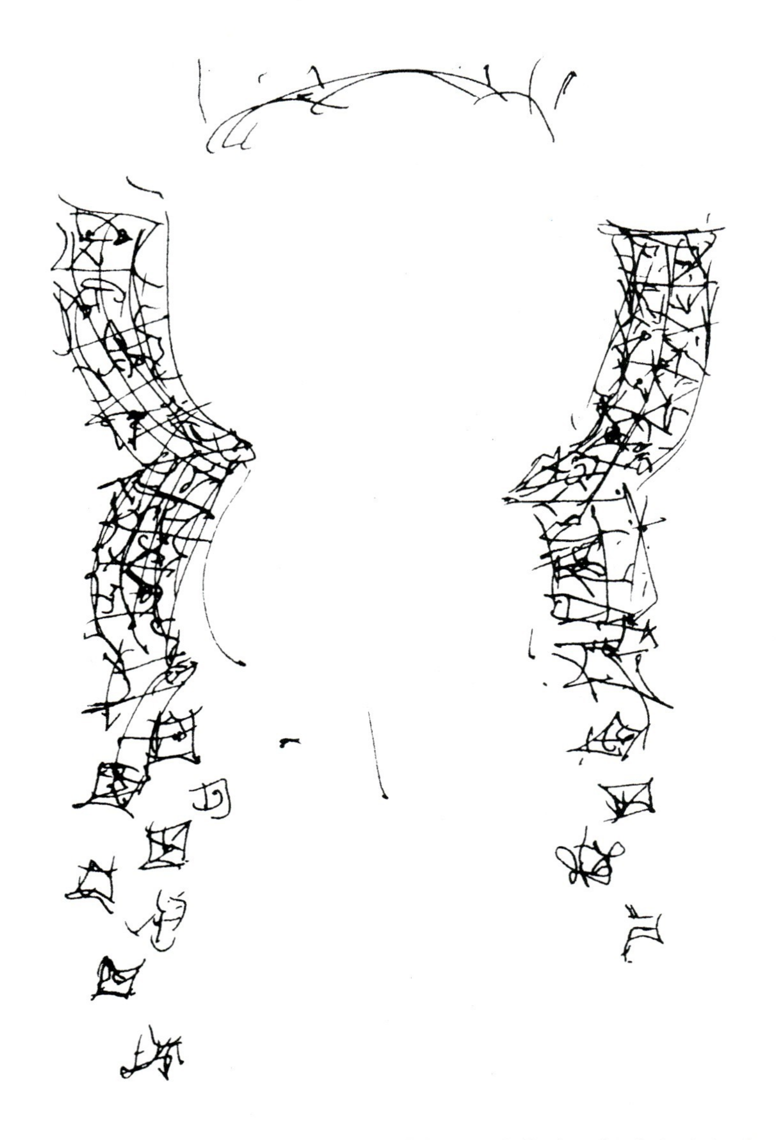

"云"。从理论上说，"云"的几何形式既精确又复杂，与正方体简洁的几何设计形成了鲜明的对比

The cloud. Theoretically, the cloud is an object that has a strict albeit complex geometrical design which stands out against the cube's simple geometrical design

加来英法跨海隧道法方终点及“欧洲之城”商业中心

Cross Channel Terminal and “City Europe” Commercial Complex, Calais

多系统的组合

A Combination of Various Systems

经济、政治和社会事件在其自身显而易见的偶然性之外，有时还会赋予某个小地方以突如其来的重要地位。比如机场的建造便往往标志着乡村历史的改变。名不见经传的小村庄会在一夜之间跃上世界主要机场的名录，有时甚至还会被指定为整个国家的地标。

从某种角度来说，这也正是法国北部加来港和尼约雷城堡（Fort Nieulay，保卫法国军事家Vauban的海军要塞）附近农田的命运。新英法跨海隧道的法方入口便设在了此处。这里原有的只是随风蜿蜒的海岸线和海水映出的清冷波光，而今却变成了欧洲大陆的交通枢纽。

跨海隧道既是人类自古以来的最高梦想，也是一项巨额的投资，如今在这个大陆入口处释放出了全部的内在象征力：圆形的几何造型倒映在巨大的水池中，在拱门（archway）、购物走廊处都可以看到，仿佛是隧道真正入口的一次预演。

整个综合体实际上是多个系统的几何形式的协调组合：公路系统、铁路线以及周边的环境。项目占地极广、功能极多，以至于令过境的旅客们眼花缭乱。巨大的车道沿着“欧洲之城”商业中心伸展，仿佛要将这些不同的系统、尼约雷城堡与汽车换乘区（海底旅行的起点）都串连到一起。

保罗・安德鲁手绘草图
Drawings by Paul Andreu

尼约雷堡枢纽采用了高架桥的形式，从空中掠过一个直径为400m的圆形蓄水池，共有两条为轻型交通服务的主路
Fort Nieulay junction designed in the form of a viaduct with two main entrance roads reserved for light traffic looming over a reservoir with a diameter of 400m

圆形水池鸟瞰
Aerial view of the round reservoir

铁路、站台及公路鸟瞰
Aerial view of the railways, platforms and roads

跨海隧道终点站

Cross Channel Terminal

终点站具有象征和功能方面的双重意义。从整体来看，它既是历史和景观的组成者，同时又是两者的改造者，特别是凭借其花园的规模，使整个景观为之一新。

终点站包括五个主要组成部分：立交桥及其上的入口标志；直径400m的正圆形水池和环池一周的车行路；倒映在水中的两条供轻型汽车通行的高架桥。客运站入口的轴线与尼约雷城堡的轴线相重合。而后者作为边境斗争的遗迹，不啻为一个颇具讽刺意义的参照物。但城堡更特殊的意义在于，它反映了保罗·安德鲁试图将终点站置于加来城和周边区域的历史文脉（historical context）中的愿望。客运收费及停车处覆盖着18m×18m的金属“蘑菇伞”，不但起到了路标的作用，还由此确定了所有伞形结构的基本模数。在这里被重点强调的是使用者的明了和舒适感，以及交通增长后的扩建潜力。收费处及载重货车的停车区的配套设施非常齐全。往返航班登机区的标志也同样一目了然。为了实现上述目标，安德鲁对悬索结构和照明设备进行了特别的研究。最后出站区——或者说是进出法国的入口——及其花园被安置在出站公路的对角线方向上。此外，终点站的设计还向最主要的环境因素，也就是水，致以了最高敬意。

（上图）
检查及收费站
Checking and toll pay zone

（中/下图）
铁路站台
Loading platforms for rail shuttles

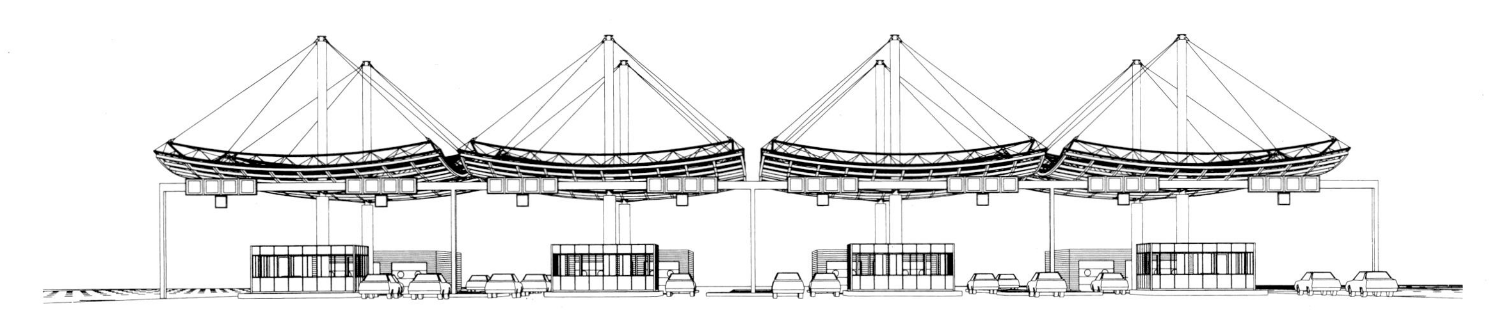

法方安检站剖面图
French security control zone section

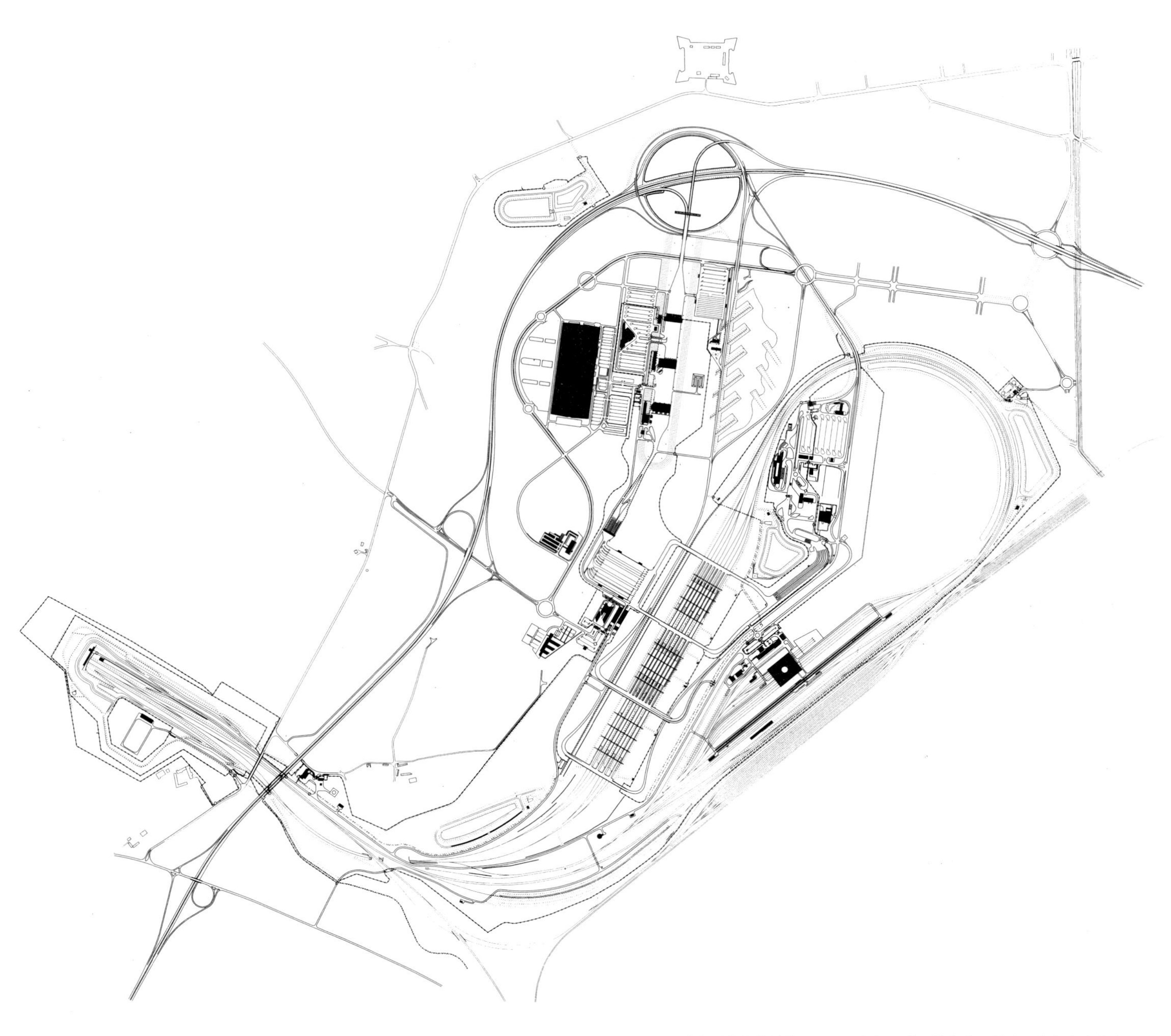

跨海隧道终点站总平面图。包括公路、收费站、铁路、站台和商业中心
Site plan of the Channel Tunnel junction, incorporating roads, toll stations, railways, platforms and the commercial centre

欧洲之城
City Europe

首先，欧洲之城是整个法国站的地标，不论是在收费处或进站登记处的伞盖下，还是在较远的出站口和支路上，都能看到这座“光之拱券（arch of light）”——购物中心屋顶上方的灯杆沿着整座建筑的长度展开，形成了一道巨大的光弧缓缓划过天际。

商业中心本身呈线型，南北长410m，东西宽160m，平均高度为15m，建造在一片缓坡基地上。建筑物围绕着两条相互垂直的商业街（mall）生成，并将东、西、北三个立面上的若干个入口组织起来。商业街被设计成步行街的形式。商业、休闲及文化设施均匀地分布在商业街两侧两层高的空间中，以平衡各个区域的客流量。电梯和楼梯间布置在商业街中空的部分。

中央商业街与室外商业街在视觉上是连通的，上方覆盖着直径24m、长80m的巨大的不透明筒形拱顶，一串红色的“光碟（light disks）”排列在街的轴线上，恰好将两侧停车场的花园与商业中心的入口连接起来。拱顶的设计可以说是金属悬索结构与复合屋架的光影共同进行的一次表演。氤氲的空气被阳光打亮，一直扩散到商业街的橱窗玻璃上，或是消失在拱顶透视感强烈的光影中。

与中央商业街相反，狭长的纵向商业街覆盖着透明的玻璃顶，光线通过屋顶射入室内步道。每隔12m，就会有一根室外的灯杆“刺入”到室内。灯杆的顶端和底端都安装了固定照明设施。

商业中心的立面只使用了一种水平方向上呈波浪形的白色金属材料。连续的立面在入口处被打断，入口的上方闪烁着“欧洲之城”的徽标，徽标的布置方式与建筑的形式结合成一个整体。主立面边上的标志灯散发着微光，面向着整个地段的入口，也被整合到立面的设计之中。

对安德鲁来说，能够从外部透视到内部的组织是非常重要的，这样才能使来客在短时间内熟悉整个建筑。这种亲近感（familiarity）一直延伸到对室内空间的处理上，清晰、丰富而易于识别的空间，在各家店面和精品屋异彩纷呈的同时，丝毫无损于建筑整体温暖、热情而充满人性的场所精神。最后，室内空间中还遍布着自然及人工的多种光源，因为光是整个项目得以形成的基本要素。

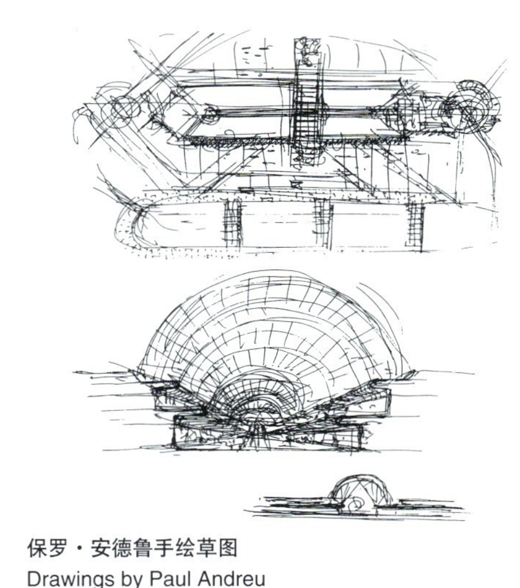

保罗·安德鲁手绘草图
Drawings by Paul Andreu

（左下/右下图）
“欧洲之城”公共轴线两端高达17m的圆形立面
Two 17-metres free-standing circular monumental facades have been constructed at the end of public circulation axis crossing City Europe

公共人流轴线的最上一层。屋顶 24m 高的筒形拱以一串闪亮的红色“光碟”为特征
The top level of public circulation axis. The roof's 24-metre cylindrical vault features a set of luminous red disks

“欧洲之城”商业中心。跨海隧道法国站整体设计中的一部分
The City Europe commercial centre, part of the global design for the terminal on the French side of the Channel Tunnel

欧洲之城是整个法国站的地标，不论是站在收费处、进站检票处的伞盖下，还是在较远的出站口和支路上，都能看到这个标志——一道划过天际的巨大光弧
City Europe is a light signal in the French Terminal landscape, a large arch of light in the sky, visible from the pay toll canopies and the check points at the entrance to the tunnel, visible as well from a great distance, from the exit and bypass roads

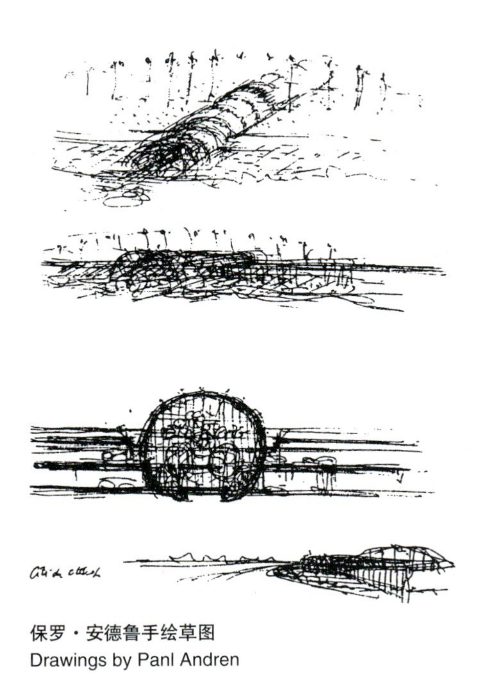

保罗·安德鲁手绘草图
Drawings by Panl Andren

纵向次轴以玻璃顶的自然采光为主导，与主轴有着显著的不同。室外的标志灯杆每隔 12m 就会有一根“刺入”到室内。灯杆的顶端和底端都安装了固定照明设施
The secondary longitudinal axis stands out from the main axis due to the predominance of natural lighting through the glass roof. Every 12 meters, this mall is “punctuated” by masts suspended from the exterior signal. The ends of the masts, at bottom and on top, are fitted with lighting fixtures

商业中心总平面图

Site plan of the commercial centre

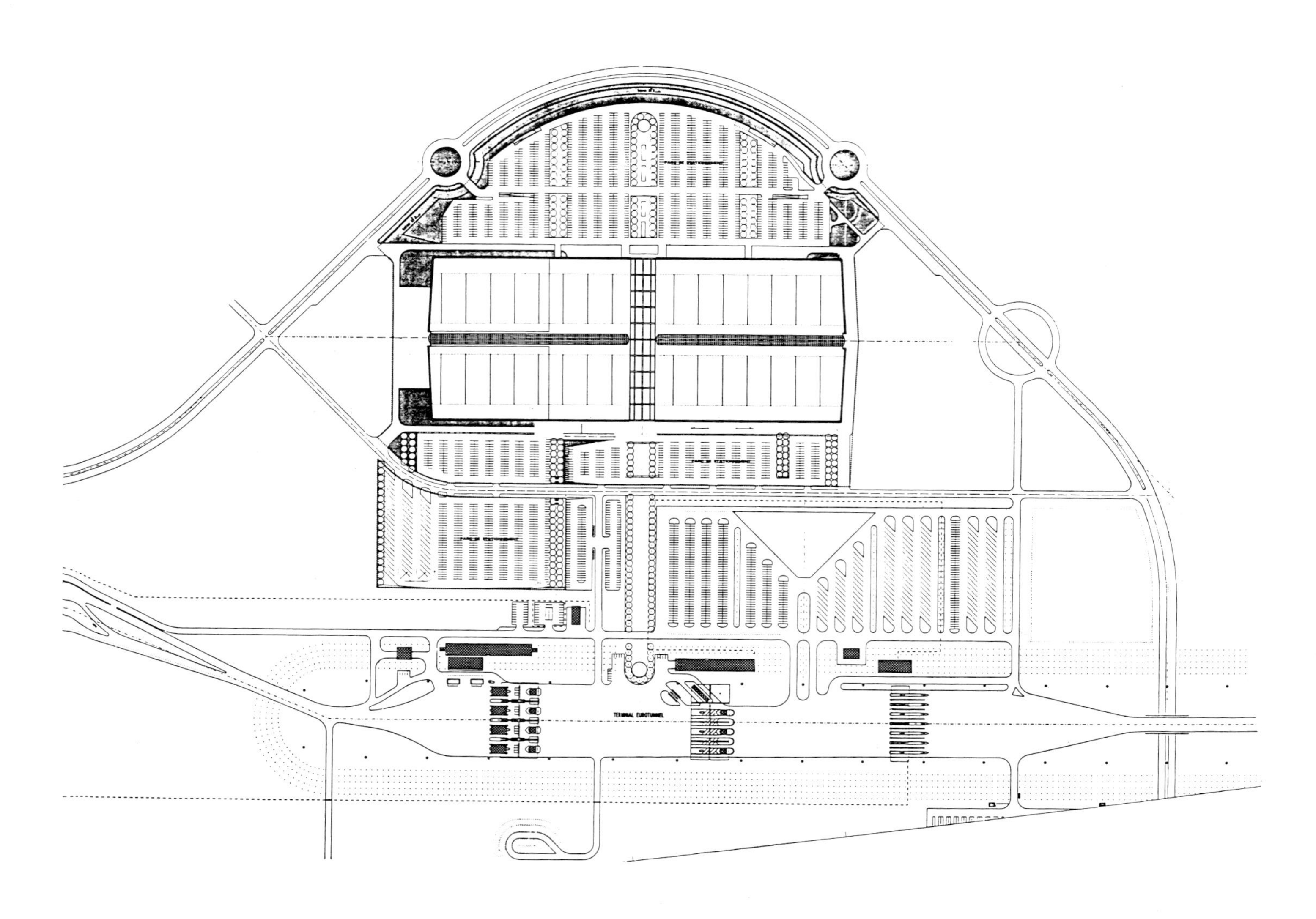

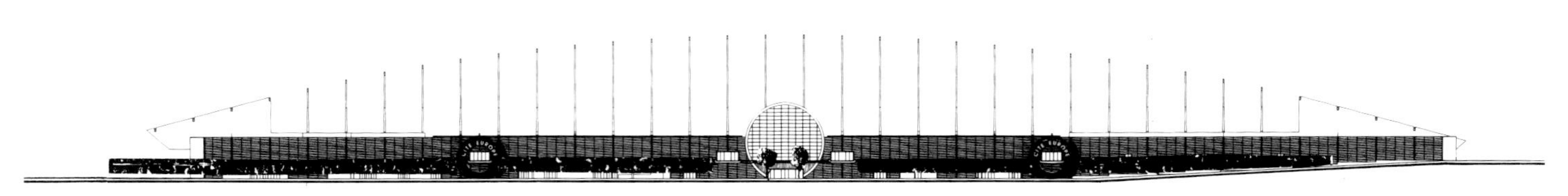

西立面图

West elevation

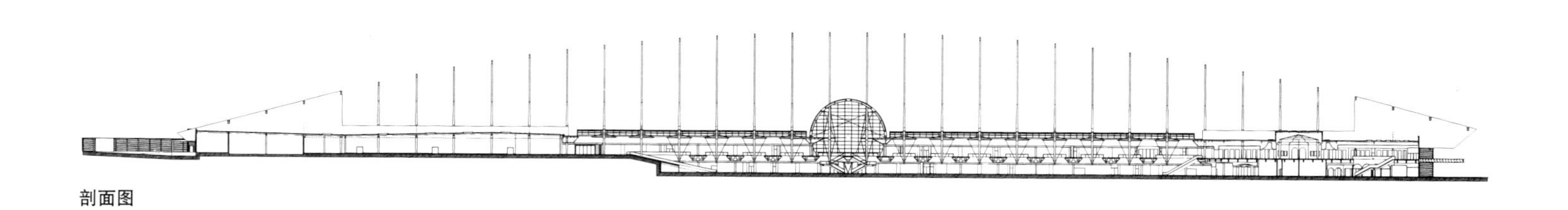

剖面图

Section

停车场

Car Parks

西侧的停车场有两条环形车道，与单通道分上下层的方式相比，这种交通模式不易堵塞，便于乘客抵达上层的停车场。一个大约27m宽的布满树木和水池的空场（cavity）将停车场分为两部分，并将人们导向商业及休闲中心的主要入口。中央空场的两侧各有一个 8m 宽的小空场，使人们可以望见欧洲之城的其他入口。这三块种满了灌木、乔木和花草的空地，赋予停车场一种不同于类似项目及类似停车区域的独特面貌。

西侧停车场的容量约为 2500 辆轻型汽车；东侧约为 1000 辆轻型汽车和 38 辆大客车。

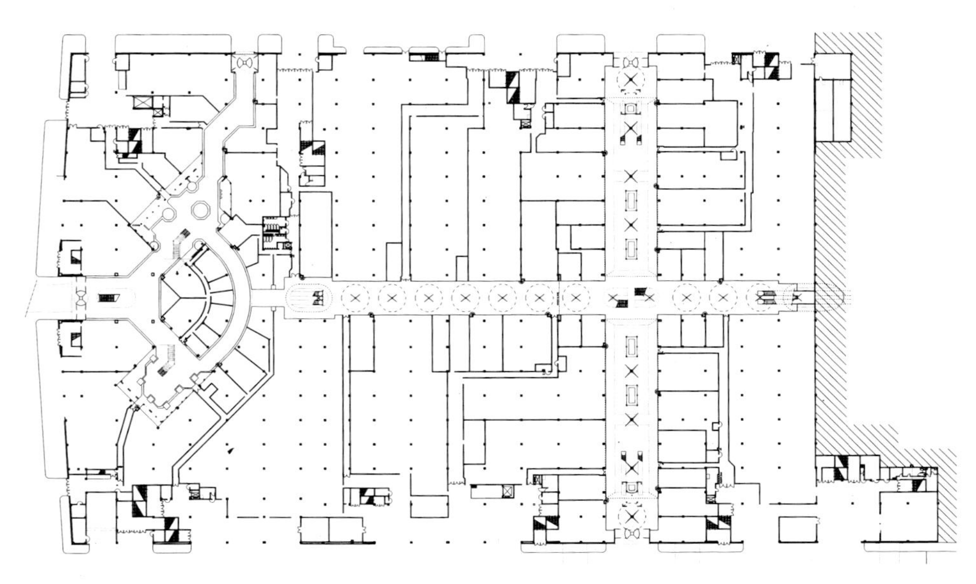

底层平面图

Plan of the lower level

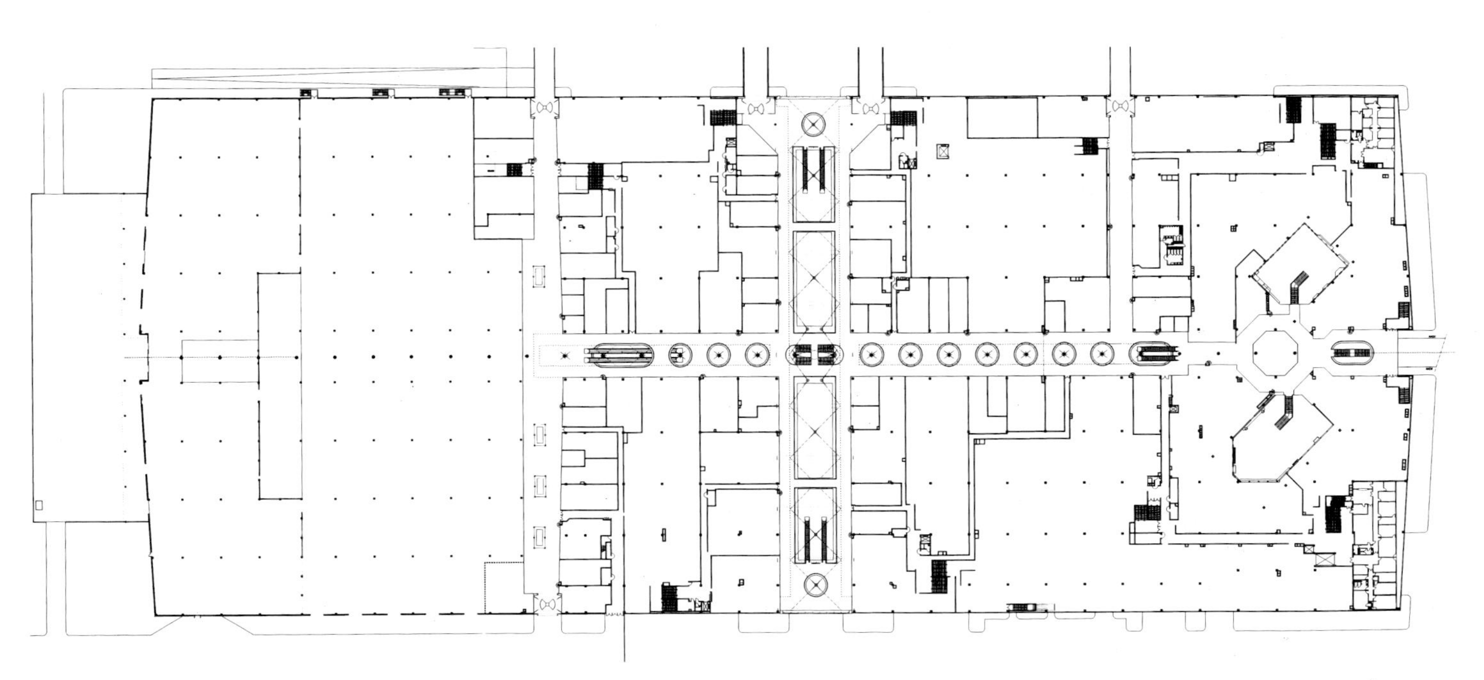

上层平面图

Plan of the upper level

大阪关西国际机场 Kansai International Airport, Osaka

单体化的巨型空港

A Huge Terminal Complex in a Single Unit

大阪机场的新空港是新一代以单体面貌出现的巨型空港之一。这意味着要在同一区域内安排行李的登记、分检和交付，通常还要与登机区和飞机隔开一段相当的距离。单体化的空港以并列交通单元组成的综合体为基础，在1970和1980年代取得了积极的进展，然而由此形成的设计风潮远远超过了其解决问题的实效。

关西空港不但体现了查尔斯·戴高乐第一空港高密度与集成化的特点，而且还体现出与戴高乐机场第二空港类似的简洁与明晰。其吞吐能力（每年2500万人次）相当于第二空港前五个厅之和，类似的基础设施数量也与之相差无几，不过分布位置并不相同。此外尤为引人注目的是，关西空港是一次性落成的。

人工岛和横向展开的曲线建筑/模拟建成实景
The artificial island and the project as it was realized with a transverse curve

(中/下图)
保罗·安德鲁手绘草图（第二阶段），1988年7月29日
Drawings by Paul Andreu (second phase), July 29, 1988

1.7km 长的线形建筑

A Rectilinear Building, 1.7 Kilometers Long

空港建在一片人工岛上，由此决定了建筑设计必须最充分地利用空间。空港的吞吐量刚好与机场区域交通设施的运载能力相匹配；同时，如此强大的容纳能力（42条登机通道足以同时处理总交通量的90%至95%）也奠定了其日本新国门的地位。

过境旅客必须能够便捷地移动及分流。在这样一个火车出行比例（50%）居全世界最高的国家，旅程一定要尽可能地简短和舒适。

综上所述，极简主义成为空港在形式和功能方面的特征。中心建筑向两边各探出一翼，各个楼层间组织着不同的功能活动。由此机场的内部流线变得明晰易懂。整座空港共铺展了1700余米，其中主体建筑长360m、宽170m，两翼各长655m、宽35m。只有采取这种简单的直线形式，方能保证最优的吞吐能力和综合效率。

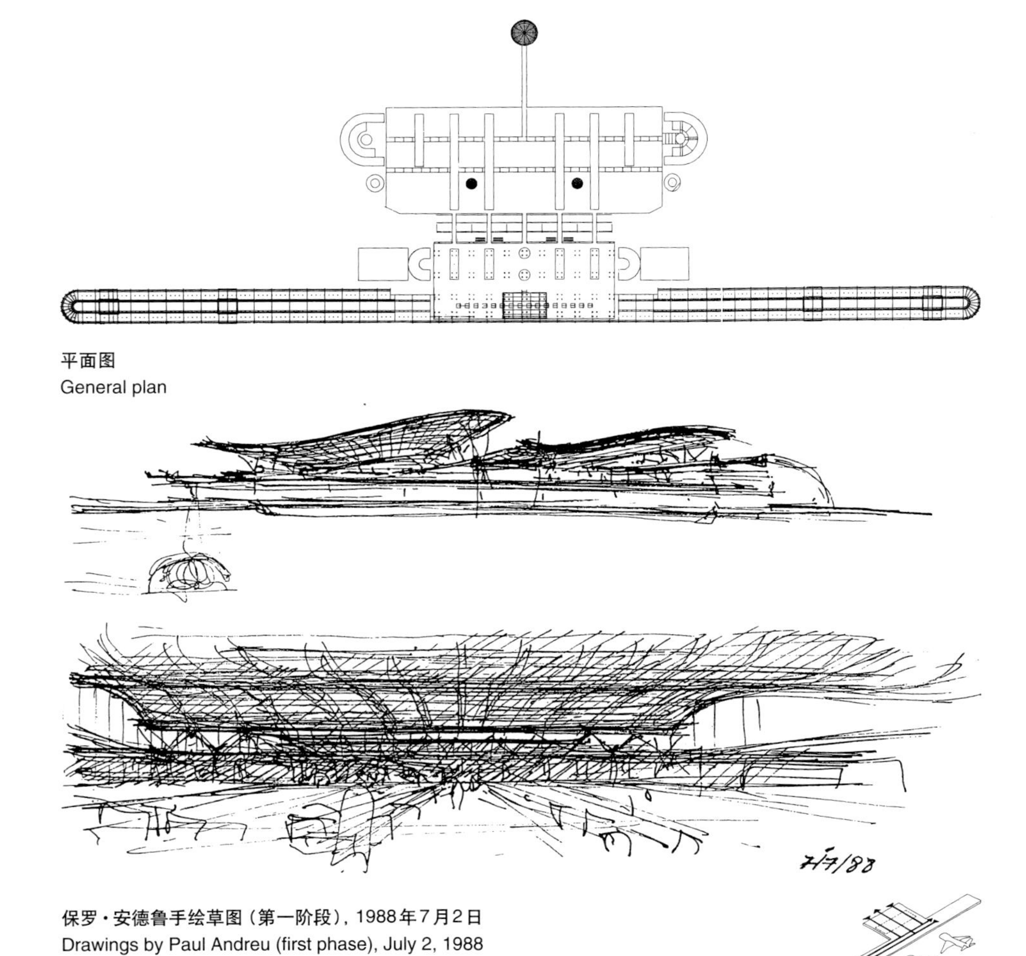

平面图
General plan

保罗·安德鲁手绘草图（第一阶段），1988年7月2日
Drawings by Paul Andreu (first phase), July 2, 1988

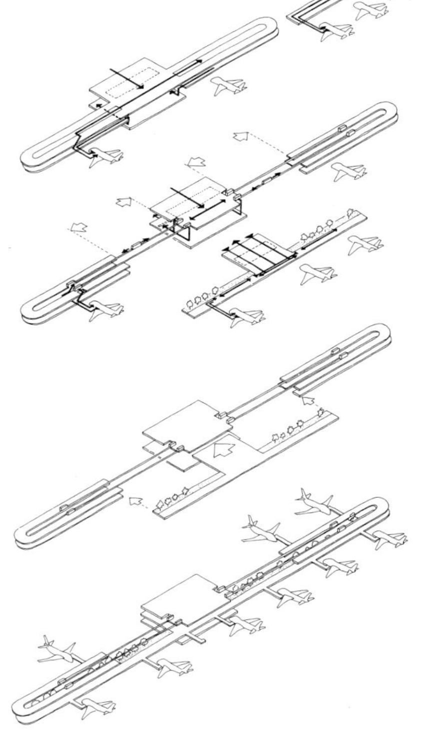

空港的设计概念
Concept of the terminal

总平面图
Master Plan

“三明治”的概念与“峡谷”

The “Sandwich” Concept and the “Canyon”

关西空港最具原创性的功能构思便是所谓的“三明治”概念，即将国内航班的相关设施限定在上层离港、下层进港的两个国际层之间。

乘客们可以利用“峡谷”里的垂直交通工具轻松地穿行于各层之间，这个巨型的开放空间还使旅行者们随时能够看到所有层的情况。

公路支线直接通向主要的交通层，同时轻轨车站也在国内层与空港相连。在项目发展的过程中，还增设了一个提供餐饮服务与购物设施的夹层。

空港的屋顶花园内最初还包括一条捷运车道（people mover），可惜这一计划最终被放弃了。否则将会使旅行者们在欣赏空港的内部空间之余，还能得到一个罕有的鸟瞰机场全景的机会。

伦佐·皮亚诺（Renzo Piano）在关西空港国际设计竞赛中获胜。该工程由此便在一个国际设计小组的共同努力下不断发展，Nikken Sekkei、Japan Airport Consultants，以及安德鲁所在的 Aéroports de Paris 都是其中的成员。

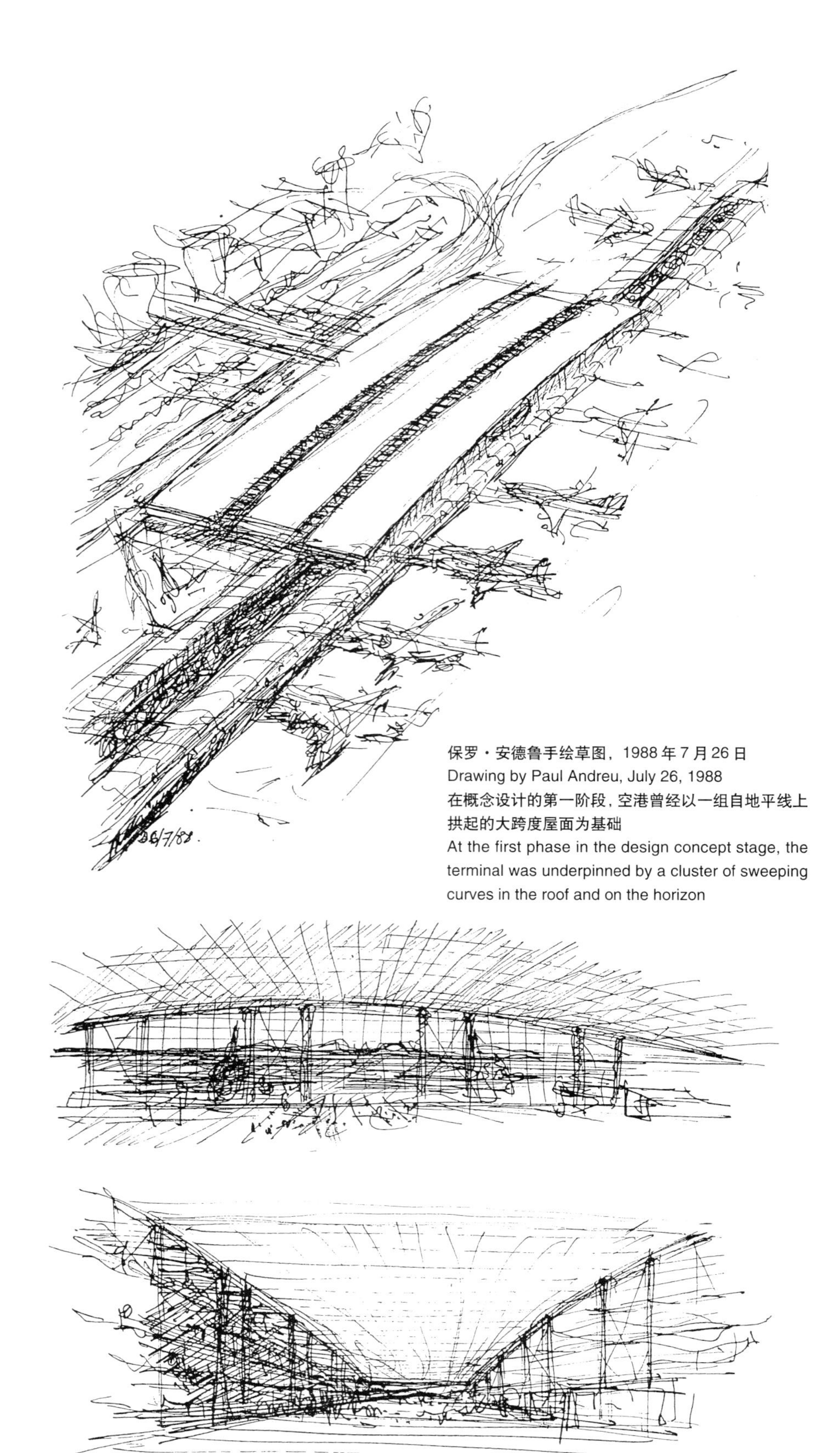

保罗·安德鲁手绘草图，1988 年 7 月 26 日
Drawing by Paul Andreu, July 26, 1988
在概念设计的第一阶段，空港曾经以一组自地平线上拱起的大跨度屋面为基础
At the first phase in the design concept stage, the terminal was underpinned by a cluster of sweeping curves in the roof and on the horizon

保罗·安德鲁手绘草图（第二阶段）
Drawings by Paul Andreu (second phase)

室内透视图
Interior perspective view

室内透视图
Interior perspective view

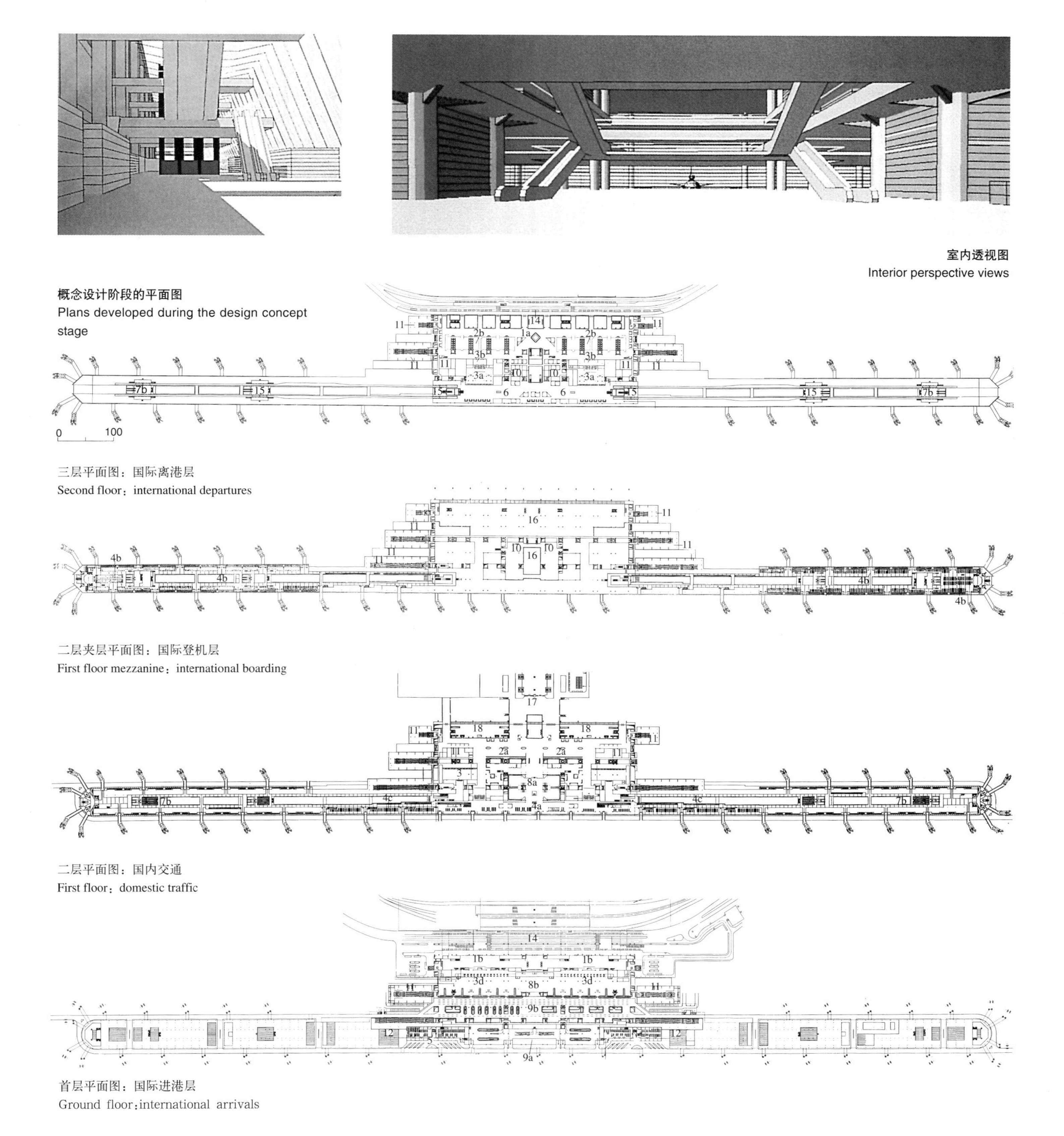

室内透视图
Interior perspective views

概念设计阶段的平面图
Plans developed during the design concept stage

三层平面图：国际离港层
Second floor：international departures

二层夹层平面图：国际登机层
First floor mezzanine：international boarding

二层平面图：国内交通
First floor：domestic traffic

首层平面图：国际进港层
Ground floor：international arrivals

1. 公共大厅 Public lobby
1a.离港厅 Departures lobby
1b.进港厅 Arrivals lobby
2a.国内值机柜台区 Domestic check-in area
2b.国际值机柜台区 International check-in area
3a.出境护照检查 Outgoing passport control
3b.安检 Security control
3c.入境护照检查 Incoming passport control
3d.海关 Customs
4. 登机厅 Boarding lounges
4a.国内登机厅 Domestic boarding lounges
4b.国际登机厅 International boarding lounges
4c.国内或国际双向登机厅 Reversible boarding lounges for domestic or international traffic
5. 远台飞机捷运系统 People movers for remote aircraft
6. 中转 Transit
7a.国内进港 Domestic arrivals
7b.国际进港 International arrivals
8a.国内行李交付 Domestic baggage delivery
8b.国际行李交付 International baggage delivery
9a.国内行李分检 Domestic baggage sorting
9b.国际行李分检 International baggage sorting
10.公共康乐设施 Public amenities
11.行政办公 Administrative offices
12.技术支持设施 Technical support premises
14.陆侧进出通道 Cityside access road
15.捷运车站 People mover station
16.吹拔 Empty space
17.火车站通道 Access to the train station
18.层间垂直交通 Connecting volume between floors

库尔舍瓦勒1992年冬奥会高台滑雪赛场

Ski-jump Runway Winter Olympic Games1992, Courchevel

“云梯”

A Line Going up to the Sky

奥林匹克高台滑雪道与跨海隧道终点站这两个项目有些不谋而合，都把天空与景观整合到了旅行的概念中，并努力在建筑物和景观之间创建一种明了而且平和的关系。

安德鲁起初想用钢索将窄窄的滑道吊起来，给人以飘浮在空中的印象，而滑行的整个过程，看起来就像是脱离了山体的自由翱翔。但是这种想法实际上并不可行，因为没有足够的高度使结构真正地脱离山体；此外，还有一点至为重要——必须小心地应付侧风与旋风的影响，否则将会危及滑雪者的安全。

于是，安德鲁放弃了最初的想法，转而以一种完全不同的方式在两条滑道之间、滑道与山体之间建立起强有力的联系：较大的滑道被两道平行的墙体托出地面，而另一条滑道则嵌入了山坡。两者之间是一种互补的关系，一正一负，一阴一阳。大滑道与印度斋浦尔观象台（observatories of Jaipur，也称“Jantar Mantar”，印度18世纪著名建筑遗迹）的坡道之间也存在着类比，一种通过形式表现出来、然而又超越了形式的类比。

安德鲁自始至终都在努力地了解高台滑雪的技术细节，花费了很多时间。所谓技术细节（mechanics）指的是，从运动员离开住所的那一刻起，登上提升机、做热身、集中精神，直到最后面对滑道竭尽全力做那最精彩的一跳——安德鲁决心要表现这些不为人所熟知的东西，表现空间的孤独和高台滑雪运动狂野的一面，使人们的目光全部聚焦在运动员的身上；另一方面，还要表现观众的反应、人群中招展的彩旗，此外还有运动员触地的场所，因为每个人都在这里鼓掌、呐喊，精神的高度集中在瞬间释放，代之以极度的兴奋或失望——所有的事件都在这里突然结束。

总之，希望这个项目能够传达给人们这两种极端对比的气氛，无论是通过现场还是电视画面。

大滑道与起跳塔
Grand skiway and access tower

赛场远眺
View from a distance

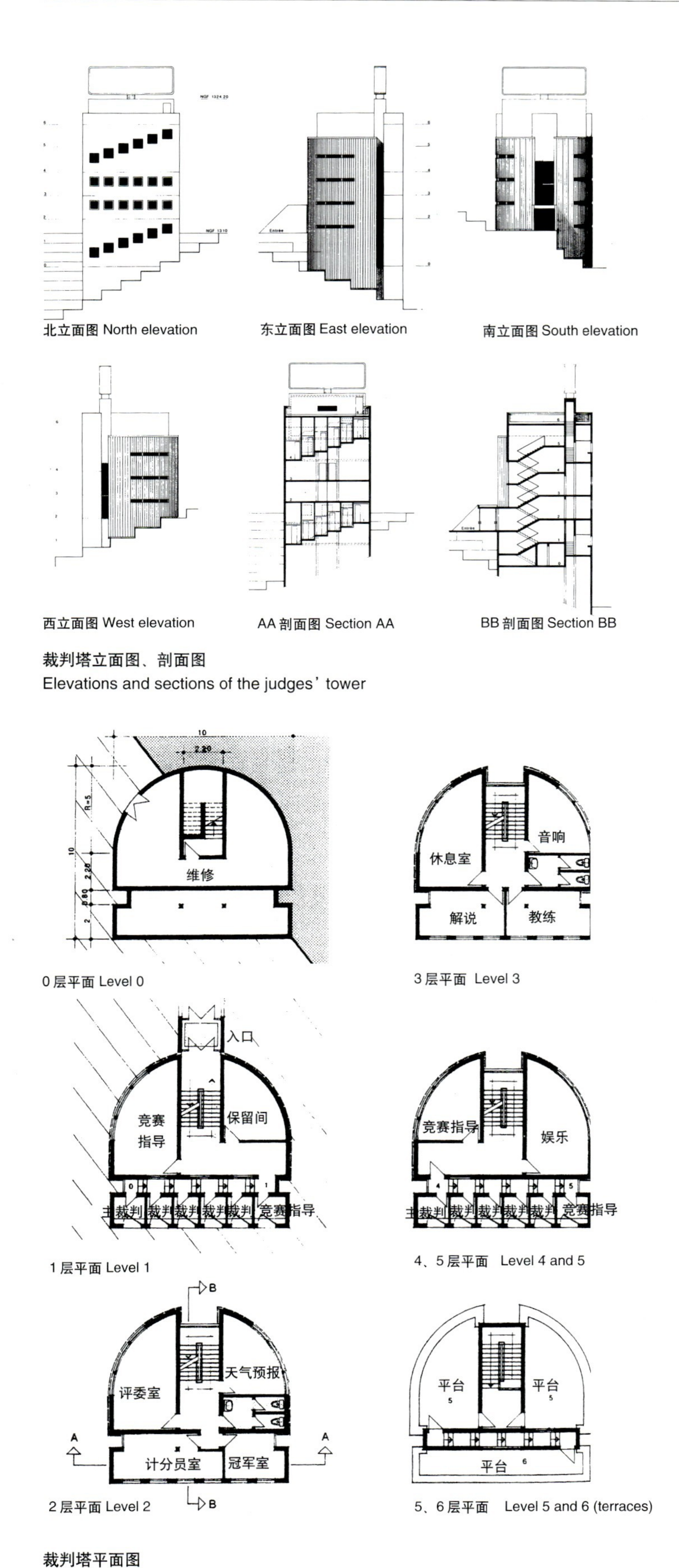

北立面图 North elevation　东立面图 East elevation　南立面图 South elevation

西立面图 West elevation　AA 剖面图 Section AA　BB 剖面图 Section BB

裁判塔立面图、剖面图
Elevations and sections of the judges' tower

0 层平面 Level 0　3 层平面 Level 3

1 层平面 Level 1　4、5 层平面 Level 4 and 5

2 层平面 Level 2　5、6 层平面 Level 5 and 6 (terraces)

裁判塔平面图
Plans of the judges' tower

"云梯" / 模型照片
A line going up to the sky. Scale-model

模型鸟瞰。较大的滑道被两道平行的墙体托出地面，而另一条滑道则嵌入了山坡
Aerial view of the scale-model. The larger one of the two skiways detaches itself from two parallel walls that dig into the ground; while the other sinks into the mountainside

在这个项目之前，几乎所有高台滑雪场的滑道都是从起跳塔（access tower）延伸出来的。这种方式不唯不美，还意味着在整个出发过程中都无法拍摄到运动员，同时运动员在空中的动作也被割裂了。于是，本项目将高悬的裁判室布置在滑道的侧面，不但解决了上述传统方式的问题，还可以缩短沿滑道方向的往返距离。

滑道的助滑坡完全展现在塔身圆形的立面之下，裁判员置身其中，可以清楚地看到全部比赛。热身房沿立面一周有若干个不同的开口，运动员可以任选一个完全封闭或是可以眺望山景的房间来调整精神。

各个元素之间既相互独立、又相互联系。滑道以这样一种方式展开，仿佛是一道“云梯”指向天空，就像斋浦尔的观象台一样。这就是方案的全部。运动员沿着“云梯”在观众的注视下飞降，此时运动便摆脱了重力的束缚，成为飞向山峰、森林和天空的自由翱翔。

裁判塔对空间的整体性具有重要意义。裁判塔和滑道是分离的，由此生成的形式和体量在地景之中很容易被识别，其位置和形式至少在七八个几何因素的综合影响下才得以确定，如垂直和水平视角、相对高度等等。两个滑道的裁判塔采用了相同的构造方式，从而形成一个整体。除功能性的应急措施之外，塔上没有任何多余的东西。这样裁判塔、滑道和周围景观之间的密切关系便可以清晰地被感知。最后，塔身和计分牌之间也确立了直接的联系，比分将公布在裁判窗口的正下方。

总之，所有这些措施组成了一条清晰的线索，将景观、建筑和人的种种活动连接到了一起。各个要素在这里呈现出了与斋浦尔观象台中类似的关系。除此以外，一切都是极为简单的，并且融合到了景观之中：建筑的弧形表面使用了木材，而平面部分则使用了混凝土；滑道也采用了同样的原则，不同高度的坡面都使用了木材，而挡土墙使用了混凝土。如果说所谓的“云梯”这一构思还有什么言外之意的话，那就是，一切都要“漂浮”在空中。

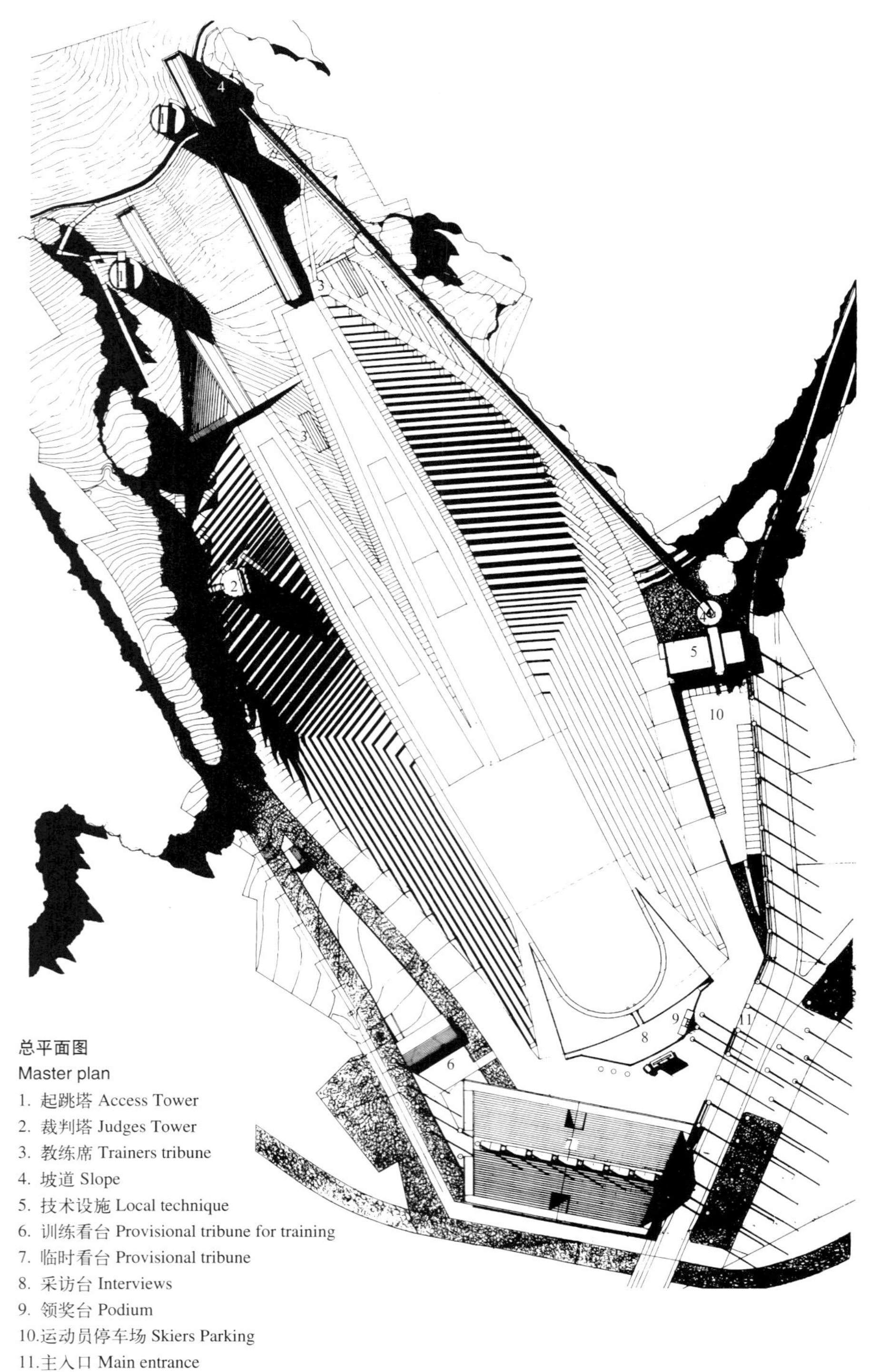

总平面图
Master plan
1. 起跳塔 Access Tower
2. 裁判塔 Judges Tower
3. 教练席 Trainers tribune
4. 坡道 Slope
5. 技术设施 Local technique
6. 训练看台 Provisional tribune for training
7. 临时看台 Provisional tribune
8. 采访台 Interviews
9. 领奖台 Podium
10. 运动员停车场 Skiers Parking
11. 主入口 Main entrance

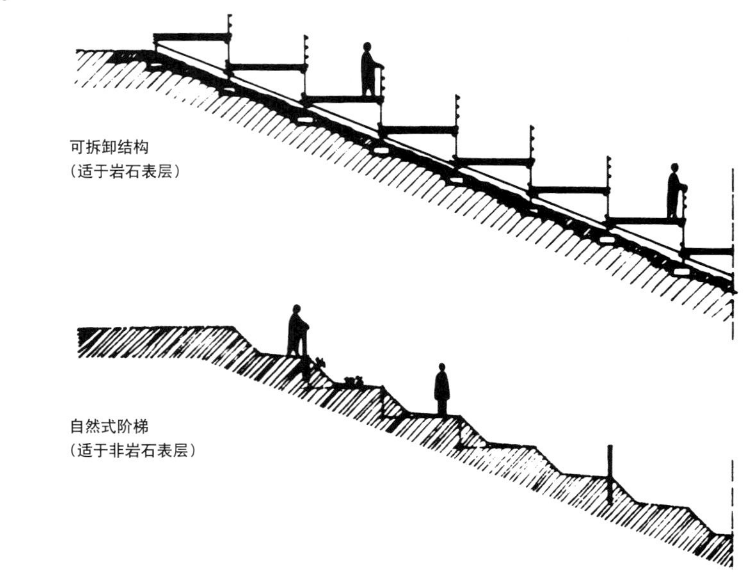

临时看台
Provisional tribune

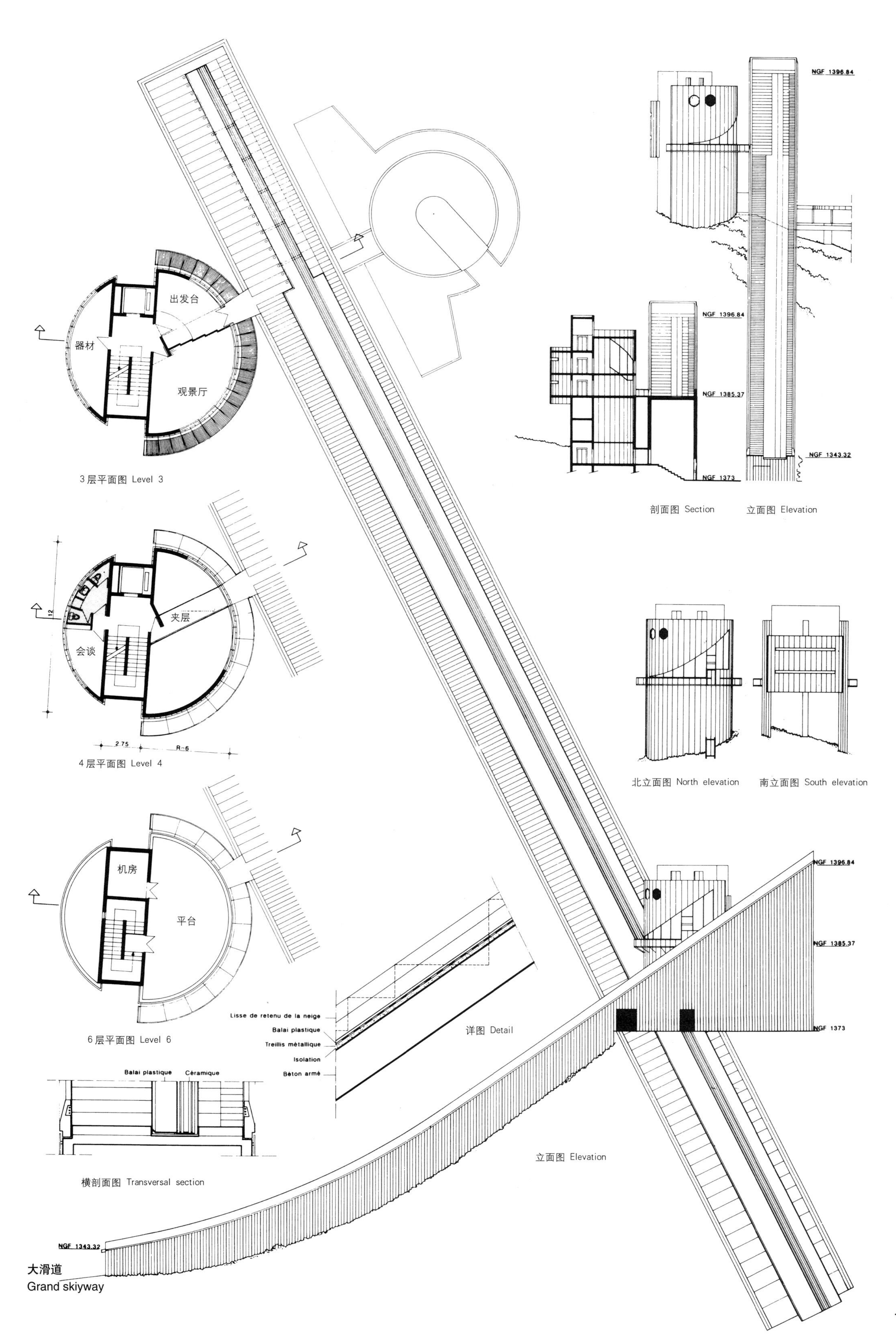

大滑道
Grand skiyway

波尔多梅里尼亚克国际机场 Bordeaux-Mérignac International Airport

第二空港，B厅 Terminal 2, Hall B

和谐、简洁与经济

Harmony, Simplicity and Economy

在法国国内中等规模的空港中，波尔多机场可以被视为追求简洁的巅峰之作。其设计难点在于如何解决规模较小与基础设施数量较少带来的矛盾。中型规模所能提供的功能设施的组合方式较少，因此若要在优化利用空间的同时保持建筑设计的明晰简洁，困难便会不期而至。

此外，这类空港通常都是在原有空港基础上进行的扩建，因此功能上的联系、各楼层的接续以及新旧部分之间的和谐更成为难题。安德鲁在波尔多所遇到的情况便正是这样：由于投资和运行费用的关系，新建筑不得不被置于不同时期落成的现有建筑综合体之中。

建筑内部的连续性相对较易实现，通过一个两层高的商业大厅（commercial concourse）作为过渡，便可逐步弥补新、旧空港离港层之间的高差。

自高架路一侧望空港入口。柱子的边缘都非常薄，几乎不影响立面的通透性，不但可以提供对周边景物的良好视野，还使光线得以深入建筑的核心。一道穿过“峡谷”的天桥将人们导入建筑之中

Cityside view of the entrance to the terminal from the elevated access road.The edges of the posts are so thin they barely affect the transparency of a facade that provides an unimpeded view of the surroundings and allows light to stream into the core of the building. An overpass leads into the building across the empty space of the“canyon”

自室内望入口。天花板由黑色的管状条板组成。弯曲的条板及其无光表面能够捕捉并反射出室外光线的变幻，以至于看上去似乎不是黑色的：其色调将随着不同时段、不同季节和观者的不同位置而不断变化

Interior view of the entrance. The ceiling is composed of black tube panels. The curve in the tubes and their mat color act to capture and reflect the changing exterior lighting in such a way that the ceiling does not really look black:it is a surface whose tones vary with the time of day, the seasons and the position of the viewer

（右页图）

外立面上反射出来的天光云影和出入通道——室内外之间的一道无形的界限。玻璃在反射方面的特性与其透明度一样重要，尤为重要的是，这种材料可用于调节可见光的品质、强度和纹理

Reflections of the sky, the clouds and the access road on the exterior fa?ade -an invisible boundary between inside and outside. Glass's reflective qualities are as important as its transparency, but even more important is the fact that this material can be used to modulate the quality, intensity and very texture of visible light

Renseignements

自离港层的高架路望进港层
View of the arrivals level from the elevated access road on the departures floor

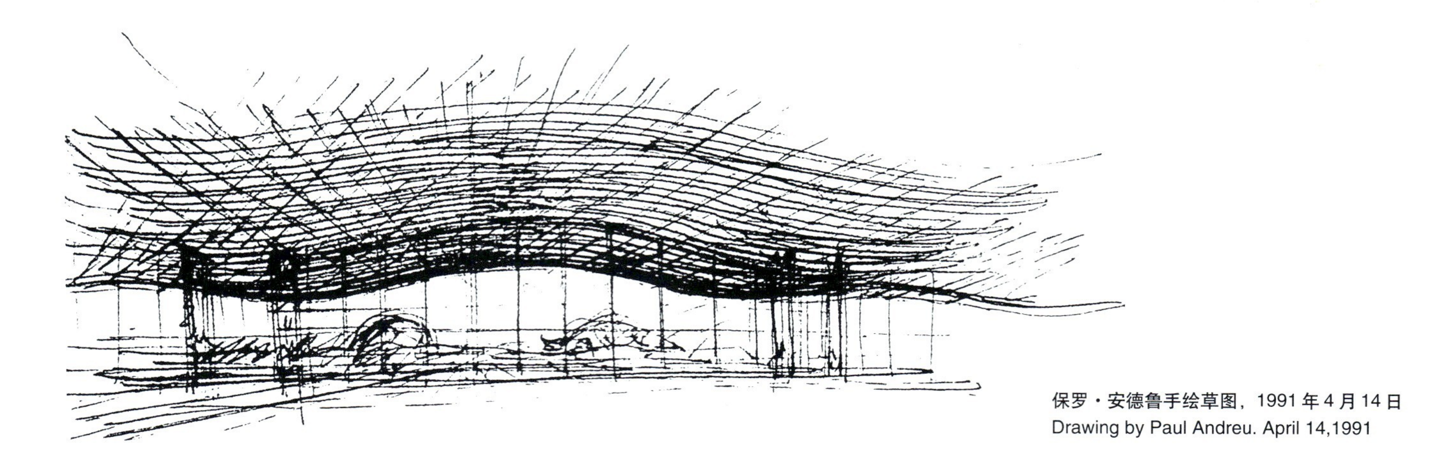

保罗·安德鲁手绘草图，1991 年 4 月 14 日
Drawing by Paul Andreu. April 14,1991

新建筑位于大型停车场的尽端。身后是泊机空间以及一直向西延伸到地平线的森林。建筑的设计有意避免了对远景的遮挡。远远望去，可以看到波浪形的屋顶和几根细细的柱子，此外还可以透过玻璃立面看到建筑背后的景观
The new building is at the end of a huge area of roads and car parks. Beyond it lies the aircraft space and a forest along the western horizon.The building is deliberately designed not to block this perspective. From a distance, you see an undulating roof, a few slender posts between the roof and the base, and the landscape beyond the building, visible through its transparent facades

自高架路驶向离港层的入口
Approaching the departures entrance on the elevated road

建设场景，8对混凝土柱支撑着4根80m长的双排梁，共同组成了建筑的骨架。屋顶及其支撑体系、混凝土处理，以及金属与混凝土富有表现力的交接部位都采用了高质量、高精确度的施工工艺
Construction site.The frame of the building consists of eight pairs of concrete columns that support four 80-meter-long double-beams. Quality and precision workmanship went into the construction of the roof and its supports，the treatment of the concrete and the high-performance association of metal and concrete

自进港层通道上望“峡谷”。高架路及其纤细的支撑意在避免对立面通透感的破坏
View of the “canyon” from the arrivals access road. The elevated road and its slender supports are designed not to mar the transparency of the facade

终端开放的屋顶

An Open-Ended Design for the Roof

几乎所有的中型空港都必须为未来的扩建留出余地，而扩建部分不论规模大小，均需与原建筑物的特性保持一致，这便意味着其结构一定要十分经济。

根据预计，波尔多空港将在相当长的时间段内逐步发展。因此最初的建设包括三个单元，接下来是五个，未来还会更多。带着这种逐步扩建的构想，空港的屋顶一开始便被设计成一种独特而有力的形式，同时自身还能导引今后的发展。波浪式起伏的屋顶可以被延展，并且其形状可以在保持原有张力的情况下被不断重复。

另一个无法避免的困难在于扩建部分的规模。精益求精的建造技术可以应用于大规模扩建，但在小规模的情况下却并不合适。因此，从第一阶段开始，所有的技术程序或特殊的结构界定便必须限定在能够被第二阶段所重复的范围之内。此外，由于计划总是赶不上变化，设计方案还应具备对计划外的扩建方式和规模的适应能力。就波尔多空港来说，确定屋顶的短向跨度时便考虑了要便于批量制造支撑柱与混凝土梁——不过无论如何，这也已经是覆盖三个单元所能允许的最小值了。

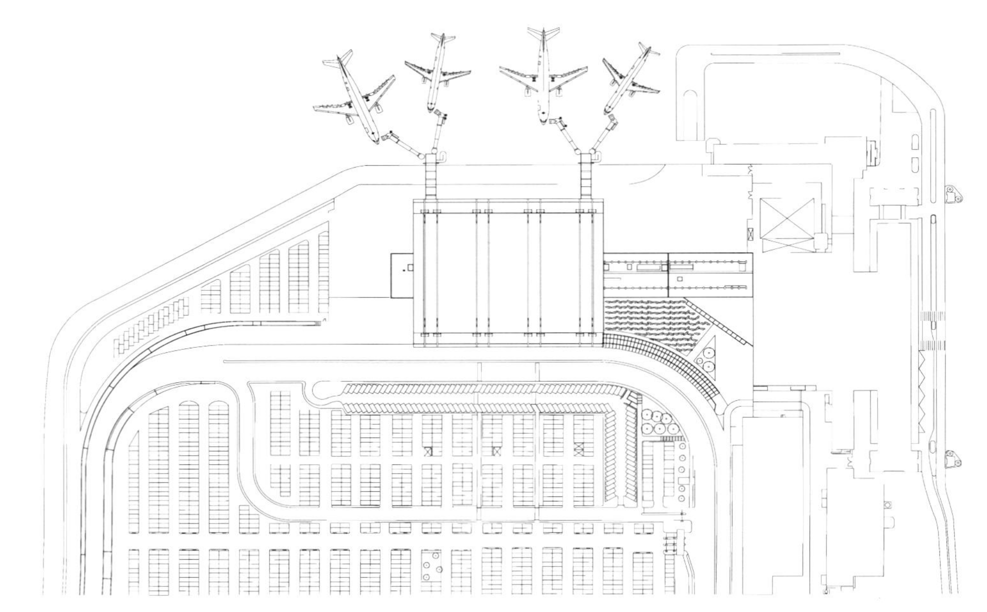

屋顶平面图
Roof plan

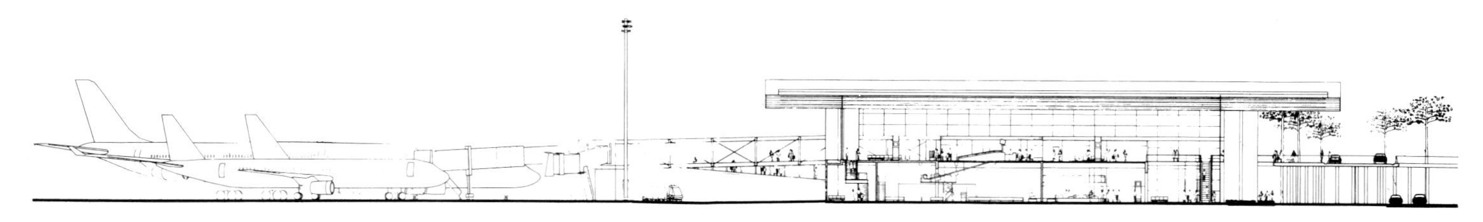

扩建部分横剖面图
Transverse section of the extension

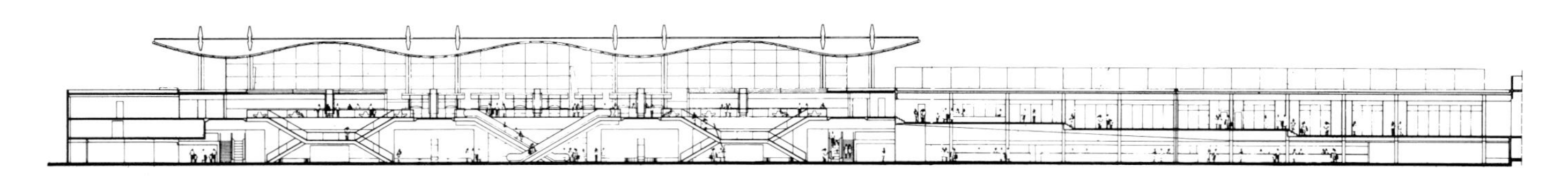

扩建部分及连接现有空港的廊道纵剖面图
Longitudinal section of the extension and the connecting corridor to the existing terminal

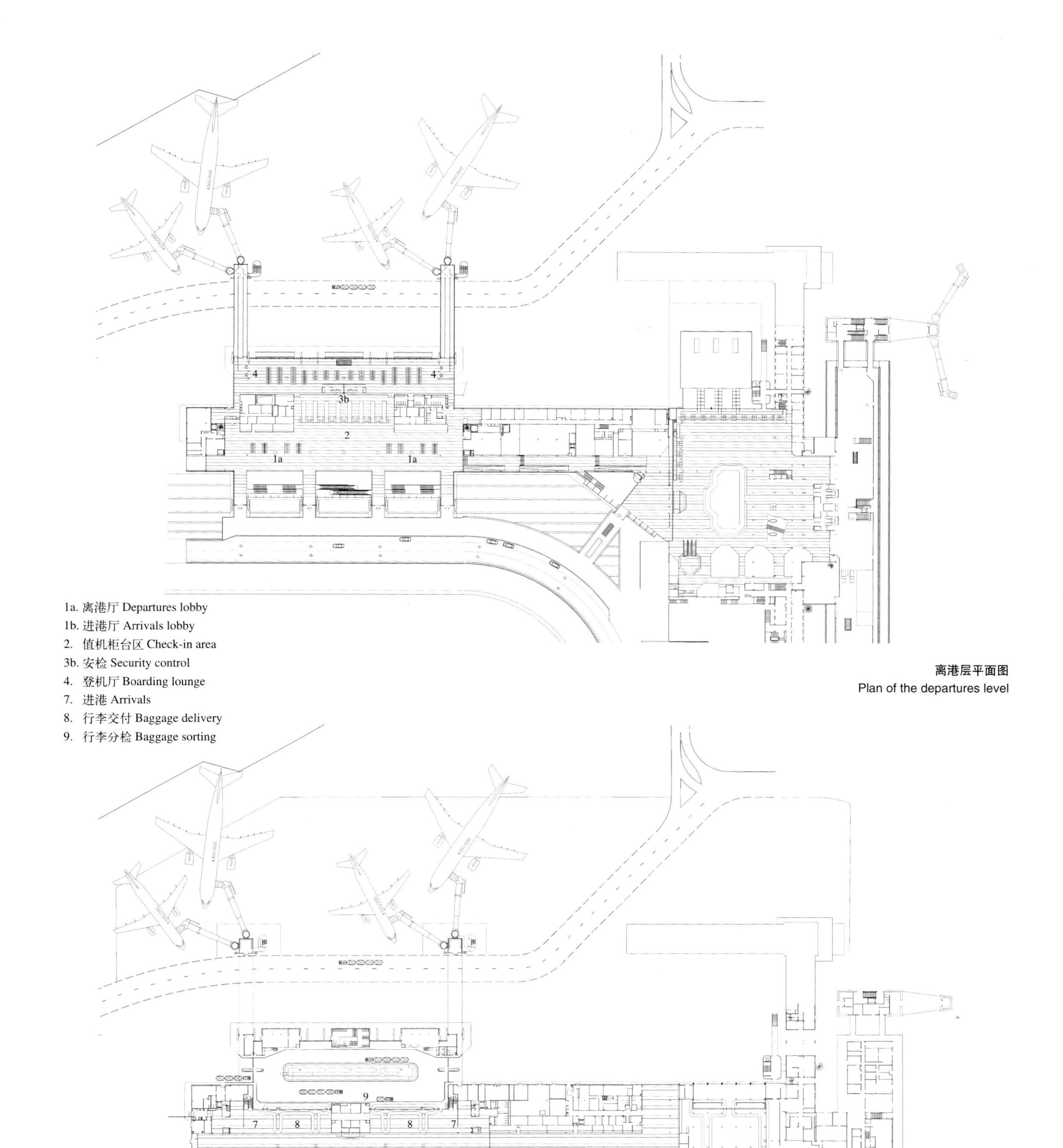

离港层平面图
Plan of the departures level

进港层平面图
Plan of the arrivals level

简单明晰的组织方式

A Simple, Transparent Organization

就功能来说，波尔多空港B厅的简洁程度甚至超过了更早一些的尼斯机场第二空港——后者在某些方面还是其灵感的源泉。B厅两个主要交通层之间的所有联系都被置于一个巨大的横贯建筑陆侧总长的空间中。所有室内外之间和层间的转换都集中在这里。从支线公路上便能将该空间一览无余。

除了纯粹的美感之外，这一设计还带给旅客以安全感，不论值机柜台、登机处、行李交付处，还是楼梯及自动扶梯，站在入口处便均可一目了然。近乎于直线的旅客流线将所有这些功能串连在一起，不但使空间感觉更为平稳、和谐，甚至连机场的标志系统也由此而大大简化。

另一个重要的设计要素是机场的位置。沿着机场的主路自东向西行驶，可以看到正前方的B厅伫立在大型停车场的远端，身后则是空旷的飞机跑道、滑行道以及远方湮没在森林中的地平线。由极细的柱子支撑着的波浪形屋顶勾勒出简洁的天际线，在夕阳的衬托下展现出一幅如画的美景。为了使室内空间保持通透和清晰，屋顶仅通过两排细柱来支撑，巨大的椭圆形预应力梁将这两排柱子连接起来，在垂直方向上还特别设置了金属梁。

天花板是由密排在一起的黑色管状条板（tube panels）组成的，形成了与主要旅客流向一致的线性空间走势。安德鲁意图使顶棚能够捕捉到变幻莫测的室外光线，管状条板的黑颜色及弯曲度进一步加强了这种效果，这是因为黑色比其他颜色更能反映出阳光的微妙变化。

此外，安德鲁还孜孜于通透的立面效果，采用了竖向玻璃肋来支撑12m高的玻璃墙，这样便将不透明金属构件的数目减到了最小。

对通透性的关注一直延续到飞机的机舱门口
The focus on transparency is pursued right up to the door of the planes

登机区内景。悬挑的屋顶和玻璃上的水平白色烧结带使室内十分阴凉，后者还造成了一种微带乳白质感的柔和光线
View from inside the boarding area. It is protected from the sun by the roof overhang and by the fritting which forms a pattern of horizontal white lines on the glass and yields a subdued lighting with a slightly opalescent quality

“峡谷”的室外部分。建筑真正的入口在一对混凝土柱之间：透明的海洋中不透明的孤岛
View of the exterior part of the “canyon”. The actual entrance to the building is between a pair of concrete pillars: a touch of opacity in a sea of transparency

“峡谷”内景——一个贯穿建筑的通高与通长的巨大空间。除可作为各层间的联系之外，还使人们在入口处便能一眼望到所有的楼层。“峡谷”由室内和室外两部分组成，中间是一道16m高的玻璃墙，连接在自屋顶垂吊下来的玻璃肋上
View from the inside of the “canyon”-a huge space, running the length and height of the building. In addition to providing access to the different levels, this space makes it possible to see all the floors and areas in a single glance right from the entrance. The “canyon” comprises an interior and an exterior part, separated by the facade which is a glass wall, 16 meters high, composed of panels tied to glass stiffeners suspended from the roof

巴黎塞纳河左岸法兰西大道 Avenue de France Rive Gauche, Paris

巴黎的新大道

A New Parisian Avenue

在巴黎的诸多大道之中，法兰西大道与Raspail大道的类型相同，由两边分列的一栋栋办公楼构成边界。整条大道长达数百米，盘桓过一幢幢新老房屋，和高架铁路相互交错并深入到城市的肌理之中。大道最终将横贯整个巴黎左岸地区，构成该区的主轴线。迄今为止，它已连接了Vincent Auriol林阴道和Tolbiac's街，并向着Austerlitz站和Massen林阴道方向延伸。

设计内容包括在旧铁路线的基础上修建一条三车道的城市公路，公路的走向与塞纳河的流向平行，以Austerlitz站为起点并通向市郊。设计的意图是使法兰西大道成为巴黎Austerlitz车站和Massena林阴道之间的一处恰如其分的城市部件，并为近旁新法兰西图书馆（Bibliothèque de France）的开放做好准备。

沿路还紧密联系着一系列小型城市开发项目：如Austerlitz站入口，包括新高速铁路上方的玻璃顶和新高速公路上方的高架桥；即将建设的Salpêtrière礼拜堂；法兰西图书馆与巴黎面粉公司（Grands Moulins of Paris）周边的滨河广场等等。

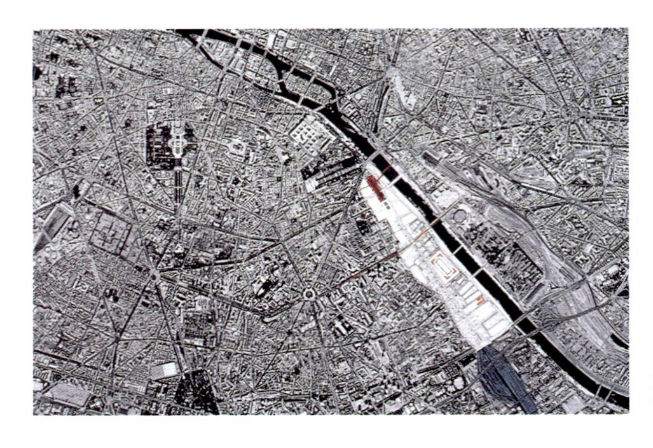

项目位置

The project area on the Rive Gauche

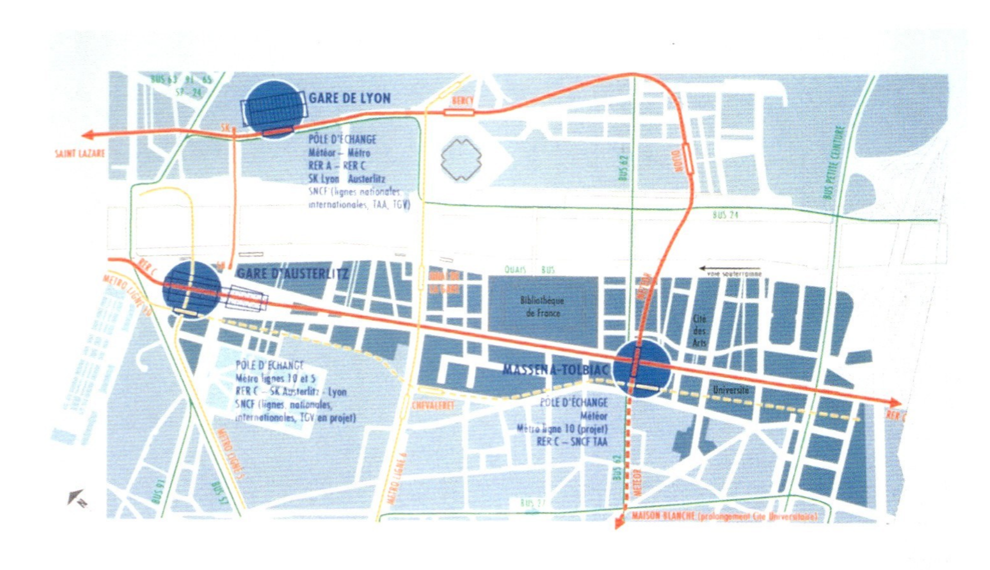

路网分析图

Analytical diagram of the road network

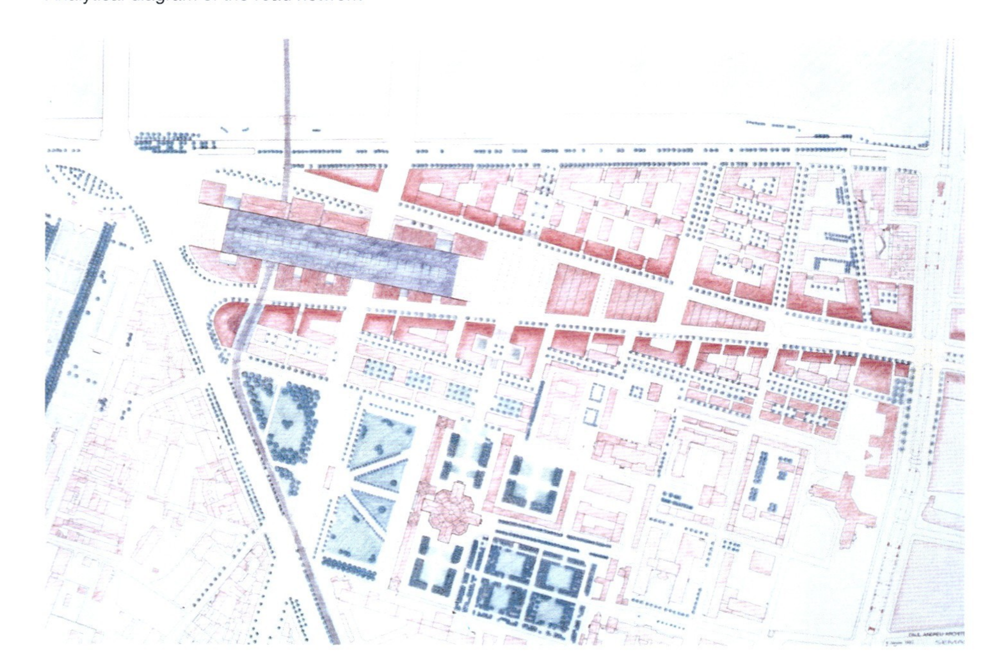

总平面图

Site plan

整体框架

A Drawing in Broad Outline

在不同的城市开发方案中，城市与铁路间的关系是一个相对恒定的因素，可行的途径不外以下三种：要么像米兰，将铁路移到市郊；要么像马德里，在重要地段修筑地下铁；要么像曼哈顿，在旧铁道上建造公路。

实际上，法兰西大道这个项目试图通过采用与城市友好衔接（city–friendly）的设计手法，在体量、空间和情感方面创建出一种全新的序列关系，并与周边环境的都市——建筑特征（urbanistic–architectural features）相结合，从而使新大道具有与众不同的性格。

在对巴黎的多条大道（avenue）和林阴道（boulevard）充分观察与分析的基础上，安德鲁仔细研究了大道两侧建筑的类型、高度与体量，以及相应的日照间距与日照时间，提出了多种方案来组织公交车、小汽车、自行车和步行交通，并最终确立了建筑群体设计的基本原则。其中最敏感的问题就是这些原则的度与量，必须既能保证道路两侧建筑的统一性，又能给予未来介入的建筑师一定的自由空间，使其创造性得以发挥。“当一个人准备建造一条大道时，他需要思考的不是这个字眼本身，而是其他一些领域的准备工作。”这句话很好地阐释了安德鲁所认为的新大道设计的作用——在于“为后期介入者提供一个框架。”

由此确立的基本原则如下：法兰西大道应对周边的街道和邻近街区设置出口，连通两边的办公楼和住宅，并由此辐射整个地区；道路宽度、建筑高度、人行道尺寸、相交路的宽度和性质等均应确定，并应综合考虑这些因素来确定大道的空间，总体设计和环境氛围也将由此产生。

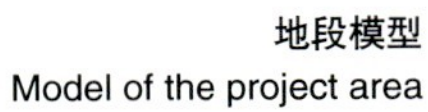

地段模型

Model of the project area

街景
Streetscapes

重要的细节

Essential Details

安德鲁与两位建筑师Patrick Céleste和Jean-Michel Wilmotte合作，共同确定了法兰西大道的一些重要细节，如“表面处理（surface treatments）”、道路面料的选择、地铁通风篦子的式样、路椅和街灯的式样以及道路流线的设计等。

法兰西大道包围在Austerlitz站、RER线和Météor线（巴黎的地下铁路之一，1998年开通）纵横交错的轨道之中，必须与之相协调，因此地下铁路通风口和树池上覆盖的金属篦子采用了相同的处理手法，外形都微微凸起并都漆以绿色。这些金属篦子串接起来，就像一条锦带覆盖在路面上。

大道中所有的城市家具（urban furniture）均由Jean-Michel Wilmotte设计。照明是混合式的：车行道上的街灯高11m，人行道的街灯高4.5m，两种街灯交错布置。同时单人和双人椅也交错布置在中央保留区内。

随着巴黎人对于骑自行车的需求日益提高，自行车道的存在变得迫切而且必要。大道中部即保留了一条人行道和一条自行车道，并为其设计了穿越街区和公路的装置。此外，中央保留区内还将植入两排银杏树，树叶的色彩将随着季节的不同而改变。夜晚时分，树叶将被藏在树池金属篦子内的地灯打亮。中央人行道的两侧均为机动车道，成排的树木将形成保护屏蔽，使行人和骑车人免受机动车交通的影响。

在远期规划中，大道北侧将有一条8m宽的人行道，可以享受到很好的日照。另一条4m宽的人行道将修建在道路南侧，并通过4m宽的柱廊与相邻建筑的入口联系到一起。人行道的相对标高较通常抬高了一倍（double-height），以防止机动车的随意停靠。

大道中央的人行及自行车道/模型照片

Pedestrian and bike way in the middle of the road. Scale-model

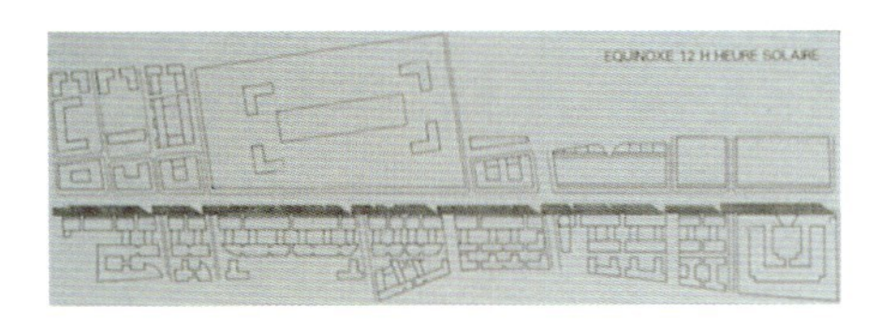

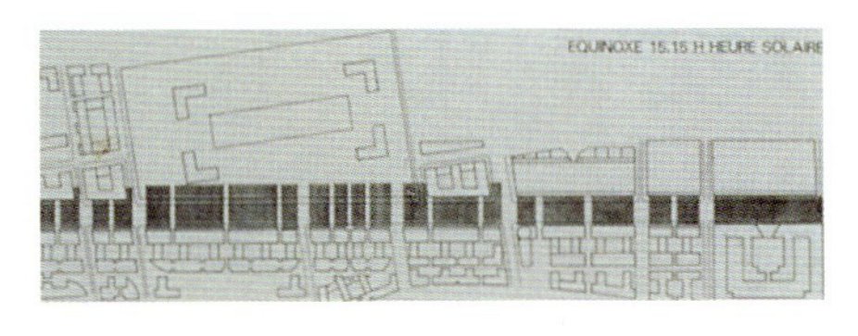

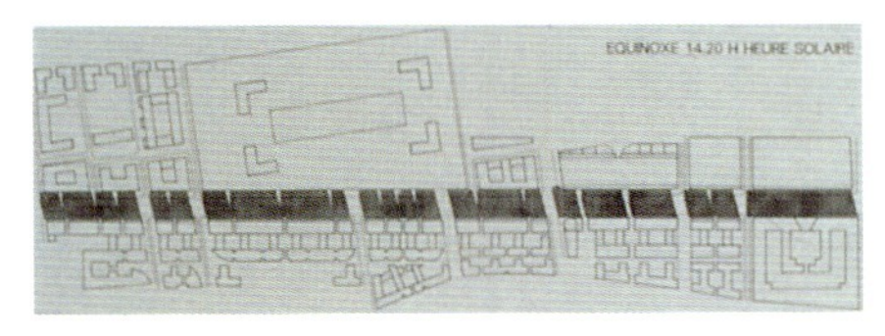

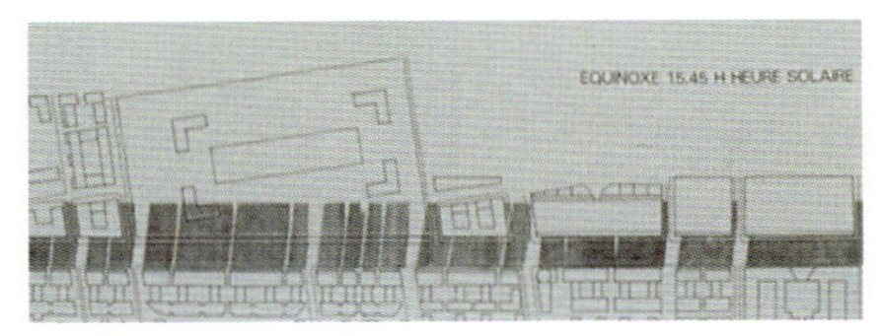

日照分析图

Shadow casting drawings

新大道中轴断面模型

Cut-away of the model of the new road axis

久美滨高尔夫度假村 Kumihama Golf Resort

景观中的建筑

A Building in the Landscape

久美滨是由散布在湖边的低矮建筑组成的小镇，湖水经一条水道入海，同时又有一道细细的矮堰将其与大海隔开。小镇上风景如画，浓绿的群山被平地上浅色的农田切削出整齐的边缘，其气氛亦如海水般在平静中蕴藏着躁动不安。尽管四周环境并不特别引人注目，但有着浓密植被的久美滨山在日本堪称是景观保护的一个典范。

拟建的俱乐部包括一片高尔夫球场，一个提供临时寓所的旅馆，以及一组公寓性质的居住综合体。极其精巧的设计正是为了保持田园风格的久美滨镇的经济与社会特征间的平衡，它将满足来自日本主要城市的高尔夫爱好者的需要。

为保护临海处广袤的农田，该综合体建在了其中一座山的顶部，顺应着山体的自然等高线，匍匐在群山之中。站在最高的山峰上可以俯瞰整座建筑。建筑的外形大略反映了山顶的自然形状，平均水平高度约为15m。所采用的几何形式来自于自然景观的边界（lines）：等高线、面向湖和大海的视野或显著的地貌特征。与此同时，对建筑形式的探寻通过上述的边界遴选，遵从了顺应自然的法则，并由此奠定了整个建筑的性格：既不故作谦虚，又不大肆张扬。

在建筑综合体和临水的山峰之中隐藏着的一条联系通路是该工程的主要设计特色，它与山体的自然起伏形成对比并使之更加突出。低矮的建筑物意在融入树丛之中，与树木、人、建筑和群山的尺度相对应。屋顶、地下部分、地上部分和蜿蜒的人行廊道的设计与自然地形交叠融合，并强调出景观环境的自然特色。

模型鸟瞰

Aerial view of the scale-model

中央餐厅剖面

Section of the central restaurant

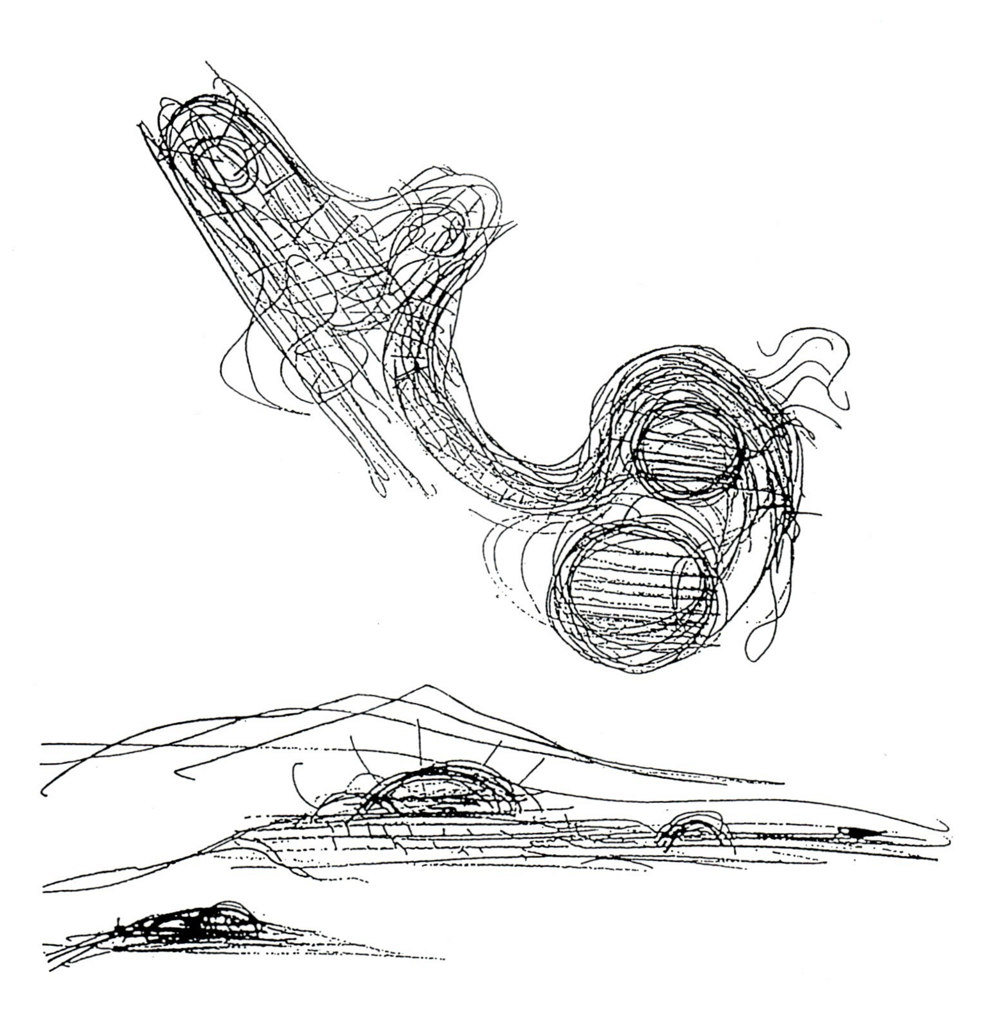

保罗・安德鲁手绘草图
Drawings by Paul Andreu

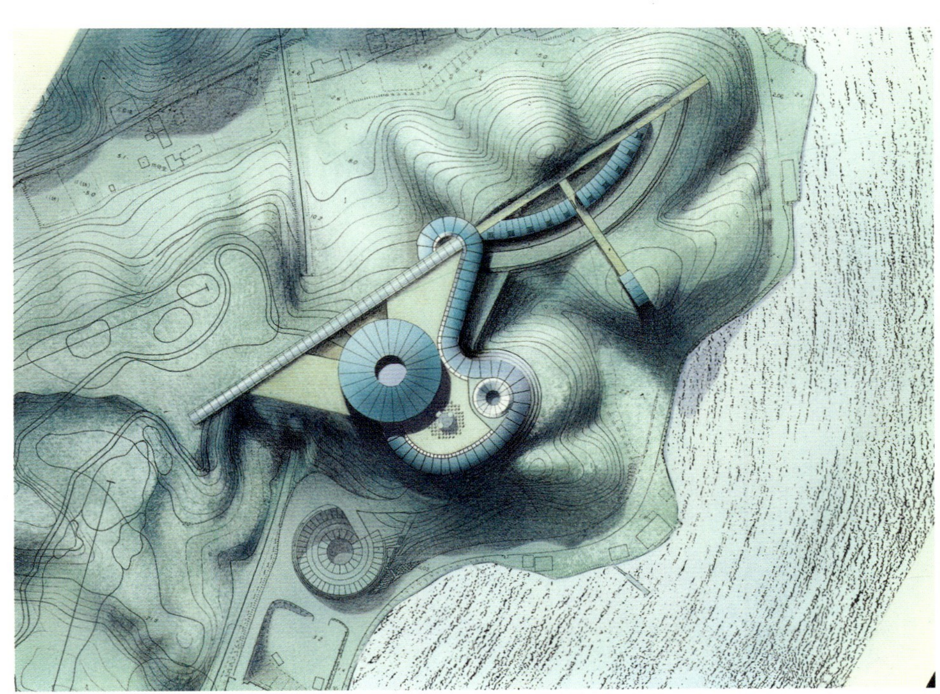

建筑在起伏错落的山体中呈现出来，屋顶、地下部分、地上部分和蜿蜒的人行廊道的设计与自然地形交叠融合，并强调出景观环境的自然特色
The building roofs and underground, overground and covered pedestrian paths are designed to blend with and embellish the natural features of the landscape, playing on the differences in height created by the curved contours of the land

“景观附件”

“The Attachment to the Landscape”

保罗·安德鲁的梦想是将自己抽象出来的纯理念的几何形式加诸于自然的形式之中，并以一种另类的方式展现出建筑与景观相结合的传统。“景观附件（the attachment to the landscape）”似乎是形容这一新手法的最恰当的名词。他计划在用地周围描绘出直径达 12.5km 的巨圆，沿圆周布置12根蓝色灯塔。除了站在最高的山峰上或飞机上可以一览无余外，只有在夜间灯光闪烁时才能窥见其中的若干部分。相互独立的灯塔可以利用太阳能发电，像是极简主义风格的雕塑点缀在自然的风景中。

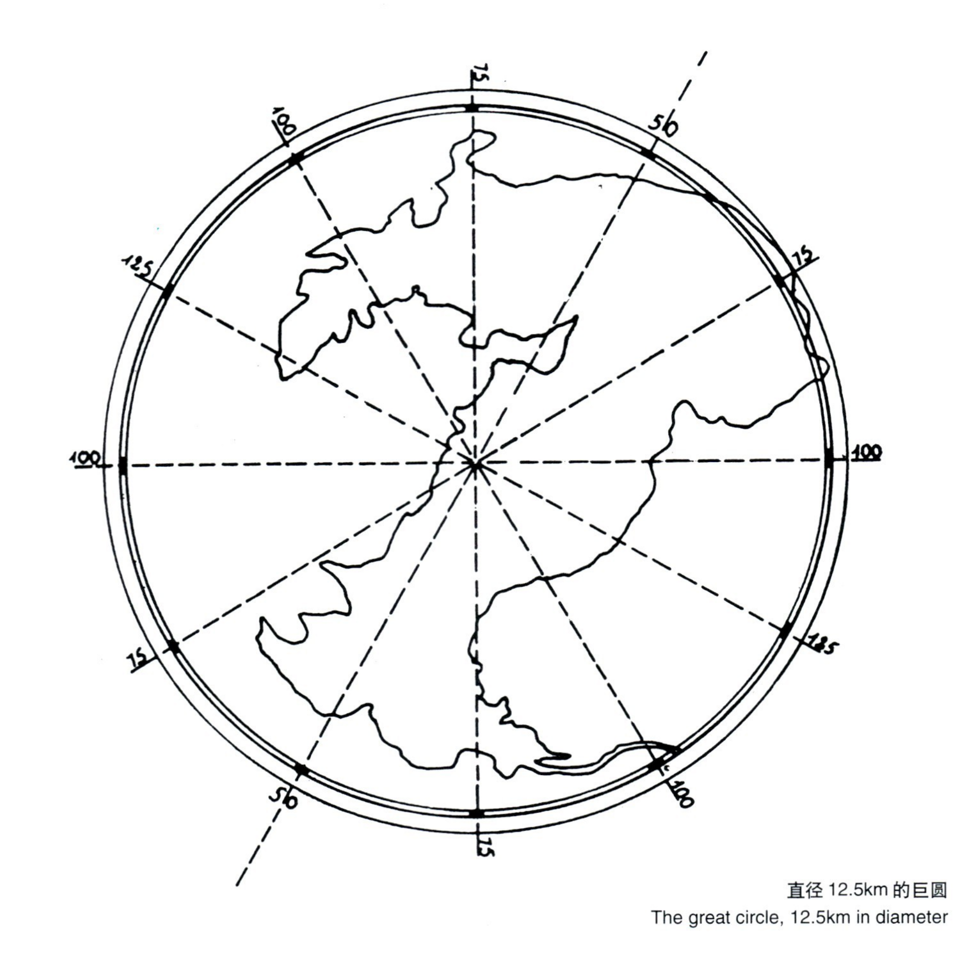

直径 12.5km 的巨圆

The great circle, 12.5km in diameter

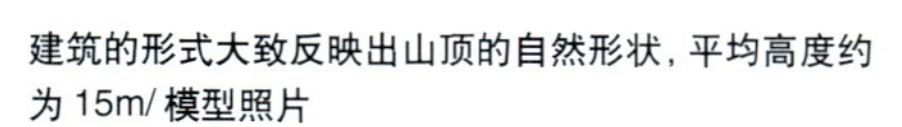

建筑的形式大致反映出山顶的自然形状，平均高度约为 15m/ 模型照片

The complex's form roughly reconstitutes the natural shape of the hill top, which will be leveled by about 15m. Scale-model

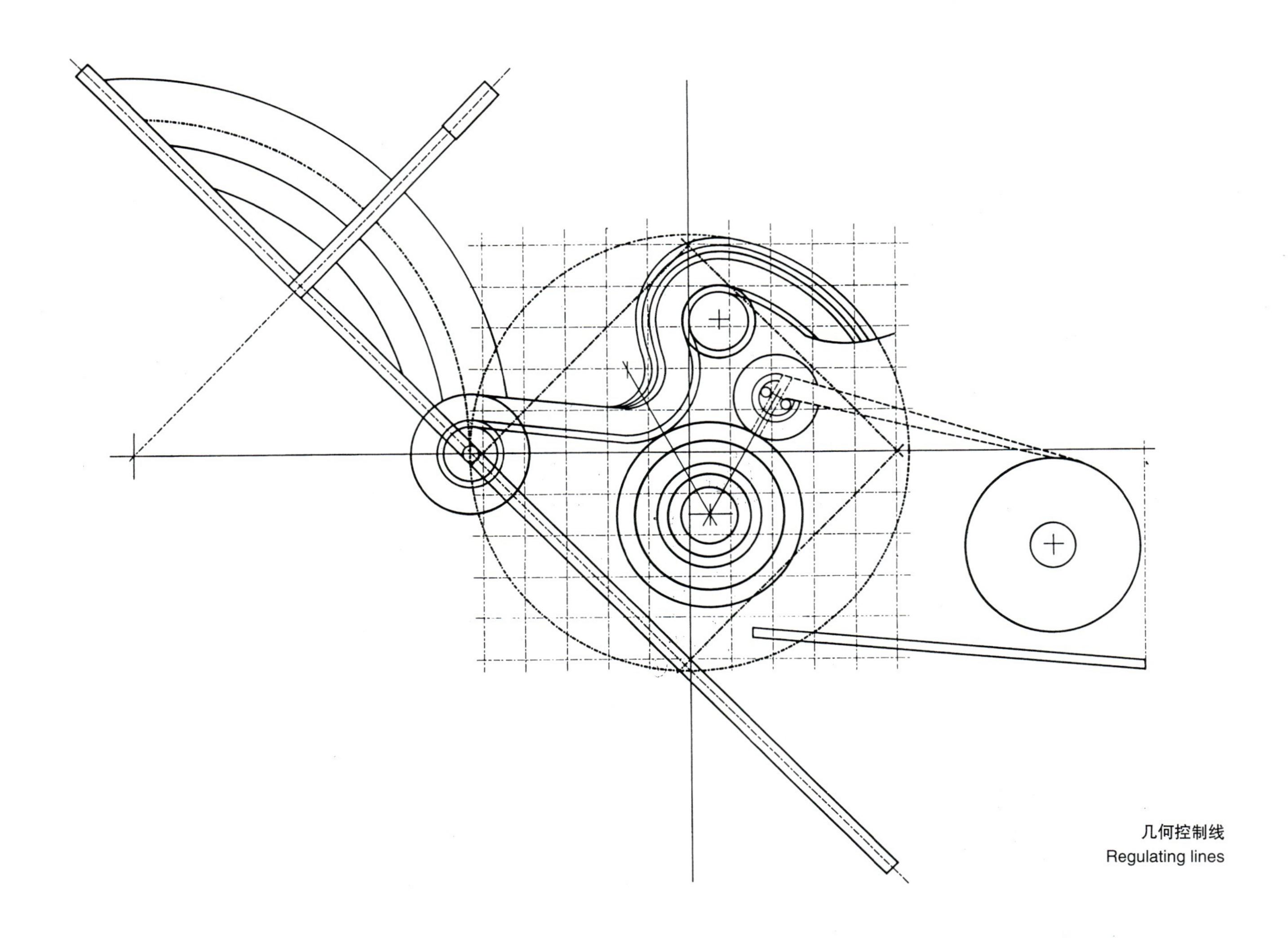

几何控制线
Regulating lines

几何形式来自于自然景观的边界：等高线、湖水方向的视野、大海，以及其他显著的地貌特征
The geometry employed uses lines taken from the landscape: Contours, views towards the lake, the sea, or the salient features of the land

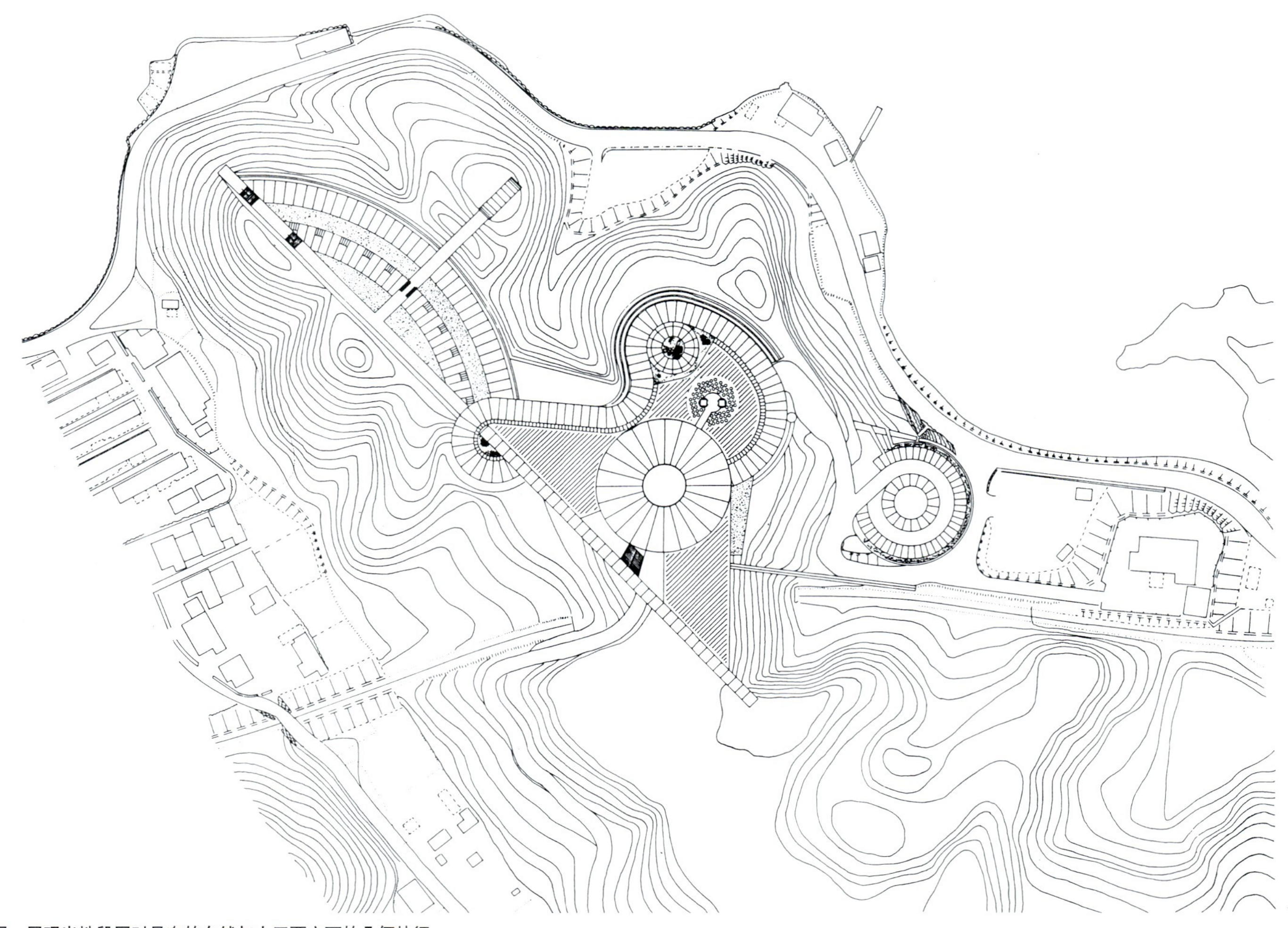

总平面图。展现出地段同时具有的自然与人工两方面的几何特征
Site plan, showing both the natural and artificial geometry of the area

鸟瞰图
Aerial view

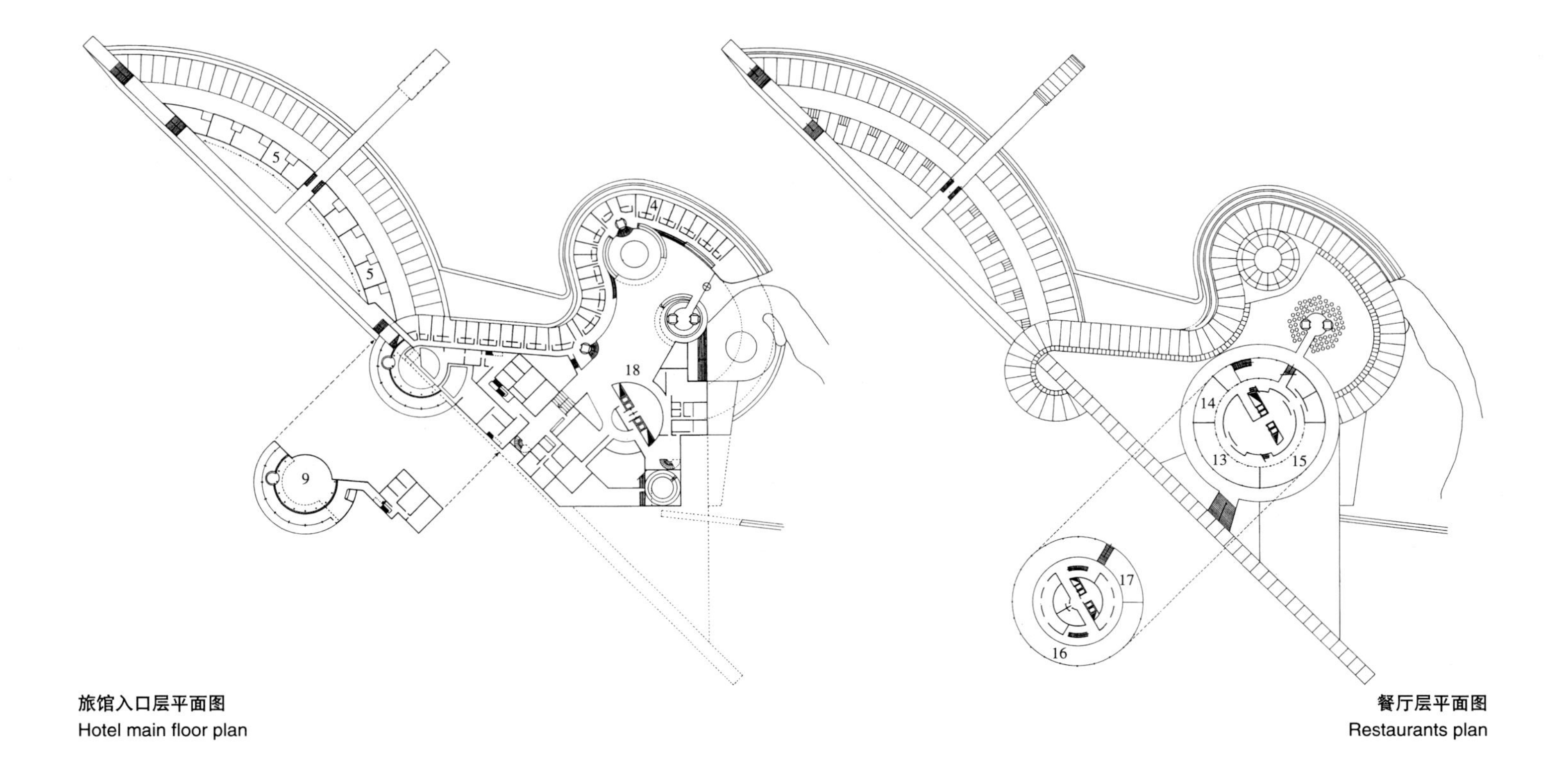

旅馆入口层平面图
Hotel main floor plan

餐厅层平面图
Restaurants plan

1. 散步路 Outside garden path
2. 卫生间 / 浴室 Washing/Bathing
3. 停车场 Car park
4. 客房 Guest room
5. 长期客房 Resident room
6. 客房 + 平台 Guest room + Terrace
7. 职业球员室 Pro golfer room
8. 会议室 Meeting room
9. 游泳池 Swimming pool
10. 广场 Open concourse
11. 普通会员 / 球员更衣室 Ordinary members/ players locker room
12. 正式会员 / 球员更衣室 Regular members/ players locker room
13. 正餐厅 Main dining room
14. 餐厅 Restaurant
15. 咖啡店 Coffee shop
16. 茶厅 Lobby tea room
17. 酒吧 Bar
18. 大厅 Main lobby

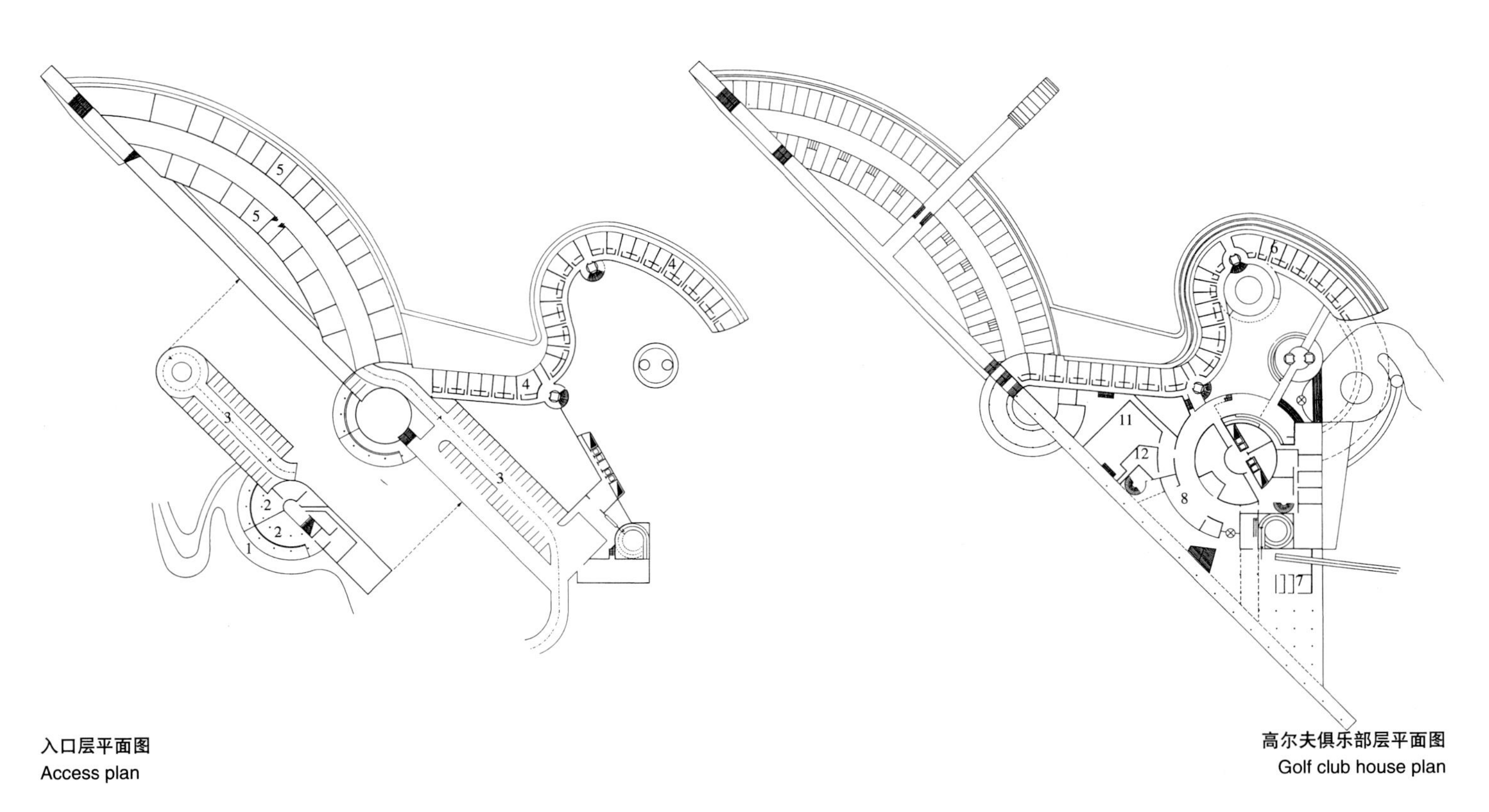

入口层平面图
Access plan

高尔夫俱乐部层平面图
Golf club house plan

雅典斯巴达国际机场 Athens-Spata International Airport

沿中轴展开的简单功能单元

Simple, Functional Units along a Central Axis

雅典机场的各个单元覆盖在一片片金属屋顶下，每个单元都包含了空港必备的所有功能。室内空间十分明亮。采用这种简单的构成形式是为了减少等候时间和行走距离，并使空港的功能明了易懂。

模数化的总平面使该项目具有对不断变化的交通需求的适应力。一期工程包括一栋可直接容纳1250万名乘客的巨型建筑单元。工程全部竣工后，将由四个相似的可以独立运转的单元组成一个巨型的空港综合体。由于单元的形式均为曲线形，并且轴线与其两侧地面高度以下的车行道相垂直，因此乘客下道口(drop–off points)的数目还可继续增加，公路也可以按照需求不断延长。独立设置的上道口(pick–up points)与下道口还将有利于私营公交车和公共运输系统的运行。

室内透视。保罗·安德鲁手绘，1992年11月10日
Interior view of a building. Drawing by Paul Andreu, November 10, 1992

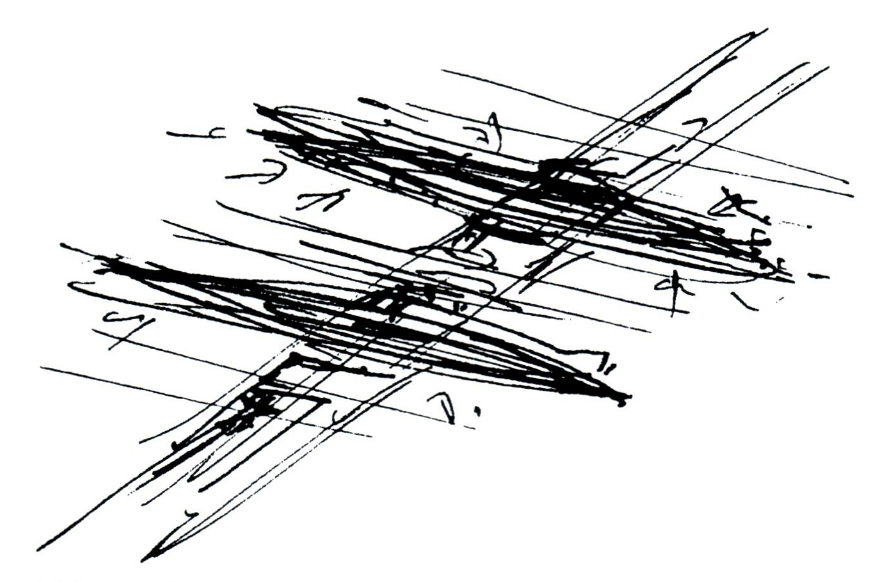

两座空港以及公路轴。保罗·安德鲁手绘，1992年2月29日
Rendering of two terminal buildings and the road axis. Drawing by Paul Andreu, February 29, 1992

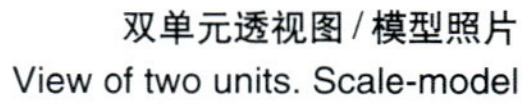

双单元透视图/模型照片
View of two units. Scale-model

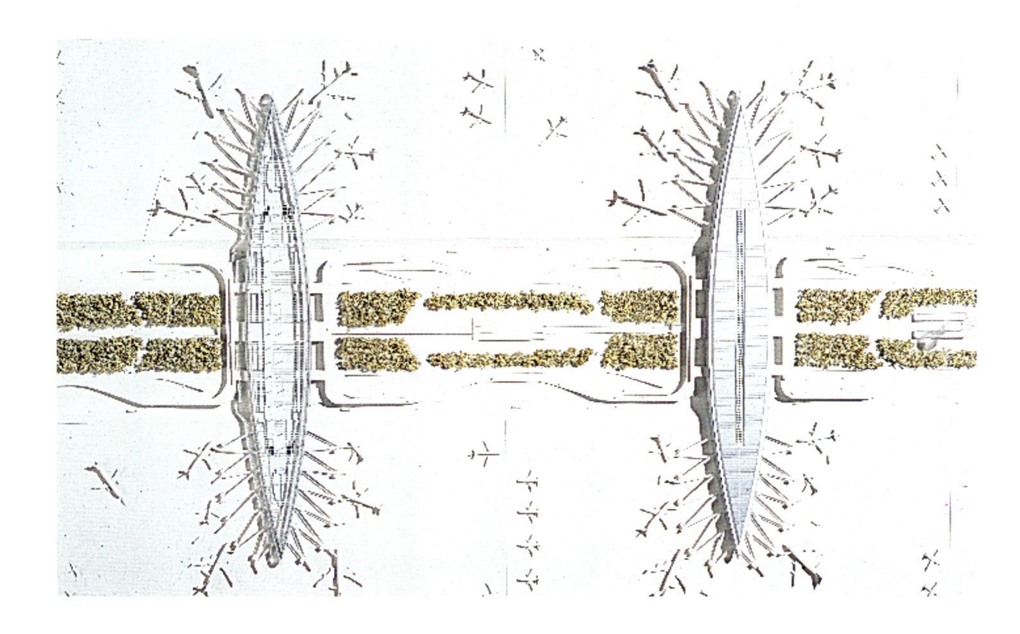

双单元透视图 / 模型照片
View of two units. Scale-model

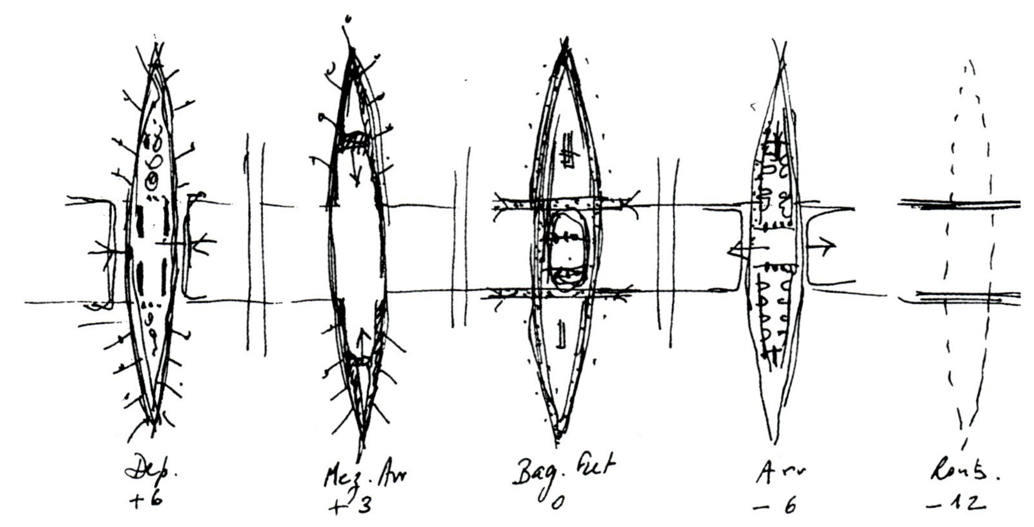

同一建筑单元中的不同楼层。保罗·安德鲁手绘，1992 年 3 月 23 日
The different levels of a single unit. Drawing by Paul Andreu，March 23,1992

单元透视图 / 模型照片
View of a single unit. Scale-model

终端开放的发展方案

An Open-Ended Developmental Scheme

安德鲁在所有巨型机场的设计中都采用了终端开放的总平面，即采用类生物学的法则来组合一个发展的综合系统，使其具备持续的适应性。与查尔斯·戴高乐第二空港一样，这个综合发展方案的主要基础同样是公路系统。由于雅典机场的单体建筑规模远远超过戴高乐第二空港中的单体规模，因此为了适应不断变化的环境条件，这些单元有可能会被建造得各不相同。

主要公路单独设置在飞机跑道以下11m的地下层，总平面沿着公路主轴展开。空港单元也全部沿着这条“流淌(irrigate)”过整个站台的中轴而发展，并覆盖了停车场、旅馆、公交车站和各单元之间的车行道。大部分跑道及技术性设施，包括停机坪、登机区、检修场和货运区等，都分布在中轴的两侧。

该项目的总设计吞吐量为每年5000万人次，每个单元为1250万人次。各单元不同楼层间的客流将保持完全分离。离港乘客在中部进入空港，登机时则继续行进至建筑物伸向停机坪的外边沿。进港乘客则在下方的楼层进行相反的动作。第一单元名义上能容纳91架飞机和24个近机位(contact docking stands)，但如果交通量有了实质性的增长，便有可能增建若干个卫星厅，这样原有的67个远机位(remote docking stands)也可以成为近机位。

建筑侧面透视。保罗·安德鲁手绘，1992年11月8日

Lateral view of a building. Drawing by Paul Andre, November 8, 1992

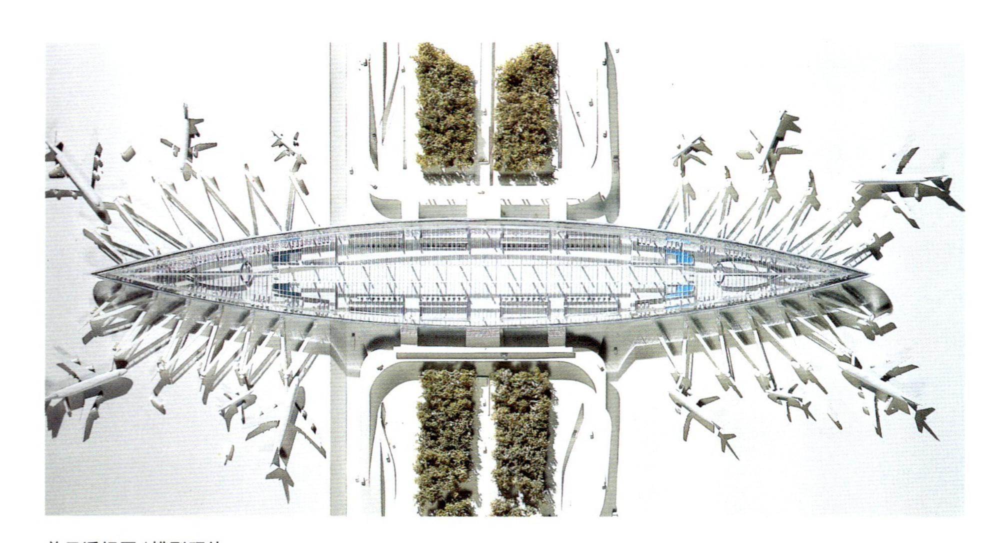

单元透视图/模型照片

View of a single unit. Scale-model

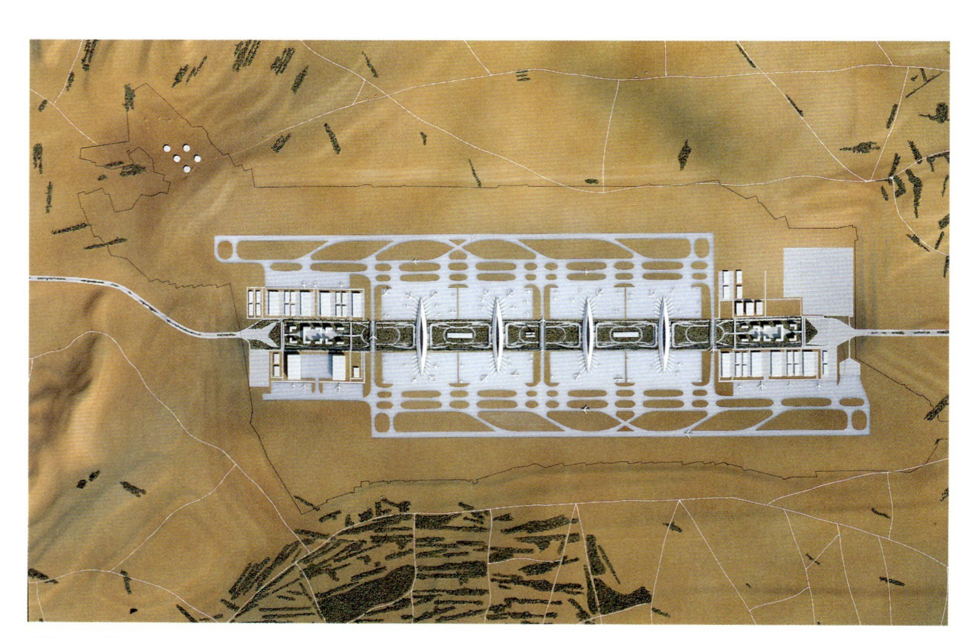

终期发展模型

Scale-model of the project in the final phase of development

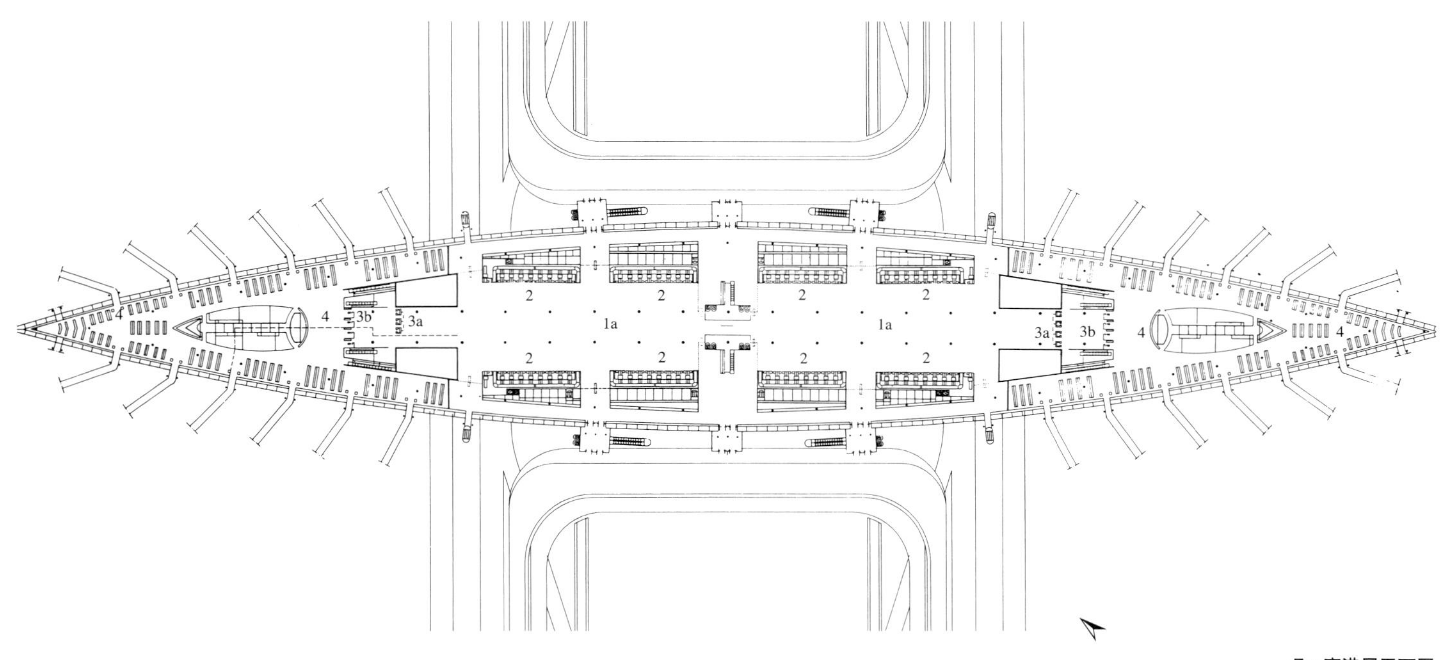

+7m 离港层平面图
Plan of the departures level, +7m

1a. 离港厅 Departures lobby
1b. 进港厅 Arrivals lobby
2. 值机柜台区 Check-in area
3a. 出境护照检查 Outgoing passport control
3b. 安检 Security control
3c. 入境护照检查 Incoming passport control
4. 登机厅 Boarding lounge
5. 远台飞机捷运系统People movers for remote aircraft
8. 行李交付 Baggage delivery

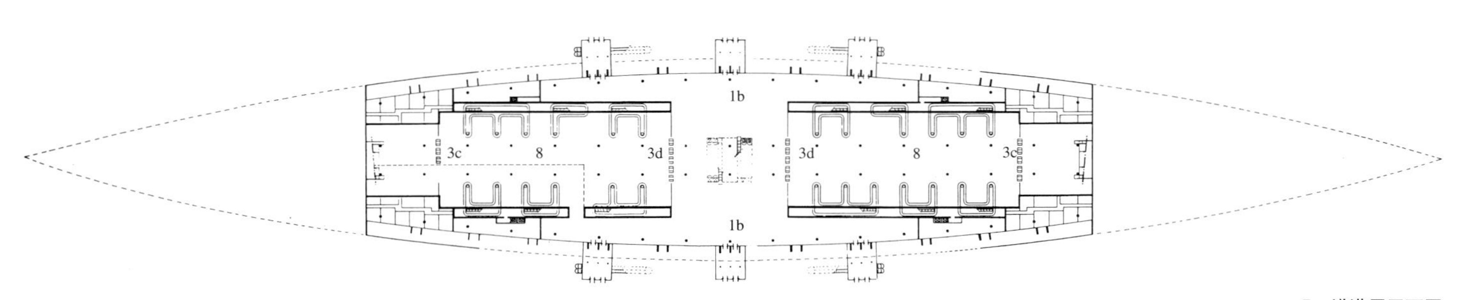

-5m 进港层平面图
Plan of the arrivals level, -5m

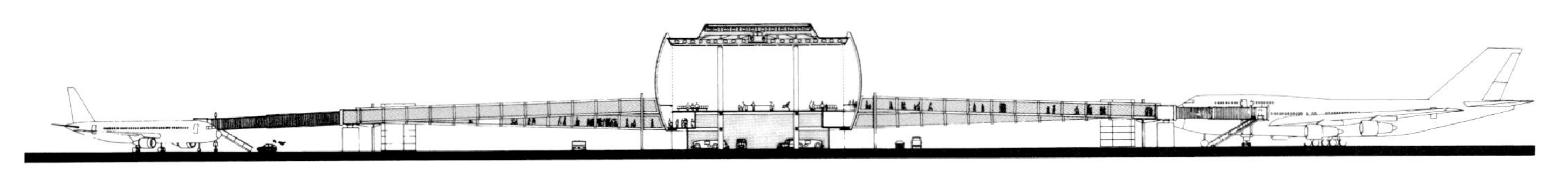

登机厅横剖面
Transverse section of the boarding lounges

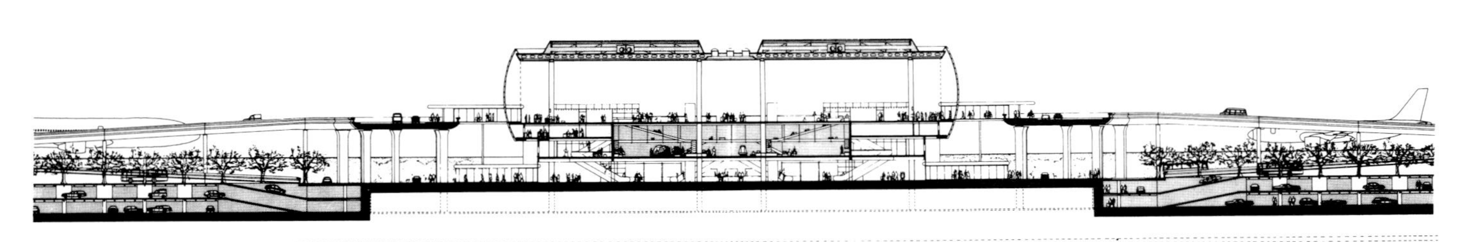

离港厅横剖面
Transverse section of the departures hall

默伦·塞纳尔体育场 Melun-Senart Stadium

圆形场区
The Circular Stadium Area

依照安德鲁设计语汇的基本结构，这个运动综合体被置于一个巨大的圆形区域中央：整个场区被树木所环绕，并由一圈圆形的公共交通高架线划定了边界。在这片空旷的开阔地中，有连接TGV车站、郊区RER线和停车场的各种通道；这些高架步行道跨过四周经过精心设计的景观，向着综合体所在的圆心方向集中。

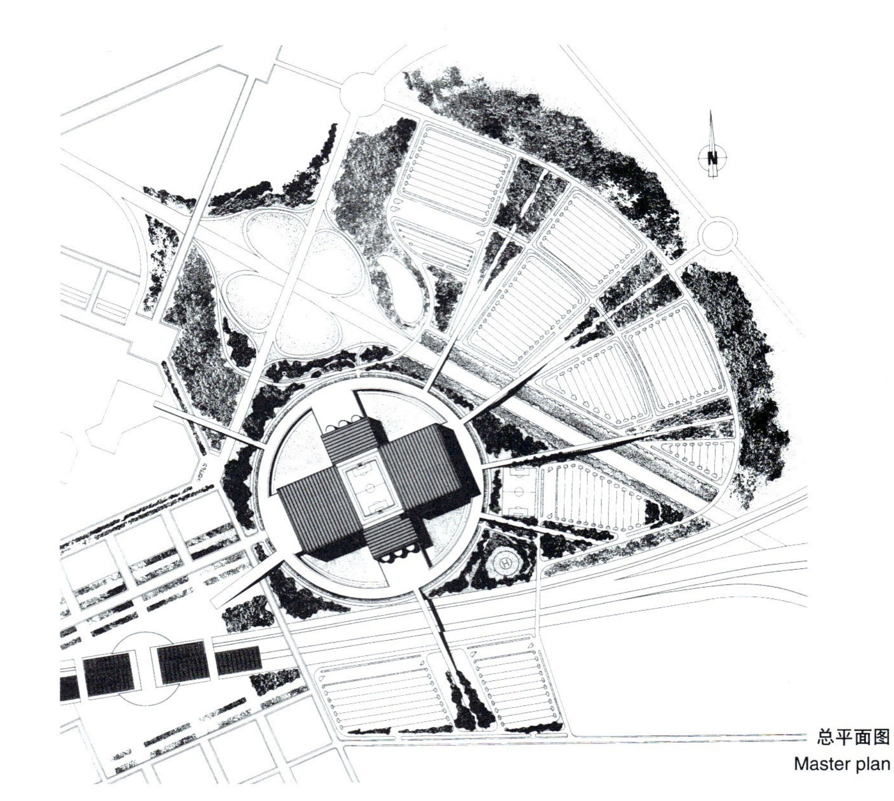

总平面图
Master plan

模型照片。运动综合体被置于一个巨大的圆形区域中央，场区为树木所环绕，并由一圈圆形公共交通高架线划定了边界
Scale-model. The sports complex is set in the middle of a huge round-shaped area, surrounded by trees and delimited by a large elevated public circulation

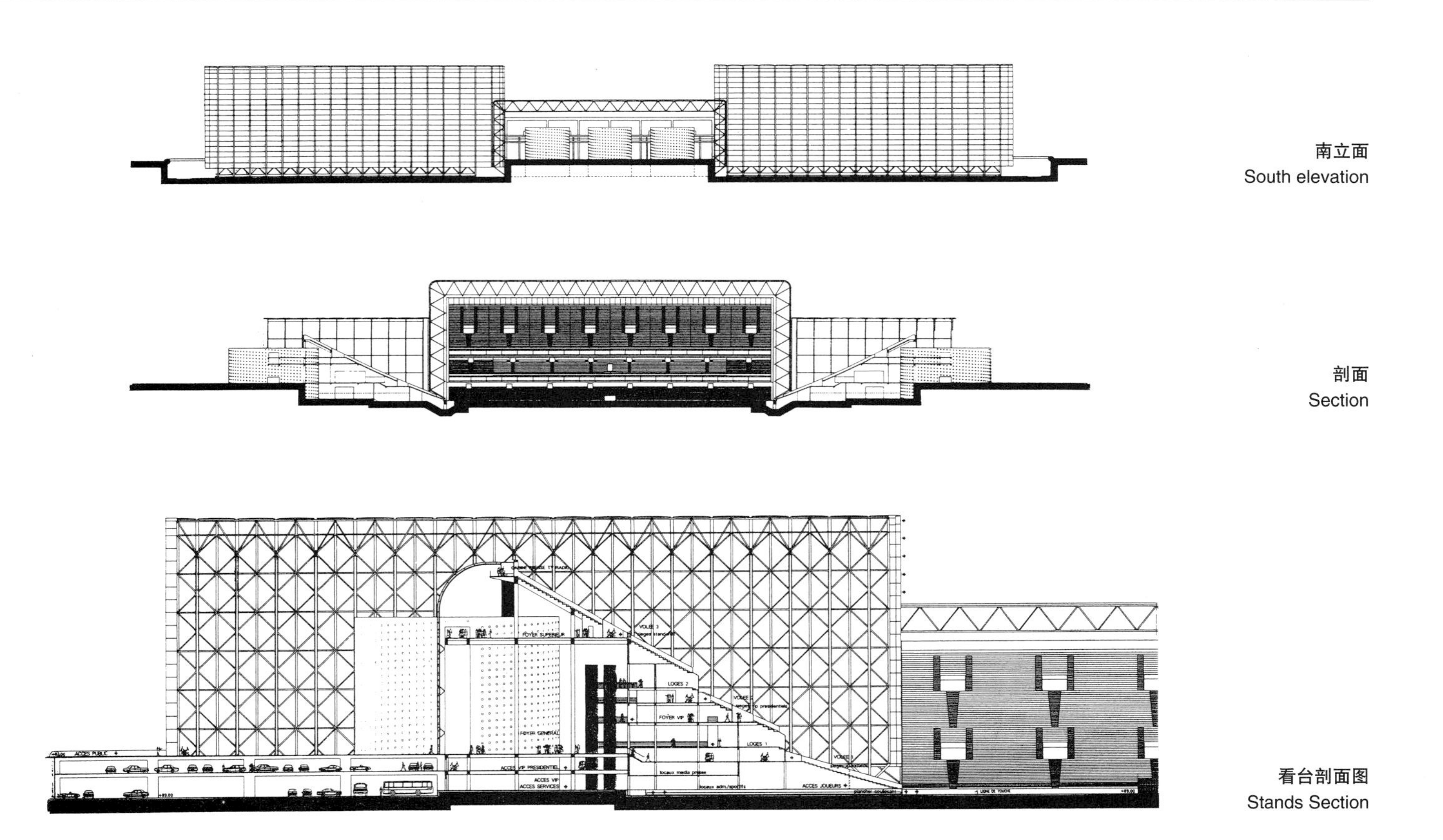

南立面
South elevation

剖面
Section

看台剖面图
Stands Section

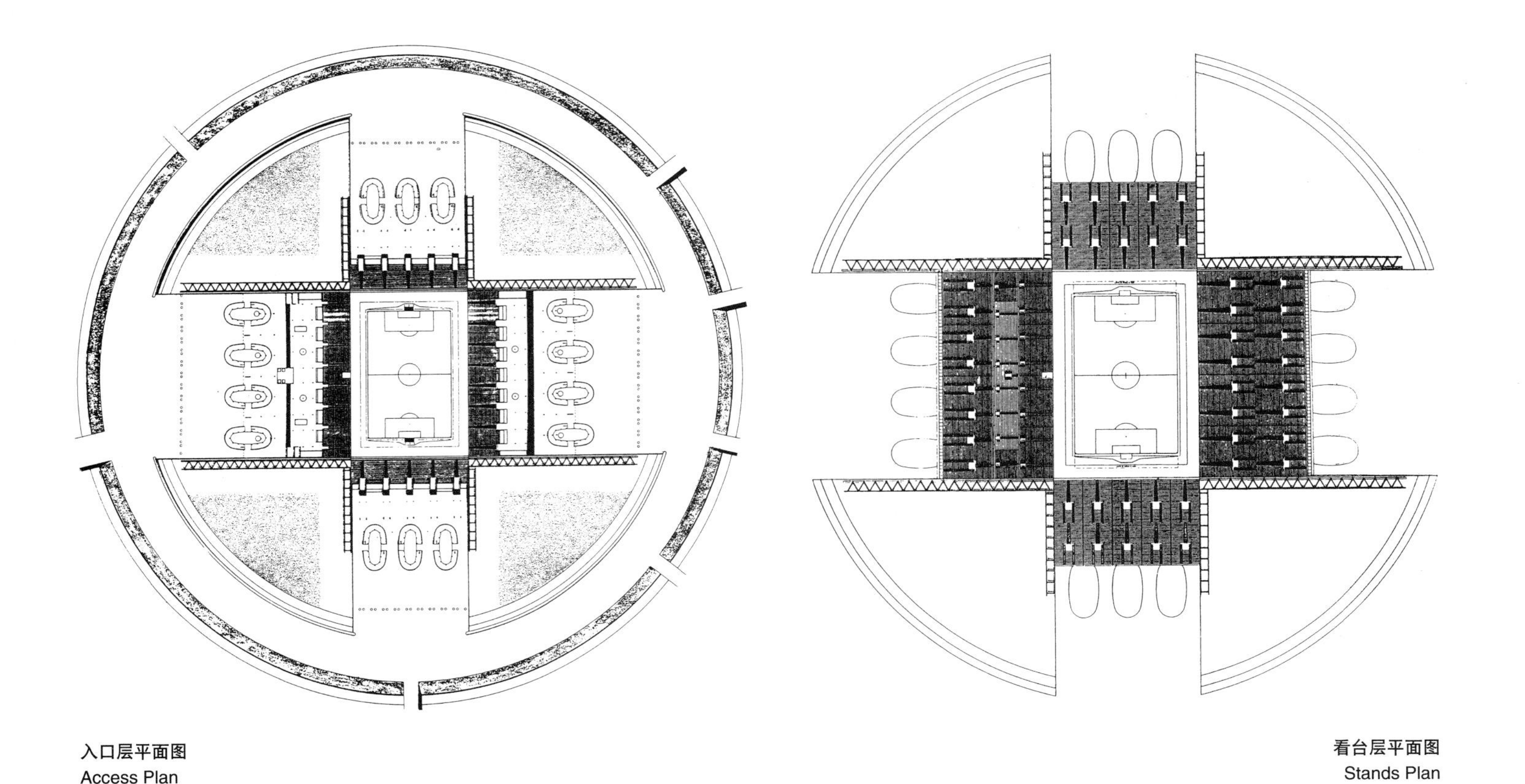

入口层平面图
Access Plan

看台层平面图
Stands Plan

四个矩形看台

Four Rectangular Stands

与后来的圣但尼体育场一样，安德鲁在本项目中坚决抛弃了体育场的经典布局模式。四个矩形看台构成了综合体的基本特征：两个主看台（配有气压设备，与停车场直接相连）和两个较次要的、从相对一侧围住运动场的构筑物。即便是看台入口，其形状和尺度也很难从其他体育设施中找到类似的原型。

四个看台相互脱开，都尽可能靠近运动场的边缘。这样便使得体育场的内部空间紧凑而不沉闷，所有的观众都可获得观察场地和比赛者的良好视野。看台及其通道的相互独立在各种可能的情形下都可以保证安全。

东、西主看台的总座位数为4万座。西看台除1900个贵宾席位之外，还包括两排舒适的包厢，可容纳510人。看台的顶部是专门的记者席，和包厢一样，也有通道直接通向专用停车场。

南、北看台的总座位数为23000座。70m宽的旋转坡道可以确保疏散过程的安全，并使看台分区更加明晰和高效。从规模、材料、隔音和照明系统的角度看来，这些坡道是看台完整的组成部分——或者可以说是运动场的延伸——并将观众导向了出口。

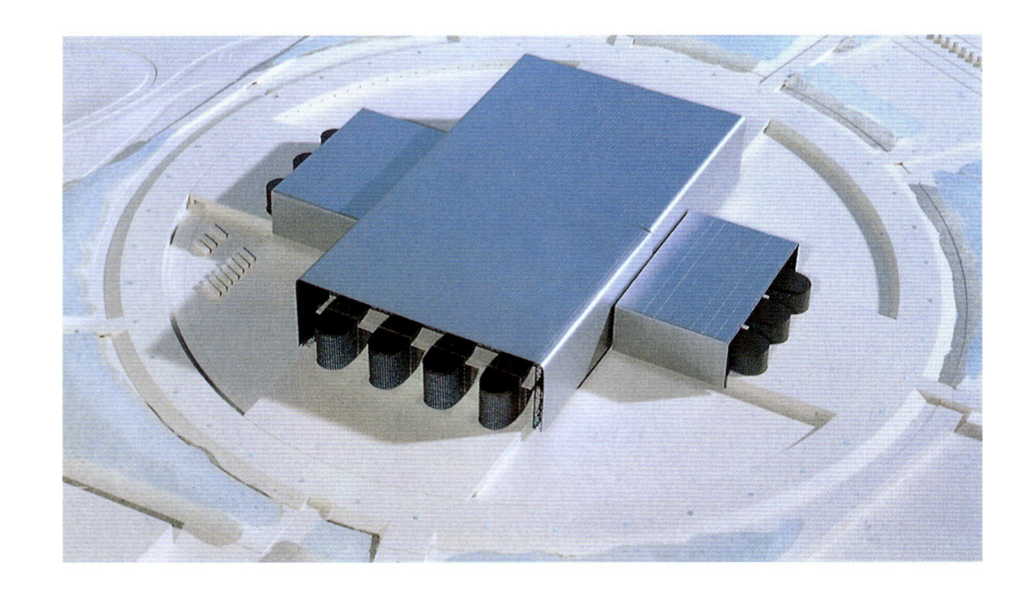

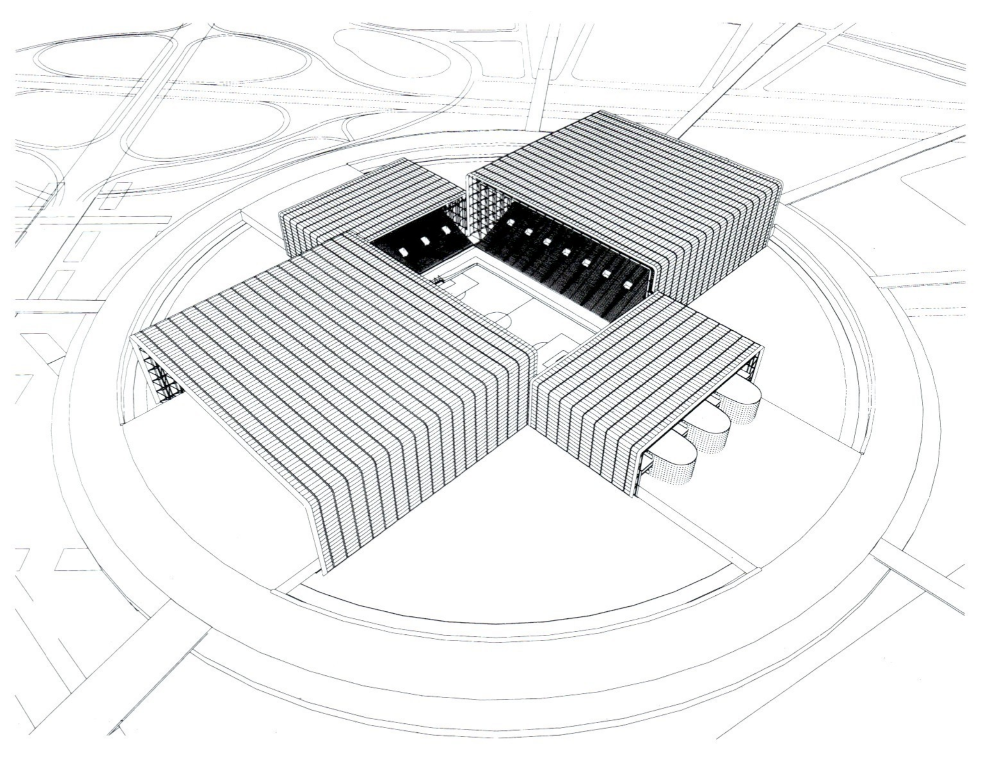

（上图）
“封闭式布局”/模型照片
View of the model in “closed layout”

（中图）
“开放式布局”/模型照片
View of the model in “open layout”

（下图）
透视图
Perspective view

活动屋顶

The Movable Roof

该设计最主要的特征是，覆盖两个主看台的金属屋顶既能独立移动又能连成一体，从而可以改变整个综合体的容纳能力和使用功能：先是像一个巨大的金属盒子缓缓合拢直至盖住运动场地，其后整个外壳还可以继续移动，或是遮住整个综合体，或是甩开两个较小的看台。体育场内部还具有各种活动的、或者说可调节的设施，包括地板、各层观众席和音响系统的设备板等等，由此才能适应调整布局和气氛以配合各种用途的不同使用要求。

"开放模式"对足球比赛这样的大众体育活动来说较为理想，可提供近63000个观众席位；而"封闭模式"则适合各种音乐会和室内活动，可提供40000个席位。

"气囊"(air cushioning)以及相关的现代技术使移动巨型建筑的梦想得以实现。当体育场进行这样的移动时，其外部景观和用途也都随之发生了改变。

开放时的体育场内景，可举行足球比赛
Simulation of a football match in the open arena

封闭时的体育场内景，适于音乐演出及重要体育活动
Simulation of the arena being used with its closed layout for concerts and major sports events

汉城国际机场 Seoul International Airport

韩国花园
A Korean Garden

汉城机场将现代的形式与材料和韩国的传统与自然结合到了一起。大型的中央花园体现出韩国式园林的主要特征，并将进港厅和离港厅分隔开来。高而通透的立面丝毫无碍于观赏海景。

建筑物矗立在混凝土台基上，立面上开有巨大的玻璃窗。不透明的基底与通透的交通层在地面高度建立起一种过渡。中央的建筑是空港的主体，从陆侧望去，它的曲线屋顶就像是一座拱桥，几乎跨过了整座建筑。双层屋顶由浅色金属制成，其截面则是一组连续券所构成的波浪线。屋顶由纤细的金属构架支撑，上面遍布着圆形的小孔，天光由此渗透到建筑的内部。圆孔和金属构件交织在一起，形成了网状的图案。登机楼（the boarding piers）的金属屋顶是由单券延伸成的一段柱面，直接支撑在侧立面上，由此省略掉了杂乱的结构构件。通过露天的中央花园、立面的大玻璃及屋面上的开孔，公共活动区、购物中心和办公区都可以直接体味到天光的美妙，立面和屋顶上的遮阳片（brise-soleil）则使天光始终保持着柔和。

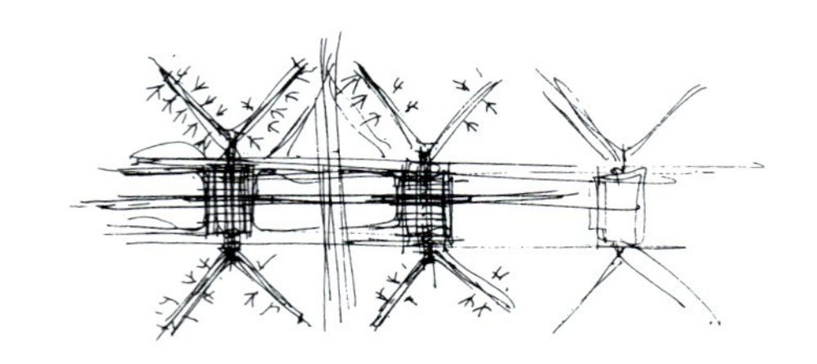

保罗·安德鲁手绘草图，1992年6月27日
Drawing by Paul Andreu, June 27, 1992

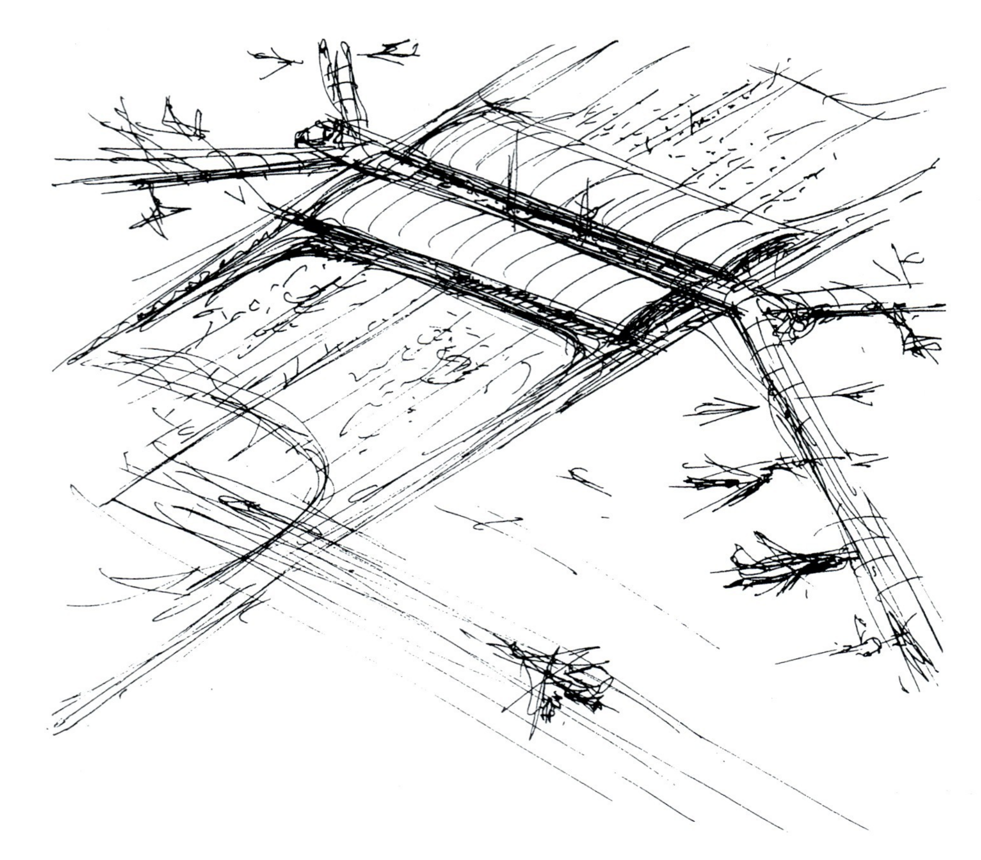

透视图。保罗·安德鲁手绘，1992年7月5日
Perspective view. Drawing by Paul Andreu, July 5, 1992

曲面屋顶的跨度达324m。纵向透视/模型照片
The curved roof spans 324 meters. Longitudinal view, Scale-model

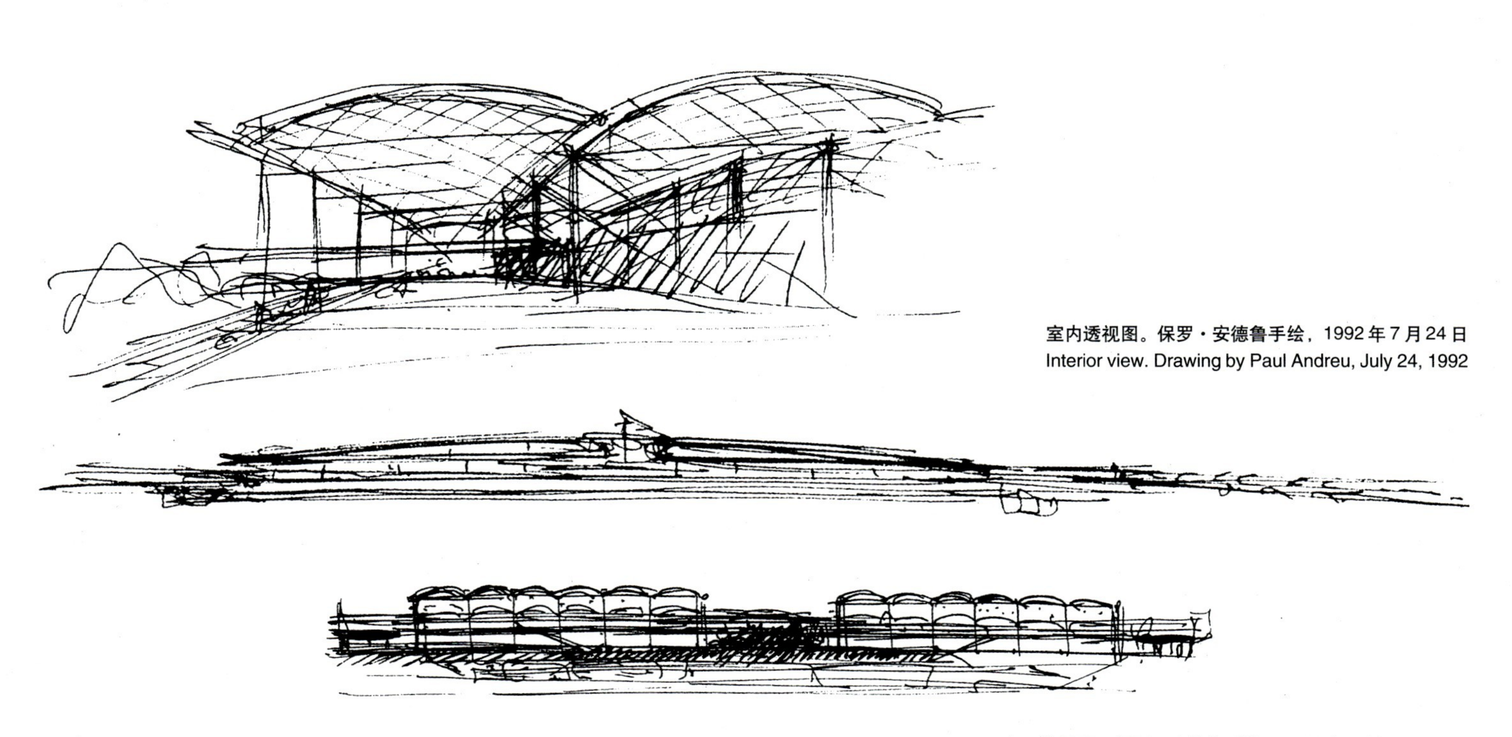

室内透视图。保罗・安德鲁手绘，1992年7月24日
Interior view. Drawing by Paul Andreu, July 24, 1992

立面效果图。保罗・安德鲁手绘，1992年7月21～23日
Elevation views. Drawing by Paul Andreu, July 21-23, 1992

曲面屋顶的跨度达324m。横向透视/模型照片
The curved roof spans 324 meters. Transversal view. Scale-model

吞吐2700万乘客的第一单元

A First Unit to Handle 27 Million Passengers

整个机场综合体中，位于站台南端的第一空港由一幢中央主楼和四个伸向停机坪的登机楼组成，可以提供51个近机位，年吞吐量达2700万人次。

该地段最主要的不利因素是地下水位过高。这也是减少地下设施数量与组织单层交通的原因。主楼的一层（地面层）被办公室、技术部门和行李处理系统占满，二层容纳着航线及机场的管理部门。离港和进港厅都位于第三层，各有朝向陆侧的立面，同时在大型室内花园的两侧都能找到值机柜台和行李交付处。公共康乐设施和商店设在花园上面的两个夹层中。登机楼的地面层全部是技术部门，二层是进港走廊，第三层即交通层，也就是登机厅。

行李认领区室内透视
Interior perspective of the baggage claim area

（下图及右图）
双层屋顶由浅色金属制成，其截面则是一组连续券所构成的波浪线。室内透视／模型照片
Made of two layers of light-colored metal, the roof is composed of sections of a torus placed side by side to form a series of waves. Interior views. Scale-model

终端开放的组合设计

A Combination of Design Schemes for Open-Ended Planning

第一客运港交通层平面图，+8.00m
First passenger terminal traffic floor, level+8.00m

该项目的设计目标是一个具备灵活适应性的系统，能够在几十年内不断生长、发展，最终达到每年1亿人次的预期吞吐量。扩建部分将与乘客捷运系统（people mover system）配合建设，并沿着机场的主轴展开。

与查尔斯·戴高乐机场一样，汉城空港终端开放的设计方案也为扩建做好了准备。安德鲁没有过早地固定扩建方案，而是提供了几种差别很大的发展模式，由此未来发展的可能性便不致受到过多限制。

该项目除了在初始阶段与铁路设施直接联通外，其后便没有规定明确的建造方案，而是意图设计一个能适应各种情况的公路与隧道综合系统。进行全面规划、描绘可靠未来图景的想法被安德鲁放弃，取而代之的是提供一系列可能出现的情景以及相应的发展方案。

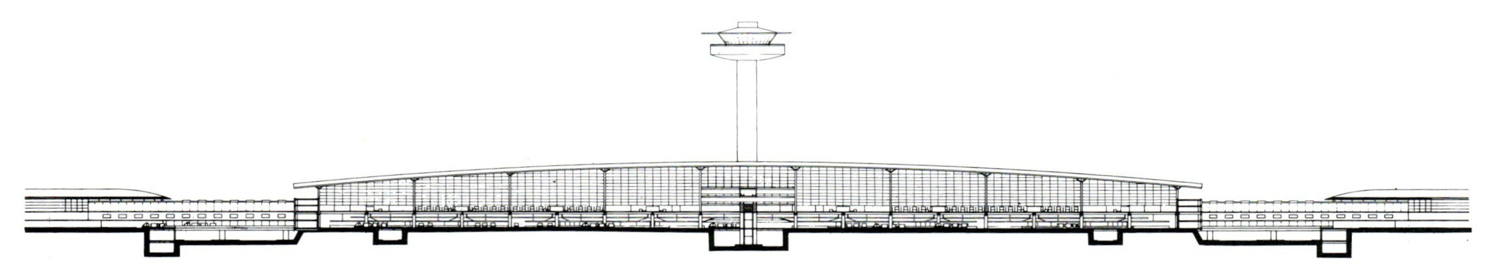

一期空港主楼纵剖面图
Longitudinal section of the main building in the first terminal

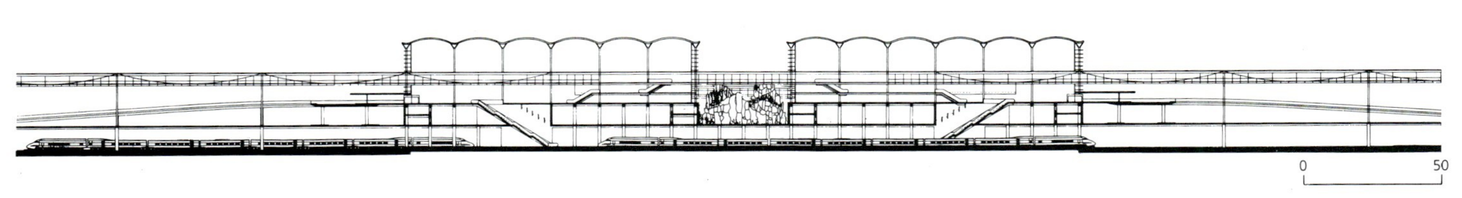

主楼横剖面图
Transverse section of the main building

三项提案

The Three Proposals

为了证明这种方式的灵活性，该设计提供了三个可互相替代的发展方案，每个提案的吞吐量在竣工后都能达到1亿人次。

第一项提案预期通过在远端分期建造4个候机厅来扩大站台，通过一条捷运车道将这4个厅与卫星楼连到一起。卫星楼包括两个单元、分两期建成。与第一综合体一样，卫星楼也有自己的铁路、公交、出租车站和停车场，并有往返列车与前者相连。来自汉城的旅客可以乘坐火车、汽车或公交车直接抵达卫星楼，经过行李登记及安全检查，继而进入位于两个卫星楼交界处的传送站，由此便可至远端的候机厅。每个候机厅的设计容量为1650万人次，并各有34个近机位供飞机停靠。

第二项提案增设了两个与第一空港相似的客运港，可分别供两家国际航空公司使用。每个单体的通行能力为3300万人次，并拥有各自的火车站、公路入口和停车设施。

第三项提案综合了前两项的特点。在二期工程中建设两个远端候机厅，最后再增建一个与第一空港相似的客运港。

三种终期发展平面
The three master plans in the final phase of development
自左至右：
From left to right

平面1：一个含有两个单元的卫星港，加上四个位于远端的候机厅，每个厅的吞吐量为1650万人次
Plan1：a two-building satellite terminal plus four remote halls, each with a capacity of 16.5 million passengers

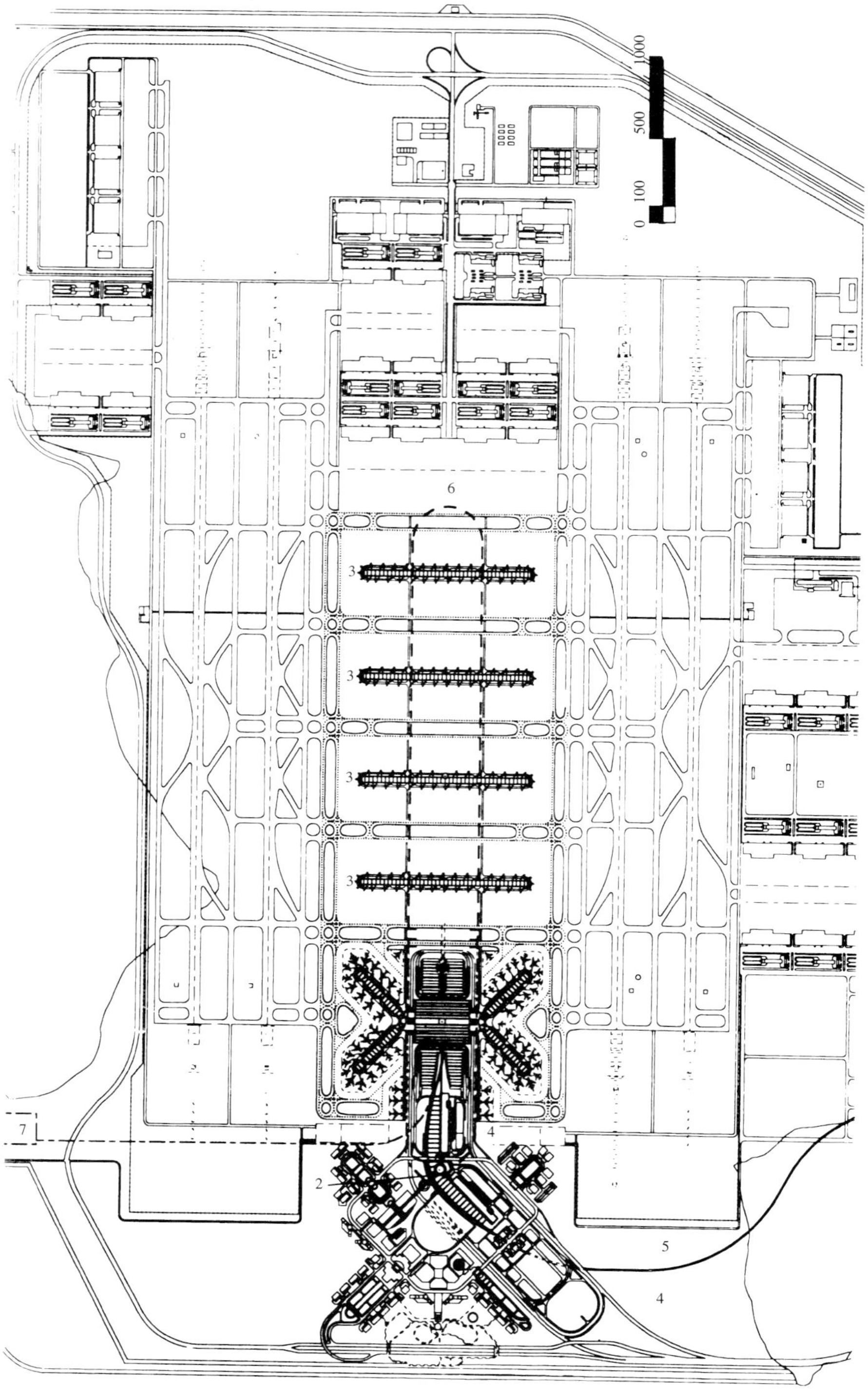

平面2：增建两座与一期工程相似的客运港，每座的吞吐量为3300万人次
Plan2: two additional passenger terminals identical to the first and with a capacity of 33 million passengers each

平面3：两个远端候机厅，一座仅有一个单元的卫星港，以及一座与一期工程相似的客运港
Plan3: two remote halls,a single building satellite terminal and one additional passenger terminal identical to the first

1. 一期客运港 First passenger terminal
2. 卫星港 Satellite terminal
3. 远端候机厅 Remote hall
4. 主进出通道 Main access road
5. 火车道 Train
6. 捷运车道 People mover
7. 火车站 Train station
8. 客运港 Passenger terminal
9. 北侧进出通道 North access road

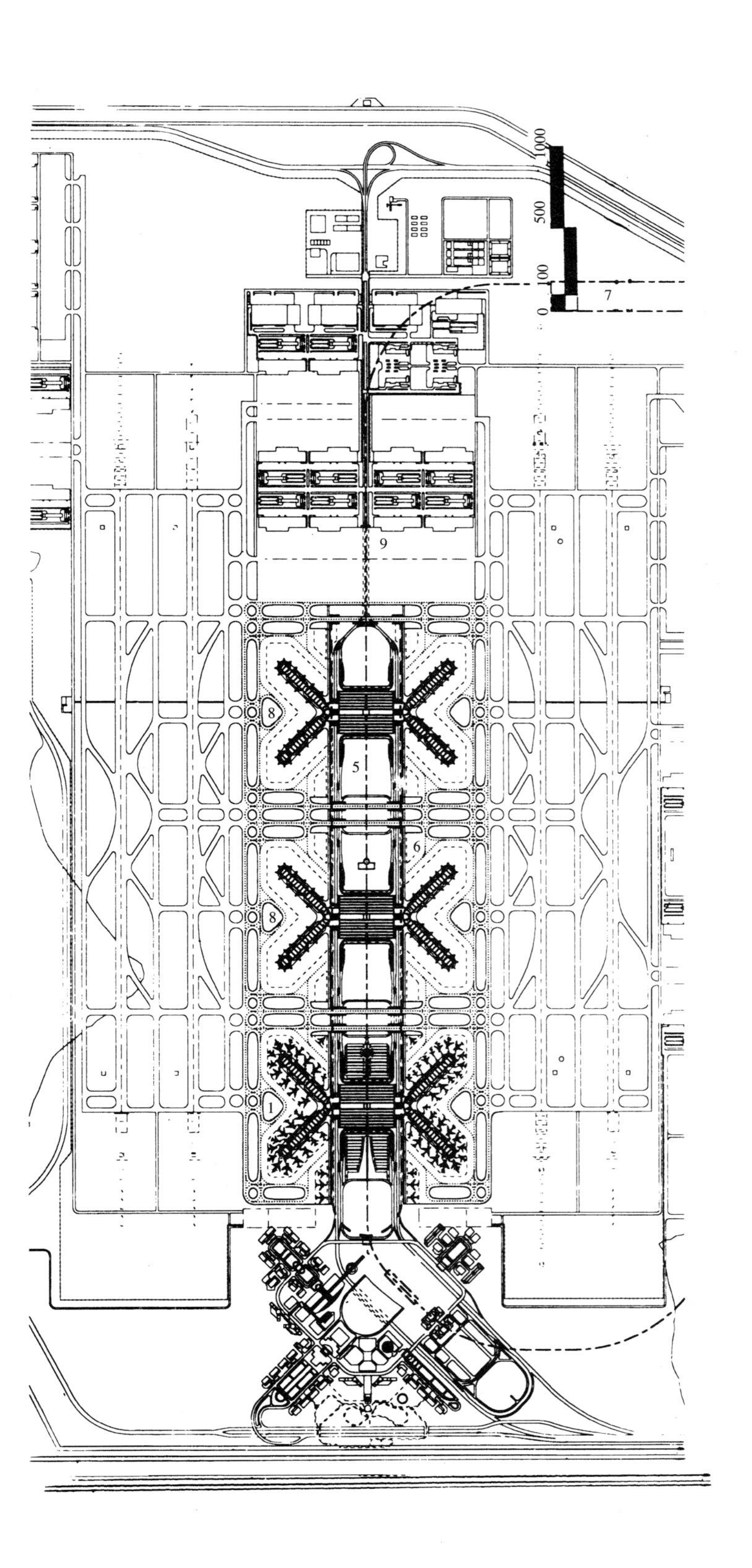

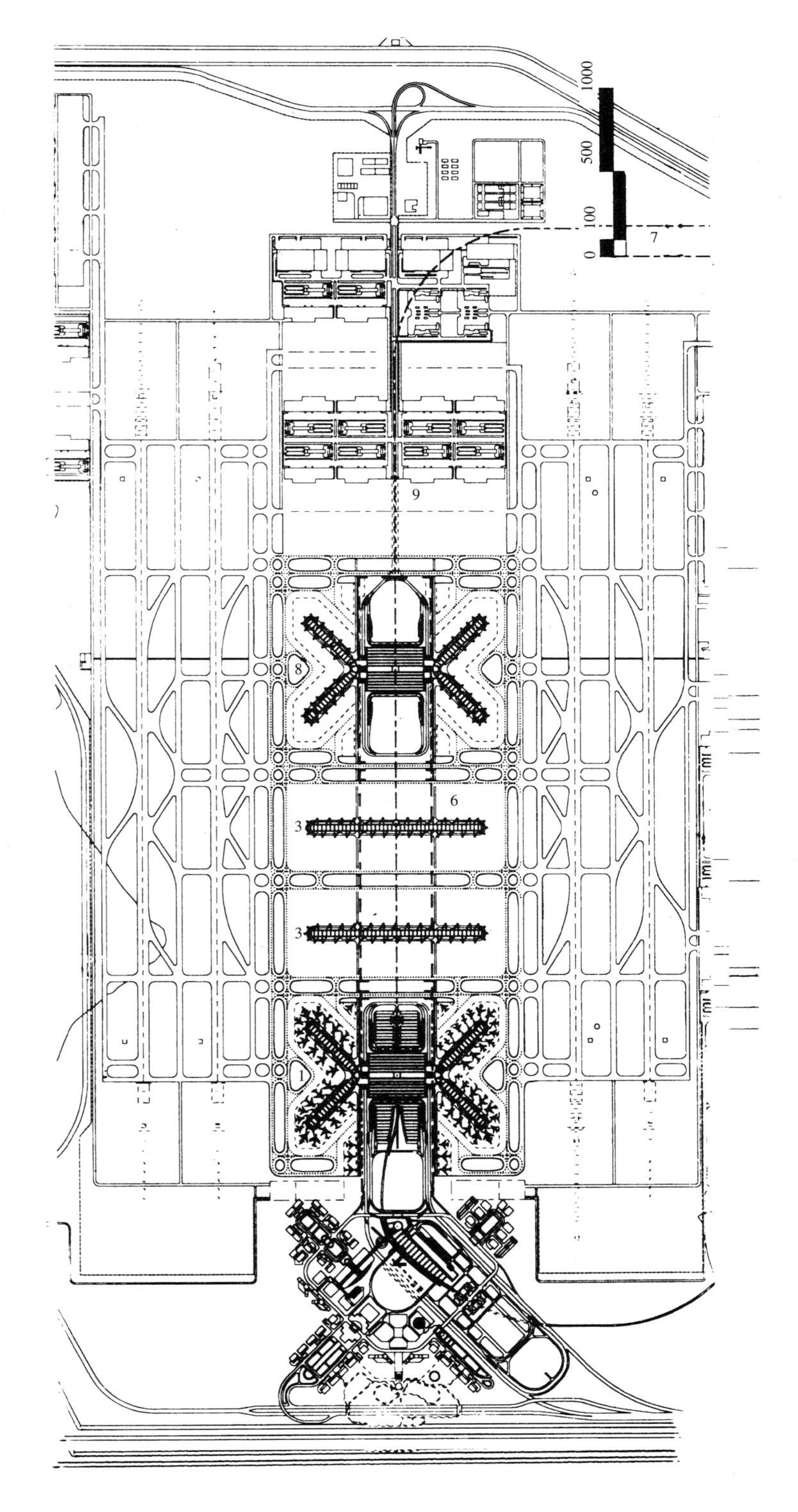

曼彻斯特奥林匹克体育场 The Olympic Stadium, Manchester

与环境的交接

Interaction with Surroundings

与保罗·安德鲁设计的所有运动及康乐设施一样，曼彻斯特奥林匹克体育场与周边景观和地域的交接关系也是经过了审慎、严格的处理的。设计中被予以特别关注的部分是：观众入口、附带的景观设计和停车场。

与后来的圣但尼体育场的情况相似，曼彻斯特体育场工程的规模便意味着其与城市交接部分的功能不可能被隐藏起来。尽管如此，安德鲁还是毫不犹豫地明确了由玻璃和钢构成的城市立面在功能方面的重要性，并强调了布置在看台坡道上的两个圆塔。通透、明晰、舒适以及设施利用的便捷，共同构成了该设计基本建筑—技术结构（architectural—technological structure）的基础。

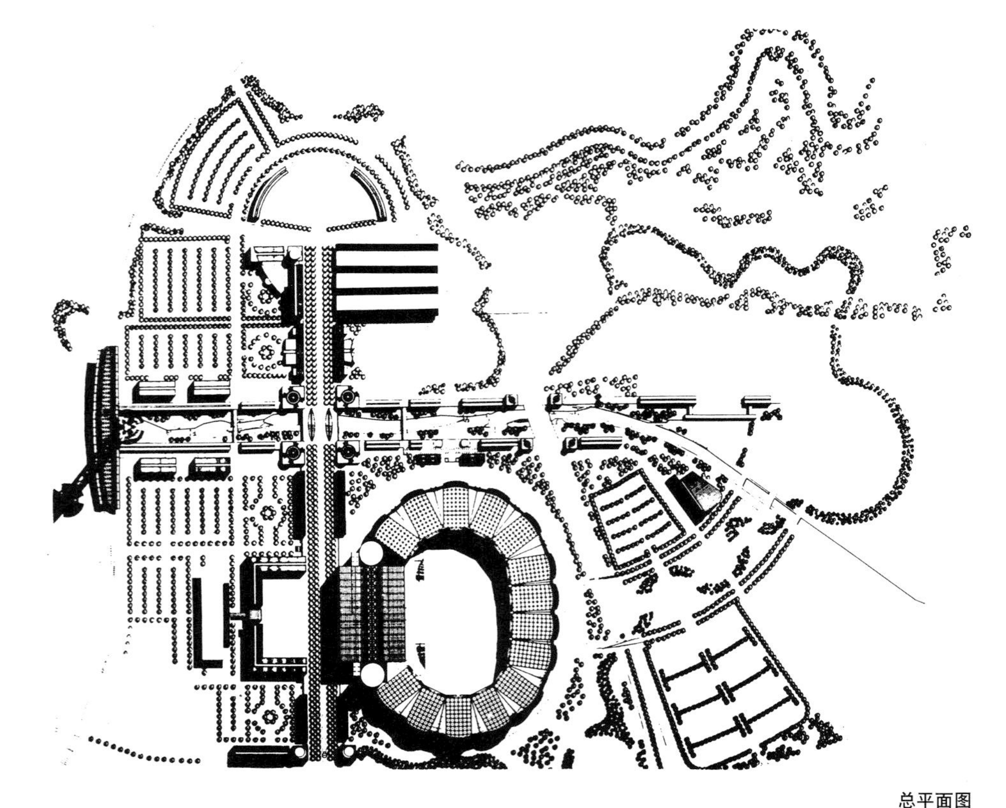

总平面图
Master plan

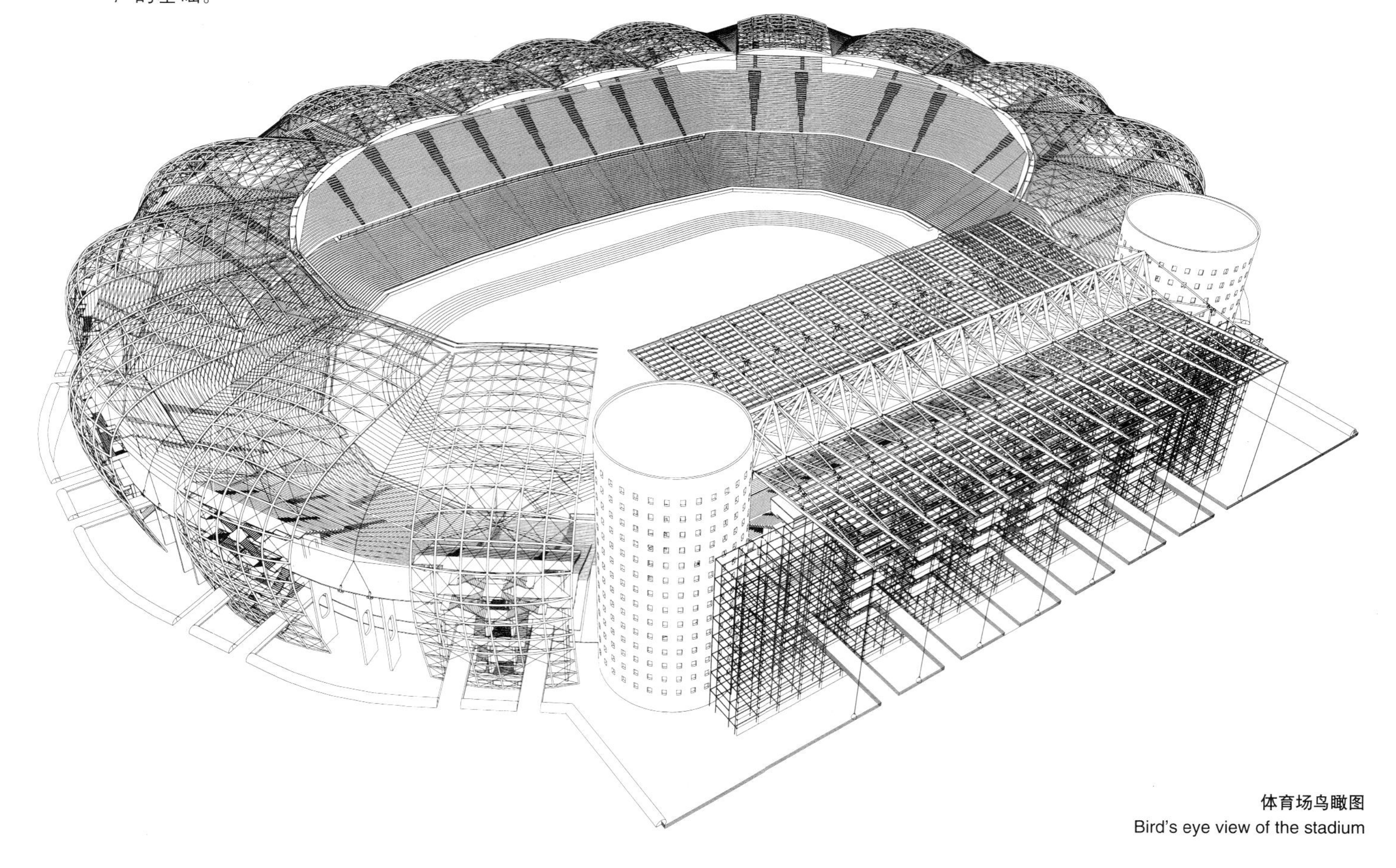

体育场鸟瞰图
Bird's eye view of the stadium

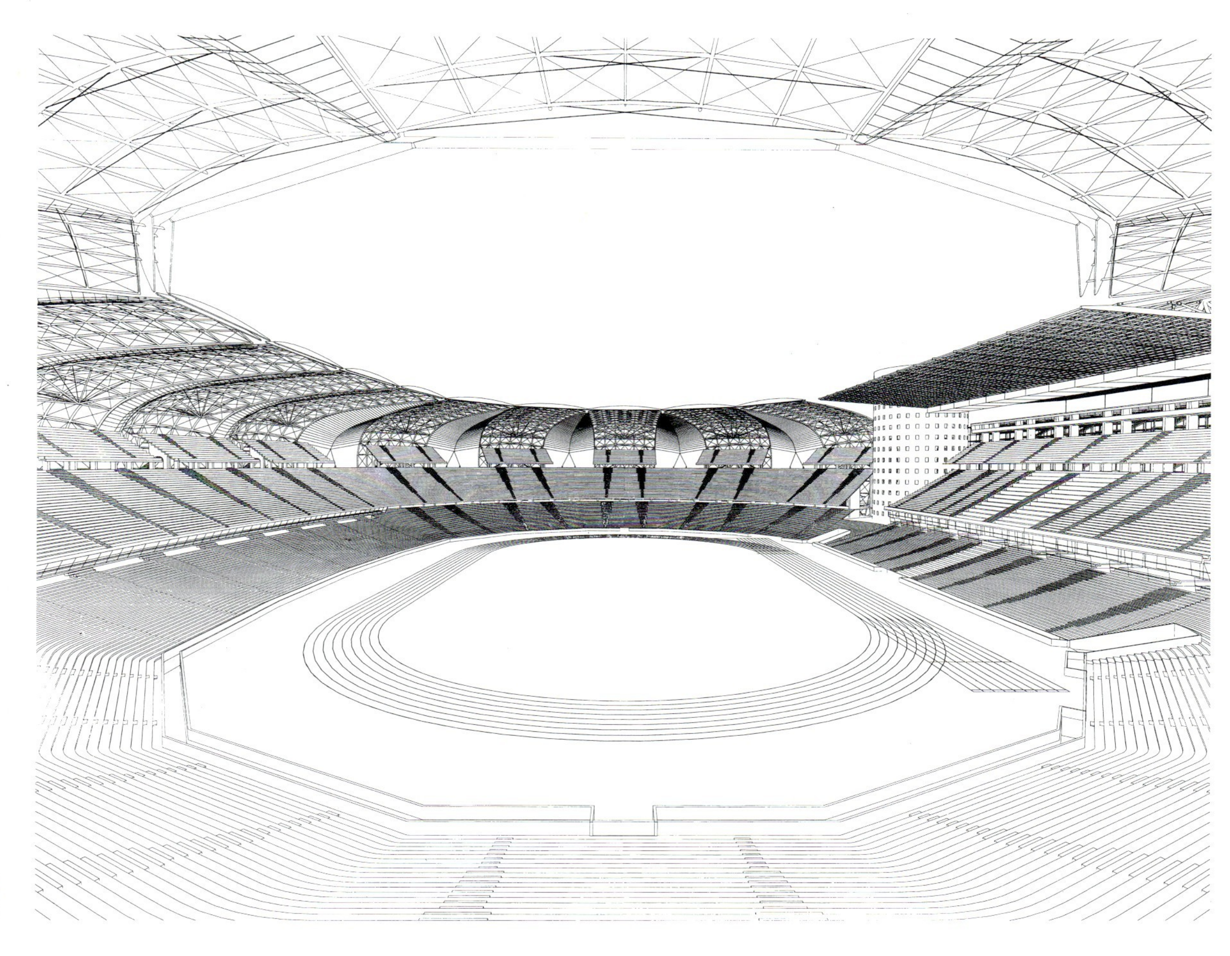

场地透视图
View of the playing field

金属网格与立面特殊的结合方式形成了 14 个花瓣般朝运动场聚拢的模块 / 模型照片
An unusual interplay of metal grids combining with the facade to form fourteen modular elements closing in the playing field like cloves or flower petals. Scale-model

14个模块

The Fourteen Modular Elements

作为一个引人注目的地标，体育场看上去仿佛一座巨大的人工山丘，对周边的城市景观有着不可忽视的影响。金属网格与立面特殊的结合方式缓和了这种突兀感，形成了14个花瓣般朝运动场方向聚拢的模块，并使体育场的容纳人数可以在6万与8万之间调节。每个模块都有单独的入口，体育场的内部交通则通过连通各个模块的走廊来控制。

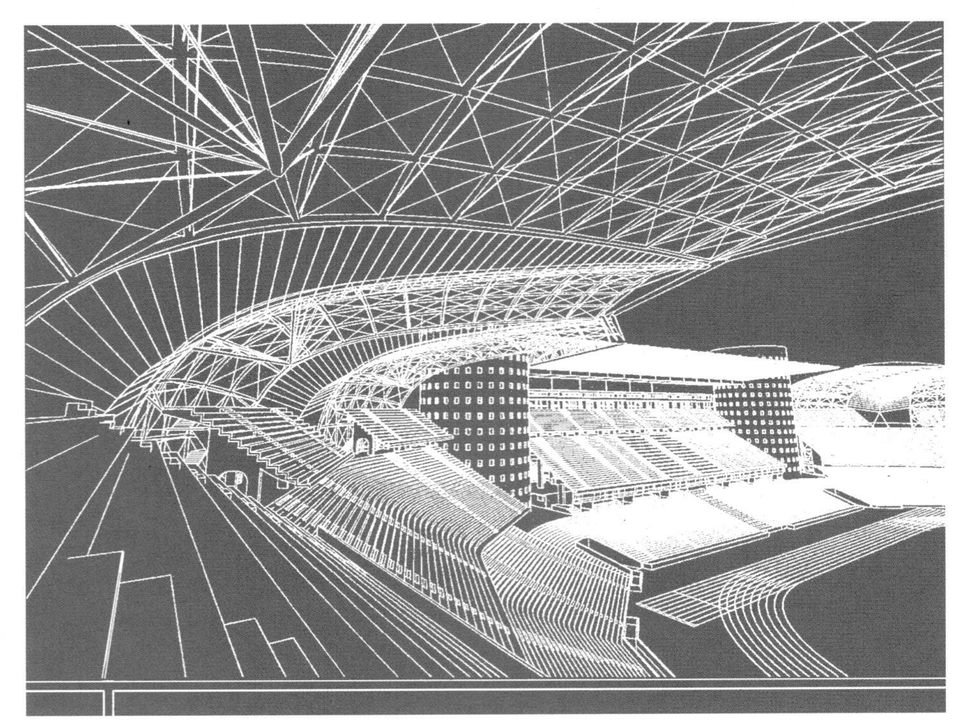

屋顶及观众席

View of the roof and stands

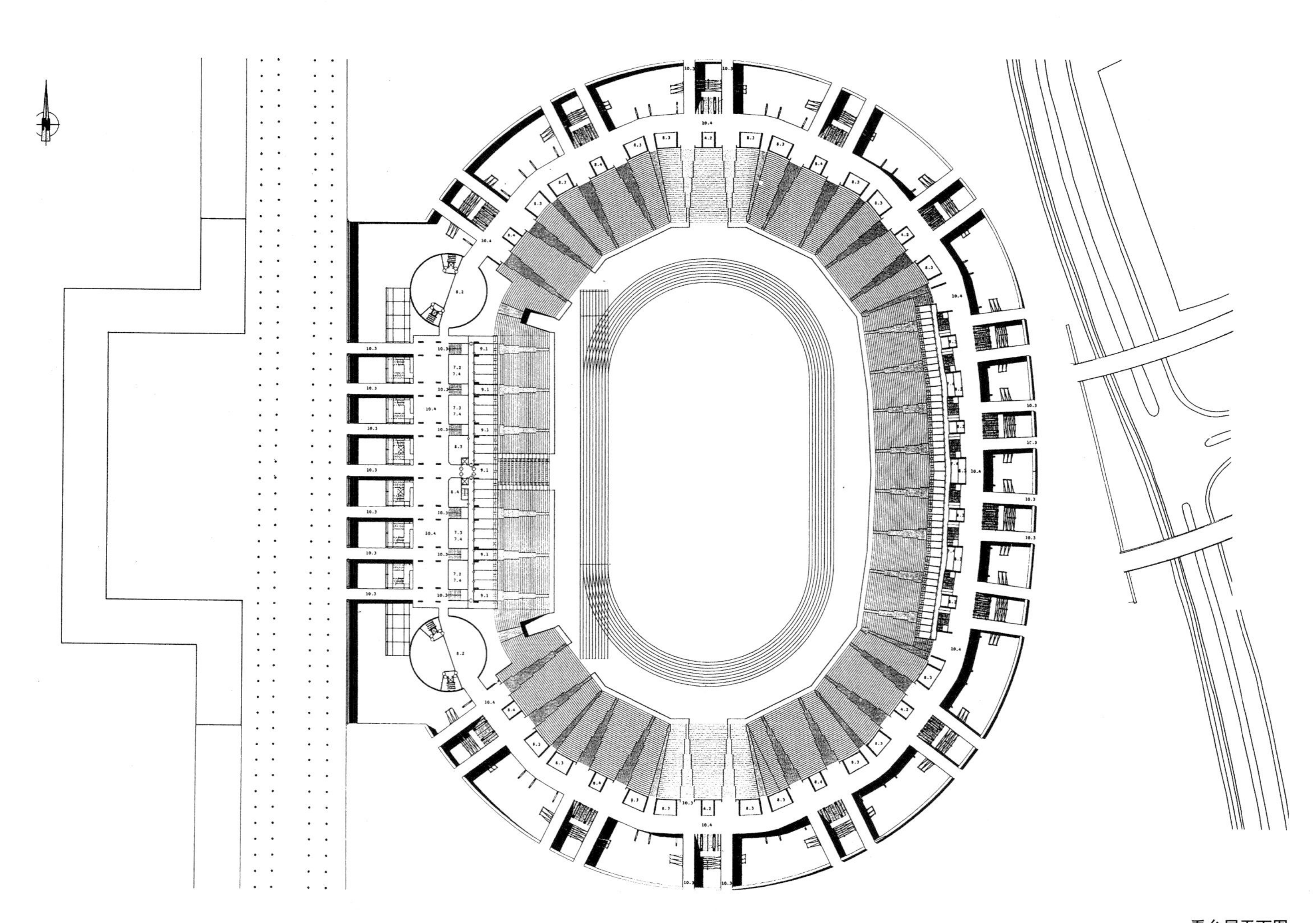

看台层平面图

Plan of the first level of the stands

光、影与材料

Shadow, Light and the Materials

玻璃和金属网格产生了变幻的光影，闪烁着精妙和轻盈，并使现场和电视机前的观众都能有理想的视野来观看白天进行的各种体育活动。由于选用了特殊的材料，体育场可以在白天变换颜色和外观，看起来就像是浮动在四周的风景中。

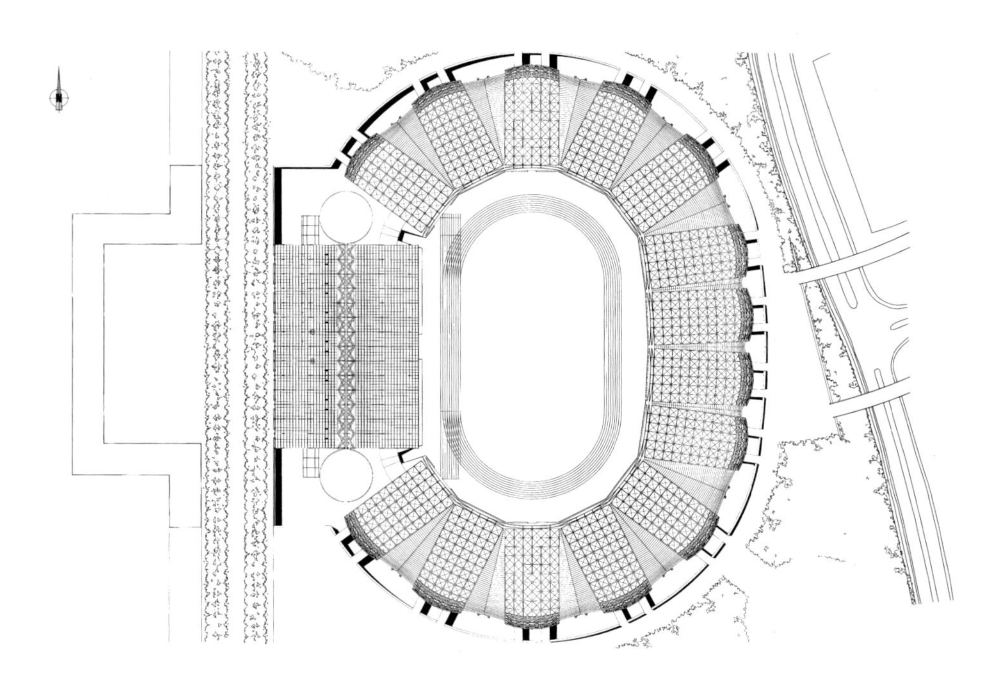

屋顶平面图
Roof plan

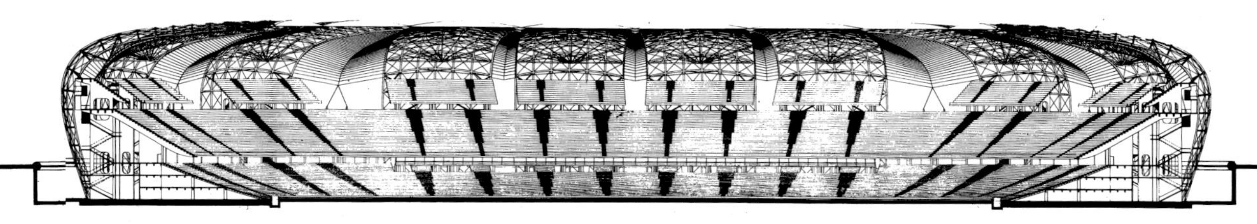

纵向剖透视（看台）图
Longitudinal perspective cross-section (stands)

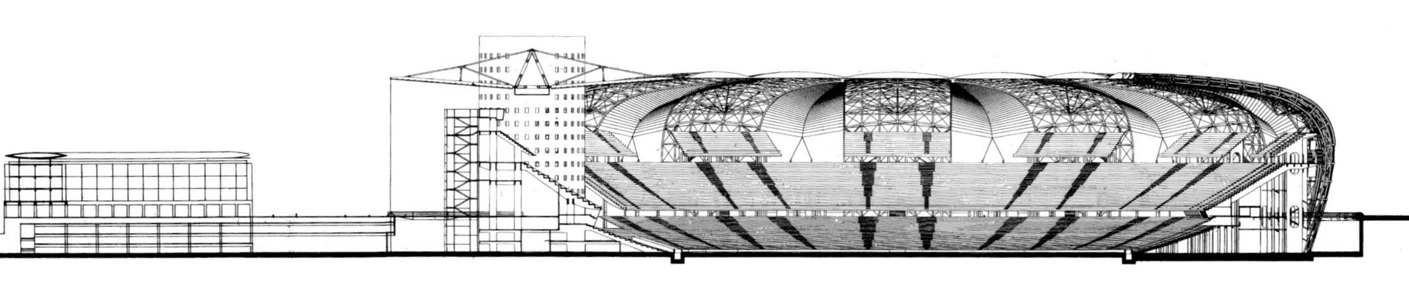

横向剖透视图
Transversal perspective cross-section

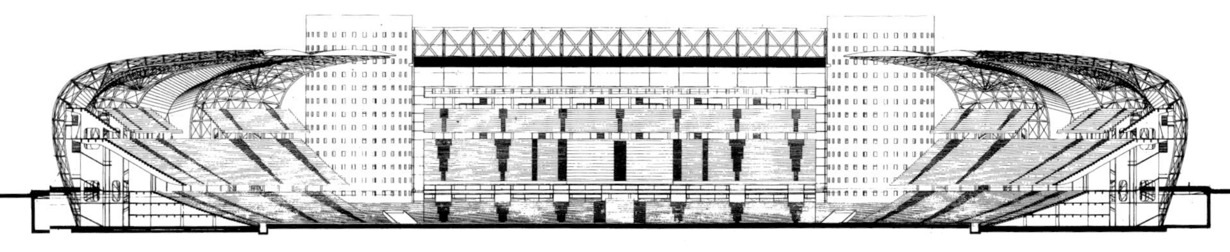

纵向剖透视（看台及圆塔）图
Longitudinal perspective cross-section (stands and towers)

大阪海事博物馆 Maritime Museum, Osaka

梦想成真
A Project Found Its Program

在加来跨海隧道法国站尝试过一个半圆形拱门之后，安德鲁接着又构思了一个可以倒映在都市边缘的港湾中的直径达300m的金属半球体。

球体的意义不仅在于对新技术的挑战，尽管它的形体很简单。对那些只拥有功能性的现代建筑的滨海城市来说，它是一座标志，和日本严岛神社的鸟居类似，并且也伫立在水中。球体是由半球和半球在海中的倒影组成的，后者会随着风浪的起伏不断变换，从而阐发了所谓“标志”的原初含义，同时还表达出建筑师的意图：一切都处在“未完成”中。

室内空间的意象表达了对交流的思考，不同深度和广度的各种交流在一个金属构成的空间内大量汇集并联系起来，整个内部空间处在中央激光束的扫射之下，同时还混合了外面城市中的五光十色，甚至还有天上的星光。

球体简洁的外观让人联想起法国18世纪建筑师部雷（Etienne-Louis Boullée，1728–1799）的设计概念，室内则是一个思想和情感的巨大展场。尽管此时安德鲁还不知道这个半球会出现在哪座城市或港湾，也没有明确的实施计划，然而他一直对这个想法念念不忘。

数年后，大阪的规划师们计划在集现代化港口、休闲中心等多种功能为一体的新区内建造一栋建筑物作为港口的标志，以使新区成为城市开发和复兴的表率。他们决定将一艘江户时代的航船完整地复原，并修建一座海事博物馆以满足展示之需，同时展览的还有港区的历史与未来、海洋运输、不同历史时期的船只、海域及海风等。

地段位于港口的防波堤以内，附近已有A.T.C（亚洲贸易中心）、W.T.C.（世界贸易中心）和鸟类公园等重要建筑物。海事博物馆是这片新填海区中最后开发的一部分。

由此，球体成为一个很恰当的解决方案，既可以将古船包围起来，同时也便于形成一条包括地下空间在内的完整的流线，参观者可以沿着流线从各个角度观察中央的古船，同时还可以看到外面的港湾中正在往来穿梭的现代船只。

就这样，一个构想，在大阪海事博物馆项目中找到了实现的机会。

保罗·安德鲁手绘草图
Drawings by Paul Andreu

直径达300m的球体
A sea sphere 300 meters in diameter

球体的内部空间。除了中央激光投射的图像之外，还混合了外面城市中的五光十色，有时甚至还有天上的星光
Interior view of the sphere. Images projected by laser beams from the center; and an overall monumental lighting which will blend lights from the external urban world and, at times, those of the stars

倒映在水中的半球

A Half-Sphere Reflected in the Waters

安德鲁在防波堤内设计了一个面积达30000m²、深2m左右的人工湖作为太平洋的延伸。湖面和海平面持平。球体就建造在人工湖内，高出水面约40m。

虽然规模大为缩小，但大阪的工程依然表达了安德鲁对城市乌托邦的梦想：玻璃限制了室内与室外间的可见度，球体由此被标示出来，看起来仿佛漂浮在水中——设计的任务正是要保持这种梦幻般的特质。因此，入口必然要设在水下，通过一条水底隧道将博物馆与陆地联系起来。

其余的部分也在初始构想与实际情况的不断磨合中慢慢成形，最后确定的方案主要由三部分组成：陆上的入口建筑(5000m²)，水上的博物馆（14000m²）以及连接两者的水底隧道。

参观者进入入口建筑后，首先会下到一个幽暗的空间，接下来穿过60m长的隧道进入球体，然后通过自动扶梯上到球体的首层（江户古船足尺模型的正下方），接着乘透明电梯上到最高层（第三层）——对于欣赏船和大海而言，这是一个绝妙的视点，正式的观展流线也从此处开始。最后，再经主楼梯返回到首层。

球体的每一层都有适于永久和临时展览的空间。楼板都是圆形的，每层有三个巨大的圆柱体。首层有两个较大的空间并配备了虚拟现实设施。

球体落成后将成为新一代博物馆的代表。它没有特别贵重的展品，无需去应付棘手的藏品保存问题，可以有良好的光线和空气。此外，它也不需严格限定参观流线，不需全部使用人工照明，因此室内也就不必与室外完全隔绝。博物馆是一处宜人的场所，观众从空间中得到的愉悦与从观览中得到的享受同等重要，感受馆外港湾的生动与遥想当年的水手生活及航运情景同等重要。过去与未来在这里是平等的，同处于参观者们的打量之下，同处于大阪港熙来攘往的背景之前。因此，球体必须是玻璃质的——只有这样，上述一切才成为可能。

总之，该项目所有功能和构造特征都源于以下几个原则：博物馆的流线既可以是高度组织化的、又可以是无组织的，完全依参观者的喜好而定；开放与封闭空间的结合可以满足不同类型的展览需求，并且不会破坏整体的开敞与通透感。

水下隧道尽端的扶梯。通往博物馆的首层，即江户船足尺模型的正下方

The escalator at end of the underwater tunnel, leading to the first floor of the museum -right beneath the keel of a full-size reconstruction in wood of an Edo-period boat

陆上的入口建筑

The entrance building, located on land

将两侧建筑连接起来的水底隧道

The underwater tunnel, connecting the two buildings

40m高的球体看起来仿佛漂浮在水中，带有一种魔幻般的特质
The 40-meter-high sphere would look as if it were floating on water and has a magical quality

球体的内部空间。保罗·安德鲁手绘草图
The sphere's interior space.
Drawings by Paul Andreu

入口建筑
View of the entrance building

球体位于港口的防波堤内，是大阪港的标志，每天都有数以百计的船只在周围往来穿梭
The sphere waymarks the entrance to Osaka port, which is located inside the dike of the port where hundreds of boats pass each day

球体及城市夜景
View of the sphere and the city at night

60m 长的水下展廊
The underwater tunnel, a 60-meter-long gallery

(下三图与右页图)
室内透视。球体被精心设计成一个宜人的场所，观众从身处的空间中得到的愉悦与从观览活动中得到的享受同等重要
Interior views. The sphere is deliberately designed as a place where the pleasure of the space itself is on a par with the enjoyment of looking at the objects on display

结构框架与玻璃表面

The Sphere's Steelwork and Glass

玻璃罩的构造方式是建筑师关注的重点之一。为了实现逼真的透明感，必须在过滤掉多余的光热的同时，使光线保持原有的色彩；结构框架及其节点必须十分轻盈，同时还要能承受猛烈的风吹浪打。

玻璃罩结构采用的是“网壳（lamella grid）”体系。球体由若干个小平面拼成，越靠近顶部划分也就越细。每个小平面的尺寸和形状随高度的不同而变化。玻璃与玻璃之间通过一种名为“十点（ten points）”的构造系统连接成整体，没有任何金属构件，仅用高强度的硅胶作为密封材料，因此球体看起来非常晶莹剔透，如同钻石一般。

安德鲁曾经考虑过用可移动的球形遮阳幕对球体进行保护。遮阳幕利用太阳能持续移动，同时还配有自动擦玻璃装置。这一想法因过于昂贵而没有实施。

替代方案是采用不同透明度的玻璃作为保护。球体的大多数围护材料都是由两片15mm厚的平板玻璃夹穿孔镀锌钢板组成的，钢板的穿孔率（10%～100%）与太阳在一年当中的几个临界位置相对应，随着太阳高度角的变化而不同。这样不但可以遮挡一部分直射光，形成最佳的综合光环境，而且还形成了边界模糊的随机图案，为纯粹的几何形增添了一层复杂性，使博物馆的外观变得更为丰富——在阳光灿烂的日子，球体会反射出蔚蓝的天空；在阴郁的日子，球体表面会随着风浪的起伏不断变幻，就像是融入了灰色的大海。

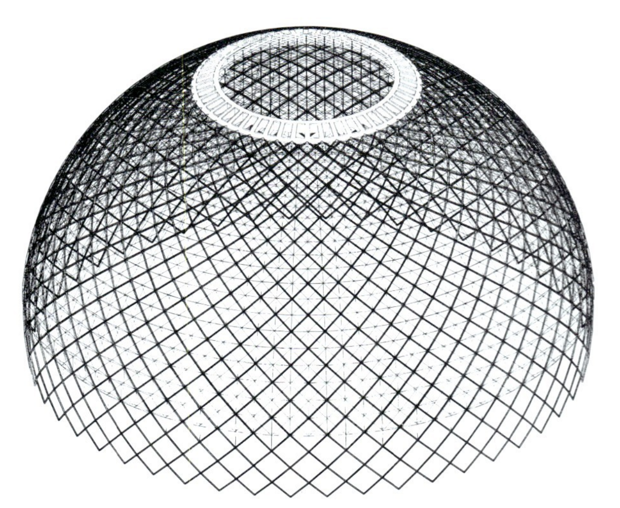

网壳结构。球体就像钻石一样，是由若干个小平面拼成的空间多面体，越靠近顶部划分得越细
Structure of lamella type dome. The sphere is made of flat diamond-shaped sections that get smaller and smaller as they near the top

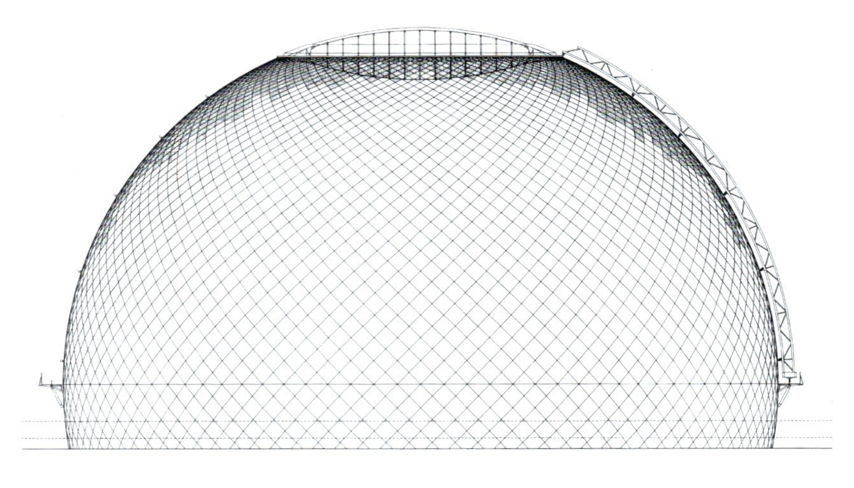

球体立面图
Elevation of the sphere

（左二图）
大部分玻璃都是两片厚15mm的平板玻璃中夹穿孔镀锌钢片组成的复合材料。穿孔率（10%~100%）并不是固定值，而是根据太阳不同时期的高度角来确定，以隔绝一部分直射光，达到节能的目的
Most of the glass sections consist of two 15-millimeter glass panes with a sheet of perforated galvanized steel in between. The perforation (10 % ~ l00 %) varies in density as a function of the path described by the sun, in order to screen out direct sun rays and reduce air-conditioning to a minimum

（右页二图）
玻璃通过“十点（ten points）”系统连接成整体。玻璃与玻璃之间没有任何金属框架，仅仅使用了硅胶作为密封，同时保证了足够的强度
The glass is held together by a “ten point” system. There is no metal frame between the glass sections, just silicone as a sealant to ensure tightness

都市新景

A Distinctive Feature in the New Urbanscape

同许多新型博物馆一样，本项目也将一些展览之外的功能整合到了博物馆建筑中。首先，球体不仅适于科教活动，还是一个能够点燃梦想、触动探索欲望的场所，同时还为参观者提供了极目海天的视觉享受。此外，一旦博物馆不再运营，该建筑还可作为接待、典礼或其他活动之用；由此可以提高使用效率，使建筑物的效能得到更好地发挥。

对那些非专程参观的路过者来说，球体还将是新都市景观的一大特色。安德鲁从一开始就将其设想为与横跨码头的带形公园相协调的一个部分，并使其成为新区天际线的一个引人注目的节点。

总之，安德鲁希望，无论白天还是夜间，建筑从各个角度看起来都应具有吸引力。因为对于休闲活动区而言，晚上的活动往往更多；对于博物馆而言，无论它是开放或关闭，保持常看常新的活力和大众化的色彩都是非常重要的。

以上说明了一个与特定场所无关的抽象概念演变成具体地段的组成部分并以简洁的方式解决具体问题的过程。和安德鲁近年来的许多项目一样，这个过程也体现出，使建筑成为环境的组成部分并构成一个和谐的整体是非常重要的，而最终实现这一目标的方式是多种多样的。

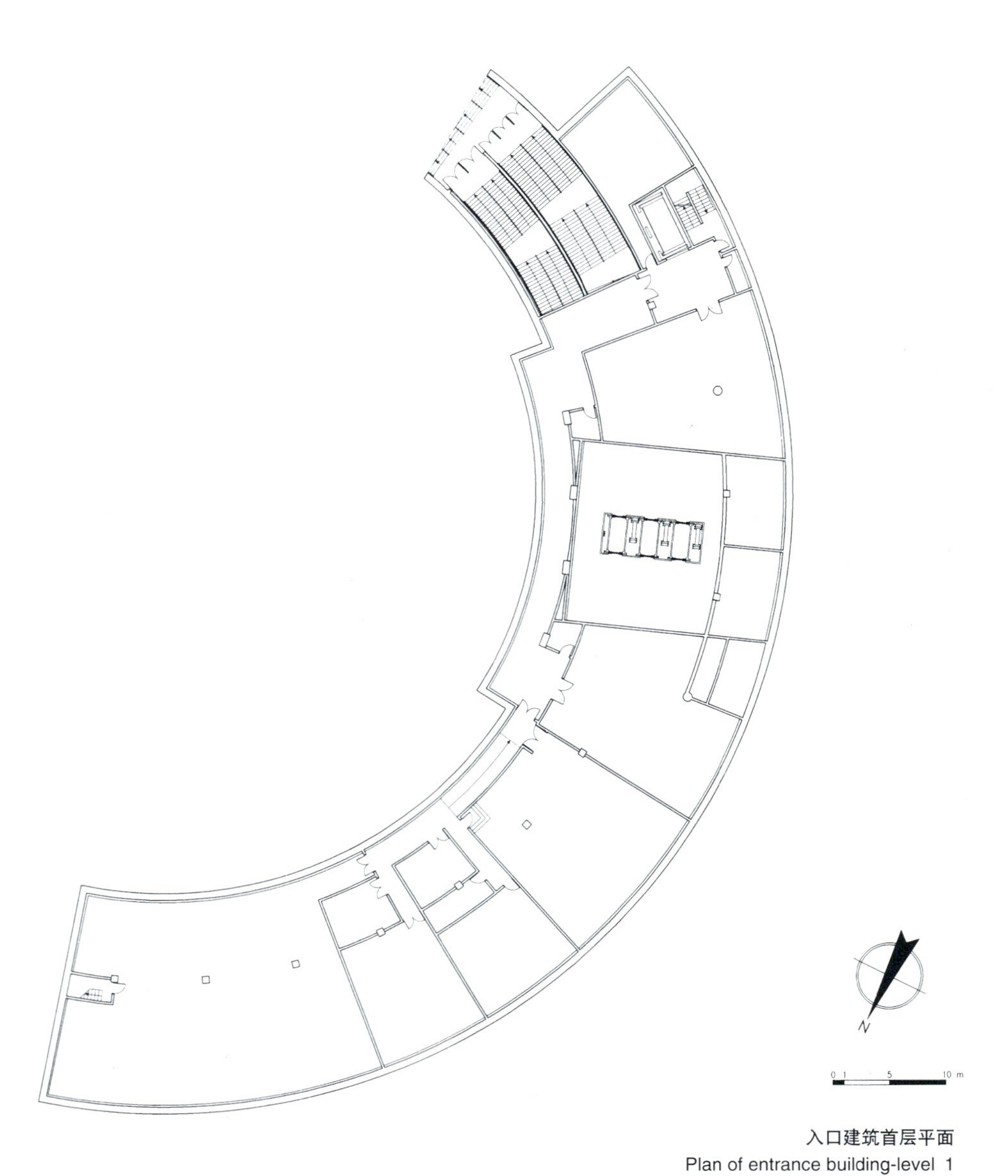

入口建筑首层平面
Plan of entrance building-level 1

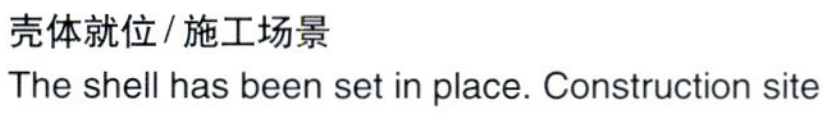
壳体就位 / 施工场景
The shell has been set in place. Construction site

壳体正在吊装 / 施工场景
The shell was being set in place. Construction site

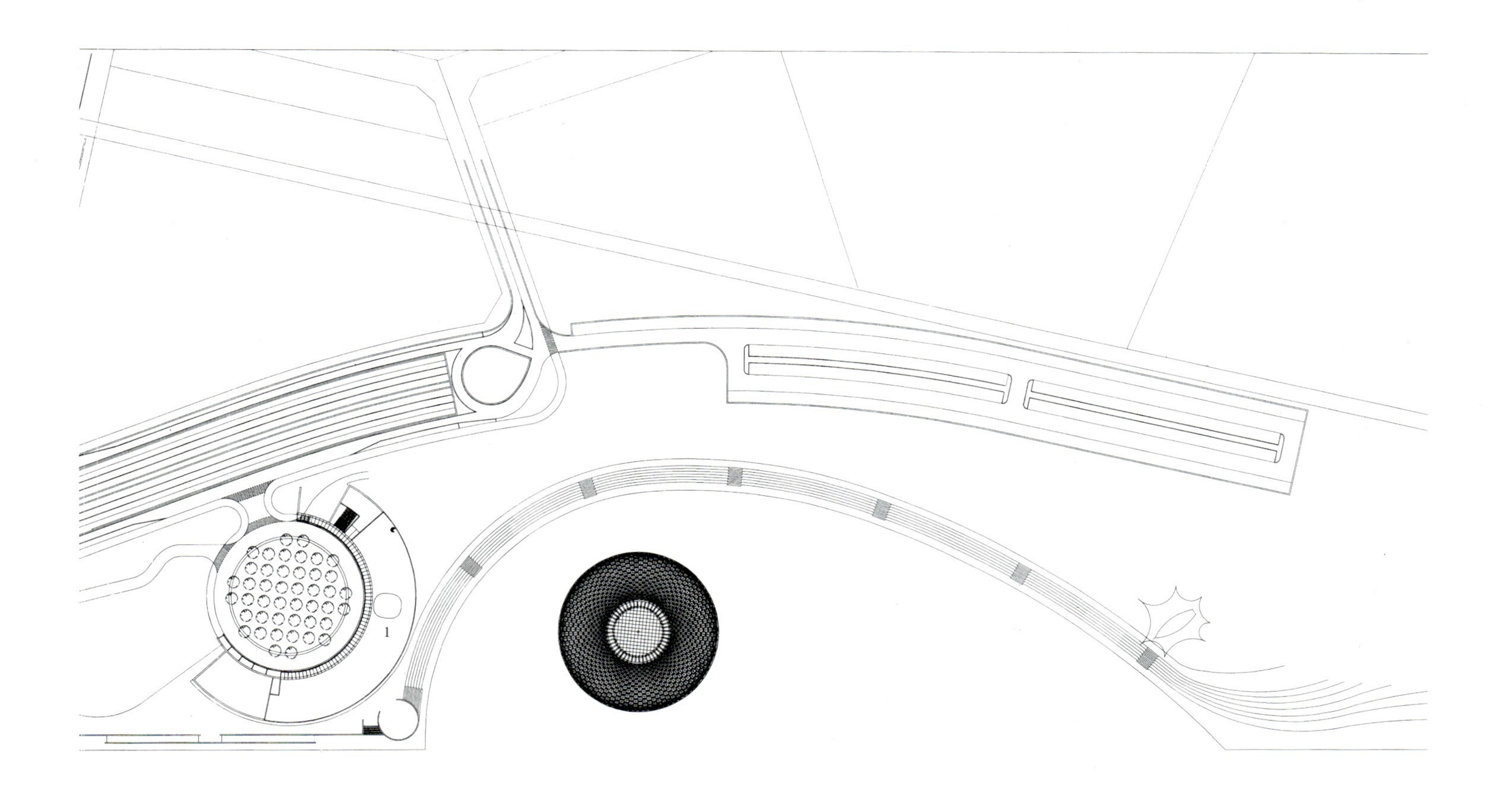

总平面图

Master plan

1. 入口建筑 Entrance building
2. 博物馆 Museum

球体表面边界模糊的随机图案，为严整的几何形体增添了一层复杂性

An overall surface pattern with blurred outlines adds a geometrically complex dimension to the sphere's strict geometrical shape

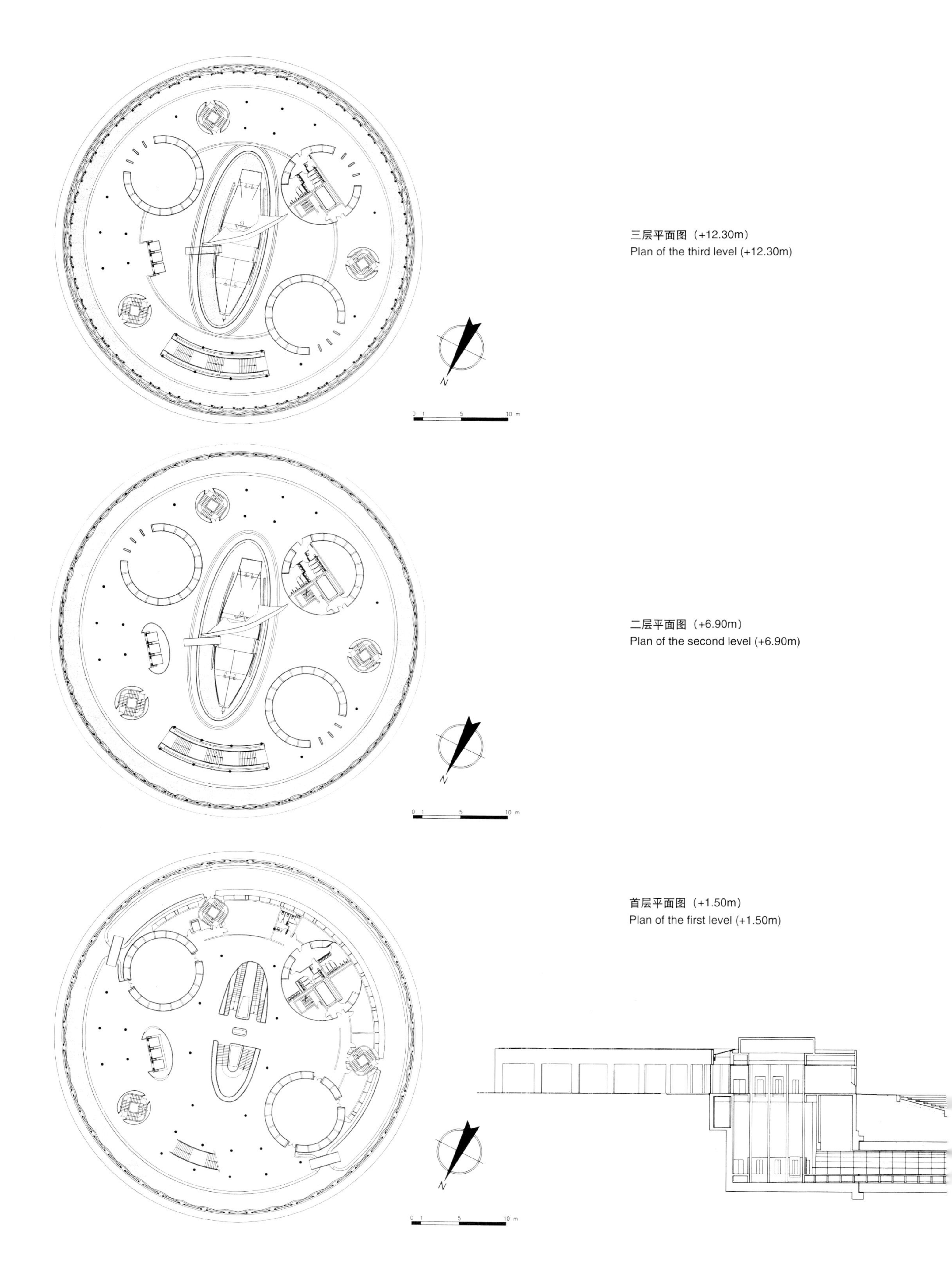

三层平面图（+12.30m）
Plan of the third level (+12.30m)

二层平面图（+6.90m）
Plan of the second level (+6.90m)

首层平面图（+1.50m）
Plan of the first level (+1.50m)

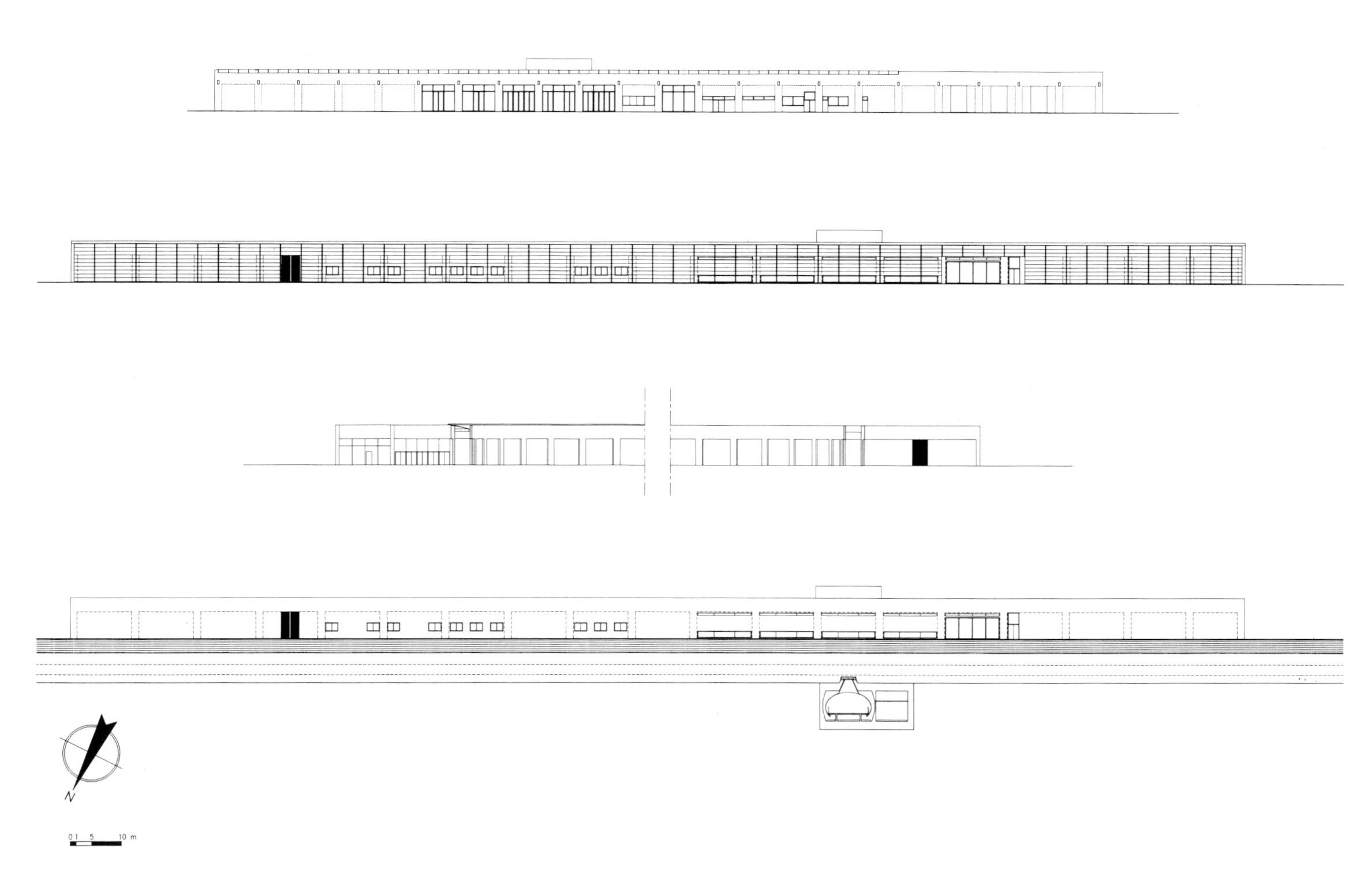

（上四图）
入口建筑立面
Elevations of the entrance building

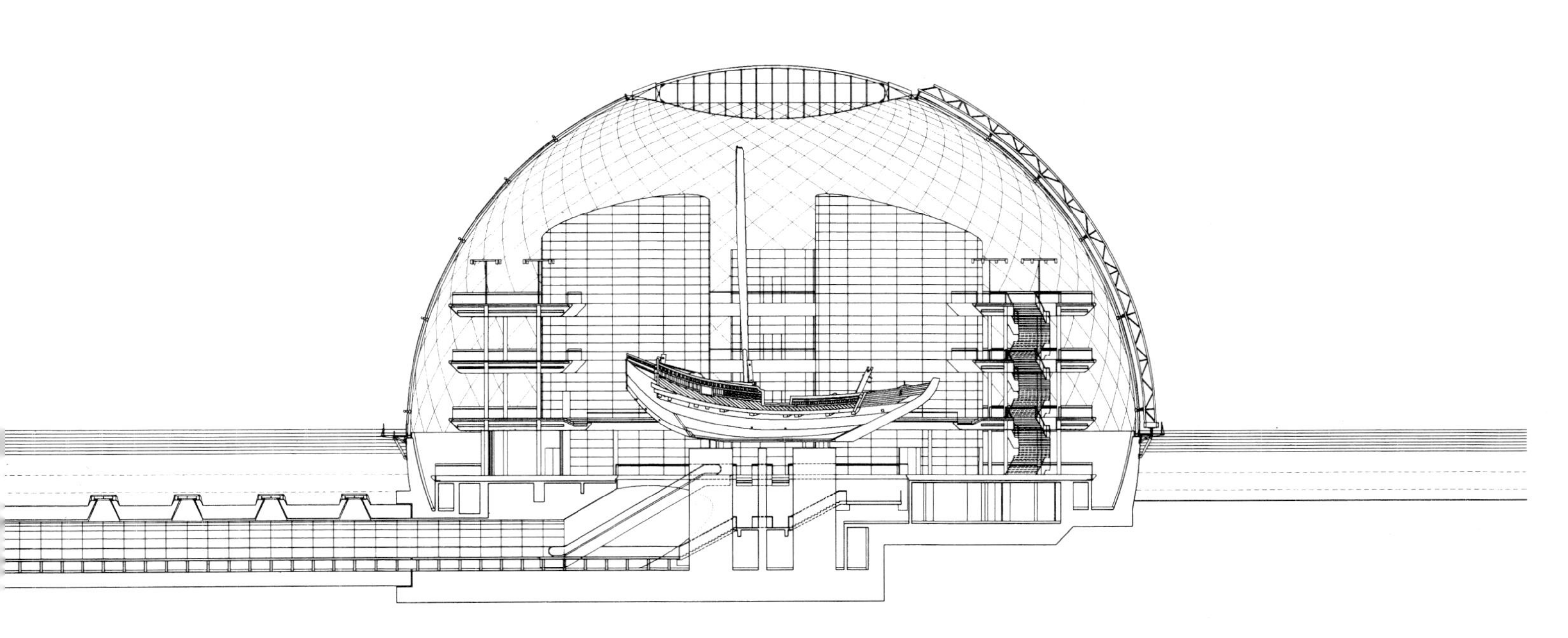

横剖面
Transversal section

曼谷国际机场 Bangkok International Airport

叠台景观

A Terraced Landscape

曼谷空港的设计与建造标志着机场建筑在技术与自然的协调方面迈出了新的一步。与雅加达机场相似，曼谷机场也由一连串既相互独立又相互联系着的单体所组成，各个单体都被花园所环绕。

综合体的外立面呈曲线形，从遍布着绿树繁花和装饰水池的层层叠台中显露出来。植物与水景的应用，特别是其与立面形式的完美结合，最终在建筑与景观之间建立了紧密的联系。

自空港顶部汩汩涌出的水流，淌过这片人造的美景，直抵叠台下面的停车场。立面采用的材料映照出蓝天、绿地、草木和粼粼的水波，更为周边的环境增添了韵致。无所不在的绿意融入到建筑的肌理之中，形成了宁谧深邃的气氛。

公共康乐设施和免税商店设在登机厅边上的十字交叉（crossroads）处。这些十字空间由带有采光井的圆厅（rotunda）组成，周围环绕着树木，既明亮又宜人；每个圆厅都各具特色，体现着不同的装饰风格。

登机厅是一个个设施齐全的单体，好似花园中的一栋栋小屋，带给人们舒适惬意的感觉，并使如此大规模的工程得以维持宜人的尺度。

空港整体风格的统一源于其采用了统一的立面形式、材料和建造技术。每个单体的几何形式大体相似，但由于功能方面的差异，从空侧的登机厅到陆侧园林化的交通建筑，单体的高度和宽度在逐渐增加。

机场与叠台景观融为一体

鸟瞰图 / 模型照片

The airport is an integral part of the terraced landscape

Overhead view. Scale-model

（下二图）

立面的波形曲线是景观的延伸 / 模型照片

The curves in the facades create a series of waves that prolong the landscape. Scale-model

双层墙体
Double-Layered Walls

双层墙体的使用始于查尔斯·戴高乐机场的F厅。在曼谷空港中，墙体是由内层镶嵌在承重支架中的玻璃表面和外层光亮的穿孔金属板表面共同组成的。金属板的穿孔率由顶部的5%渐变为正常视高处的60%，人们能够透过此处的立面看到周边的景观。两层墙体之间有 90cm 宽的缝隙，成为天然的空调器并可以防止立面温度过高。

在白天，室外望不到室内，室内却看得见室外丰富的色彩。到了夜间，整个墙体通体闪亮，外景效果变得晶莹透明。双层设计以全新的方式将遮光与透光这对矛盾结合起来，在截然不同的实体墙与透明玻璃墙之间引入了一个新的概念。空港内部的空间组织在功能上非常简单易懂。室内装饰采用的木材则使温暖舒适的气氛进一步得到了加强。

空港的立面、屋顶和主要楼面都能满足简便快捷的建设要求，并且还为今后提供了增设夹层的可能。

墙体是由内侧镶嵌在承重框架中的玻璃和外侧光亮的穿孔金属板共同组成的。金属板的穿孔率由顶部的5%渐变为正常视高处的60%，人们可以透过此处的立面看到周边的景观。两层墙体之间有 90cm 宽的缝隙，成为天然的空调器并可以防止立面温度过高

The walls are composed of an interior glass surface clamped onto the load-bearing frame and an exterior surface made of glazed, perforated sheet metal. Perforation density varies from five percent at the top to 60 percent at eye level where one can see the surroundings right through the facades. A 90-centimeter gap between the two layers acts as a natural air convector and prevents a rise in the temperature of the facades

通往购物区的廊道透视。光线流泻而入，并照亮了金属表面

A view of the passage leading to the shopping area. Light streams in and makes the metal surfaces shine

轩敞的内部空间。低速空调系统的送风范围为下部 2m 高的空间

The interior volumes are extremely high. A reduced velocity air-conditioning system provides cool air to the bottom two meters of space

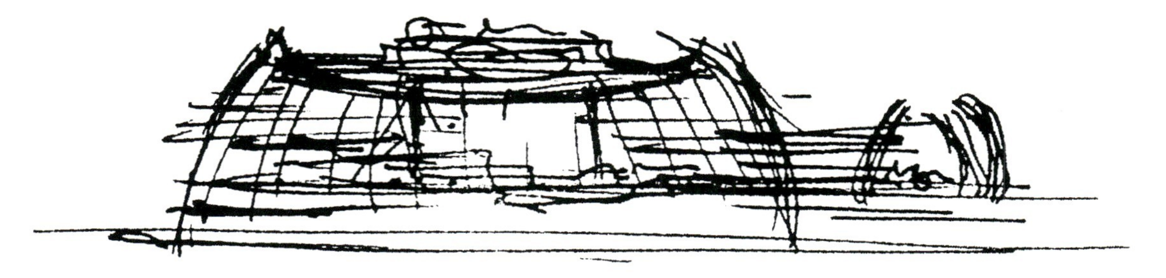

保罗・安德鲁手绘草图，1994 年 2 月 10 日
Drawing by Paul Andreu, February 10,1994

横剖面。保罗・安德鲁手绘草图，1994 年 1 月 26 日
Transverse section. Drawing by Paul Andreu, January 26,1994

立面上的孔洞成为光线的过滤器，创造出多种多样的日景和夜景效果
Perforations in the facades act as a light filter, creating different effects during the day and at night

登机楼

A Terminal Composed of Piers

该工程还包含了分期建造的登机楼。这一方式最大限度地增加了近机位。三条指状的登机楼通过绿化与中央建筑分隔开来。乘客可以自由穿行在登机楼的玻璃步行廊里，还有穿孔金属板来遮挡阳光。

鉴于一期工程的设计吞吐量便达到了每年2500万人次，空港总共设置了6个楼层，其中3层专门留作交通和50个近台泊位之用。乘客被分流到不同层中：一层（+5.3m标高层）上、下飞机，二层(+9.8m标高层）进港，三层（+14.3m标高层）离港。行李分检位于跑道层，步行通道则在第四层（+18.8m标高层），餐饮娱乐设施集中在第五层(+23.3m标高层)、也是最后一层。

通向进港层的公路位于三条跑道（three-lane）之下。离港层通过高架路可直接抵达。机场与市中心之间还有铁路联系，铁路车站就位于交通楼的下方，并有一条捷径直通机场。

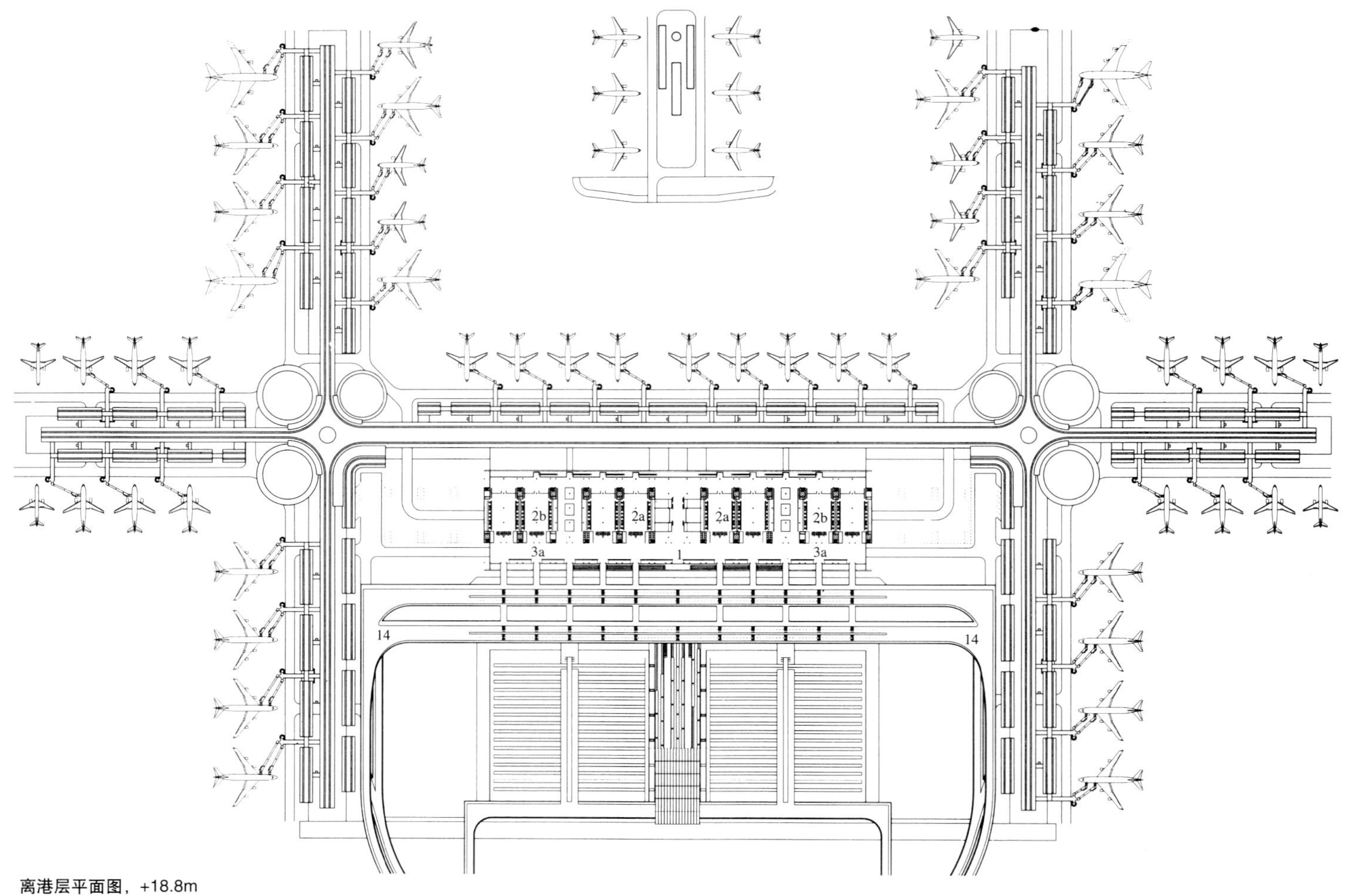

离港层平面图，+18.8m

Plan of the departures level，+18.8m

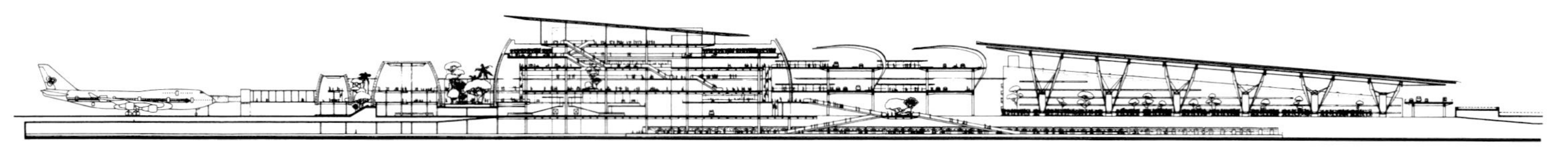

穿过车站的横剖面

Transverse section through the station

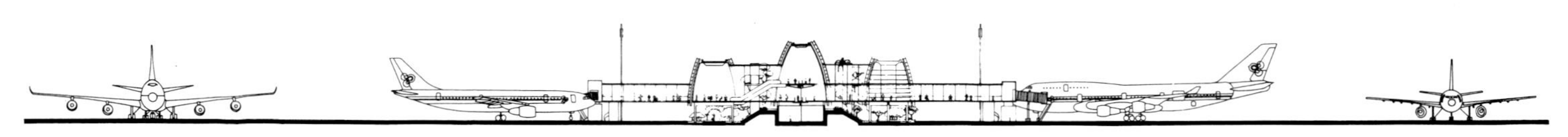

横剖面图

Transverse section

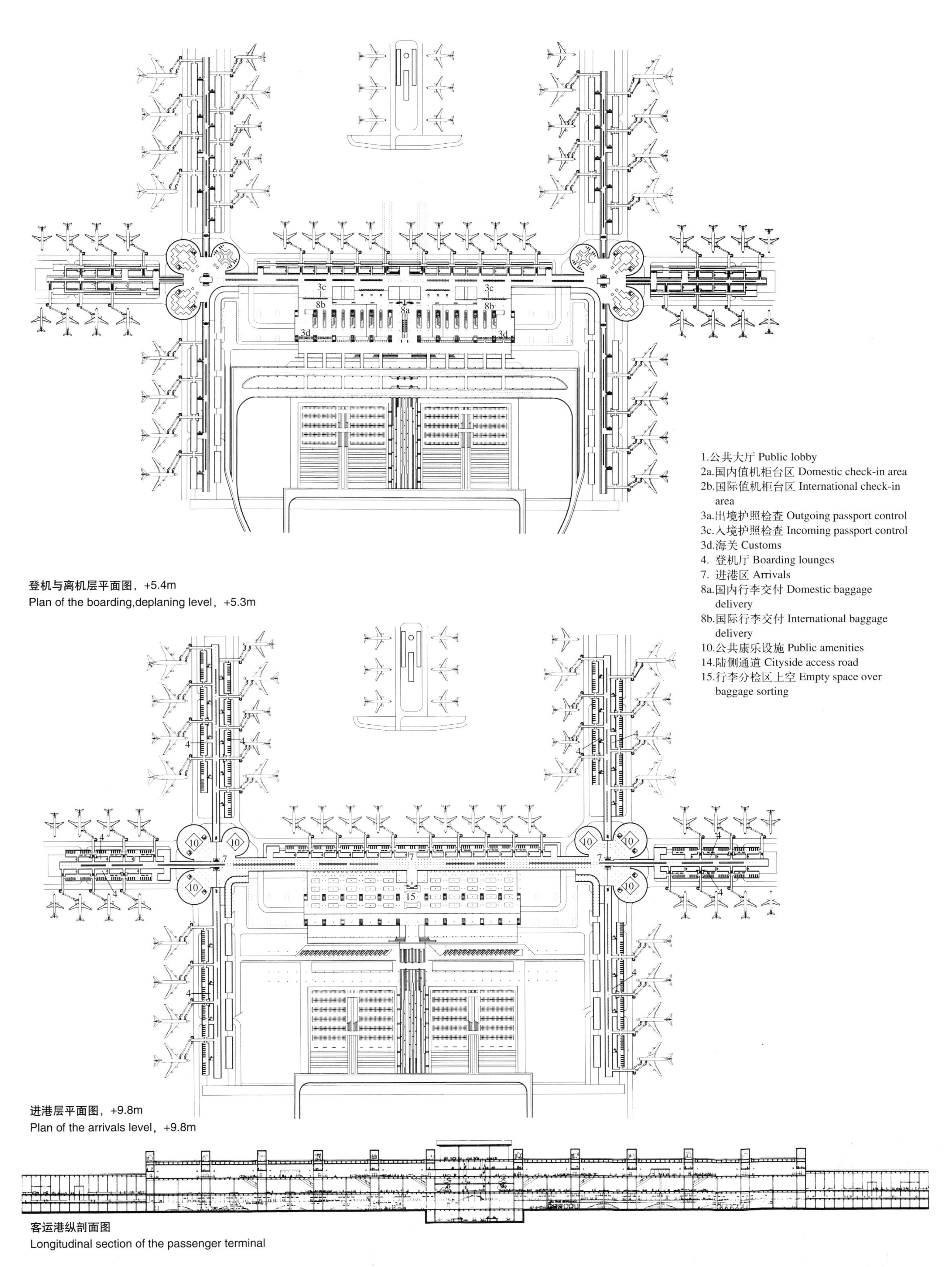

登机与离机层平面图，+5.4m
Plan of the boarding,deplaning level，+5.3m

进港层平面图，+9.8m
Plan of the arrivals level，+9.8m

客运港纵剖面图
Longitudinal section of the passenger terminal

圣但尼大体育场 Grand Stadium, Saint Denis

城市片断
An Urban Fragment

如果单从规模来说，体育场实际上是一种经常与周边景观发生冲突的城市设施。城市体育场面临的主要问题是空间尺度的大幅变化以及使用时间和频率的冲突。一方面，它们是使城市能够被识别的地标（landmark），另一方面，对其他使用空间来说，体育场的庞大又使其成为噪音和交通堵塞之源。

由于圣但尼是一个海滨城市，不得不抵抗潮汐与风暴的侵扰，因此必须找到一种能适应严苛的地理条件并能解决上述大部分问题的办法。城市是兼容并蓄的。因此无法根据某个组成要素——在这里指体育场——的重要性或建设目标的必要性，便将其与城市的其他部分隔离开来。恰恰相反，体育场不得不充当城市整体景观的一个重要组成部分，并放弃代表城市功能的期望（通常是奢望），以便能真正地履行自身的职能而不致一败涂地。这也正是安德鲁努力要达成的目标。

从外面看来，这一方案与其说是一座体育场，还不如说是城市的一个片断。在这个片断中，包含着一座最好的体育场：场内有白云浮动，还可以为不同用途提供相应的空间。从象征意义上来说，它是一片“墙”，而不是一方“顶”。沿着这面墙，体育场邂逅了城市，两者的目光穿“墙”而过，从此便彼此坦诚相对。“墙”是城市与体育场理想的接触点。它是一种隔离，也是一种保护，但不是限制和束缚。

实际设计方案除了基于严格的规范之外，还基于虽不相同但相互兼容的两大功能：削弱观察者的孤立与隔离感，以及减少对周边的日常事件的影响。

综合体试图用一种全新的方式对城市开放各种设施：体育场的上层入口被放置在主要构造体之外，通过高架的步行道与看台连到一起。立面起到了“声闸”的作用，可以使城市不致受到噪声污染。不过，幸而有了这扇开向城市的窗，在体育场内部仍然可以感受到城市的存在，从而避免了与外界的完全隔离。

最终，城市生活便在这种尊重、开放与保护的结合而不是逃避或对抗中得到了体现。

夜景透视
Nighttime view

总平面图
Master plan

日景透视
自室外看来，该项目与其说是一座体育场，还不如说是城市的一个片断；在这个片断中，包含着一座最好的体育场
Daytime view
From the outside, the project is a fragment of the city rather than a stadium; within this city fragment, it is the best stadium that could exist

技术特点与功能设施

Technical Features and Facilities

体育场拥有名副其实的城市立面，面对着开阔的广场，广场可以被看成是城市交通干线的延伸。玻璃立面可以吸收来自内部的噪声，并整合了各种城市功能：餐馆、精品店、电影院（10个剧场）和会议中心（12个会议厅）。

屋顶是由一圈圈悬吊着的连续的圆环组成的张拉结构，圆环的尺度不断增大，直至延伸到最外围受压的混凝土环。建筑通过屋顶封闭起来，并得到屋顶的保护。斜屋顶坡向体育场的内部，以便实现以下功能：

——使运动场地上有良好的日照和通风；

——在恶劣的天气下可以提供舒适与保护；

——通过高度的降低获得无拘无束的气氛；

——使体育场具备改变规模的可能性，以便适应多种用途（世界杯8万座，田径比赛6万座，足球赛、橄榄球赛和文艺表演3.5万座）的需求。

总之，特殊的技术措施，如屋顶的内倾构造，为使用者提供了最大程度的舒适，并可以在恶劣天气下提供最好的保护。综合体的容纳能力还可以通过提高表演场地的水平高度来进行调节。

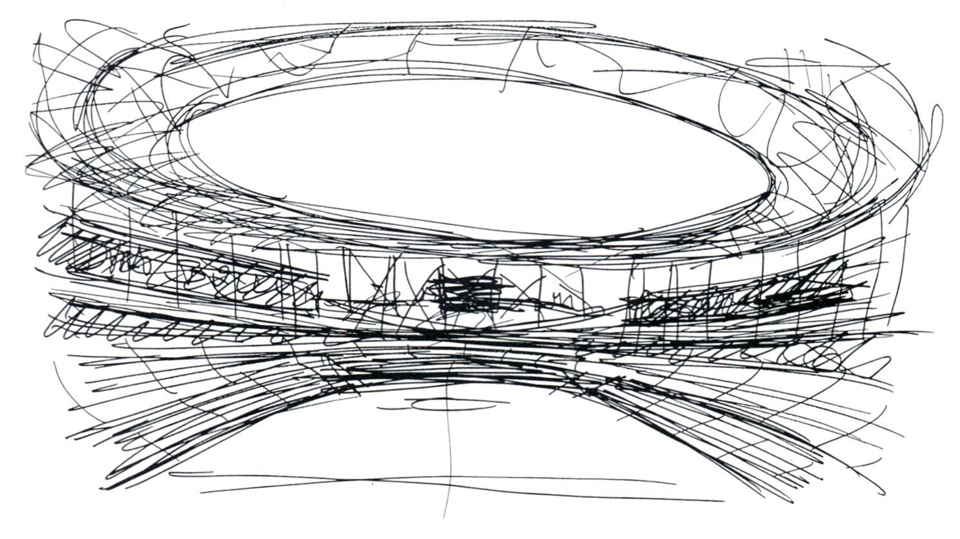

圆形屋顶。保罗·安德鲁手绘草图
A circular roof. Drawing by Paul Andreu

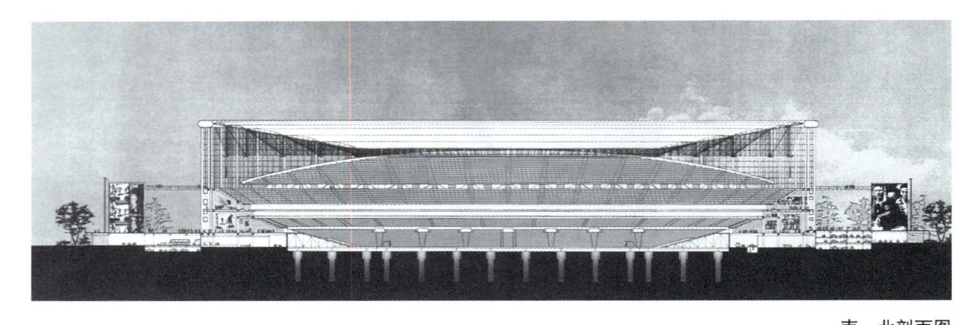

南、北剖面图
North-south section

东、西剖面图
East-west section

足球及橄榄球模式时的透视图
Perspective view of the stadium in its football and rugby layout

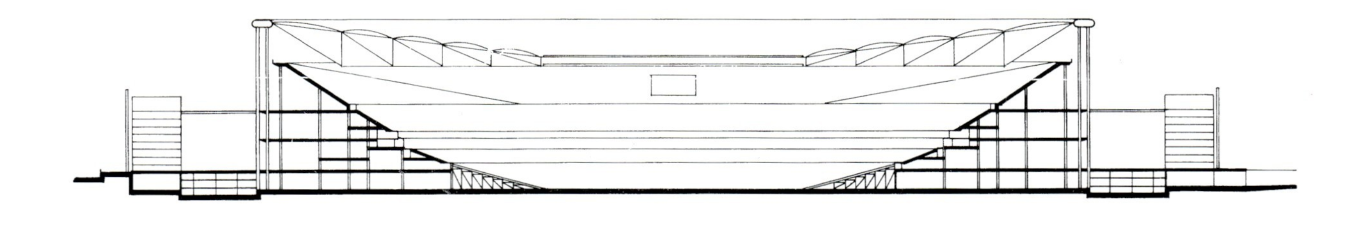

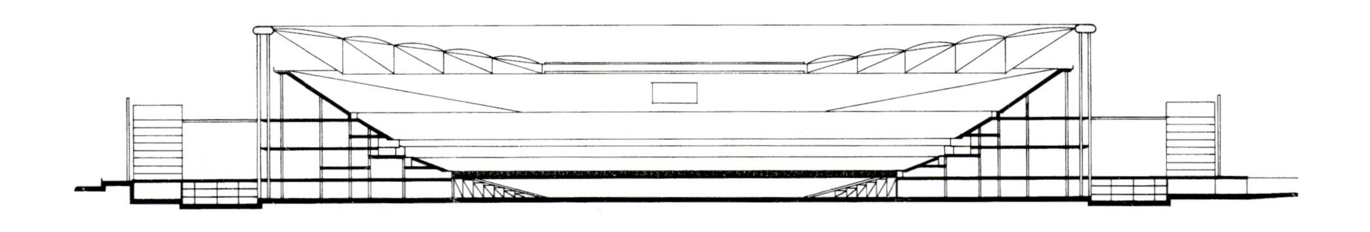

体育场几种不同的布局模式：

Diagrams of the different stadium layouts:

上图——基本模式（78400 人）Top-the basic layout (78,400 PL.)

中图——运动场模式 (62000 人) Centre-the athletics layout (62,000 PL.)

下图——足球及橄榄球模式（35000 人） Below-the layout for football and rugby (35,000 PL.)

基本模式时的透视图

Perspective view of the stadium in its basic layout

上越多功能体育场 Multi-purpose Stadium, Joyetsu

城市公园

Urban Park

安德鲁认为创造出一条真正的城市文脉（urban context）是很有必要的，因此设计了这样一个可举行体育或演出活动的多功能设施，并且还可发展出其他一些可供选择的用途，如作为娱乐空间甚至是餐馆等等。

该建筑首先应该是一个强有力的标志，坐落在一片开阔的空间中，将整座城市划分为两部分。金字塔的形式——一个巨大的、自由的、多价（polyvalent）的空间——主要取决于功能和气候方面的考虑，但同时也表达出清晰的政治含义——通过重要的城市功能和活动来吸引市民，并将城市的两个部分结合到一起。

除舒适宜人外，运动休闲中心还必须与樱桃树环绕着的老体育中心相匹配，以相同的姿态来呼应自然；此外，作为市民们游憩与欢庆的场所，为不同年龄、不同性格的人在一天之中的不同时段提供服务也是非常重要的。

这也就是为什么项目的第二要素是一座公园、或者不如说是一座小型森林的原因。

在这座森林里，高大的乔木规律地种植在10m × 10m的网格上，形成了规则的几何平面。室外运动场就像是林间的一块块空地，被穿越森林的道路和小径自然地裁剪出来。建筑物淹没在森林中。在近处只能看到金字塔的基础，从较远的地方才能看到其全貌——就像是从树木中生长出来的一样。

此外，安德鲁还希望在环绕着金字塔的森林中再整合入其他一些几何形式，如圆锥、球体或立方体等等；不但可以为附属活动提供遮蔽所，同时还可以形成一座混合着抽象与自然两类形式的城市公园。

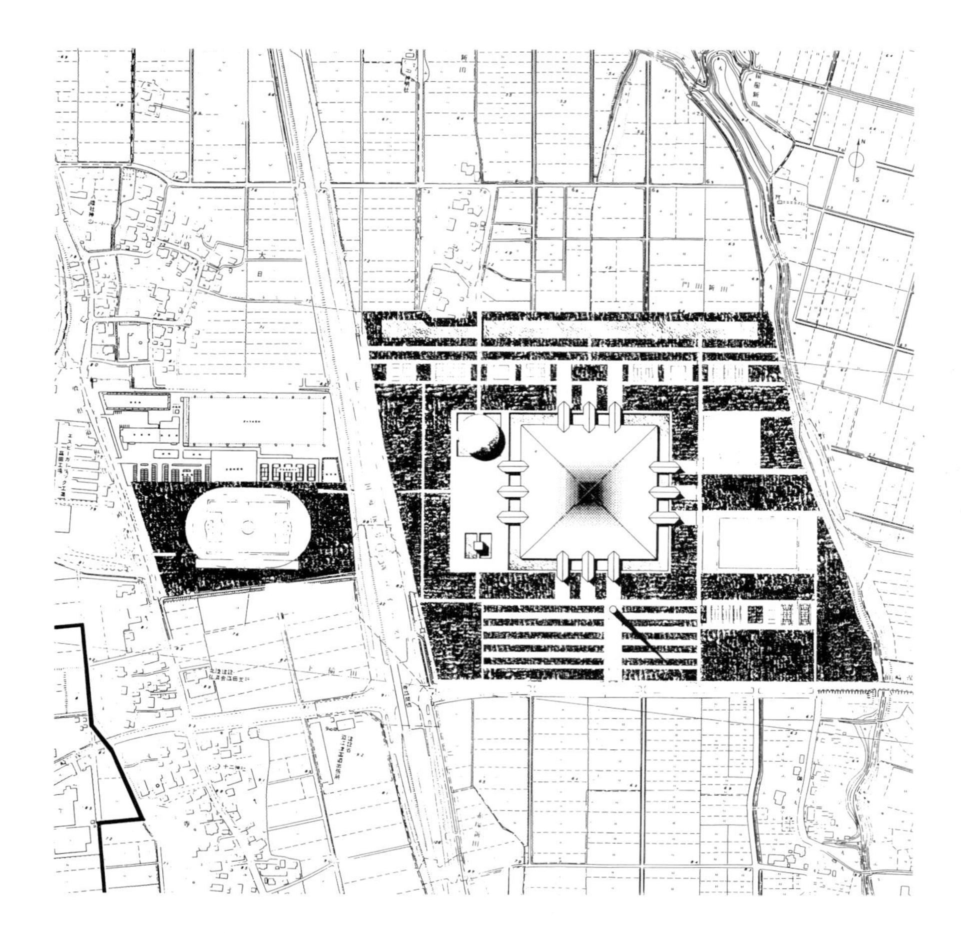

总平面图

Master plan

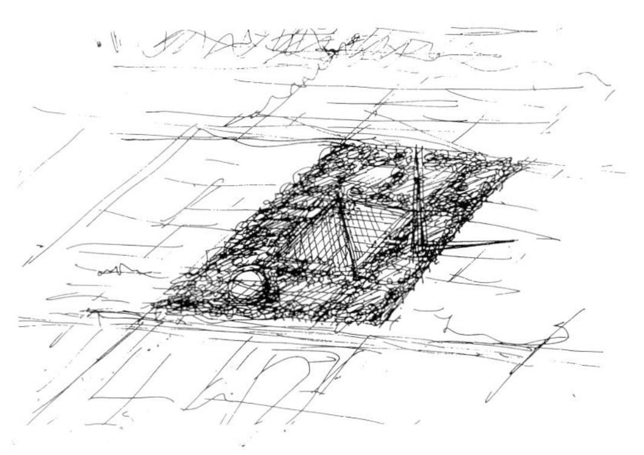

南立面图

South elevation

西立面图

West elevation

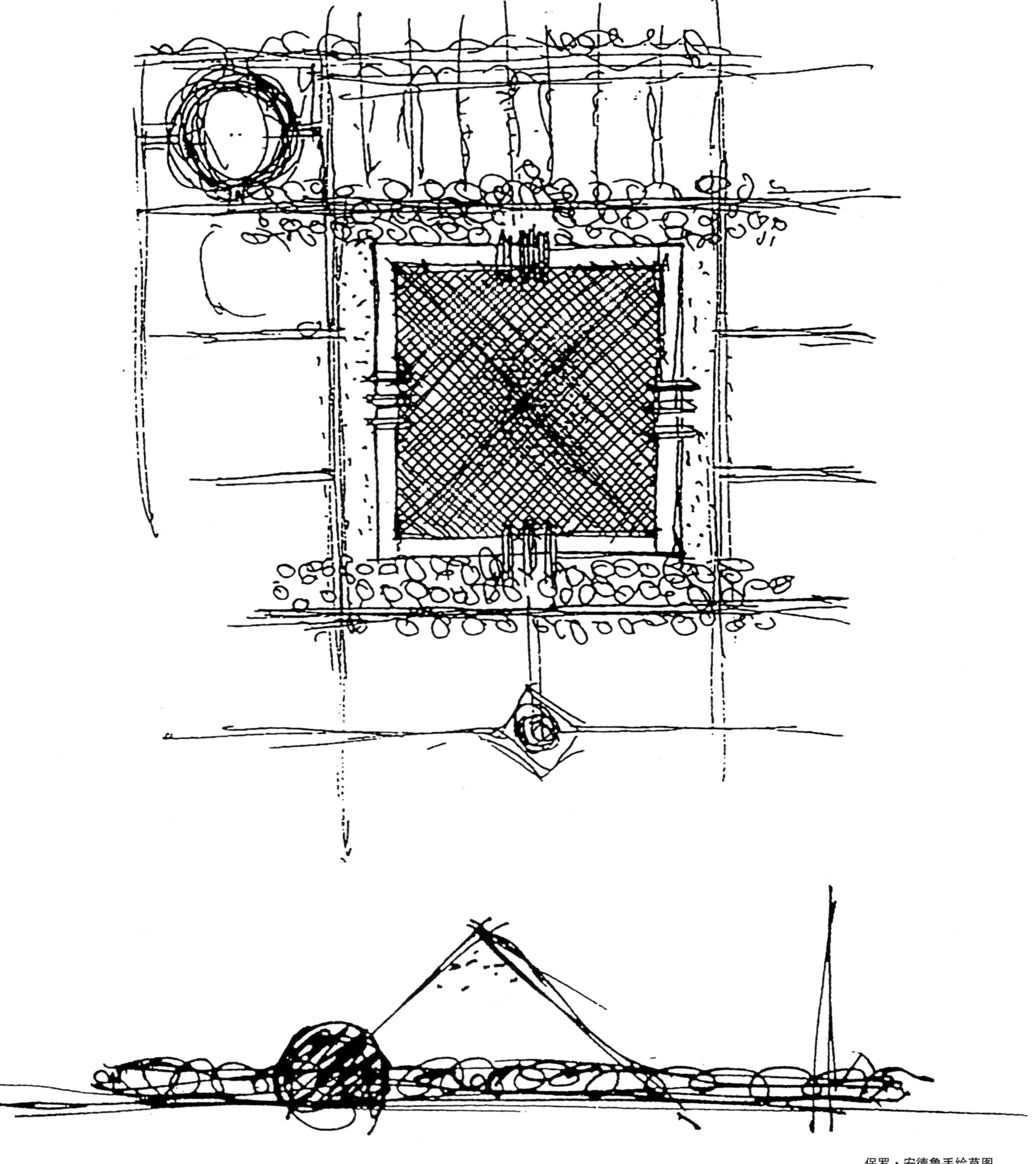

保罗・安德鲁手绘草图
Drawings by Paul Andreu

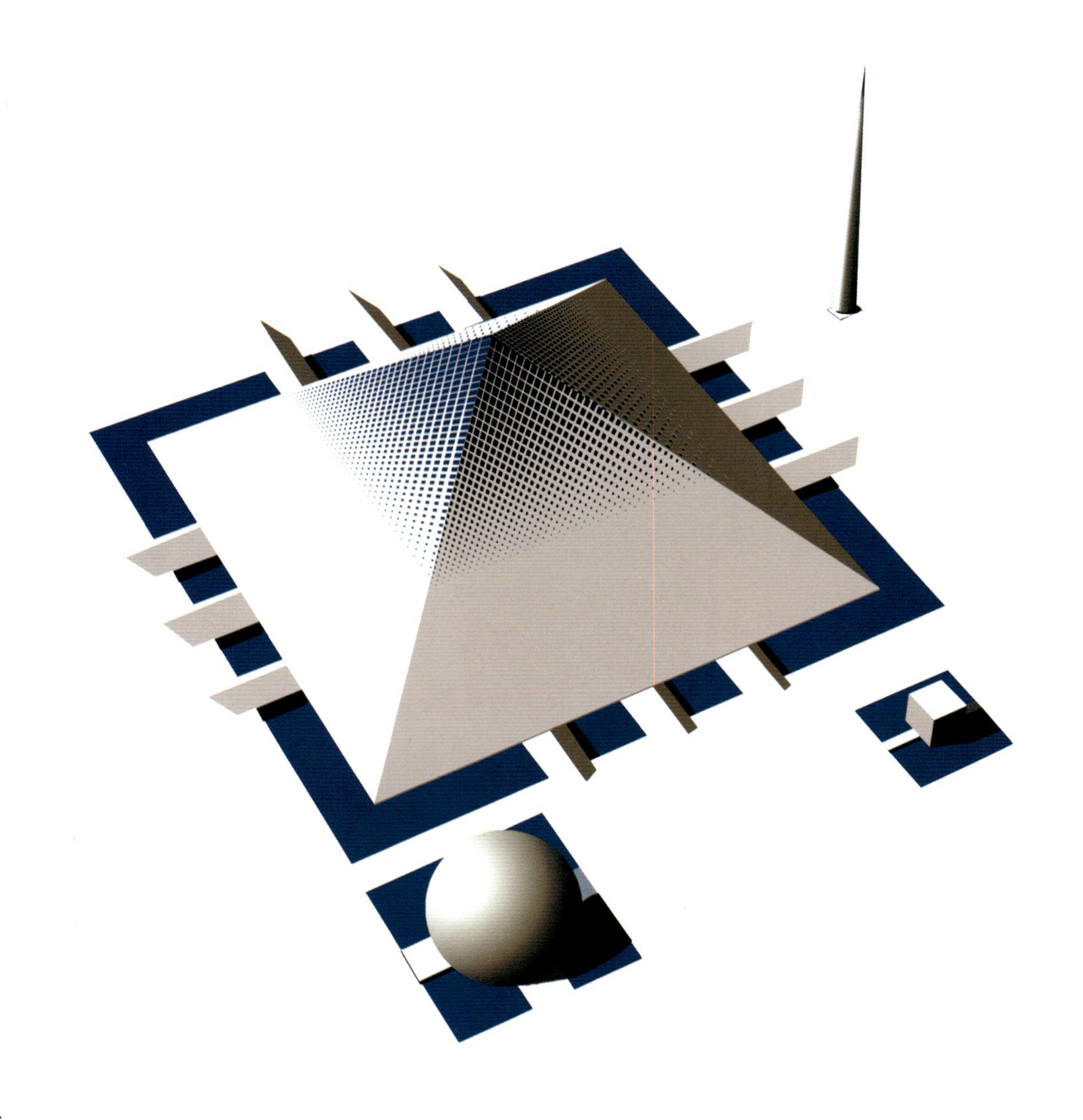

鸟瞰图
Aerial views

多功能场地与看台

Multi Functional Ground and Grandstands

综合体内部的场地是一片巨大的、有很强适应性的自由表面，可以在一天之内进行多种变化并服务于不同的用途。

场地表面的草皮是可伸缩的，主看台也是可移动的。可移动草皮的下面是合成材料敷设的永久性跑道，此外还有树脂漆涂刷出的网球、篮球、手球等场地的边线。作为音乐厅使用时，这些边界线将会被足够厚的保护面层所覆盖。

可移动看台分为两种类型，第一类每组 801 座、共 10 组，第二类每组 264 座、共 6 组，均以轻质钢架为支撑，总座位数为9594座。看台采用的移动技术都是非常可靠的，如气垫或滚轮装置等等。

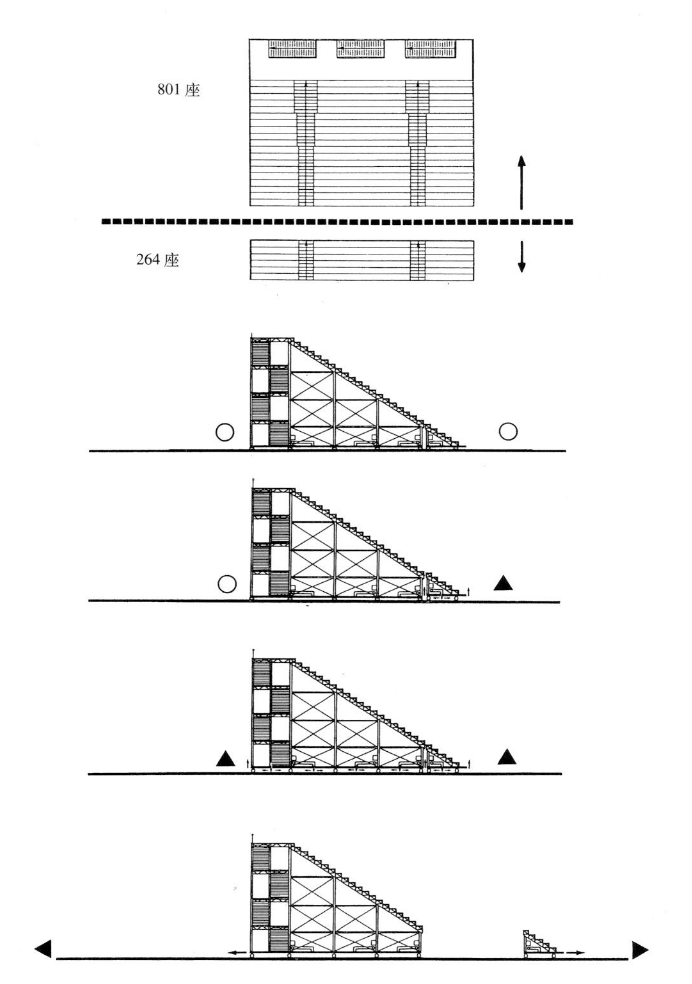

两种类型的可移动看台单元

Two types of moveable grandstand units

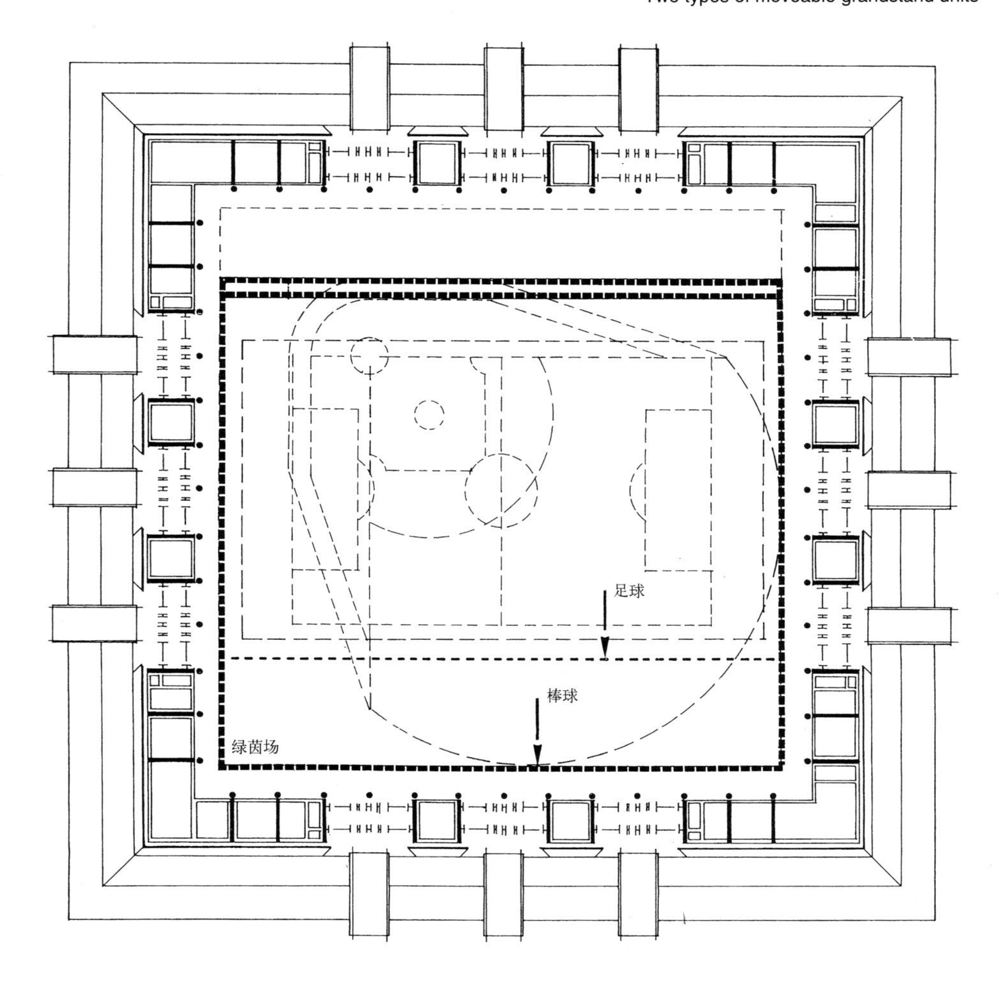

平面图

场地表面是可移动的人造草皮，可根据不同运动类型调整绿茵场的面积

Plan

The surface is in removable synthetic grass colored green. Different sporting configurations can be permitted with different areas covered

自动人工草皮敷设及收纳系统

Automatic Synthetic Turf Laying and Storage System

场地表面采用了可移动的阿斯特罗（Astroturf）人工绿色草皮系统。该系统通过浮在基层表面上的低压气垫，使草皮的敷设和收纳得以高速度地完成，使综合体可以从体育场迅速转变为棒球、足球或其他类型的人工草皮运动场。

完整的阿斯特罗草皮包括一层弹性压缩泡沫材料，拼接起来后可覆盖住整个场地。草皮本身藏在地下的滚轴槽内，滚轴槽沿着场地的长向分布。永久置于地面以下的充气管和喷嘴可提供大量低压气体。同样藏在地下的水压绞盘沿场地周边布置，并与收纳滚轴（storage rollers）的位置相对应。

敷设草皮时须辅以拉索，拉索自绞盘处伸出，横过场地后与一根固定在草皮边缘的边条（bar）相连。草皮沿着拉索展开，直到覆盖足够多的喷嘴、达到支撑气垫的启动值。随后，气泵会被激活，开始充气并抬高草皮，使其能够更容易地被拉到所需位置。草皮就位后，气泵便会停止，拉索随即松开，气垫里的气体也顺势逸出。

不需要草场的时候，拉索将再次收紧，气泵也重新被激活，滚轴将草皮拉回收纳位置。拉索的作用在于确保草皮能被准确地卷在滚轴上。

草皮移动的速度为每分钟 7m。只需三到四个人便可以在一个小时内使草皮就位，而收纳过程仅需 30 分钟。

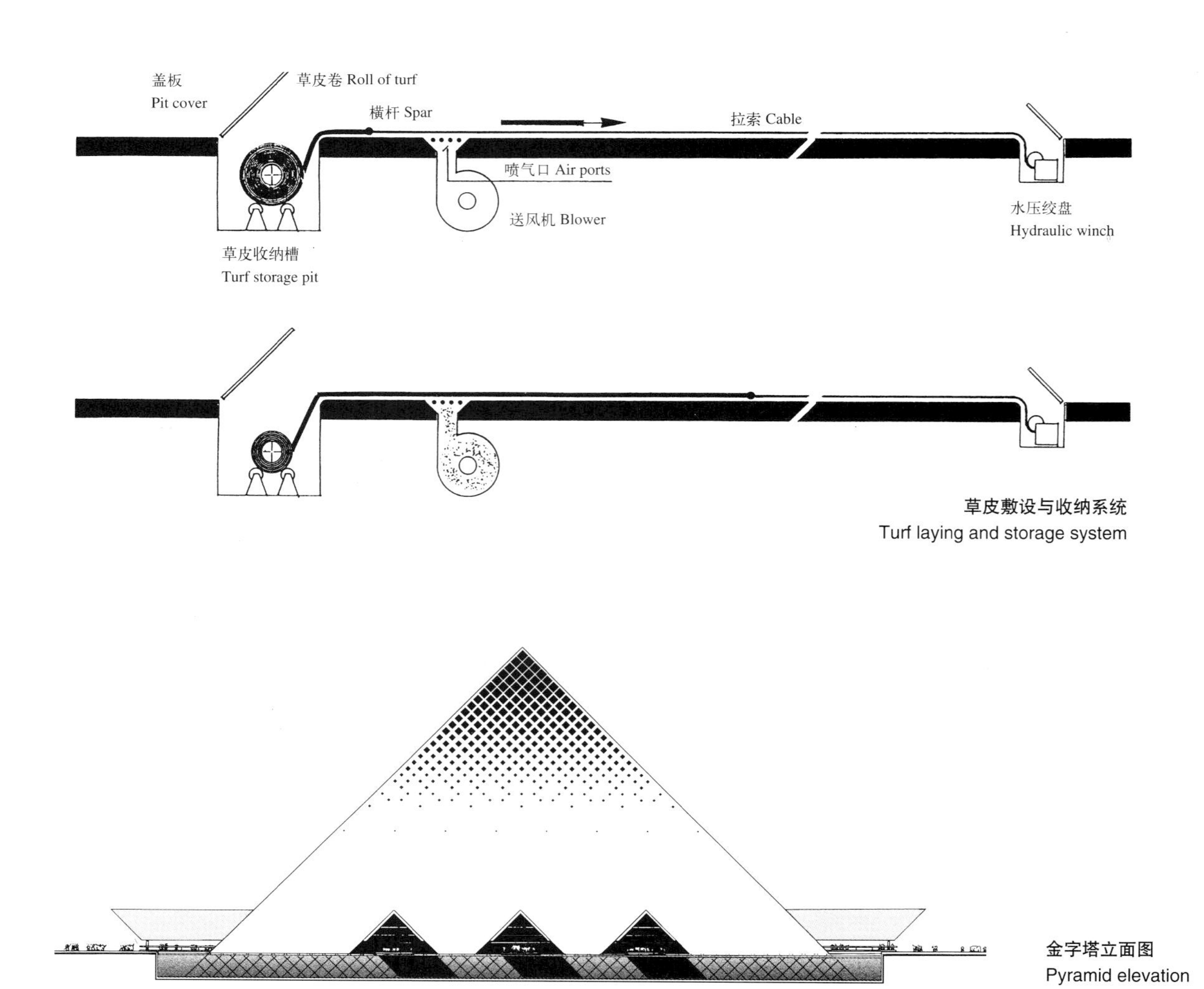

草皮敷设与收纳系统
Turf laying and storage system

金字塔立面图
Pyramid elevation

金字塔

A Pyramid

金字塔的外立面被设想为光滑的连续表面，仅在很小的尺度上被面板之间的菱形节点打断。塔身的面板（cladding panels）系统同时也用于养护机械及玻璃天窗的定位。玻璃天窗的尺寸在金字塔顶部最大，越向下变得越小。在白天，阳光通过顶部的玻璃窗射入室内，产生了不同的照明效果，从幽暗低矮的四边直到灿烂辉煌的顶部；到了夜间，人工光源提供的内部照明将打亮整个结构框架，从室外还可以清楚地看到透明玻璃上的各种图案。

金字塔的主体结构是由三角形组成的三维空间网架。每一组分都由同样的几何形构成，以优化建造过程并使面板的尺寸标准化。

金字塔的基础在某一水平位置被切去了顶端以与技术平台（technical platform）等高。技术平台的楼板支撑着金字塔的各边，同时还可以阻断结构的水平变形。在这一基础上，整个金字塔由一系列间隔11.56m的支柱支撑起来。支柱有少许弹性，允许一定程度的热胀冷缩并可在地震力的作用下产生谐变。

金字塔的顶部为轻型结构，被设想为一个完全独立的、较小的金字塔，置于一个切去顶部的巨大基础之上。

外包系统由隐框玻璃面板（glass infill panels）及其覆盖下的薄金属板所构成，还包括立面清洁系统的支撑轨道。面板本身可使用蜂巢式强化网（honeycomb stiffen-ing mesh），或是注入泡沫树脂加以强化，后者不但可以防止围护体系结露，还可以作为吸声材料。

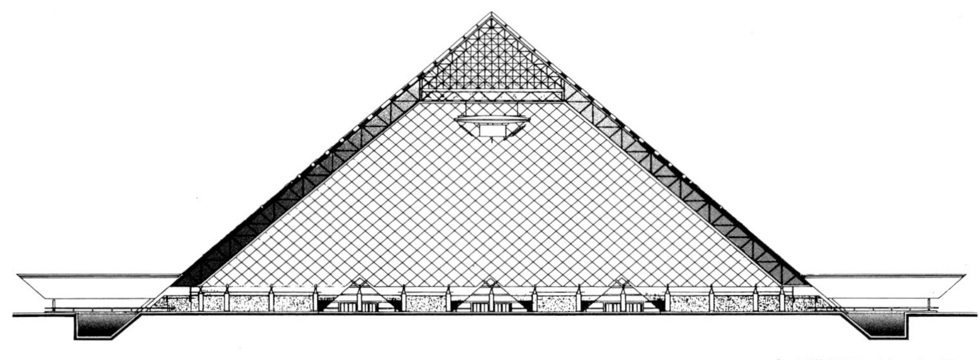

金字塔剖面（白天）图
Pyramid section (in the daytime)

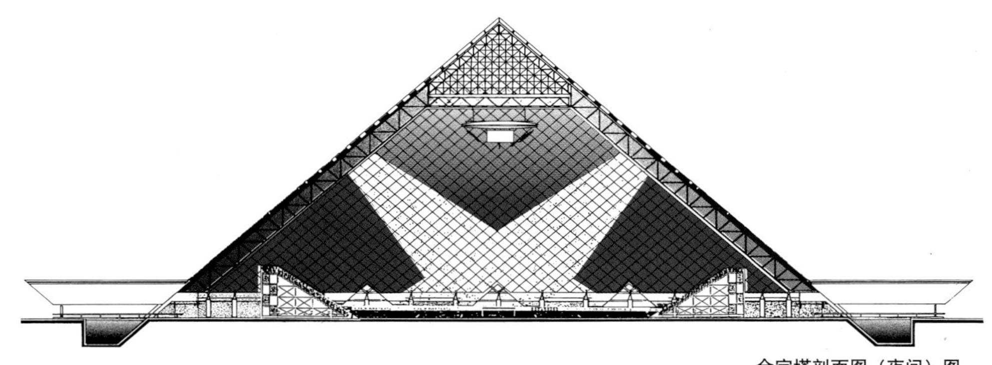

金字塔剖面图（夜间）图
Pyramid section (at night)

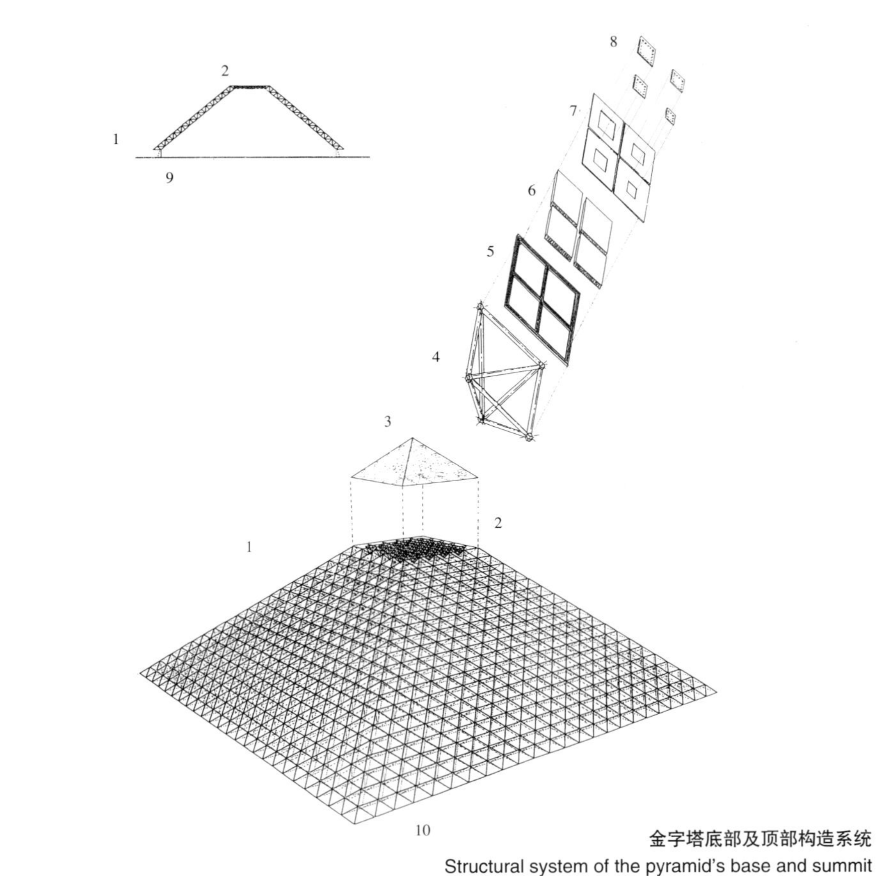

金字塔底部及顶部构造系统
Structural system of the pyramid's base and summit

1. 截棱锥（切去顶部的金字塔）主体空间框架结构 Main truncated pyramid space frame structure
2. 技术平台结构 Technical platform structure
3. 小金字塔轻质结构Small light weight pyramid structure
4. 钢结构空间网架 Space frame lattice steel structure
5. 面板装配型材及维护系统导轨 Profiled for fixing cladding panels and for fixing maintenance guidance systems
6. 隔声及绝热面板Phonic and thermal insulation panels
7. 蜂窝式或楼式聚四氯乙烯不粘膜强化面板Honeycomb or rib stiffened cladding panels with PTFE non stick film
8. 硅酮结构胶玻璃面板 Structural silicone glazing panels
9. 剖面 Section
10. 轴测 Axonometric

上海浦东国际机场 Shanghai-Pudong International Airport

鲜明而多变的性格

A Strong Distinctive but Changing Character

自然（nature）正日益被认为是城市生活中不可或缺的部分。因此，上海机场的总体规划将功能品质与自然因素结合到了一起——后者在这里表现为大面积的水景以及大量的树木与植被。总体规划不但将自然和技术放到了最重要的位置，而且还通过终端开放的方式提供了未来发展的可能性。除去墨守陈规一成不变，或将各种元素胡乱堆砌的做法之外，无疑还存在着其他解决问题的途径。而一个精密、清晰的发展平面，就像一个活跃的生命体一样，具有对各种变化的内在适应性。

上海空港的总体规划创造了一个性格鲜明而又多彩多姿的场所。由公路、人行道、飞机跑道与滑行道共同组成的路网四通八达。不论在哪条路上行进，出现在观者眼前的总是建筑物的成角透视而不是平行透视。建筑的万千仪态，随着透视角度的不断变化得到了充分展现。

各个立面的地位是平等的。体量与顶部结构的动态变化使内部空间流动起来，并引导着乘客在综合体中穿行。

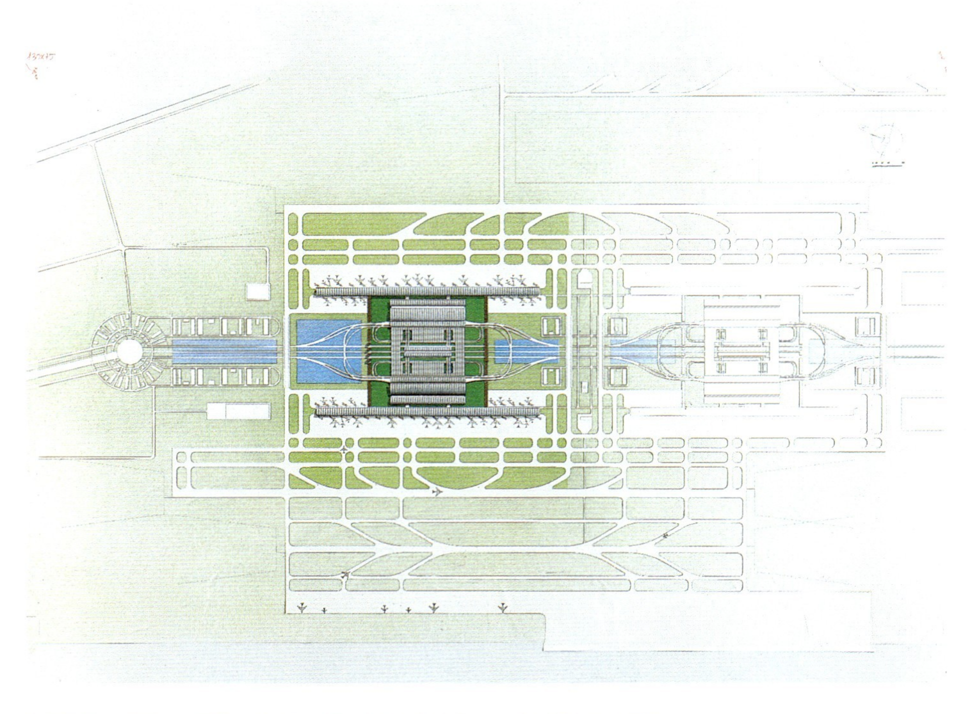

总平面图中展现出大面积的绿化和水面，机场的布局围绕内侧的两个广场展开

The master plan showing the large stretches of trees and water that structure the airport within and around two squares

建筑物会随着透视角度的变化而呈现出万千仪态。鸟瞰图

The buildings are never approached straight on, but rather at an angle in a multiple, shifting perspective. Aerial view

绿化广场

Squares of Trees and Water

最初的设计是一个有树阴遮蔽的大型广场，以便组织交通和确定建筑物的位置。后来又增加了一个面积很大的水池以及一条作为机场入口标志的水渠。水在这个滨海地段具有特殊的意义，不仅因为自身固有的生动，还因为风与阳光也为其增添了灵性。

飞机围绕着这一中心空间起落。两条滑行道与飞机跑道平行，另两条则与跑道垂直，由此形成了一片开阔的广场以及若干个简洁、高效的停机坪。

汽车和火车都在广场的内部穿行：首先在成行的树木间掠过长渠，然后驶上倒映在水中的高架桥，深入到水池的中心，抵达前两个航站楼后，再穿越连通着各个航站楼的绿化广场。整个交通流线一目了然——其重要程度不亚于循环系统对生命体的重要性。

火车站和所有的航站楼都位于绿化广场的内部。这些建筑物与地面和空中的交通网编织在了一起：彼此之间有走廊相通，并借助走廊与停车场、公交车站、出租车站、写字楼和中心宾馆建立了联系。建筑物本身十分简洁明朗。旅客们几乎不需要换层，而且始终都可以直接看到树木、飞机等室外景观。

位于绿化广场边缘的第二组建筑（管理与工程部门，跑道部与仓库，宾馆与会议中心）不仅意味着总体效果的最后完成，而且还是一个象征性的入口。

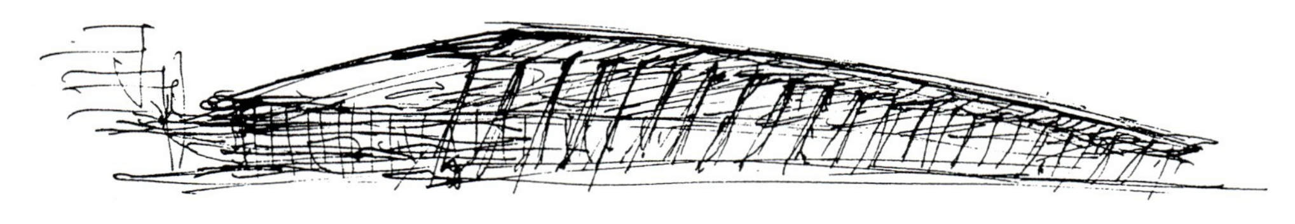

保罗・安德鲁手绘草图，1996 年 1 月 16 日
Drawing by Paul Andreu，January 16，1996

屋顶是简单、经济和节制的。向四周伸展的方式容易使人想到花儿的绽开、鸟儿的振翅，或是风儿在水面吹起的涟漪
The roofs are simple and economic,enormous yet discreet. They have a movement to them that calls to mind images of the petals of a flower or the wings of a bird opening, or yet again the widening ripples formed by the breeze in the water

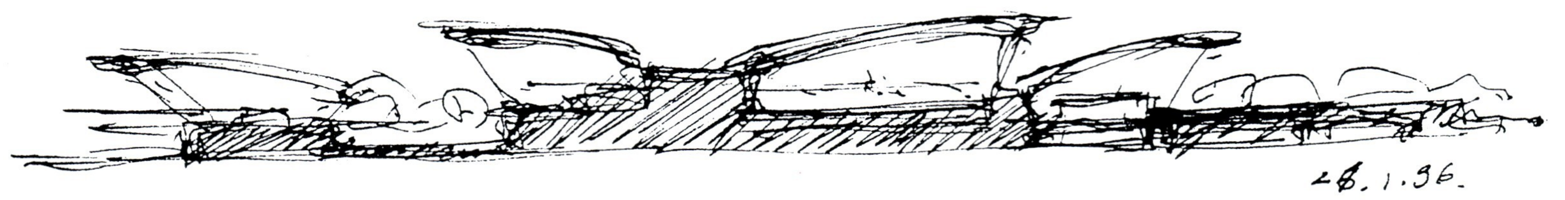

建筑外轮廓。保罗・安德鲁手绘草图，1996 年 1 月 26 日
Profile of the buildings. Drawing by Paul Andreu, January 26, 1996

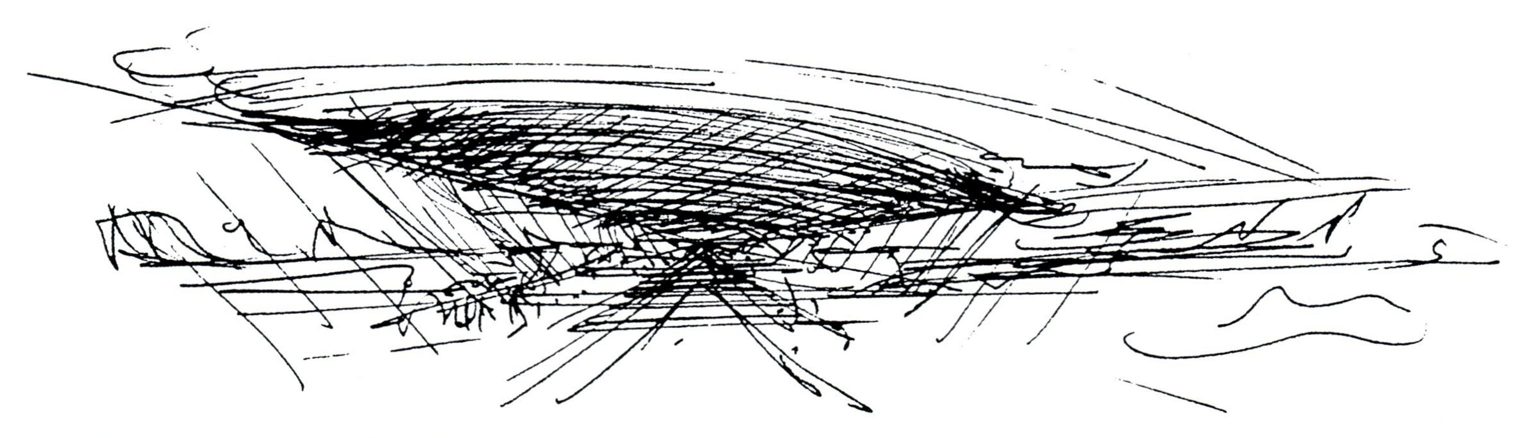

大跨曲面屋顶。保罗・安德鲁手绘草图，1996 年 1 月 27 日
The sweeping curve of a roof. Drawing by Paul Andreu, January 27, 1996

一期工程的主交通楼呈线形展开，吞吐量达 2000 万人次，并通过玻璃连廊与 1500m 长的登机楼联系起来
With a capacity of 20 million in the first phase, the main traffic building is a linear construction linked by glass-covered passageways to a 1,500-meter-long boarding pier

时间确立的空间序列

A Simple Space Structured by a Temporal Sequence

空港内部所有的公共空间都非常重要。空间的秩序(order)并不是空间本身的等级（hierarchy）赋予的，而是由事件发生的时间序列（temporal succesion）决定的。时间巩固了空港综合体的组织基础。

旅客通常不会在空港内四处游荡，其移动路线是在特定的秩序下，通过一系列的步骤组织起来的。因此空港内部的空间必须始终保持清晰、明显的取向，并要像游戏或电影那样分成章节。空间要简单实用、明白易懂，并要尽可能减少楼面的高差变化——对机场的功能来说，这两点非常重要。

抛开其规模不论，浦东空港的确非常之简单。主要楼层只有两个：一个离港，一个进港。这两个楼层被依次分为四个区，每个区都有各自独立的屋顶。

离港或进港的乘客分别在相应层的四个区中进行各种活动。每个区都对应着一个步骤、一项功能或一处服务设施，分别是：陆侧通道区；值机柜台及行李交付区；康乐、购物及安检区；空侧通道及出口区。

在每个区中，结构与设备的形式、屋顶与照明的设计都意图给乘客以方向感，使其能够在建筑物中顺利通行。

一条高架公路直接通向上部的离港层。该层中包括值机柜台区、安检处以及登机厅。上、下飞机实际上是在夹层中进行的，夹层与停车场和火车站都有直接联系。进港乘客在验过护照后可以下到跑道层取行李。每个楼层都被横向切分成两个相似的部分，分别为国内和国际交通提供服务。

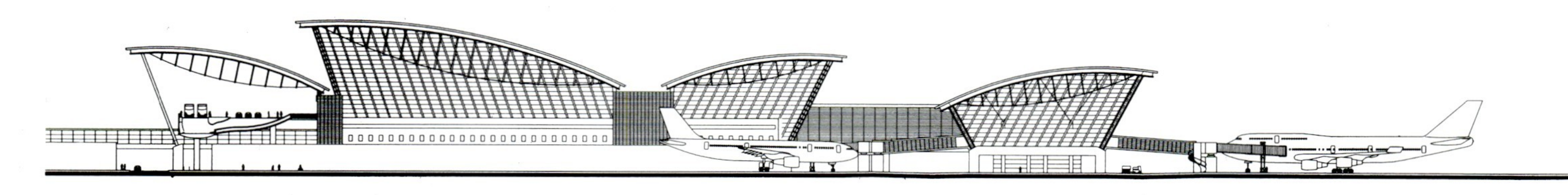

北立面图
North facade

金属屋架被施以了预应力，没有使用任何斜向支撑。所有的竖向支杆都指向并消失在一个个穿透深蓝色顶棚的光洞之中
The metal roof structure is prestressed, with no diagonal bars. All of the vertical bars vanish into the bright holes pierced in the deep blue ceiling

平缓的翼形屋顶

Roofs Gently Curving like the Wings of a Bird

建筑物由两个相辅相成的元素组成：轻盈的钢制屋顶和厚重的混凝土基础，后者容纳了所有为行李、空调及电力等系统服务的工程设施和电子设备。这种构筑模式并不出奇。石材基础传统上就曾与轻质屋架配合使用，并分别象征着与天、地的呼应。现代建筑技术有能力建造更为轻盈的屋顶，可以更强烈地表达这种象征。

抛开其规模不论，上海空港的屋顶其实也是非常简单、经济和有节制的。屋顶向四周伸展开来的方式容易使人联想到花儿的绽开、鸟儿的振翅，或是风儿在水面吹起的涟漪。

四个区的屋顶有着不同的弯曲方向。其中两个较高的指向绿地的开口；另两个则指向飞机和苍穹。

屋顶上随处可见巨大的开口，使乘客能够看到天空。立面的上半部是倾斜的，既为增加自身的亮度，也是为了能够控制太阳光的入射量。

上海的项目继续着安德鲁早期对结构与光之间的关系的追求。预张拉的金属屋架没有使用任何斜撑。所有的管状竖向支杆都指向一个个穿透深蓝色顶棚的光洞，并一一“消失”在这些孔洞周围的光晕之中。这些支杆将阳光漫射到公共区的中央，同时也增加了垂直方向上的空间情趣。到了夜间，当它们被点亮的时候，看上去就像是划过天空的一阵流星雨。

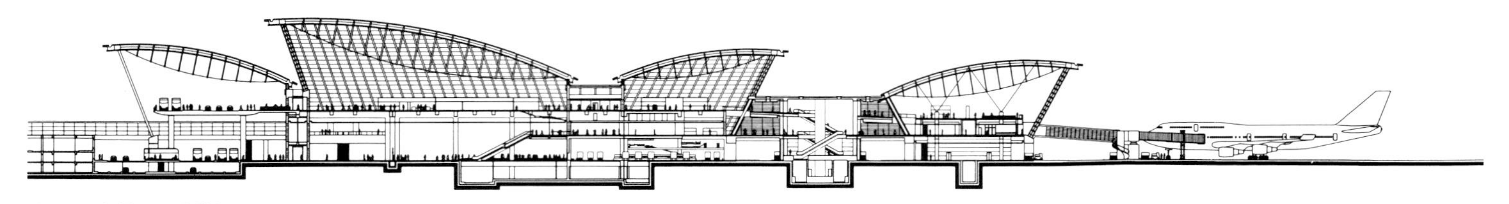

联系大厅与捷运系统横剖面图

Transverse section of a connecting concourse and the people mover system

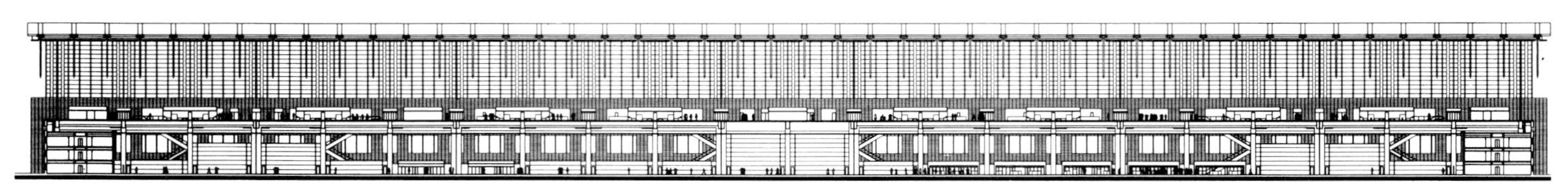

行李分检区纵剖面图

Longitudinal section of the baggage sorting area

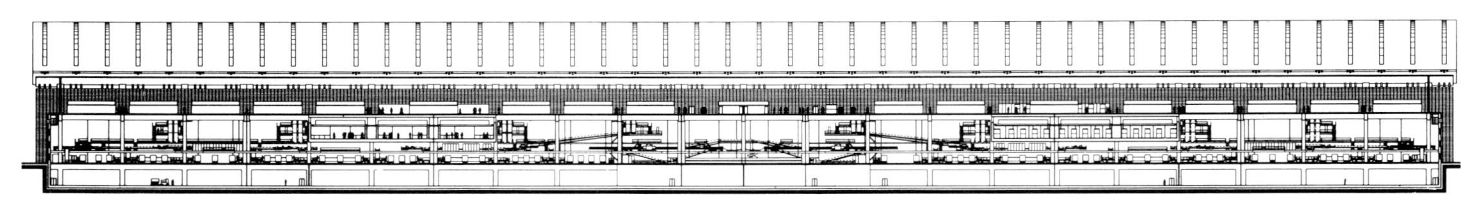

离港及进港厅纵剖面，可见部分为陆侧的玻璃立面图

Longitudinal section of the departures and arrivals halls, with a view of the glass facade on the landside

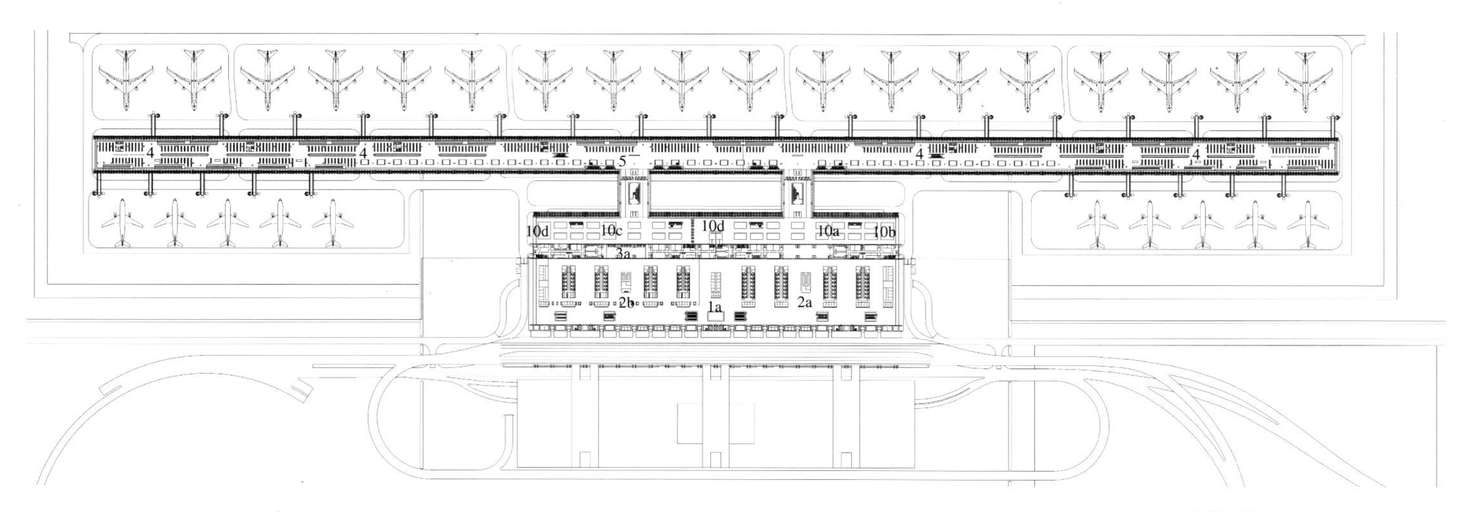

离港层平面图，+12m 及 14.4m
Plan of the departures level, +12m and +14.4m

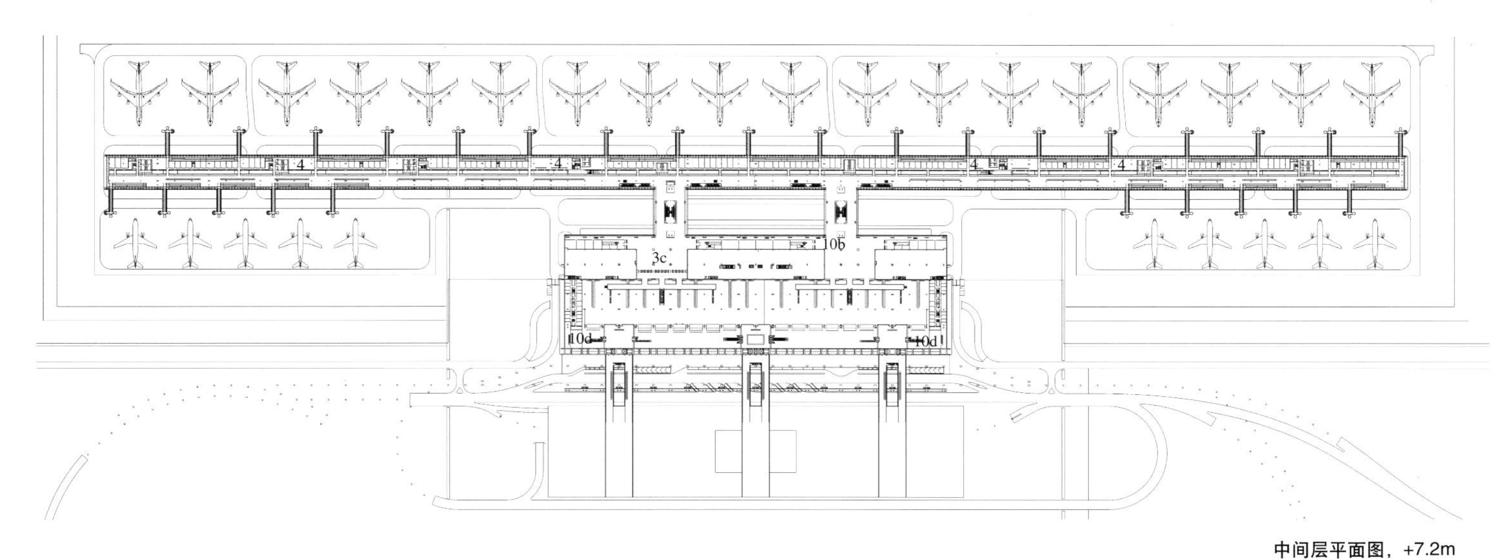

中间层平面图，+7.2m
Plan of the intermediate level, +7.2m

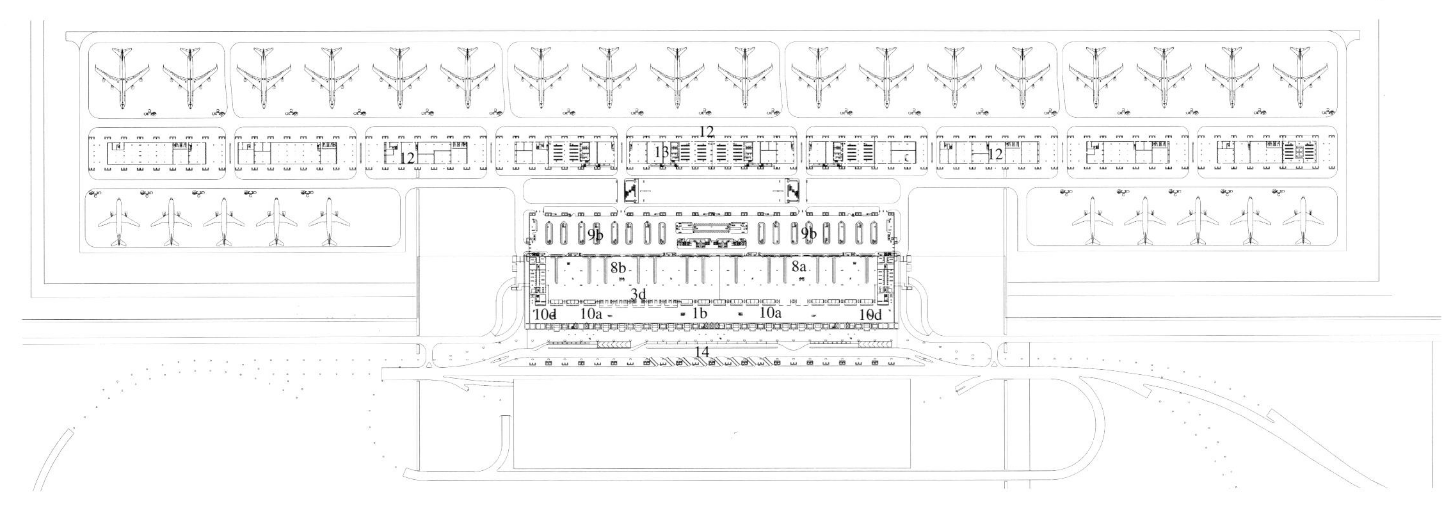

进港层平面图
Plan of the arrivals level

1a. 离港厅 Departures lobby
1b. 进港厅 Arrivals lobby
2a. 国内值机柜台区 Domestic check-in area
2b. 国际离港值机柜台区 Check-in area-International departures
3a. 出境护照检查 Outgoing passport control
3c. 入境护照检查 Incoming passport control
3d. 海关 Customs
4. 登机厅 Boarding lounge
5. 远台飞机捷运系统People movers for remote aircraft
7. 进港 Arrivals
8a. 国内行李交付 Domestic baggage delivery
8b. 国际行李交付 International baggage delivery
9a. 国内行李分检 Domestic baggage sorting
9b. 国际行李分检 International baggage sorting
10a.商店 Shops
10b.资讯 Information
10c. 免税店 Duty-free shops
10d.饮食广场 Food court
11. 行政办公 Administrative offices
12. 技术基础设施 Technical support premises
13. 后勤通道 Service road
14. 陆侧通道 Cityside access road

广州综合体育馆 Guangzhou Gymnasium

都市景观与自然景观的平滑过渡

A Smooth Transition Between the Cityscape and the Countryside

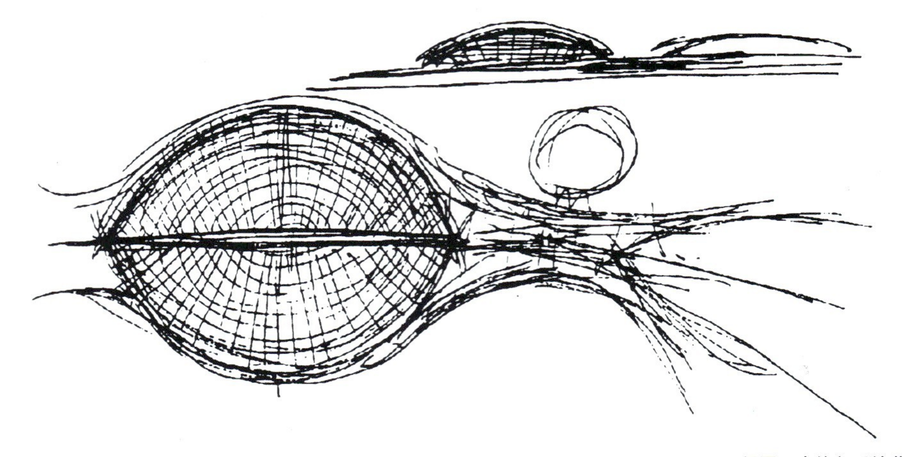

保罗・安德鲁手绘草图
Drawing by Paul Andreu

广州综合体育馆位于白云山机场及自然公园的东北部，是2001年中国第九届全国运动会主要设施之一。整个项目（包括运动员村及公园）是体育公园的组成部分。公园的面积达 $18hm^2$，除绿化之外还布置有各种户外公共活动设施。

由于体育公园的用地很大，白云山又是禁止人工建筑物的风景保护区，因此便形成了与高密度的广州城大相径庭的开放空间（open space）。根据广州市政府提出的要求，维护白云山保护区的自然景观成为方案构思的首要基础。各种设施的设计都意图在都市和乡村景观之间创建一种平滑的过渡，并由此产生了符合人体尺度的低层结构。同时，为了获得体育赛事需要的室内空间，建筑局部沉入了地下。

在这一基础上，安德鲁设计了三个突出地面的屋顶结构，三个小而活泼的、几何形态非常纯净的“小山”，形成了景中之景。三个壳状单元的基本几何形状相同而尺度相异，有机地接合在一起并容纳了全部设施，同时与山体的曲线相互呼应。建筑与树木共同界定出一个室外的礼仪广场，站在广场上，恰好可以以最佳的视角看到一条峡谷楔入山体。

总平面图
Master plan
1. 主场馆 Mail hall
2. 训练馆 Training hall
3. 大众体育活动服务中心 Mass sport centre
4. 运动员村 Athletes village
5. 行政楼 Administration building
6. 停车场 Parking
7. 餐厅 Restaurant
8. 花园 Garden

三个穹顶。保罗・安德鲁手绘草图
The three dome – shaped structures. Drawing by Paul Andreu

渲染图。所有的设施都容纳在三个形状相同而尺度不同的建筑单元内，各单元有机地结合在一起并与山体的曲线相呼应
Illustration. All different facilities are housed in three buildings of different sizes but similar in shape, which are articulated with one another in an organic way to echo the curves of the hills

日景透视
阳光下的综合体以纯净的白色显现出来
Daytime views
The complex stands out during the day in pearly white

夜景透视

晚间华灯初上之后，综合体在群山远影的衬托下熠熠生辉，幻化出一片绚丽的奇景

Nighttime views

The complex shines at night, when it would be illuminated from inside, like some sort of unreal vision against the dark hills in the background

半透明屋顶

The Semi-Transparent Roof

体育馆的屋顶总共覆盖了3万m^2的面积，这种轻型结构体系是在巴黎戴高乐机场第二空港F厅的设计中成形的，综合体的支撑结构与之类似，然而最大跨距达160m，远远超过了F厅。此外，由于位处地震带，技术方面的问题也更为复杂，需要对钢结构体系进行更为精确和深入的研究。

各单元的屋顶都由半透明的镀膜金属制成，一方面可以确保整个白天都能有均匀的光线、满足电视转播的要求，另一方面还使综合体在夜间变成了一个巨大的发光体，从公路上或山上都可以望见。“景中之景”（a landscape in the landscape）是引导建筑师确定屋面材料的动因。因为安德鲁希望，阳光下的综合体能够以纯净的白色在万绿丛中凸显出来；而晚间华灯初上之后，又能在群山远影的衬托下熠熠生辉，幻化成一片绚丽的奇景。

安德鲁一直试图将温暖引入体育场馆的设计之中，因为温暖的感染将引导观众为比赛中的精彩场面而兴奋、呐喊和鼓掌，然而不会引发暴力行为。可以说本项目对于空间、照明和视觉形象的处理创造出了这样的暖意。半透明屋顶使得白天的光线非常宜人。柔和冲淡的照明毫无戏剧色彩，因为体育赛事已经足够戏剧化了，不需要再为其增添紧张感。这样的光线还非常有利于电视转播，可以降低对比度，并适应摄像机位的不断转换。对于观众和运动员来说，体育馆的照度既不太亮也不太暗，这样的气氛让人感到舒适。

屋脊下方的顶部空间再次成为技术表演的场所，横梁在这里轻盈地交错成网络，与半透明的屋面共同营造出光亮的质感，而这种质感正是建筑师孜孜以求的目标。

主场馆室内渲染图
Interior illustration of Main Hall

主场馆建成后室内效果
Interior view of Main Hall

(右页图)屋脊之下的空间再一次成为进行技术表演的场所，横梁在这里轻盈地交错成网络，与半透明屋顶共同营造出光亮的质感
Once again, the upper ridge serves as a technical space where the cross beams can be joined in such a way that the framework remains a lightweight structure which, together with the semi-transparent roof, forms the luminous-material

功能单元

Functional Units

综合体占地8hm²，建筑面积100000m²。馆内备有重要体育赛会所需的各种设施，包括一个13000座的多功能室内馆、若干训练及热身空间、一座泳池、一处休闲运动中心、一家餐馆、若干更衣室、一个新闻中心以及一间控制室。除主体建筑外，还包括若干处停车场、一栋办公楼以及一座运动员村。

三座壳体建筑的主要功能如下：

①主场馆。可以采用若干种不同的配置方式：田径场（6500座），体操场，团体运动场，网球场，乒乓球场（10000座）等，也可用于各种类型的娱乐活动。

②训练馆。包括大厅、一个奥运标准泳池及各项运动的专用场地。

③大众体育活动服务中心。

主要公众入口和运动员及贵宾专用入口遥遥相对，后两者与运动员村和训练中心有直接联系。

主要的比赛用体育场采用的是竞技场（arena）的形式。观众从地面高度进场，继而向下抵达各自的席位。整个综合体的基础水平面高度略低于自然地坪。

建筑师还预先为综合体设定了模数体系以便于未来的扩建。

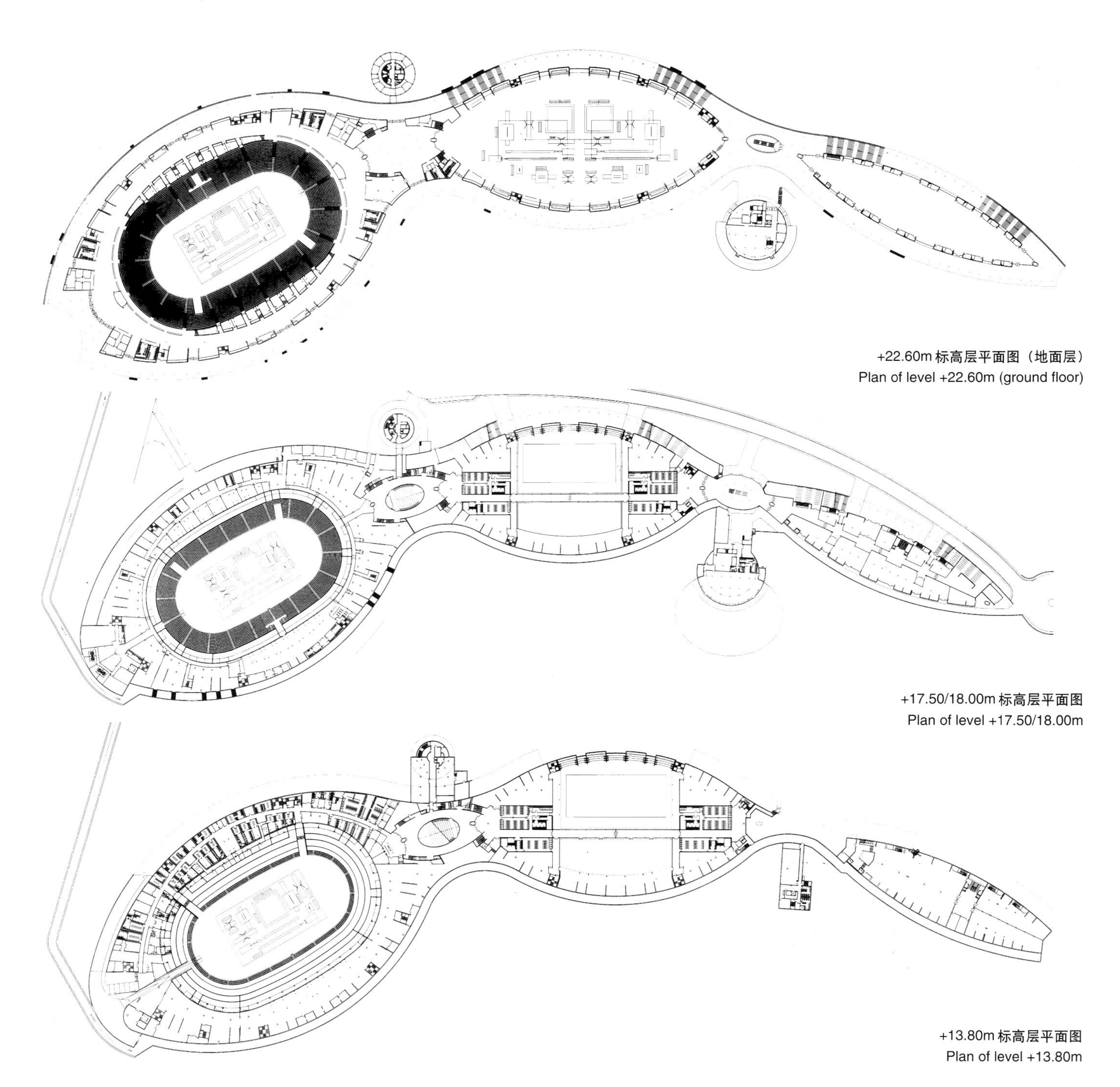

+22.60m 标高层平面图（地面层）
Plan of level +22.60m (ground floor)

+17.50/18.00m 标高层平面图
Plan of level +17.50/18.00m

+13.80m 标高层平面图
Plan of level +13.80m

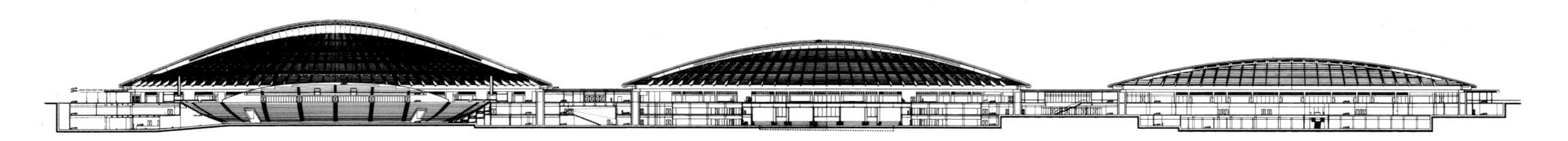

纵剖面图
Longitudinal section

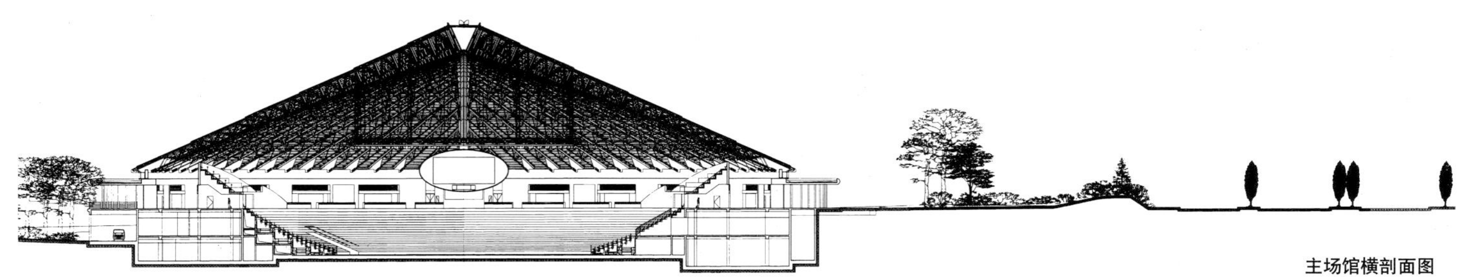

主场馆横剖面图
Transversal section of Main Hall

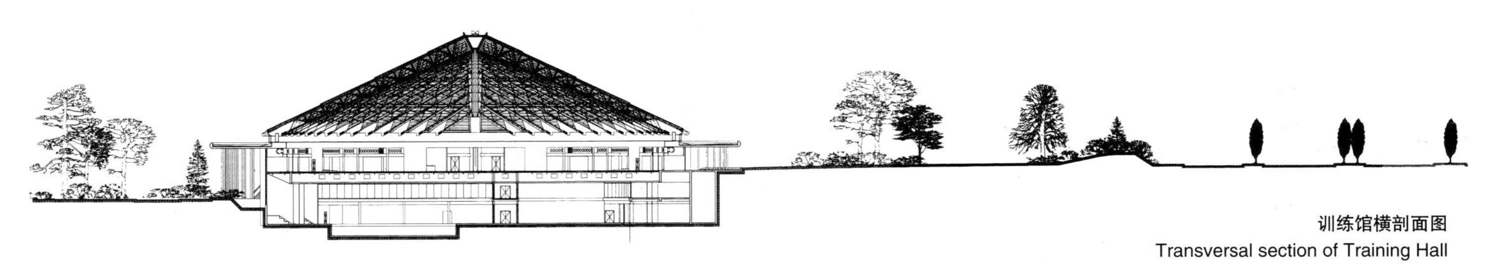

训练馆横剖面图
Transversal section of Training Hall

大众体育活动服务中心横剖面图
Transversal section of Mass Sport Centre

北京国家大剧院 National Grand Theatre, Beijing

湖心的文化之岛

A Cultural Island in the Middle of a Lake

该建筑位于北京长安街南侧，与人民大会堂毗邻，距天安门及紫禁城约500m。

建筑的外观呈流线型，总面积约149500m²，就像一座岛屿浮现在湖心。钛金属壳围成了一个长轴213m、短轴144m、高46m的巨型椭球体。椭球的球面被弧形玻璃罩分成了两部分，玻璃罩底部的宽度（最宽处）为100m。白天，阳光透过屋顶的玻璃射入建筑内部。到了夜间，还可以透过玻璃从室外看到室内的种种活动。建筑内部容纳了三个观演厅：一个2416座的歌剧院（opera house），一个2017座的音乐厅（concert hall）和一个1040座的戏剧场（theatre），同时还包括对公众开放并和整个城市融为一体的艺术及展示空间。

建筑物通过一条60m长的透明地下通道与"湖岸"联系起来。这样的进入方式使建筑外观的完整性得以保持——整个立面没有任何开口或其他特殊形式，同时还为公众提供了一条通道，使他们得以从日常生活的世界逐步过渡到歌舞、传奇与梦幻的世界之中。

大剧院位于北京城的中心

The Grand Theatre is situated in the heart of Beijing

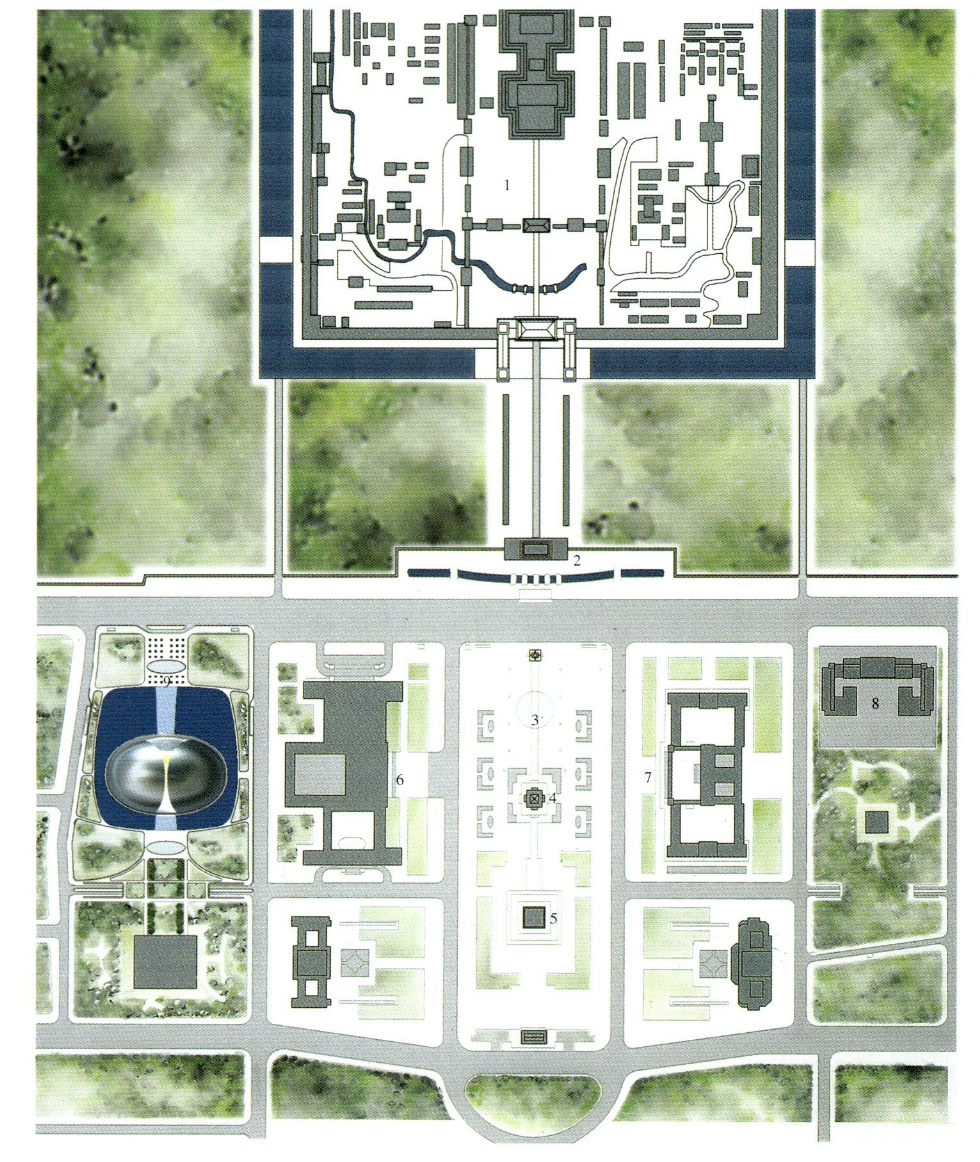

总平面图

Master plan

1. 紫禁城 The Forbidden City
2. 天安门 Tian An Men
3. 天安门广场 Tian An Men Square
4. 人民英雄纪念碑 The Monument to the People's Heroes
5. 毛主席纪念堂 Chairman Mao's Memorial Hall
6. 人民大会堂 The Great Hall of the People
7. 中国国家博物馆 The National Museum of China
8. 公安部 Ministry of Public Security
9. 国家大剧院 National Grand Theatre

自西长安街望大剧院
View from West Chang An Avenue

主入口透视图
View of the main entrance

总体鸟瞰图
Aerial view

城市分区

Urban District

室内向公众开放的部分借鉴了城市分区（Urban District）的概念，将不同性质的空间串连到了一起：街道、广场、商业区、餐饮、休闲空间及候演厅等。这部分功能得到了非常深入的发掘，从而赋予建筑以公共、开敞的特征。整个综合体将成为一个开放的集会厅，而不是一处曲高和寡的精英场所。每个演出厅的入口都朝向中央的公共广场并分布得十分均匀，不但可以确保交通流线从容顺畅，而且也充分展现出各个组成部分的鲜明特征。

歌剧院（opera house）位于建筑的中央，是最重要的单元，这里进行的艺术实践也是最依赖传统精神和最具神秘色彩的。音乐厅（concert hall）和戏剧场（theatre）分别居于歌剧院的两侧。通往这几个演出大厅的路线，一定不能是简单粗暴的，而是必须采用某种渐进的、占据了一定时间和空间的方式。

所有的观演厅和公共区都建立在一个共同的基础上。这个综合基础如同工业化的生产线一样，经济而高效地组织起大剧院运行所需的全部设备，同时又丝毫没有损害公共区的协调以及观众和参观者的愉悦感受。

歌剧院由镀金的金属网格所覆盖。这张大网罩在墙体之上，在通常情况下是不透明的，当其下方被覆盖的区域亮起灯光时，对应的局部就会变成半透明，使网架得以清晰地展现，同时又不失距离感。观众将通过金色弧墙上的两扇大门进入歌剧院。跨过这道门槛，一个垂直方向上的流动空间就会呈现在观众的眼前，使他们得以暂离现实的尘嚣，迅速沉浸到即将开幕的演出所规定的时空情境之中。通过局部透明的处理，从大厅内依然可以隐隐望见演出厅内的景象。墙体在这里不但起到了隔离与围护的作用，同时更重要的是，还营造出一种抽象的距离感——只有通过这段距离，才能接近戏剧世界的传统精神。

整个设计可以称为是连续的外壳、通道与节点、透明与光感所进行的一场表演。

休息厅位于靠近屋顶的最高层，为普通公众和剧院观众提供了一个全方位、全天候的观景平台。凭借这个全新的视角，人们将在这里重新发现脚下的城市。

北侧主门厅透视图

Interior view of the north entrance hall

（上二图）
大厅透视图
Interior views of the general hall

地下透明廊道
The transparent underpass

歌剧院内景

Interior views of the opera house

音乐厅内景
Interior views of the concert hall

戏剧场内景
Interior views of the theatre

城市的剧院

A Theatre in the City

在一处具有如此重大的历史与象征意义的场所修建国家大剧院，这个决策本身即清楚地表明，历史与当代世界之间的关系对于文化的重要性。

在这样的具体环境下，建造一个后退的、不过分突出的建筑物应该是比较适宜的。然而，仅仅考虑建筑结构自身的独立与完整性肯定是不够的。因此，安德鲁希望该建筑既能表达出对周围邻居们的尊重——它们每一个都标志着中国建筑发展的不同历史阶段——同时又能大胆地展现出现代建筑应有的活力。

实现上述目标的方式是寻求一条混合了谦逊与大胆、协调与对比的道路。在大剧院竞赛中获选后，建筑师收到了各种有价值的评论和建议，使方案获得了不断改进。当然，最初所确定的核心精神依然没有被丢掉——国家大剧院是北京城市格构的组成部分，是属于整座城市的剧院，是对每一个人敞开襟怀的、充满奇幻与梦想的所在。

平面图
Plan

1. 大厅 General hall
2. 北侧门厅上空 Void over north entrance hall
3. 南侧门厅上空 Void over south entrance hall
4. 歌剧院（2416 座）Opera house (2416 seats)
5. 音乐厅（2017 座）Concert hall (2017 seats)
6. 戏剧场（1040 座）Theatre (1040 seats)

剖面图
Cross-section

上海东方艺术中心 Oriental Arts Centre, Shanghai

这是什么？
What Is It?

在白天，在世纪大道的尽头，与市政厅相对，矗立着一座由闪光的金属曲线构成的珠灰色建筑。整个上海市再没有与之类似的建筑物。没有任何东西、任何标志、任何印迹指示出它的功能，否则它反而不会像现在这样显眼。

这是什么？是隐藏在道路中央的绿树丛中的巨型雕塑。它的形体通过反射和阴影被强调出来，并随着观者视点的转动而不断变换。它自大地中生长出来，又向着天空绽开。市政厅对面的一段大台阶将引导着人们接近它的入口。正是从这里，从底部开始，它的外表渐渐变得透明，由此可以看到内部的另一段大台阶和色彩绚丽的高墙。它就像是人们久已熟悉的一位老友，为了这座城市独特的美丽和居民们的欢愉，屹立在城市中央，散发着珍贵与神秘、庄严与欢快的气息。

夜幕降临，建筑如同被施了魔法，变得晶莹剔透，像一盏明灯在暮色下闪烁。从室外可以看到人们进入建筑后的各种活动：先是踱来踱去，然后踏上楼梯，继而四散到三个观演厅的周围。观演厅外部鲜艳的对比色随着墙面高度的增加而逐渐淡化，直至最后与天花的颜色融到一起。人的活动、室内的色彩和灯光都带着一种欢乐和辉煌的气氛。

这是什么？这是一处为平静愉快的人群而建造的场所。这是一处开放的场所，人们尽可以悠闲地进入其中，慢慢地接近那些简要而朴素的、为人们所喜爱的事物。自然，这里也是一处艺术的殿堂、一处展览和演出的场所。三个巨大的体量从它们根植的基础中升起，覆盖并保护着三个观演厅，就好像一个人必定要保护他珍而重之的东西一样自然。观演厅四周的公共空间由门厅、休息厅、交通空间和展览空间组成，仿佛是对通透和曲线这两个主题的某种变奏。从功能和视觉效果来看，这个在各个方向上都可见的空间，将观演厅与城市连接到了一起，并使其与周围的风景、树木和天空都建立了联系。

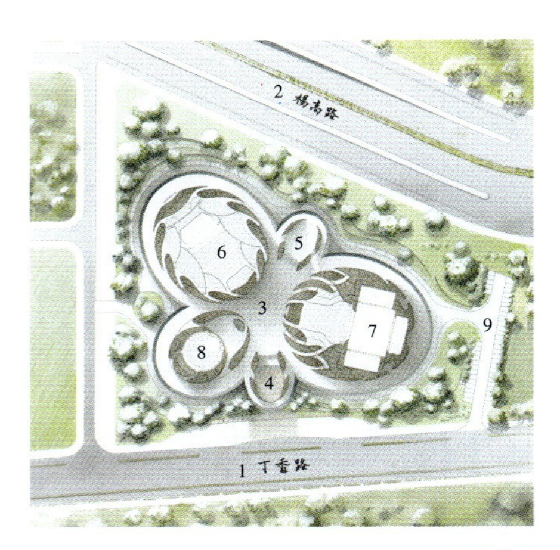

总平面图
Master plan

1. 丁香路 Clove Road
2. 杨高路 Yang-gao Road
3. 大厅 General hall
4. 主门厅 Main entrance hall
5. 北门厅 North entrance hall
6. 交响乐大厅 Philharmonic orchestra hall
7. 歌剧厅 Lyric theatre
8. 小音乐厅 Chamber music hall
9. 停车场 Parking

丁香路日景
Daytime view from Clove Road

日景鸟瞰
Daytime aerial view

绿树丛中的建筑物自大地生长出来，又向着天空绽开
The building amidst trees soars up from the ground and opens out to the sky

夜景鸟瞰
Nighttime aerial view

丁香路夜景
Nighttime view from Clove Road

北门厅
The north entrance hall

主门厅
The main entrance hall

第三层上的游廊
Gallery on the second level

观演空间：相遇的场所

Performance Spaces: Place of an Encounter

观演空间又是怎样的呢？这是一处相遇（encounter）的场所，是艺术家、公众和艺术作品约会的地方。每一次约会都经过了精心的准备，然而每一次都仍是全新的、独一无二的。建筑中的每样事物，都是为了相遇的合情合理与轻松愉快而设计的。明白了这一点，这个坐落在城市中央的绿树丛中的雕塑便没有任何难以理解的古怪之处了，就如同水晶一般清澈易懂。

建筑的基座是艺术家及参与制作演出的工作人员的准备空间，观演厅就是从这里生长起来。这一空间固然是功能上的必需，但此外，它还是一种表述——对其内部的创作、准备与排练活动的生动的表述——正是这些活动，为相遇的瞬间奠定了坚实的基础。在基底的内部，外围一周都是排练室和更衣室，其中大多数都有经过精心设计的窗口，可以提供向外的视点；中心则是休息区及技术设施——总而言之，所有这一切，都是为了使艺术家能在不可或缺的平静气氛中敛气凝神、为演出做好准备；都是为了使他们在这里度过的分分秒秒，都能成为充满创造精神的、愉悦的经历。

观演厅便是那期待中的相遇发生的地方。这一为墙面包裹着的功能空间是有限而谦逊的，到演出时却会转变成无限而非凡的空间。彼此不相识的人如何聚集在一起并形成所谓的“公众”，艺术家又如何与上述公众相遇并与之一起去重新发现艺术作品——这便是每个观演厅的真正主题。如果并非以这种方式看待三个观演厅，而是将其视为与规模和用途相对应的功能组成，那么这三者便难免会以一种雷同的方式服务于艺术作品和表演者与公众的相遇，并且不会对其产生如此之大的影响。

在最大的观演厅里，表演者被观众包围在一个充满诗意的空间里，观众席散布在呈波浪状起伏的地面上，顶上则是一道道曲线划过清澈的天空；不同类型的音乐，从最古老的到最现代的，都将在这里被欣赏、创造和再创造。戏剧厅则具有更加传统的外观，是进行东、西方戏曲与歌剧演出的场所，乐队和公众在舞台的正面相遇。最“小”的观演厅即使在达到最大容量时，也依然保持着特有的私密性，是最适于表现新音乐的张力的场所；这类音乐仅需少数表演者，对演出方式也没有太多要求，强调的是对新世界的深入探讨。

三个观演厅各具特色，共同形成了一个围绕着公共流线和展览空间的复合体，其外部墙面上的颜色每到黄昏便会被夕阳映成绚烂的彩画，仿佛是音乐之声自寂静中飘来。无论在浦东的绿树丛中，还是在路上或其他建筑物中，都可以望到它的倩影。

这是什么？简言之，是一处为音乐而生的场所。这座城市每天都有如此之多的建筑在建造，其中的这一个覆盖了少而又少的面积，却包含了多而又多的欢乐与热情。然而同时，建筑在这里却不过是一个工具，超越其意义之上的，是丰富而又丰富的音乐。

这就是——东方艺术中心。

小音乐厅内景

Interior view of chamber music hall

歌剧厅内景

Interior view of lyric theatre

交响乐大厅内景
Interior view of philharmonic orchestra hall

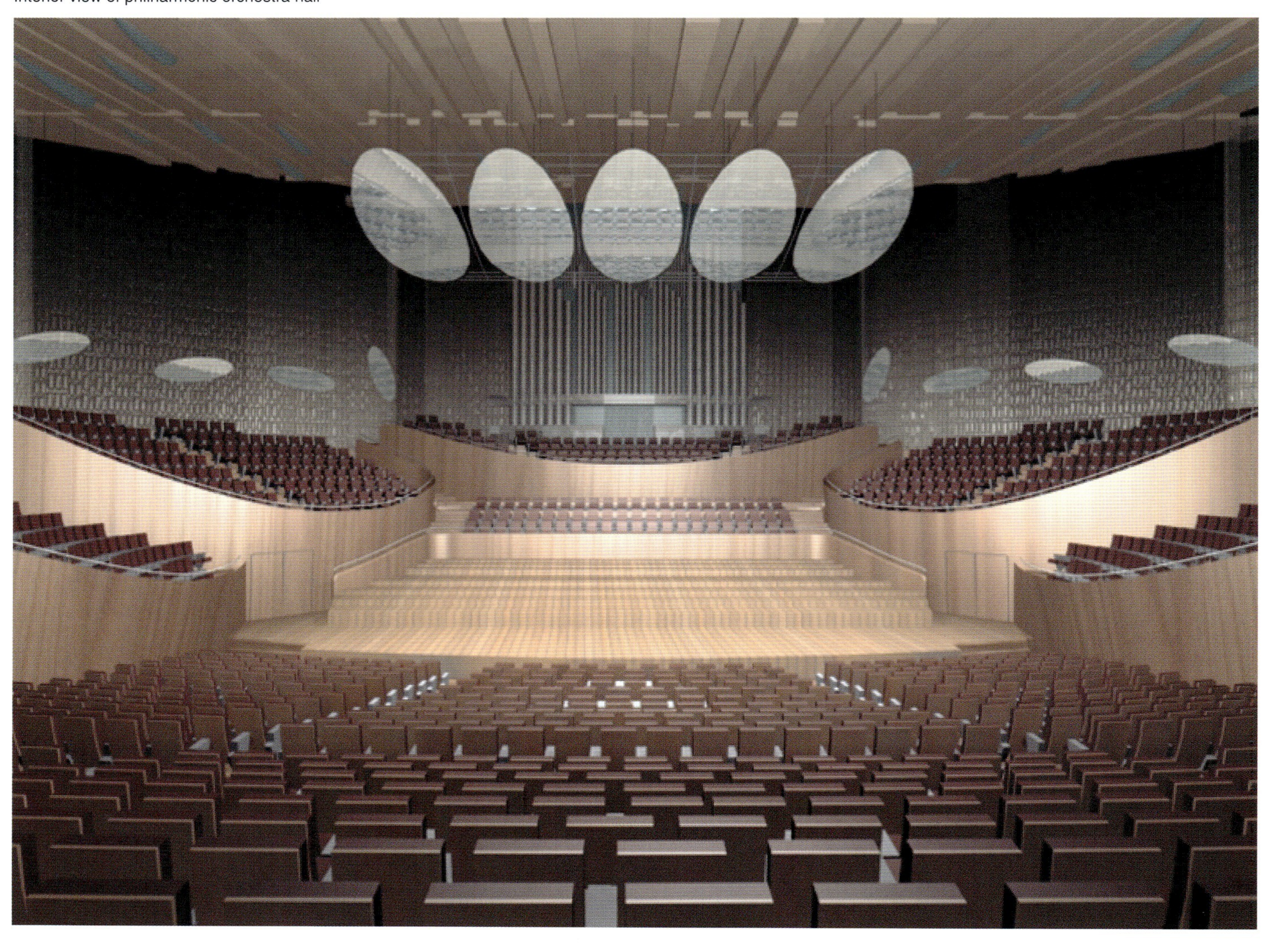

技术说明与设计原则

Technical Specifications and Basic Principles

东方艺术中心主要由以下三个部分组成：1979座的交响乐大厅（philharmonic orchestra hall）、1054座的歌剧厅（lyric theatre）和330座的小音乐厅（chamber music hall）；此外还有一些辅助性的公共活动空间，如展览厅、音像店、餐饮设施等；作为艺术交流的平台，还包括艺术类图书馆、多媒体及培训中心等功能；最后，还有所有表演及控制所需的后台设备及后勤功能，如化妆室、排练室及休息厅等。

项目所在地可用于建造的面积为39694m²。建筑共有7个主要楼层。

建筑设计的主旨主要通过以下几个基本原则体现出来：

——建筑坐落于基座之上，基座内用于发展各个公共空间；

——从基座中生长出各个观演厅，就像树木从土地中成长起来一样；

——建筑覆盖在一个完整的悬挑屋顶之下，通过弧形玻璃墙与基座相连；

——建筑内部的空间围绕中央的交通及集会中心呈环状分布。该中心既为公众、也为演员和贵宾提供服务；

——公共空间应该是开敞的、多用途的，以提高建筑的利用率；

——应为演员提供高效、舒适的工作空间；

——三个观演厅的形式不应雷同，并不应采用相同的材料；

——三个观演厅的外墙面以釉面陶作为主要饰面材料；

——外立面材料将是玻璃与不同密度的穿孔金属板的结合；

——立面的设计要反映出创新精神和时代气息，并将提高公共区的地位；

——尽管公共空间并非建筑最主要的功能，但建筑的性格将由它来定义。

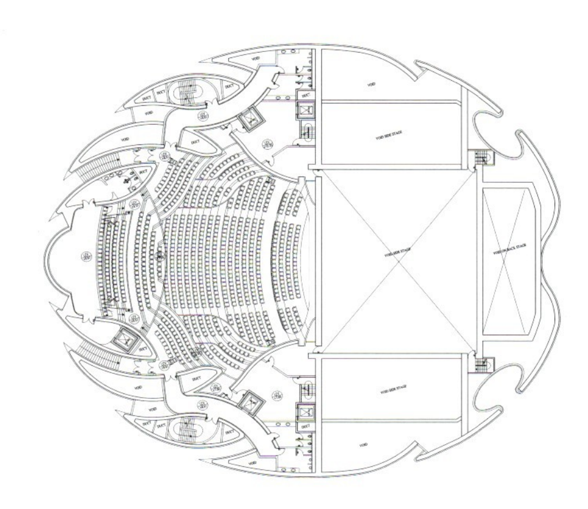

歌剧厅平面图
Plan of lyric theatre

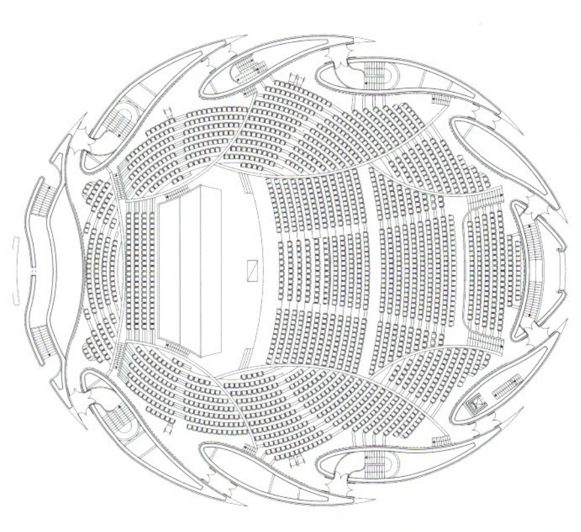

交响乐大厅平面图
Plan of philharmonic orchestra hall

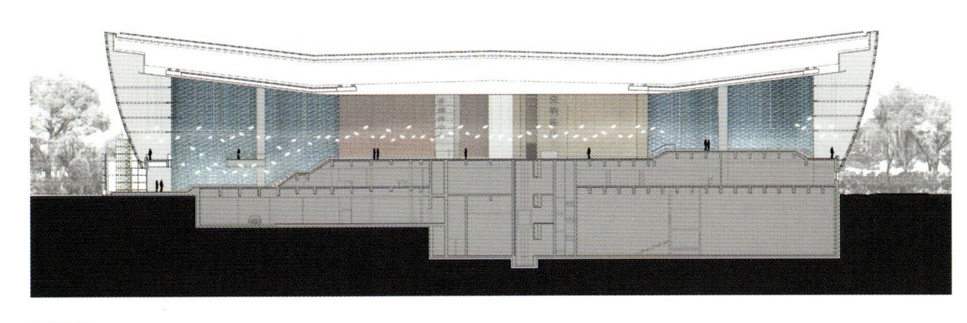

剖面图
Cross-section

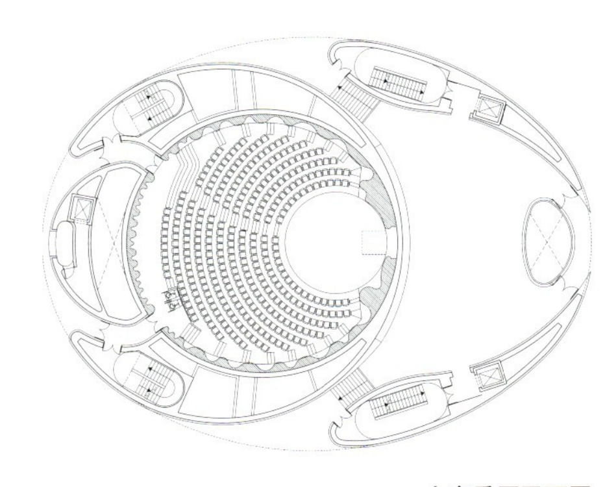

小音乐厅平面图
Plan of chamber music hall

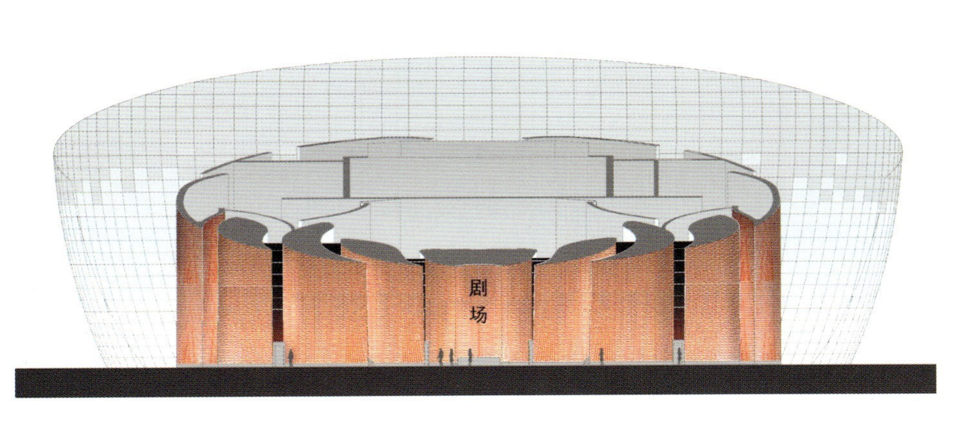

立面图
Elevation
三个各具特色的观演厅，与四周环绕着的公共和展览空间一起组成了一个独立的复合体，观演厅的墙面每到夜幕降临时便会显现出美丽的图案
The three different auditoriums together form a single composition around a common circulation and exhibition space, and their exterior colors form a painting which appears at nightfall

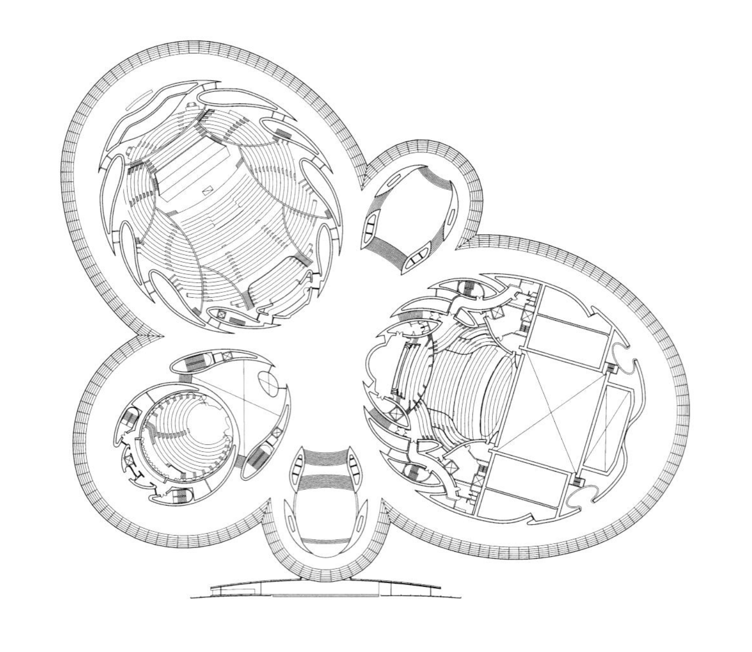

三层平面图
Plan of the second level

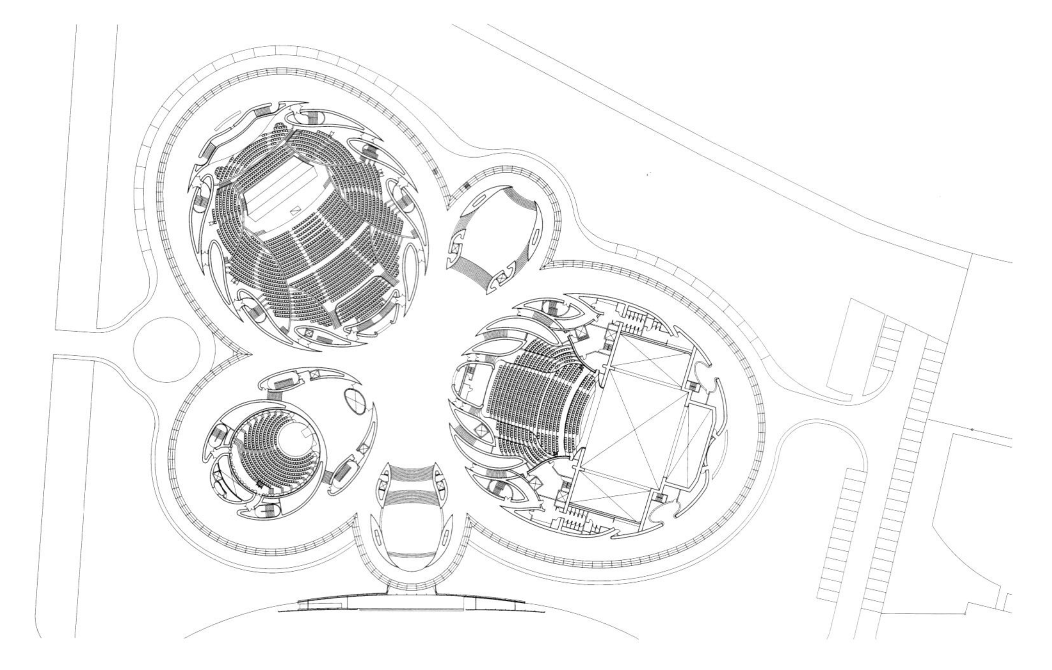

二层平面图
Plan of the first level

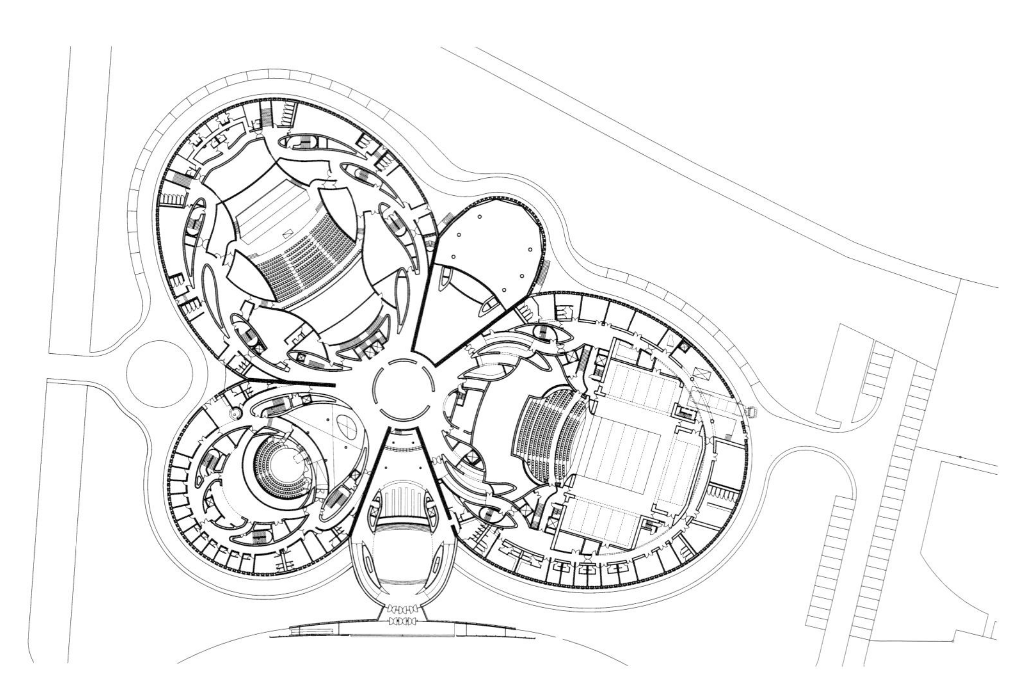

首层平面图
Plan of ground floor level

论　述
DISCOURSES

动感和光创造的空间 THE SPACE OF MOTION AND LIGHT

保罗·安德鲁
Paul Andreu

迄今为止，我设计过许多机场，特别是巴黎的戴高乐机场，从设计到建成，历经30余年。这期间，不断面临同一课题似乎给自己的职业生涯带来困难，但正是在这些工作中，促进了我对建筑诸多领域的思考。

回想我走过的道路，在初期阶段一步步追寻的是自己直觉上感知的东西。建筑师总要面对各种不同的环境，创作不同的作品，与所有的艺术家一样，必须要把最为纯粹的谦虚心态与最为伟大的志向结合起来。

在建设机场时，除了直接的功能问题以外，必须要认真处理现代主义带来的诸多问题。实际上，机场可以说是普遍意义上的技术文化（飞机就是其产物和象征物）与特定的地域文化在视觉上对峙的特定场所。在设计机场时，一方面要维持它与历史上多种形态的共鸣作用；另一方面要不断发现普遍的空间，并扎根其中，或者说，探求与地景的紧密结合是必然的，不是预先以快速简便的方法找到解决方案，而是必须要发现普遍意义上的空间。

从最初设计阿布扎比（Abu Dhabi）机场开始，接着有雅加达机场，它们都是建在与法国相距甚远的土地上，与我熟知的文化完全不同，通过这些工作，使我得以理解了历史主义中的许多本质问题。我认识到，不顾及现实脉络中历史上的形式，只是把现代主义的特定形式简单移植和利用的做法是错误的。而且，在现代主义运动的主张中，存在着腐败和令人难以忍受的东西，而在其反对派“后现代主义”中，毫无一贯性可言。

谈到我自己的作品，可以说始终对个性化和风格问题毫无关心，诚实可见的只是基于最为普遍的概念和原则层面上的追求。的确，某些形式在我的作品中频繁出现，它们是在相当长的时间长河中形成的，虽不是我的创造，但常常出现在我的作品中。在反复再利用这些形式时，我感到自己内心深处似乎存在着这些形式，它们已成为我整个身心的一部分。

设计建筑时，我经常探寻的是其内在的连贯性、明晰性及其与外界的关联，建筑建成后并不是形成了一个封闭的世界，而是与场所、土地和更综合的环境结合在一起的，是总体环境的一部分。在日本的久美滨高尔夫度假村的设计中，我考虑的是让都市居住者重新返归到他们曾经放弃的空间中，为此进行了地形景观的设计，其基本构想是让建筑成为景观的一部分。

在我看来，建筑活动的最大原动力来自于建筑始终处在没有完成状态的感觉，使之完成需要将光、水、风等自然要素加入其中。从早期作品戴高乐机场的中央部空间，到近期建成的一系列工程，当我重新审视它们的时候，更多关心的是它们在建成之后如何了，从中也更加坚定了上述的想法。戴高乐机场候机楼的中央空间就是如此，建筑空间的演出让位给了预料之外的人行通道和不断变化的水景。在近期的开发工程中，太阳光的绝妙演出将建筑空间统一起来。由此看来，建筑行为就是处在期待其完成的状态。戴高乐机场换乘车站和第二空港中自然光的设计也是可以从这一视点出发来进行考察的。

基本上说，我总是试图以正确的、诚实的心态来从事设计工作，对材料的无重力感、透明感这样的思路没有兴趣，更无

阿布扎比国际机场
Abu Dhabi international airport

查尔斯·戴高乐机场第二空港，F厅
Charles-de-Gaulle 2, Hall F

意于关注建设的细枝末节。我关注的是空间本身，关注自然光在空间中的演出，关注溶解在光线中的结构形式。在这样的空间中，绝不有意非要加入个人的感情。我认为空间是无法预测的使用者情感的共鸣器。处在感性和理性世界中的建筑，可以说只是提供了进行演出的舞台。

建筑最初是建筑师的工作，在不同思想的交流中发展出来，在此基础上，我坚信通过与诗、文学、音乐、绘画和科学的交流，更能使建筑得到繁荣，因为在所有的思考领域中共通是这个时代基本的共振作用。在某一领域发现的形式，转而会投影到其他领域中。我从来不相信通过研究灾变理论和耗散理论，或者以极其单纯化的方法将秩序与混沌对峙就能够轻易地发现未来城市发展的模式。科学发展的新趋向是关注复杂性和不安定性，探索这种不安定性是如何生成结构和形式的，这似乎是文学领域经常实践的方法，它启发我们来理解城市是什么，使我们避免陷入到单位、区域、秩序的单纯化观念和对混沌的简单思考中。

在我看来，城市中缺乏思想和理性的状况是亟待改变的。在巴黎，我曾经参加过一系列项目的开发建设，最初有德方斯巨门，接着有基于塞纳河左岸新大道构想的巴黎“大中轴”扩展计划和布罗纽的旧雷诺工厂再利用等。每次面临的困难都是如何明确区分出城市规划和个别建筑工程的差异，这与规模没有关系。问题在于，时间如何统合在工程中，空间如何组织才能使得这些束缚促进自由和适应的可能性，而不是阻碍它们。在组织化的统一体的不同层面上都存在这一问题，发现它不容易，表现它就更为困难，我们通常只是以表现组织化的对立面“扩散”而告终。

组织包含着相互结合在一起的各种层面，其要素与层面间存在着各种不同的交流和联系，当这种交流触及本质问题时，就像处理固定场所时的状况一样，思考这种问题就成为建筑师的工作。在这种意义上，从自己的经验出发，我更加确信交通场所必须是有意义的场所，必须成为构筑城市的交流场所，或者说再度成为这样的场所。这样的场所绝对不能因为是埋藏在地下的设施而失去自然光，更不能否定在其中度过的时间的价值。

建筑最为单纯和基本的方面应该是如何超越其物理意义上的需求。建筑深深扎根于技术和经济的世界中，当试图让建筑充满活力、充满其他期待时，是需要超越技术和经济世界之上的。我们在创作建筑时，更多追求的是让建筑充满这样一种期待，在这里，“市场”及其相关操作是不起作用的，即使间接作用也没有。这种期待可以说是与艺术关联在一起的，它无法被完成，而只能通过不断打破已有的习惯来唤醒和获得。只有这样，建筑才能以谦逊的姿态获得艺术带来的意外的天赐之福，充满活力，充满无法预知的期待。（吴耀东编译，原载于《世界建筑》杂志2000年第2期）

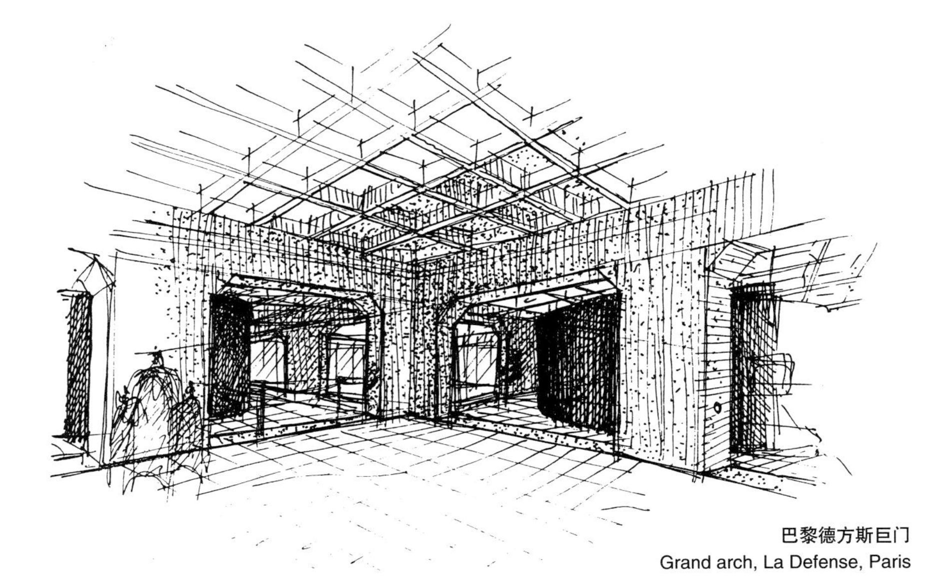

巴黎德方斯巨门
Grand arch, La Defense, Paris

对五十座机场的说明 AN EXPLANATION ON THE FIFTY AIRPORT TERMINALS

保罗·安德鲁 Paul Andreu

五十座机场！当初设计它们的时候，我们可从未想过有朝一日会达到这个数目。然而，随着时间的流逝，我们发现自己一而再、再而三地遭遇到了相同的问题。

这一切都始于1966年，对查尔斯·戴高乐机场的首次研究。从那时起到现在，已经过去了三十余年。对一名建筑师而言，三十年是很长的一段人生，相对于空港建筑从1930年代末期才真正开始的历史，这也是一段相当长的时间了。最早的大型工程——特别是芝加哥机场——出现在1950年代。那十年是一个时代开始的标志：一个属于概念实验的激情时代，它延续了三十年之久，继而减弱了势头。1980年代中期以后，大部分国家都已系统地应用一些稳妥的总体设计原则，原因不外是这些原则已经经过实践的检验，或者是其制订者拥有足够的经济实力或实施的权力。

此处存在着一个悖论（尽管更审慎地说，也许仅仅是像一个悖论），即概念与形式的割裂日渐导致了空港建筑投资的增加；在极端情况下，形式的设计也许仅仅是装扮概念的一个过程——如果说得更尖刻些，仅仅是一步“包装”操作。在火车站、办公楼、小汽车、轮船和飞机的发展历程中都曾经遇到过类似的问题，这可能是所有快速发展的新结构或新事物都难以避免的。然而，我们还是应该庆幸自己能够身处这样一个概念发展的年代，因为这是一个最激动人心同时也是最自由的时代——属于所有追求创造与发现之完美的建筑师的黄金时代。

然而，如果说自由是命运或然的垂青，那么持之以恒则可说是运作与组织的必然要求。巴黎机场公司在这方面已经寻求到了一种明晰而稳定的政策。在决定了创立自己的建筑工程部之后，巴黎机场公司便很快认识到，其员工需要不断受理新的工程才能保持高水平的创造力。因为对建筑师来说，处理各种不同类型的环境与需求之间的矛盾是非常重要的——在巴黎地区固然是这样，在其他国家和地区无疑也是如此——只有这样才能了解到他人的工作情况，并且避免使自己陷入到只满足低级需求的平庸设计中去。我们之所以能够取得进步，必要条件之一便是坚实的信息基础和不断进行的反思。此外，我们的团队也是一项不可或缺的条件，因为无论过去还是现在，除了正常的人事变动之外，这支团队在工作中始终一如既往地保持着连贯性和一致性，保持着活力和对创造的热望。

这一领域目前存在的困难在于如何避免两个常见的误区：一方面，由于标新立异往往容易获得赏识，因而建筑师总是在创作中追求绝对的与众不同；另一方面，千篇一律的大型咨询公司，尤其是工程公司的倾向却是扼杀天才与创造精神。而我个人则深信，

Fifty airports! Never did we imagine when we were working on them that we would reach such a figure. But time went by and we found ourselves again and again coming back to the same issues, relentlessly picking up the same questions.

It all began with the first studies for Charles-de-Gaulle airport in 1966. Since then, more than thirty years have gone by. Thirty years is a long time in the life of an architect. It is also a long time in the history of terminals, which only ever really began at the end of the thirties. The first major projects-Chicago, in particular-date to the fifties. That was the decade that marked the start of an intense period of conceptual experimentation which lasted for thirty years and then lost its momentum. Since the mid-eighties, most countries have been systematically applying tried-and-true conceptual principles, either because they have worked in the past or because their authors wield enough economic power or authority to impose them.

It is a paradox (although perhaps upon closer scrutiny, merely a seeming paradox) that the rise in interest in terminal architecture went hand in hand with a dissociation between conceptual and formal work; taken to extremes, the latter could become a mere process of dressing up a concept or, to use a more provocative if apt term, a “packaging” operation. This is probably the case for all new structures or objects that undergo rapid development. It happened with railway stations and office buildings, cars, boats and planes. To have the good fortune to participate in the most intense period of conceptual development is a golden opportunity. It is the most exciting period and also the period of greatest freedom-a precious circumstance for all architects who cherish creation and discovery as much as formal perfection.

But if freedom is a stroke of good fortune, continuity in work is a necessity, and a matter of application and organization. In this respect Aéroports de Paris has pursued a well-defined, constant policy. Having opted for creating its own department of architecture and engineering, Aéroports de Paris quickly realized that its staff needed to tackle new projects in order to maintain a high level of creativity. It was important for the architects and engineers to deal with all different kinds of circumstances and requirements-in the Parisian area, to be sure, but also in other cities and in other countries-so as to avoid losing sight of what others are doing or falling into the trap of routinely applying stock solutions. Making progress requires solid information and continual reexamination. It has been feasible thanks to a team that has managed to maintain the continuity and coherence of its present and past work-in spite of regular staff changes-and to keep alive and intact its desire for invention.

The difficulty in this regard is to avoid two common pitfalls today: on one hand, the isolation of the architect in his creativity and in an originality whose very excesses can become the condition of recognition; on the other hand, the anonymity of large consultant firms-particularly, engineering firms-which tends to stifle talent and creativity. My own conviction,

建筑工程是个人与团体合作的产物，这一点不但一直为巴黎机场公司的管理部门所接受，同时也是建筑之所以成为一门以经济活动为核心的艺术的原因。本书（注："本书" 指《Fifty Airports》，本文原为该书序言，下同）所展现的五十个机场便正是一名建筑师的"劳动成果"，因为我的的确确在每个项目中都投入了很多时间，对其进行研究、思考、设计与决策。但它们同时也属于一个团队，这个团队付出的努力、做出的思考与设计也是同等重要的。

本书并未囊括巴黎机场公司的全部实施项目。因为其中还应该包括1966年之前在建筑师亨利·维卡雷特（Henri Vicariot）带领下完成的工程（南奥尔良、西奥尔良、大马士革初步研究和安曼等），以及1995年以后由比埃尔·米歇尔·德尔布施（Pierre-Michel Delpeuch）领导的研究工作（南奥尔良改建、德方斯堡空港，帕夫斯空港等），此外也许还要加上一些稍欠完善的或较为次要的项目才能称得上全面。不过，我们的首要目标并不是面面俱到，而是条理明晰。我们意图在本书中展示的是设计概念的演进过程，以及各个时空远隔的项目之间所具有的共通性。

本书刊登的大部分空港都是已建成的或在建的。不过，对于那些我们认为是标志着工作中的重大进展的项目，即使是没有中标，或是最终搁浅（通常是由于财政困难），我们也将其选入了本书。

五十个机场的多彩多姿鲜明地体现了我们的坚定信念——不论在功能处理上还是在建筑风格上，我们都决不屈从于任何先验的规则，而宁可去寻求在功能、经济、气候等方面都适合于每个项目的特殊性的、创造性的解决办法。

人们显然可以选择尽量减少差异的办法，建立一种适于各种环境和场所的通用的工程模型。这正是某些航空公司或其代表机构表达出来的愿望。但这样做便等于是放弃了百尺竿头、更进一步的机会。重复建设能节省下来什么呢？少做一些研究，少花一点时间，少请几个所谓的铺张而无能的建筑师（尽管我从未亲眼见过这样的建筑师）？而这样做的代价如何呢？通常会造成大量的经济损失，尽管我们的初衷恰恰与此相反。因为要想把钱花在刀刃上，就必须使项目能够满足特定的地段、地形和地理特征、气候、交通方式、地方建造习惯以及建设能力的要求，没有比这更省钱的办法了。此外，更重要的损失是丧失了对地方交通的适应能力，而这种能力对增强空港的实用性、体现对无处不在的场所精神的尊重，以及满足一个城市、一个国家的文化、经济需求等方面所起的作用是无法替代的。

空港首先必须具备实用性，这就意味着适合交通的需求。然

which has always been shared by the management of Aéroports de Paris, is that an architectural project is the product of both a group and an individual, which is why architecture is an art that is at the core of economic activity. The fifty projects presented in this book are indeed the "work" of an architect for it is true that I devoted much time to each and every one of them, studying, reflecting, designing and making decisions. But they are also and just as much the work of a team whose efforts, reflections and designs were equally essential.

This book does not include all of the projects realized by Aéroports de Paris. To complete the picture, one might add those done before 1966 under the supervision of architect Henri Vicariot (Orly South, Orly West, the first study for Damascus, the one for Amman, and so on), and the studies that Pierre-Michel Delpeuch has headed since 1995 (revamping Orly South, Fort-de-France terminal, Paphos terminal, etc.). One might also add various less accomplished or significant projects. But what we are aiming at here is to show the evolution of concepts and the similitudes between projects which are often quite remote in space and in time. Our foremost concern is clarity, not exhaustiveness.

Most of the terminals featured in this book have been completed or are under construction. But we have also included projects that did not win design competitions or were ultimately abandoned, usually for financial reasons, when we felt that they mark an important step in our work.

The wide variations in the design of the fifty terminals is a telling sign of our unwavering determination never to apply a rule, a priori, neither in the functional approach nor in the architectural style, but rather to search each time for an original response adapted to the project's particular conditions-be they functional, economic, climatic or other.

Obviously, one could choose to minimize differences and establish project models to be applied to different circumstances and places. It is a desire that has been voiced by certain airline companies or their representative organizations. But to do so amounts to accepting a great loss for a minor gain. What does reproducing a single project spare us? A few studies, a bit of research time, the extravagance or incompetence (so they say) of certain architects (although I have not personally seen this)? What do we lose by applying a stock plan? To begin with, and notwithstanding all hopes to the contrary, often a lot of money. There is no better way to ensure cost efficiency and optimal use of budgets than to adapt a project to the site, its topographical and geological features, its climate, the type of traffic it handles as well as its local construction customs and possibilities. But more significantly, what is lost is the capacity to adapt to local traffic conditions, which alone underpins terminal functionality, and the respect for the pervading spirit of the place, which alone makes it possible for us to meet the cultural and economic ambitions and requirements of a city or country.

Above all, a terminal must be functional, which means adapted to its traffic. But the difficulty is that traffic changes over time, and that often it grows quite rapidly. This is why being adapted to traffic is meaningless

而困难之处在于，交通方式会随着时间不断发生变化，并且常常出现迅猛的增长。因此，不考虑时间周期就根本谈不上交通适宜性。解决这一困难的办法当然不可能从一个预先编制好的、精确的发展方案中找到。有些机场当局认为，有了对问题的了解就等于有了解决问题的能力，我很清楚这个结论将会使他们震惊到何等程度。然而，事实清楚地说明，没有哪个机场是按照初始方案进行扩建的。因为变数实在太多了——交通、经济、建造技术等等等等。除此之外还能怎么办呢？归根结底，除掉神秘与不可预知之外，时间还意味着什么呢？试图在今天就精确地设计出十年后的扩建部分，与试图让时间停滞一样，都是徒然的空想。但这并不是说，未来的任何东西都是不可知的，只不过必须要在预测和发展方案中为那些不确定的因素留出余地而已。

我们已经从查尔斯·戴高乐空港的建设中获得了经验，解决上述问题的办法只能是建立一个终端开放的系统。这个系统包括体现指导原则的一个通用的发展方案，以及一种内在的适应性。由于出入通道都集中在第二空港的同一侧，另一侧便具备了可塑性（在公路的自由结束端），因而才有可能在不违背初始方案的前提下，使最初的四个交通单元各具特色，通过其后几个更大规模的交通单元，更是将第二空港与高速铁路枢纽联结成一个整体——简言之，就是为满足交通需求而创建了一个枢纽（hub）。

今天，当我们进行一项设计时，并不会对“未来发展部分”作出明确定义，取而代之的是提供若干个可能的发展方案。这些方案通常以标准的理想单元为基础，但要确保为今后的修改留出较大余地。这一方法与其说是源于机械学的，毋宁说是来自于生物学实例的启发。此外我们还确信，除了这个仅做出大致判断的途径之外，并不存在放之四海而皆准的答案，只有针对各个具体问题的具体答案。从功能与发展的角度出发，根本找不到两个完全相同的空港。从地段、气候、经济和文化的立场来看，同样也是如此。

如果想要创建一个同时具备适用性和原创性的空港，就必须对上述种种因素加以综合考虑，只有这样才能使空港超越功能的要求，以及城市或国家门户角色定位。因为空港还有其独特之处。它们都是现代建筑，没有历史上的参照物，并且往往处在不同国家、不同地点和不同文化间的边缘位置，要为形形色色的人共同享用，还要能容纳各式各样的飞机。而飞机——既是漂流四方的游子、又是先进技术的结晶，并且承载着人类亘古以来的飞翔之梦——正是在这样一个特别的场所触摸到大地，在各种树木、建筑和地景的掩映中得以暂歇。因此，为了能让空港这一标志性的建筑物能真正地融入到场所之中，必须要对这些树木、建筑和地景予以尊重，并且还要寻找到一种普遍意义上的方法，从地方文化中汲取营养来作为灵感之源。

但固定的程式仍然是不存在的，日益依赖于那些旧建筑元素，并在毫无特色的建筑物上进行一番胡拼乱凑，只不过是另一种形

if it is not over an extended period of time. The answer to this difficulty is certainly not to be found in pre-programmed, precise developmental schemes. I know to what extent this statement may seem shocking to many airport authorities who believe that all one needs is a good grasp of the problems to be able to plan the solutions. But it is a clear statement of fact that no extension to a terminal has ever been done according to the original scheme. Too many factors change-the traffic, the economy, the building techniques and so forth. How could it be otherwise? After all, what does time bring if not the unknown and the unpredictable? Trying to plan precisely today the extension to be built ten years from now is as vain as trying to stop time. Which does not mean that nothing may be extrapolated, but simply that we have to leave room for the unforeseen in our predictions and developmental schemes.

We have learned from our experience at Charles-De-Gaulle's Terminal that the way to accomplish this is to establish only open-ended systems. These are provided with a general developmental scheme that sets down the guiding principles but also with a built-in capacity for adaptation. It was because the access and exit routes were all on one side of Terminal 2, leaving to the other side the capacity to be adapted (at the free end of the roads), that it was possible, without betraying the initial project, to differentiate the first four traffic units, and especially to incorporate thereafter a high-speed train station followed by other even larger traffic units-in short, to create a hub in satisfying conditions.

When we design a project today, we do not define "the future extension" but develop instead several possible schemes, often based on the construction of identical units, but always making sure that there is enormous leeway for modifications. It is an approach informed by biological rather than mechanical examples and models. And here again we are utterly convinced that, aside from this approach which is simply a matter of good sense, there is no general answer, only specific answers adapted to each particular situation. No two terminals are alike from a functional and a developmental standpoint. And no two terminals are alike in terms of site, climate, economy and culture.

All these factors have to be taken into consideration if we are to create an adapted, original architecture that enables the terminal to go beyond fulfilling its functional role, and to fulfill as well its role as a gateway to the city or country. For therein resides the specificity of terminals. Airport terminals are modern buildings, with no historical reference, situated on the boundary between a single country, site and culture, and a common space shared by all, a space of identical aircraft. The airplane-the epitome of the cosmopolitan object, one of the most advanced produced by technology, and the symbol of man's age-old dream of flight-touches ground in a particular place, and momentarily resides in a singular site with different trees, buildings and landscapes. Showing respect for these trees, buildings and landscapes, and seeking in a more general manner the way in which the local culture may contribute something original to this symbolic building, is necessary in order to inhabit the place, in the genuine sense of the term.

But here again there is no formula, and the increasing recourse to the use of old building elements, carelessly patched onto anonymous constructions, is just another form of contempt, ignorance or indifference in respect to the reality and personality of a place. A whole complex of

式的、对场所现实性和个性的忽视与无知。各种感受、渴望与理想纠结而成的复杂情结都会在空港的建设中展现出来。我对此已屡有体会。即使是最乏味的城市，也希望能拥有一个现代化的、优雅自然的空港来作为地位、成就与希望的象征，作为与外部世界进行交流的开放门户以及体现创造激情的新空间典范。然而，这并不意味着可以把经济问题抛诸脑后。精打细算、量体裁衣，把预算用在最关键、最能体现效益的地方而不是浪费在华而不实的设施上，正是从事建筑师工作所必需的基本功。尽管经济因素并不直接对这些渴望、信念或自豪等感情问题作出响应，但是（也仅仅是）却限定了这些响应的程度和范围，这才是其真正的意义所在。对教堂、庙宇、市政厅、体育馆或火车站等建筑，根本不能以一个经济学家的眼光来衡量，因为在这些建筑中，完整的文化信息得到保存并代代相传。这类建筑中有一些简直是不可理喻，但是作为对公众愿望的响应却情有可原，因而在经济方面也得到了实际上的普遍接受。

我们对待这一问题的态度在过去的三十年中是始终如一的。也就是说，在研究工作上花费大量的时间、精力，往往还有金钱；在设备、材料和制造工艺上则尽量缩减开支，特别是降低运转与维护的费用。对我们来说，追求适当的、新的解决方法并不是为了新奇而新奇。一座座落成的空港可以为我们作证：没有任何一个是华而不实的；有些还可列为全世界最便宜的机场之一；并且所有的空港都能满足机场当局的希望和要求。我们很荣幸通过本书将它们全部呈现了出来，这荣幸源于对理想的坚持、对理性与激情的忠诚，以及我们从未忘记的、对建筑之美的追求。我们一直以来都在排除万难，坚持着这一追求。之所以如此无怨无悔，是因为我们始终相信，我们有幸创造出来的美，并不只是愉悦了我们自己，同时也使其他人、特别是生活在社会底层的人们的实际需求得到了满足。（郑怿　译）

feelings, aspirations and ambitions find expression in the construction of a terminal. I've seen it time and time again. The poorest city wants its identity, efforts and hopes to be manifested in the airport; it wants a modern, free terminal to be its open door onto the outside world, the prototype of the new spaces that it is intent upon creating. This does not mean that economy is forgotten. Measuring costs, allocating budget expenditures where they are most useful and important, and never wasting money on superfluous equipment and fittings is the necessary basis of the architect's job. What it does mean, though, is that economy does not bring responses to matters of desire, hope and pride; it merely delimits the field of these responses. No economist was ever responsible for justifying the building of churches and temples, town halls, stadiums or railway stations in which entire cultures expressed themselves and which tell us so much about them today. Some such constructions were sheer madness, but many were quite reasonable insofar as they responded to a general aspiration, in financial terms that at bottom everyone was ready to accept.

Our own stance in this respect has been constant all throughout the last three decades. It entails spending a good deal of time and energy, and often money, on studies, and keeping down expenditures on equipment, materials and manufacturing, and especially on operating and maintenance costs. For us, the pursuit of a new, adapted solution each and every time is quite the opposite of seeking originality for its own sake. Witness the terminals that have been built: not one involved exaggerated expenditures; several count among the most inexpensive in the world; and all met the aspirations and needs of the airport authorities. Our pride in presenting them all together in this book stems from the fact that we have remain loyal to those for whom we have worked, reasonable and ambitious, and we have never ever lost sight of our desire to make beautiful buildings. We have always clung to this pursuit, regardless of the difficulties. And we did so no doubt because we have always been convinced that beauty was not merely a source of satisfaction to us, but much more so a real necessity to others, especially to the poor, and this we have had the good fortune to be able to create.

光编织的空间

——保罗·安德鲁与安藤忠雄的对话

SPACE WOVEN OF LIGHT

- PAUL ANDREU+TADAO ANDO

安藤忠雄（以下简称安藤）：1960年代去巴黎的时候，利用的是奥利机场，之后，戴高乐机场一期工程建设完成，很令人惊叹。之所以这么说，是因为以正方形和圆形构成的建筑能够得以成立是有相当难度的。比如，罗马的万神庙（Pantheon，120～124年）和阿德良离宫（Villa of Hadrian，114～138年）等都是圆形，与功能性相比，其象征性的空间倒是得到更多的认识和理解。也就是说，体现某种功能的初等几何学形态的建筑设计起来并不容易。安德鲁先生采用圆形来设计候机楼这样的建筑，非常出人意料，加之其中各种通道的立体式构成，具体呈现出最为象征新时代的机场形象。安德鲁先生在当时设计时，采用圆形这样的单纯形式是如何考虑的？

安德鲁：当时我29岁，刚刚开始建筑师的事业，还没有感觉到设计上有什么可怕的东西。换句话说，抱着向新事物挑战的心态，不想沿着已知的、可能性大的道路前进，而想探索未知的、可能性小的途径，这是非常重要的。不论在哪个国家，圆形在某种意义上象征着天空。我使用圆形，当然有象征性的因素，但更多想到的是其功能性。当联想到吞吐着众多乘客的水泵状的形象时，圆形是最为匹配的。

安藤：世界上，以戴高乐机场为首，还有芝加哥、法兰克福等大型机场，谈到空港建筑，其系统的问题和动态空间的体验是非常有趣的。安德鲁先生设计的戴高乐机场，相继建成了第一空港、第二空港和列车换乘车站。我在以前看过换乘车站的平面图，当时认为这一工程是功能流程设计先行，空间设计并不是很好，然而，实际去看的时候，换乘车站动态的空间构成感人至深。整个戴高乐机场可以说是一座充满魅力的都市。

对建筑来说，存在功能体系的问题，其中的空间体验是很重要的。我们与一般人一样，想要体验建筑空间的心情是潜在的，在创作建筑的时候，重要的是如何才能唤起人们这种潜在的心情。从这种角度说，与以前的候机楼相比，戴高乐机场换乘车站更加提示出令人振奋的空间。人们在内心深处对自己的旅程都有一种描绘和想象，在充分表现出这种形象的空间体验上，安德鲁先生是如何考虑的？

安德鲁：的确，满足使用者需求的功能性是建筑必须要具备的。与此同时，正如你所说，建筑中能够产生出具有良好内心体验的空间也是十分重要的。我在设计换乘车站时想到的是，这一空间在充满生机活力的同时，还应心平气和。在此我把设计的重点放在了空间中光的创造上，考虑的是能够提供出怎样品质的光线。

安藤：大量利用玻璃的建筑在世界上很多，其中大部分不是追求光的品质，而是追求光的动态效果。谈到光的品质，赖特和柯布西耶追求的都是能够深深感染全身心的光环境的创造，关于此，我认为安德鲁先生有着崭新的视点。

安德鲁：用语言来说明是很难的，谈到光，很容易把光与影对立起来思考。比如，说到白色，其中有着微妙的差异，光也一样，存在各种各样的层次。所以，在观察光的时候，在既不过分强烈也不过分微弱之间存在着微妙的差异。我认为，日本在传统上重视影的微妙差异，我可以说是关注光的微妙差异。

安藤：日本确实在传统上津津乐道于阴影的微妙变化，您认为阴影中也存在微妙的品质差异指的是？

安德鲁：在黑暗中，也存在各种微妙差异的部分，这些部分形成的是立体的、空间的整体，有体积、有容积，之间并不存在像墙壁一样的界线，而是非常紧密地交织在一起的。我总是想认真处理光的微妙差异，而不单单是其透明性。也就是说，试图创造的是精致严密交织为一个空间整体的光的品质的差异。

安藤：在戴高乐机场换乘车站的空间中，建筑创造出了微妙的光线交织在一起的独特效果，颇具魅力。机场的第一、第二空港以及换乘车站，采用的都是初等几何学的平面形式，但建成的空间却是有机的，这是否是事先有意的经营呢？

安德鲁：最初并没有有意经营，随着设计工作的进展，逐渐认识到其重要性，便更主动地把它作为设计的目标。对我来说，简单的初等几何学的形状和复杂的形状是同时存在的，在同一建筑中，简单的部分与复杂的部分对立共生，不同的因素被组合为一个整体。

安藤： 建筑若能尝试异质因素的共存是非常有趣的，在冲突中创造出独特的品位。这样说来，与调和相比，在出人意料地引发冲突以发现崭新世界中，说不定能够诞生出新的建筑来。我们这一时代的建筑师在探索建筑表现的新的可能性的时候，面临怎样的挑战呢？

安德鲁： 我坚信一点，当把自己认为已知的、已经明白的事情稍微变换一下角度，从完全不同的出发点来思考时，就会产生出新的内涵。在这种意义上，向着既定的目标前进固然重要，但事物的所有部分都能在自己的控制之中是不可能的。要把自身放在不断变化的环境中，接触各种异质的事物，通过亲身体验这种不安定的状况，应该能够产生出预想不到的崭新事物。

安藤： 安德鲁先生的工作大多涉足的是大规模的建筑，单就规模大小来说，大规模建筑对社会有着更大的影响力，在考虑功能性的同时，紧急状况时的安全性也是要考虑的。安德鲁先生是如何考虑建筑规模问题的？

安德鲁： 首先，自身无论在精神上还是肉体上都要认真对待。设计大规模建筑时，就像是跑马拉松，之所以这么说是因为经常提醒自己不要迷失遥远处的目的地是非常重要的。一旦明确了目标，不要受周围环境的困扰，必须守住目标，坚定向前。此时对我来说，策略是很重要的，应分清主要矛盾和次要矛盾。不断把握住整体想要表现的东西，在向前推进的过程中，阶段性成果和细部就会随之自然而然地产生出来。

不管是如何优秀的建筑师，不可能把建筑整体一气创作出来，在从事大规模建筑创作时，不可缺少的是应坚定地把握住基本的设计原则和设计思想。

安藤： 哲学是从人类自身中养育出来的，若不能坚定自己的哲学，巨型建筑是无论如何设计不出来的。

安德鲁： 毫无疑问，坚定自己的哲学信念是很重要的，这时，自己如何解释某种情形，用特有的语汇表现可以发挥出非常重要的作用。这是因为，特有语汇表现出了自己的思考。在设计进展过程中遇到不安时，通过返归特有语汇表达出的思想，能够重新确认建筑本应表现的东西。我的感觉是，图面表达不出的东西，能够通过语汇表现出来。

在设计戴高乐机场换乘车站时，我们给白玻璃构成的部分起了一个法语的名字“冰河”，以体现出这一部分所应有的特点——洁白纯净的、“明亮耀眼的”。设计过程中犹豫不决时，就会想到：“我们不是给它起了‘冰河’的名字吗，为什么要起这样的名字呢？”当回到这一语汇时，便明确了自己想要表现的东西，就会以充足的信心把设计向前推进。

（吴耀东译，译自SD9505《巨型建筑：保罗・安德鲁的新作》专辑，资料由ADP提供。原载于《世界建筑》杂志2000年第2期）

保罗·安德鲁与中国学生的对话 PAUL ANDREU + CHINESE STUDENTS

学生（以下简称“学”）：您在其他国家做了许多工程，例如中国。您在设计中如何看待每个国家的文化？

安德鲁（以下简称“安”）：嗯，文化是非常重要的一个因素。我的意思是说：为人建造是很重要的，为一个特殊的场所建造是很重要的，在一个特定的环境下建造也是非常重要的。对我而言，时间、地点、民族以及自然环境、社会环境就是文化。照抄照搬古代形式并不是文化。我是说：文化是一种需要被尊重、保留及保护的东西，而并不是去模仿的东西。

学：我们不应模仿它吗？

安：你们一点儿都不应模仿它，因为人们这样去设计的历史情况与你们相差甚远。可以说是完全不一样，除非你重现当时的所有情况，否则你便没有理由仅仅去模仿它。在唐代的建筑和绘画中，有一种飞天的形象，我不会画，但我知道它们是刻在墙上或画在纸上的一种装饰。那你们如果再次使用那些装饰，它们包含了什么意义呢？是一种信仰吗？如果你们信它，并且你们与那一时期的人有着相同的心境，那好，就那样做。

学：但现在的生活方式与那时大不相同了。

安：如果你们一定要采用古代的形式，那你们知道为什么古代要做成这样吗（指木构架大屋顶）？因为许多技术方面的原因。那为什么要在混凝土的时代制造它们？有什么技术原因吗？还是经济加文化？愚蠢！愚蠢！所以你们要做的是把各方面结合起来。但我也不知道怎样把它们做成中国风格。

学：是的，这正是中国所面临的问题。

安：是的，我的意思是说你们应该自己去寻求解决方法，但那并不是办法（指照抄照搬的方法）。你们听了安藤（日本建筑师安藤忠雄，下同）的报告吧？你们看他做的寺庙，没有任何大屋顶，除了房子是红色以外没有任何所谓的传统。

学：但它保持了一些精神。

安：对，我想它处处都体现了一种精神。我的意思是说，这是有日本特色的，安藤的球形建筑也是有日本特色的，东京的这个建筑也是日本特色的。我是说，不要因为文化而这样为难。去读书，观察周围的事物，观察古代的东西，文化就会根植于你。文化是一种深藏于内的东西，而不是被拿出来炫耀的。当你安静地专注于一个事物时，当你进行设计时，文化就会体现出来。但我再次强调：我不是赞同做这样一个国际式的方盒子（是指在老建筑中生硬地插入一些光秃秃的、毫无特色的建筑）。

学：那样太唐突了。

安：你们可以找到更好的办法去做。事物之间都是互相尊重的，老建筑与新建筑也是这样。你要尊重，但并不是被迫去遵守。尊重与遵守是不一样的，你可以不去遵守，但必须去尊重。

学：您让我们读一些书。在您的讲座中，您说您从你们国家的文学中，尤其是诗歌中，获取了一些解决问题的方法，那您在设计中如何体现文学的精神呢？

安：嗯，它们之间没有直接的联系。就好像你问我，应该吃牛排还是该吃羊肉？我会告诉你只是去吃。你必须吸收一些东西，然后从所有那一切里，拿出自己的东西。

学：就是吸收各种各样的东西？

安：对！吸收！摄取好的东西，不要去寻找所谓的惯例，或做一件事单纯是为了达到某个目的。你读是因为它读起来很好，你看是因为它很好看，然后你就会发现自己设计得越来越好了。一定会有结果的。

学：您是说去提高自身修养，这样当我们设计时，一些想法就会在那里，或者我就会在那等着什么东西的出现？

安：我的意思是说工作着去等，而不是干坐着等，你并不能只在法则和建筑书籍中找到你工作中最重要的部分。我的意思是说，读那些建筑书籍，然后忘掉它们。

学：那我们在哪里才可以找到自己作品中最重要的部分？

安：昨天有人说，"在设计时应问问自己：你想住在自己设计的房子里吗？"不要这样想。我的意思是说，试着考虑一下要住进你的房子的人的感受，他们会喜欢那儿的气氛吗？他们会体会到你想要表达的空间吗？宽了是否好，高了是否好，这都依时间和情况而定。

学：也就是说，最重要的是满足人的需求。

安：是的，如果符合了一切要求，就知道怎样去做这个工程了。你们可以试一试。当然，当你去欣赏大师的作品时，例如安藤和贝聿铭的作品，去试着理解他为什么会做成这样。不要只去看那些图片，或是去模仿一个广场的形状和布置。绝不要这样！试试看去想像那是什么样的空间，它为什么会做成那样，试着去分析空间、墙体、景观，然后你就有了进步，千万不要模仿！我的意思是说，你一旦理解了，便可以去吸收。建筑师们经常相互学习，这没有什么错。我从皮亚诺那里学习细节，皮亚诺也从我这里学习，我从雅马萨奇那里学习细节设计，贝聿铭从其他人那里学习。你可以吸取（take），问题在于你不能不明白就去吸取，你也不能因为它简单就吸取。你吸取是因为你意识到那是一种非常好的解决方法，你并不应把整个建筑拿为己用，但吸取细节没有问题！

学：大多数建筑只是为了取悦人，或者说是为了取悦人的视觉。您觉得呢？

安：我不这样认为，不要试图取悦于人！不要试图创造出从开始就让人们喜欢的东西。创造一些他们真正需要并已想要的东西。但也许他们不能告诉你他们想要什么，因为大多数时候，你永远也不会认识将会住在那里的人们，你仅仅会认识业主。

学：但你也许知道什么是受欢迎的。

安：是的，你可以试着理解周围的人是什么样的，你应该试图去创造。创造（Create）即意味着提供新鲜的东西，创造不是一种交易的产品。当你问："你喜欢什么？蓝色吗？"好的，那就要蓝色吧。"白色？"好吧，那就要白色。然后我就更喜欢用白色。这就是交易，但建筑不是交易，因为交易不是理解人们，而是简单地取之于民。理解是另外一回事，理解是把你自己置于问题之下，这时你并没有模式、颜色或是任何精确的结论，你一无所有，同时你也是自由的，因此你必须去创造。

学：我看过您的设计：广州白云山体育馆。你从场地得到了想法。所以你想设计一个并非只有中国人，而是所有人都喜欢的建筑。

安：我想每个人都会喜欢那个环境的。在设计时，我首先想，为什么当地人从来不在山上建房子呢？因为他们尊重那座山。他们从来不在上面建房子，这就意味着一些东西。广东现在处于一个很糟糕的时期，他们到处建房，但那座山总是得到尊重，所以我相信首要一点是你必须尊重环境。因为这里没有特别大的山脉，大量的山都像这样（安在纸上画了一些平坦，高低都差不多的山脉），那你能像这样建房子吗？（他在山间画了一个冰冷的国际式方盒子）在那次竞赛中，确实有人这么干，所以，如果一个工程这么冷酷：Bang－Bang－Bang（他发出了象声词，如同僵硬的金属块），那么它就没有出路了。在这样一张图上，你几乎看不到山了。如果你见到我所有的草图，你会看到在这个方向，那个方向，还有那个方向……我会尝试许多不同的东西。（他在各个方向随手画了一些线）。我会不断思考，它应该是这样的吗……还是那样？最终，它就会变成这样（指最终设计）。但仅仅是在最终，但如果你问："它是一个中国式的屋顶吗？"不！它不是一个中国式的屋顶，但它会成为一个中国式的屋顶，它是一个为了让所有的梁都等长的屋顶。这是一个核（安画了一个椭圆形），所以这个梁，那个梁，还有那个梁都是一模一样的，仅仅是切短了些；所以那就意味在这个规则之下，你可以让工程变得易于实施，于是，就得到了这个屋顶。但那是为了经济原因，所有的片都一样长。因为这是圆上的一点，一点，又一点……只有在这里（指椭圆两头），存在不同长度的片，所以这是减少造价的一个方法。那为什么把顶做成半透明的呢？为了电视！因为如果你想在白天让电视有清晰的图像，你必须避免较大的阴影，所以把它做成半透明的。然后你会说“啊！在晚上时，它是闪亮的！啊，这可真好！我喜欢晚上让它发光的主意。”所以，我的意思是说，你有充足的各种各样的理由来做一个屋顶，并不只是文化上的原因，还有技术的、功能的、经济的原因。我希望在考虑了以上诸种因素之后，会得到一个较好的结果。但人们会喜欢它吗？人们希望能得到什么？他们不知道！他们一点儿也不知道！这就像一个男人，他想要结婚，他幻想：“我想要一个金发女郎，高高的……这样的……那样的……”他想到了一切。随后，一个黑发女子出现，他堕入爱河！这可不像他事先描述的那样！如果你想按照事先描述好的去寻找伴侣，那你永远也找不到！你想模仿长城吗？你想模仿紫禁城吗？我的意思是说一个东西的出现，必定是有其功能的，它一定是经济的，是能给人们带来他们所期望得到的东西的——一种他们无从描述，但会让他们迷恋的东西，这就是建筑的功用。那你爱的是它的外表还是内在的功能呢？我相信是你住在里面的感受。你可以决定你想要创造的一切，但首要因素是要让持有不同看法的人变得看法一致。安藤的经历可以证明这一点。记得和尚们对于刚刚建成的寺庙的第一反应吗？“不！不！”然后呢？最终是“是”！但第一反应总是“不”。为什么“不”？他们也不知道。随后，有时就变成“是”。

学：所以建筑师必须说服客户？

安：是的，所以客户也得冒险。拿悉尼歌剧院举个例子。你如果看过他们的图纸，你就会发现绘图都很不精确。你看到一个想法，但你只能想象它。但非常值得庆幸的是，在评审团中有一个叫沙里宁的人。他说：“我们一定要用这个。”他们就定了下来，结果现在每个人都很喜欢它。因为尽管它的功能不尽完善，但它太有想象力，太迷人了！但一开始，人们都对它摇头说“不！”所以如果你问我：“它是一个澳大利亚建筑还是一个丹麦建筑？”没有人能记得丹麦了。显然，它是澳大利亚的一部分，只不过凑巧建筑师是个丹麦人，这一点并不重要。

学：您对计算机在建筑设计中的应用如何看待？

安：我必须首先承认我并非计算机的行家。你们都看过鲁瓦西戴高乐第一空港的展览吧，它确实是一栋非常复杂的建筑，但我们没有使用计算机。你们知道其中有着异常复杂的流线，我们依靠几何学、草图和模型来搞定它，为了证明它不会倒塌，我们做了模型，还进行了精确的几何制图。我们也许可以用计算机“Bang—Bang—Bang”（他做出了敲击键盘的动作），那会更方便。但我的意思是说：你们这一代使用计算机太早了，太快了。他们没有想法，一切都依靠计算机。我告诉事务所里的人：“不要这样做立面：Chu—Chu—Chu（模拟在电脑上机械画线的动作）。”我告诉他们我使用草图。所以，首先你要看，要想，要画，然后得到一个想法。当你要验证想法，或希望做得更精确时，OK，这就是计算机上场的时候了。最后的施工图会被交到每个施工者手中，对于画施工图，计算机就非常好使了。对我来说，计算机的作用更重要地在于陈述想法，而不在于设计。我觉得应该发明一种不精确的计算机。我的意思是说，在画图时，你会出错，但计算机不会给你纠正错误。它会给你非常准确的东西。但当你对它说：“我不知道怎样做”时，它不会有任何反应。

学：许多人都说您既是建筑师，又是工程师。

安：因为我经历了两个时期。我首先是一个工程师，我最早在法国学习了数学和物理。在学校时，我开始画画。改变就在那时产生了。

学：因为你既是一个建筑师，又是一个工程师，所以您感觉做设计时很轻松吧？

安：我并非那种意义上的工程师。作为一个工程师，一个人得计算。我不会做计算，因为我从未实践过。我只懂得其中的原理。在建筑师中，皮亚诺从来不是一个工程师，但他对结构了解很多。所以你不必首先要成为一个工程师。看看安藤，他没有学历，没有建筑教育，但他游历过许多地方。他运用的是一种自我完善。对于工程他懂得并不多，但那又有什么关系呢？他的建筑是令人惊叹的，每个人都有不同的故事。安藤也许不知道如何去计算一根梁，但他看到过许多人施工。观察他们如何工作，就会得到一些影响，因此我很愿意去施工现场看人们怎么工作。

学：我认为对一个建筑师来说这种实践是非常重要的。如果你不能亲自去施工现场看，你就无法准确知道一个房子是怎样盖起来的。

安：是的，你无法很好地了解。许多时候，当你去工厂时，你可以问："它可以这样做吗？"尽量地去问问题：这里面是什么东西？你怎样去做它？你用什么做？我只是感觉很遗憾，因为我没有太多时间去做这件事。我记得我在上海停留期间，最愉快的莫过于和一个园艺工人进行交谈了。啊，那可真是快乐的时光，因为你可以懂得许多东西。去工厂看看大家工作，你就可以学到东西。再一次强调，你们一定要记住，先学习，再去做事。在两者之间，是一个提高的过程，你必须慷慨地去学习，不要把学到的一切东西立即加以应用。吸取，消化，然后创造（Take，digest and make）。

学：您对建筑师的学校教育如何看待？

安：最好的学校会告诉你许多你必须知道的原则。每个学校都会教给你最基本的常识，什么是梁，什么是墙。有些学校，会告诉你工作方法：像这样去工作，像那样去工作。但在某一时刻，学习生涯会结束，从那一刻起，你就必须自学。你必须终身去学习，学校并不意味着你在里面学习，然后学习生涯就结束了；相反学习贯穿于你的整个生命，学校仅仅是学习生涯的开始。不要向学校要求太多，你可以从那里得到许多，但并非一切。这里再一次强调：留心观察，理解，尊重，然后舍弃（Pay attention，understand，respect，refuse）。如果舍弃掉你并不理解的东西，那将是很愚蠢的。你首先要理解。如果你已经理解了，那好吧，可以进行舍弃。但当你舍弃时，做得礼貌些。你不必很粗鲁或是不尊重。你只需说："我就这样做了。"那就行了。

（采访：陆翔 唐斌 姬青 廖志强 杜英洲／整理：姬青／翻译：姬青，原载于清华大学建筑学院学生院刊《思成》第5期，采访者与译者时为该刊记者，建筑学专业学生。）

跋 POSTFACE

保罗·安德鲁 Paul Andreu

我希望把这篇文章作为本书的后记而不是前言，在设计作品介绍之后呈现出来。显然这样做违背了约定俗成的排列次序，但我绝没有借此标新立异之意。我必须坦言，当人们无力从纷繁的事物中理出头绪，并愤而弃之于无序状态时，新秩序就有可能从这种简单的无序状态中浮现出来。我所希望的是，文字叙述能够和我的设计创作一样，传达出我作为一名建筑师的处事之道。

理论一词在法语中有两种截然不同的含义：第一层含义与英语中的解释一样，是指认识某一学科或行为领域的规律、原则以及经过提炼、推敲的思想观念的总和；另一层含义可能更接近其本义，是指一种组合和一种序列。

至于建筑理论，我认为应同时包含以上两种含义。依我个人之见，所谓建筑学，不论是集体的认识还是个人的理解，都源于一系列建筑物，包括已经建成的、正在建设的以及仅在规划之中的。不管你是否愿意，形成序列、赋予其秩序就意味着建立起一个本义上的理论，对建筑的反思将最终导致产生广义上的理论。

这些想法完全基于我个人在建筑师生涯中的亲身体会。我发现在设计创作过程中，除了对逻辑条理和建筑本身的考虑之外，常常有某种潜意识的东西在我毫无知觉的情况下萌芽、发展，最终成为整个设计的点睛之笔和最具创新精神的部分。往往是在设计完成之后我才意识到这一点，也才开始有时间反思刚刚完成的工作，以便为下一个设计项目作准备。如此这般，周而复始。

推敲既成的事实，寻找其内在秩序和深层意义，为下一步做好准备——这就是理论，至少我认为如此。它与重在规定、决定和限定的空论恰恰相反。

理论专注于对过去的思考，以便更好地面向未来，但它并不因此而使未来丧失神秘感。如果真像我所相信的那样，建筑不过是人们对法律法规、特定地段、经济预算、预期愿望等所作出的回应，那么理论既不会导致、也不会限制这种回应的产生，它只是有助于认识问题和解决问题。理论研究是一项长期的工作，并不总是有结果，但为了对问题有全面、透彻的认识，理论研究又是必不可少的。这是我通过比较作为数学或物理学的学生以及作为建筑学学生和建筑师，在认识和解决问题时采取的不同方式所得出的结论。在前一种情况下，问题本身及其表达从开始就很清晰明了，全部困难在于如何详述其结果。后一种情况则正相反，难点在于对问题本身的表达，为了得到一个简单的结果，在阐述问题时不得不一遍遍地讲究措辞。如今我知道这种差异主要应归因

It was my wish to have this text appear after the projects in this book, in the form of a postface rather than a preface. I did not mean by this to make some sort of show of originality by merely overturning the established or accepted order of things, although I must say that sometimes new possibilities and a new sense of order can emerge out of the simple disorder into which we throw the things around us when we feel exasperated at not being able to sort them out. What I wanted was for words to appear at the same point as they would in my work: I wanted them to translate my way of doing things as an architect.

The term theory has two distinct meanings in French. As in English, it designates the body of rules and principles, which forms the frame of reference for a scientific discipline or a field of activity, as well as thoughts formed by abstraction and speculation. Its second meaning, probably of older origin, is a procession, a suite or sequence.

When it comes to architecture, I think we should refer to both definitions of the term. To my mind, architectural theory, be it collective or individual, being with a suite of buildings-already constructed, being studied or merely in the planning. To establish this sequence and, like it or not, to give it order, is to establish a theory in the original sense of the term which will inform the reflection that may eventually give rise to a theory in the term's wider sense.

These thoughts are based on my own personal experience as an architect. In the things I do for logical, coherent and clearly articulated reasons, I often find that something else has taken form and grown in the project's subconscious, without my being aware of it, and this something ultimately becomes the very gist of the project and the most original aspect thereof. I'm never aware of it until the project is completed, and I have had time to examine the finished work, and to think about it so as to prepare myself for the next project. And the same process occurs time and time again.

This is what theory is, at least to my mind: reflecting upon what has already taken place, looking for its order and eventual sense, and preparing for the next act. It is just the opposite of ideology, which prescribes, decides and confines.

Theory involves devoting thought to the past so as to prepare the future without however divesting it of its share of mystery. And if, as I believe, architecture is above all a response-a response to a brief, a site, a budget, a desire, and so forth-theory does not induce or condition this response. It is useful when it comes to thinking through the question itself, a long and not always rewarding task but one that it is necessary in order to achieve a full grasp of the terms of the question. This is something I realised in comparing what was asked of me when I was a student of mathematics or physics and had to resolve a problem with what was required of me as an architecture student and later as an architect. In the first case, it was, to the question, which had to be phrased again and

于教学方法的不同，实质上科学工作与建筑工作没有本质区别。在这两个学科领域，理论都是自由发挥的根本基础，它既“破”且“立”，在联系和组织“序列”的过程中发挥作用，而序列又总是处于不断丰富和变化的过程之中。

我谈到的“破”是指经过深思熟虑有条理地针对问题本身提出质疑，它与对问题认识不清有很大不同。它意味着人们与那些代代沿袭的传统观念和根深蒂固的固执己见分道扬镳，因为它们都有碍于对问题进行客观的、清晰的认识。

这是一项艰难的工作，如果不采取折衷的立场，也许永远不可能实现。

对建筑而言，一个设计项目常常需要长期的思考才能被认识和理解，才能被阐释和表达。在争论和期望的过程中，设计方案逐渐从疑惑走向明朗，这正是建筑创作的关键。在此过程中，没有任何事物能够消除人们的疑虑，也没有任何事物能够阻止我们充满自信地得到最终成果。这正是建筑学自成一体的原因，它无法从任何其他的思想或创作领域得到所需的论据。承认建筑学自成一体并不表明它是独立的，试图把建筑从政治、经济、技术中分离出来纯属愚蠢之举，这会使人们对建筑与艺术、科学、哲学、文学或诗歌之间千丝万缕的联系视而不见。

正是在这些联系的作用下，在语汇乃至更深层次的结构从一个领域转换到另一领域的过程中，理论不断繁荣起来。过去几年里，当众多建筑师利用新的科学观和哲学观去支持一种新型的建筑手法时，理论的发展进程经历了一次多少有些惨痛的转变。我认为这是建筑学长期孤立发展的后果。长期以来，建筑学只注重功能的有效性或技术的纯粹性，甚至完全局限到单纯的设计问题之中。从长远来看，这样的孤立发展最终必将使建筑学受到严重损害。重要的是我们自己不要被迷惑，不要为了使建筑易于被理解和接受而把问题简单化，也不要过多地沉浸在使用新奇甚至外来词汇的兴奋中，因为即使在当时看来它们是有意义的，却仍然难免不够贴切。到知识的海洋中去“弄潮”、去“搏击”、去“探求”或者重拾过去的语汇、图像和感想，以一种全新的方式将它们组合在一起，所有这一切都有助于为建筑学的思考做铺垫，但却无法代替它。下面我就以审慎的态度，对我在设计创作中的一些理论思考加以介绍。这完全是个人的自由评说，与评论家的工作迥然不同。

我首先要谈的是位于巴黎的查尔斯·戴高乐机场第二空港。

again until it was formulated in such a way as to have simple response. I know today that this difference was mainly due to the teaching method, and that scientific and architectural work is not fundamentally different. In both fields, theory basically prepares the ground for understanding and exercising freedom. It contributes as much to creating doubt as to creating order. It is wholly at work in the bonds linking and organising the "sequence", and this sequence is at once cumulative and ever changing.

When I speak of creating doubt, I am referring to a deliberate, methodical act of calling into question, which is very different from being plagued by doubts. It is a matter of detaching oneself from ideas that have been handed down and from one's own certitudes, because both stand in the way of a real, clear understanding.

It is a difficult task, perhaps an impossible one, if you adopt a no-compromise stance.

The critical moment of architecture is when questioning and desire cause a project to dawn from the doubt, a project that will require a long process of elaboration to be understood, defined, elucidated, discovered and disclosed. Nothing can diminish the uncertainty of this moment, nothing can make it possible for us to approach it with total self-assurance. This is what makes architecture autonomous: it can draw no assurance from any other field of thought or creativity. But if architecture is autonomous, it is not, for that matter, independent. It would be nonsense to try to disconnect architecture from economics, technology and politics, and you'd have to be blind not to see all the ties it has with the arts and sciences, with philosophy, literature or poetry.

Theory thrives on the parallels that these bonds allow, and on the transpositions from one field to another, of the vocabulary and on a still deeper level, of the structures. Over the past few years, this has taken a somewhat pathetic turn with many architects making use of recent scientific and philosophical ideas to support a new architectural approach. I think it is a consequence of the fact that architecture has been through such a long period of isolation, during which it concentrated solely on functional efficiency or technical purity, or even withdrew totally into issues of pure design. This isolation was bound in the long run to mutilate it seriously. The important thing is not to delude ourselves, not to reduce our thoughts to the kind of oversimplification that makes them accessible, easy to understand without too much effort, and not to give in too often to the excitement of using novel, even foreign, words, because even though they may be valuable at times, they are still beside the point. To "surf", to "zap", to "cyber-out" in the continuous spectrum of knowledge, or to bring back words, images and impressions so as to assemble them in an unlikely manner, all this can contribute to preparing the ground for architectural thinking, but it can not replace it. I will now try, without pretending to do a critic's job, to draw some theoretical considerations from my work, and I do so freely but with great caution.

在我所做的设计项目中，都可以体会到某种秩序，也都可以看出我的不同考虑，其中第二空港的发展秩序是我最得意的创作，这种秩序既存在于时间层面，也存在于空间层面。从1969年我最初着手第二空港的方案设计开始，它就一直处于发展变化之中，此后曾多次进行扩建，因此与其他工程项目相比，其中包含着更多的时间因素。这里的时间不是作为历史参照系的时间，而是建筑的一个基本组成元素，和其他建筑材料一样，是一种具有特殊含义的建筑材料。在第二空港的发展进程中，我逐渐真正领会到所谓开放式规划设计的重要性。这种规划设计方法具有和有机体相类似的特点，能够将未来持续发展变化的各种可能性融入到总体的有机计划之中。

同样是在第二空港的发展进程中，我开始领悟到统一的真正含义。要知道在项目设计的初始阶段，它给了我新的启发，发挥了相当重要的作用。当然至今我并未完全放弃追求统一，但是我不再满足于依靠重复某种形式或者利用某种材料来创造统一。在设计第二空港加建的TGV站和F厅时我利用材料和结构的对比与互补，创造出一种复杂多变但又一目了然的空间效果。我发觉自己设计的建筑并非“过于简单”，绝不是一个简短的定义或公式所能表达得清楚的。

在设计第二空港的候机大厅，“欧洲之城”商业中心（加来，Calais）和大阪海事博物馆等巨大尺度的建筑空间时，我试图努力解决另外一个问题，即如何在当前创造出适宜的空间尺度，使人们觉得它既不过大也不过小。建筑空间在经历了20世纪50～60年代的消沉低迷和20世纪80年代不计后果的“蔓延扩张”之后，我觉得当前该是对建筑中个人、群体和各种空间尺度之间的相互关系进行认真思考的时候了。例如在第二空港第一座候机厅的设计中，我将整个大厅的空间尺度与其中的辅助设施联系在一起，清晰地隐喻城市中的布局。虽然我对结果并不完全满意，但至今这仍是我未竟的追求。

我在上海浦东机场的设计工作中更多地运用了上述手法。上海新机场的空间尺度更加庞大，“悬浮”的屋顶结构限定了建筑空间的上部边界，我希望有可能将辅助设施的建筑高度提高到3m，这样可以为设计创造出极大的回旋余地。

另一方面，在我的职业生涯中，我始终对某些简洁的建筑材料情有独钟，特别是混凝土和玻璃，对常见的纯灰色调亦是如此。这是个观念问题，对此我十分随意。比如说我在许多项目中使用白色与钢材相配，有时也用黑色，这只是表明我的根本观念在不断深化。我深信，过分重视外观、细部和运用高级材料，结果会适得其反，给人以吹毛求疵、矫揉造作之嫌。

随着时间的流逝，我开始致力于一种新的探求，至今它已为我的设计创作开辟了新的思路。它突破了材料使用的“局限”，或

I will start with Terminal II in Paris' Charles de Gaulle airport, because out of all the orders that I can discern in my projects and from which I can draw different considerations, the order of development of Terminal II takes pride of place in my mind. Its order is one that affects time as much as space. Since my very first designs for it in 1969, Terminal II has continually been the object of development, transformations and additions, to the point that this project, more than any other, has come to contain time within itself. Not time from an historical standpoint but time as a constituent element, as a subtle material on a par with other building materials. Because of Terminal II, I gradually came to really grasp the importance of open-ended planning which, in the manner of living organisms, incorporates into its overall organisational scheme, the continual possibility of adaptation and development.

Thanks to Terminal II, I also came to see the notion of unity, so important to me at the start of the project, in a different light. I have not totally abandoned it, but I am no longer satisfied with unity based on the use of a material or the repetition of a form. With the addition of the train station and Module 2F to Terminal II, I found myself designing buildings that were not “overly simple”, using the contrasts and complementarity of structures and materials to create a more intricate space, totally legible, but not easily reduced to a snappy definition or formula.

With the ever larger concourses of Terminal II, and the huge dimensions of the Cité Europe shopping centre and the Osaka Maritime Museum, I tried to tackle the issue of what could constitute appropriate spatial proportions for us nowadays, neither too big nor too small. After the slump in the fifties and sixties, and the sometimes reckless “expansion” in the eighties, I feel that it is high time that we gave some serious thought to the relationships between individuals, crowds and a whole spectrum of spatial dimensions in buildings.

With the first concourse of Terminal II, I tried to create a relationship between the scales of the overall volumes and of the secondary facilities they contain that would provide a clear, metaphoric parallel with the city layout. While I am not totally satisfied with the results, this is a quest that I have not given up.

Quite the contrary. It is very much present in my work on Shanghai airport. I am hoping that it will be possible, thanks to the huge spatial dimensions and the “detachment” of the roof structures that serve as their upper boundary, to leave up to three meters in height or the secondary facilities, which would allow for enormous leeway in their design.

I have, on the other hand, remained constant throughout my career in my reliance on the same simple materials, in particular concrete and glass, and the same generally greyish hue. It is a question of conviction and I freely take liberties with it-employing, for instance, white and sometimes black, in conjunction with steel in many of my projects-but this only shows the deepening of my initial conviction that too much attention to surfaces, details and lavish materials has perverse consequences, and results in excessive, fastidious refinement.

As time goes by, I am struck by a new quest that has dawned as a possibility in my projects, one that goes beyond this “restraint” in the use of materials, of rather discloses its real meaning. This new quest is apparent in the ever growing importance of light in the different buildings of

者说揭示出这种局限的真实内涵。这种新探求在许多设计项目中可见一斑，例如在查尔斯·戴高乐机场的不同建筑物中，光的运用日益重要。在最近完成的大阪海事博物馆、“欧洲之城”商业中心，以及在库尔舍瓦勒、久美滨的一系列规模较小的建筑项目中，景观设计越来越受到重视。过去几年里，我所表现出的含蓄似乎与取舍或胆怯无关，而是更多地与信心和无限期望联系在一起。

之所以如此，是因为我不再把自己设计的建筑及其内涵视为完美的、终结的物体。与其他艺术不同，构造一幢建筑不只是为了让人观看、让人聆听，只有当人们入住其中赋予其色彩与活力，只有在光与水甚至风的共同沐浴之下，建筑创作才算完成，并且这一过程总是处在不断地变化之中。

从我的设计作品来看，这一设计过程一直在不断更新，以不同形式表现出来。

例如，久美滨度假村的设计充分尊重当地的景观因素，整个建筑与周围环境融为一体，而大阪海事博物馆只有倒映在平静的水面上时，才会显现出完整的球体形态，事实上这种现象少有发生。

出于同样的考虑，我希望上海新机场能在融合自然与科技方面迈出重要一步。我认为这应该是未来几年建筑设计的主要课题之一。

依我之见，还有其他几个方面的问题算得上是当今建筑实践的关键，其中包括：材料的进一步开发利用，如表面无接缝的混凝土，或具有水密性的玻璃；在合理的几何设计前提下，利用计算机自动控制的巨大潜力，以较低的造价建造复杂的空间；将光影与材料紧密结合，创造模糊的、可渗透的边界。

但我必须声明，迄今为止我还不知道应该沿哪个方向将书中最后几个建筑实例所代表的实践继续下去。

放眼未来，我相信会出现一个意义深远的新的理论课题，它曾经被人们彻底忽略，但却是组织建筑工作、维系建筑师与其他规划和建设人员之间相互关系的基础。通过对该课题的认真思考，我们也许有能力超越建筑师自身的正统观点，超越个人认知与自我表达的局限，根据当前的形势对建筑的社会职责作出解释，这将是我们引以为荣并踌躇满志之所在。

（郑怿 译，刘健 校，译自《Paul Andreu —— The Discovery of Universal Space》，原载于《世界建筑》杂志 2000 年第 2 期）

the Charles de Gaulle airport, and in the increasing focus on landscape in a whole series of my recent projects of more modest proportions, at Courchevel, Kumihama, the Osaka Maritime Museum or the Calais shopping centre. With the passing years, it seems to me that the reserve I have expressed has come to be related less to a refusal or a fear, and much more to a confident, generous aspiration.

What I mean by this is that I not longer intend the buildings I design to be finished entities in and of themselves. A building is not something standing there waiting to be seen or heard like other works of art. Its completion comes, and it does so in an ever changing way, when it is inhabited by people who bring with them colour and movement; it comes with light and even with water and wind.

This approach can be seen in different and continually renewed forms in my work.

The Kumihama building, for instance, was designed to be confided to the elements of the landscape, while the Osaka Maritime Museum was to be complete as a spherical form only when reflected, as it would seldom be, in a still body of water.

Along the same lines, I hope that Shanghai airport will constitute a step in the direction of reconciling nature and technique. This is something I feel ought to be one of the main issues of architecture design in years to come.

There are several other aspects of architecture that, to my mind, count among the key subjects of experimentation today: the use of a material for its secondary qualities, such as concrete for its jointless surface or glass for its watertightness; the possibilities offered by computerized manufacturing, when based on appropriate geometrical designs, to inexpensively produce intricate forms; and last but not least the way in which light and materials can be associated to create blurred, porous boundaries.

But I must say that I do not yet know in which direction to pursue the experimentation represented by the last few buildings that figure in this book.

Projecting myself into the future, I believe there is another theoretical topic that is of fundamental importance in and of itself but which has been all too neglected, and that is the organisational aspects of architectural work and the relationships between architects and all those who work with them on planning and building a project. By giving this matter careful consideration, we may be able to move beyond legitimate issues of the architect's status, along with related problems of personal recognition and self-expression, in order to give present-day relevance to what we will ambitiously but generously continue to refer to as the social role of architecture.

作品年表 CHRONOLOGY

1967
鲁瓦西查尔斯·戴高乐国际机场第一空港
AÉROPORT INTERNATIONAL DE ROISSY-CHARLES-DE-GAULLE, AÉROGARE 1
法国

工程控制：Aéroports de Paris
建筑师：Paul Andreu
助理建筑师：Pierre Prangé, Francois Prestat,a Paul Meyer, Jean-Louis Renucci, Yves Robin, Henri Lazar, Michel Grégoire
工程师：Jean-Claude Albouy, Roger Griod, Francis Clinckx, Francis Ailleret, Michel Marec
室内设计：Joseph A. Motte
色彩设计：Jacques Fillacier
绘图：Adrian Frütiger
竣工：1974
年吞吐量：960万人次
面积：248000m²（主楼及卫星楼）

1967
鲁瓦西查尔斯·戴高乐国际机场控制塔
AÉROPORT INTERNATIONAL DE ROISSY-CHARLES-DE-GAULLE, TOUR DE CONTRÔLE
法国

工程控制：Aéroports de Paris
建筑师：Paul Andreu
助理建筑师：Jean-Louis Renucci
竣工：1974

1967
鲁瓦西查尔斯·戴高乐国际机场水塔
AÉROPORT INTERNATIONAL DE ROISSY-CHARLES-DE-GAULLE, CHÂTEAU DÉAU
法国

工程控制：Aéroports de Paris
建筑师：Paul Andreu
助理建筑师：François Prestat
工程师：Jean-Claude Albouy, Roger Griod
竣工：1974

1967
鲁瓦西查尔斯·戴高乐国际机场电话中心
AÉROPORT INTERNATIONAL DE ROISSY-CHARLES-DE-GAULLE, CENTRAL TÉLÉPHONIQUE
法国

工程控制：Aéroports de Paris
建筑师：Paul Andreu
助理建筑师：Jean-Louis Renucci, Yves Robin
BET：SETEC
竣工：1974

1967
鲁瓦西查尔斯·戴高乐国际机场冷、热、电控制中心
AÉROPORT INTERNATIONAL DE ROISSY-CHARLES-DE-GAULLE, CENTRALE THERMO-FRIGO-ELECTRIQUE
法国

工程控制：Aéroports de Paris
建筑师：Paul Andreu
助理建筑师：Francois Prestat
工程师：Francis Clinckx
竣工：1974

1972
鲁瓦西查尔斯·戴高乐国际机场第二空港，A、B厅
AÉROPORT INTERNATIONAL DE ROISSY-CHARLES-DE-GAULLE, AÉROGARE 2, HALLS A ET B
法国

工程控制：Aéroports de Paris
建筑师：Paul Andreu
助理建筑师：Jean-Louis Renucci, François Prestat, Jean-Jacques Baechelen, Jean-Michel Fourcade
工程师：Jean-Claude Albouy, Francis Clinckx, Éric Sauvalle, Roger Griod
室内设计：Joseph A. Motte
绘图：Adrian Frütiger
竣工：A厅1982，B厅1981
年吞吐量：1000万人次（A厅400万，B厅600万）
面积：A厅50000m²，B厅60000m²

1972
鲁瓦西查尔斯・戴高乐机场RER站
AÉROPORT INTERNATIONAL DE ROISSY-CHARLES-DE-GAULLE, STATION RER
法国

工程控制：Aéroports de Paris 及法国国立铁路公司（SNCF）
建筑师：Paul Andreu
助理建筑师：Pierre Prangé
绘图：Adrian Frütiger
竣工：1976

1974
鲁瓦西道路照明设计
ROISSY ECLAIRAGE ROUTIER
法国

设计：Paul Andreu
助理建筑师：Jean-Louis Renucci
制造：Phillips
竣工：1974

1975
阿布扎比国际机场
AÉROPORT INTERNATIONAL D' ABU DHABI
阿拉伯联合酋长国

委托人：Public Works Department
工程控制：Aéroports de Paris
建筑师：Paul Andreu
助理建筑师：François Prestat, Jean-Claude Flouvat
工程师: Philippe Eme, Michel Cote,Éric Sauvalle, Roger Griod
竣工：1982
年吞吐量：310万人次
面积：主楼45000m^2，卫星楼7100m^2

1975
巴黎RER(地铁快线)A线
RER LIGNE A, PARIS
法国

Châtelet站及里昂站方案
Etudes pour les stations Chatelet et Gare de Lyon
设计：Paul Andreu，巴黎公交公司（RATP）提供技术支持
旧地铁站改造方案
Etudes de rénovation de stations anciennes
设计：Paul Andreu,巴黎公交公司（RATP）提供技术支持
合伙建筑师：Gérard Gilbert
室内设计：Joseph A.Motte

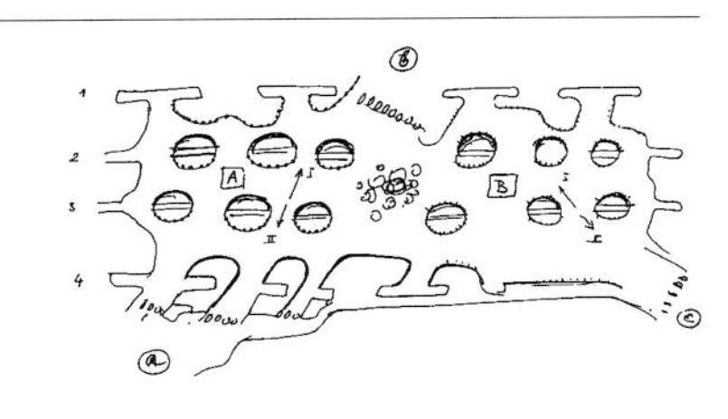

1975
法兰西电力公司（EDF）核电站
CENTRALES NUCLÉAIRES POUR EDF
法国

（在克罗德・巴宏建筑事务所设计）
建筑师：Paul Andreu
助理建筑师：Jean-Michel Fourcade
（900MW CP 2轮机舱设计研究）
反应堆发动机型：1300W
竣工：1980

1975
阿尔代什克吕阿核电站
CENTRALES NUCLÉAIRE DE CRUAS, ARDÉCHE
法国

工程控制：EDF Région d' équipement Alpes-Marseille
建筑师：Paul Andreu
助理建筑师：Jean-Michel Fourcade
BET 土木工程师：EGCEM Marseille
弱电设计：COMSIP Marseille
色彩设计：Alexandra Cot
景观设计：Claude Colle
设计内容：为核电站引入4个900MW的生产单元，每单元包括反应堆、轮机舱和冷却系统；对辅助建筑及工地后续措施进行整体设计与研究
竣工：1985

1976
多哈国际机场（方案）
AÉROPORT INTERNATIONAL DE DOHA, ÉTUDES D'AÉROGARE
卡塔尔

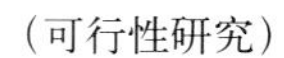
（可行性研究）
工程控制：Aéroports de Paris
建筑师：Paul Andreu
助理建筑师：Jean-Michel fourcade, François Prestat

1976
达卡国际机场新空港
AÉROPORT INTERNATIONAL DE DACCA, NOUVELLE AÉROGARE
孟加拉国

工程控制：Aéroports de Paris
建筑师：Paul Andreu
助理建筑师：Raymond Laroche, Jean-François Vigouroux
工程师：Eric Sauvalle
竣工：1979

1977
达累斯萨拉姆国际机场
AÉROPORT INTERNATIONAL DE DAR ES-SALAAM
坦桑尼亚

工程控制：Aéroports de Paris
建筑师：Paul Andreu
助理建筑师：Jean-François Vigouroux, Yves Coutant, Pierre Prangé
工程师：Gérard Michel, Jean-Michel Croc, Jean-Pierre Roche
景观设计：Claude Colle
竣工：1984
年吞吐量：150万人次
面积：15000m²

1977
雅加达苏加诺・哈达国际机场
AÉROPORT INTERNATIONAL DE JAKARTA - SOEKARNO-HATTA
印度尼西亚

委托人：Directorate General of Air Communications
工程控制：Aéroports de Paris
建筑师：Paul Andreu
助理建筑师：Jean-Jacques Baechelen, Jean-Paul Lavit d'Hautefort, Jean-François Vigouroux
工程师：Michel Cote, Jean-Marie Chevallier, Philippe Gufflet, Gérard Michel, Nicole Gontier
竣工：第一空港1985，第二空港1991
年吞吐量：2300万人次
面积：285000m²

1977
开罗国际机场第二空港
AÉROPORT INTERNATIONAL DU CAIRE, AÉROGARE 2
埃及

委托人：Cairo Airport Authority
工程控制：Aéroports de Paris
建筑师：Paul Andreu
助理建筑师：Pierre Prangé, Michel Grégoire, Jean-François Vigouroux, Anne Brison
工程师：Nicole Gontier, Dimitri Georgandelis, Christian Gay
BET 结构：Arab Consulting Engineers
竣工：1986
年吞吐量：1000万人次
面积：96000m²，建成单元48000m²

1979
鲁瓦西国际机场法航办公楼
AÉROPORT INTERNATIONAL DE ROISSY, BÂTIMENT DES OPÉRATIONS AÉRIENNES D'AIR FRANCE
法国

工程控制：Aéroports de Paris, Air France
建筑师：Paul Andreu，与 Maurice-Louis Bianchi (法航)协作
助理建筑师：Jean Papadopoulos
竣工：1983

1980
尼斯蓝色海岸国际机场，第二空港
AÉROPORT INTERNATIONAL DE NICE-CÔTE D'AZUR, AÉROGARE 2
法国

委托人：Chambre de Commerce et d' Industrie de Nice-Côte d' Azur
工程控制：Aéroports de Paris
建筑师：Paul Andreu
助理建筑师：Pierre-Michel Delpeuch, Jean-Michel Fourcade, François Prestat et Charles-Jean Schmeltz, 执行建筑师
工程师：Jean Letondeur
工程气候学：Ledentu
土木工程师：Sauvan et Biancotto
竣工：1987
年吞吐量：250 万人次
面积：21000m^2

1981
艾因国际机场（竞赛）
AÉROPORT INTERNATIONAL D'AL AIN
阿拉伯联合酋长国

(获选方案)
委托人：Ministère des Travaux publics de l' Emirat d' Al Ain
工程控制：Aéroports de Paris
建筑师：Paul Andreu
助理建筑师：Jean-Michel Fourcade, Jean-François Vigouroux
年吞吐量：150 万人次
面积：30000m^2

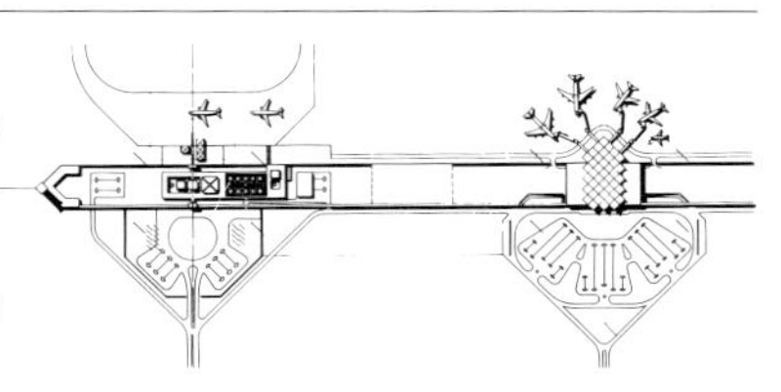

1981
拉维莱特科学馆（竞赛）
MUSÉE DES SCIENCES DE LA VILLETTE, PARIS
法国

(方案未获选)
建筑师：Paul Andreu
合伙建筑师：Gérard Gilbert, Michel Périsse

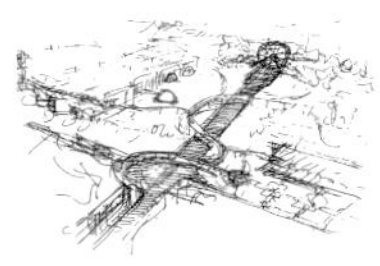

1982
斯里巴加湾国际机场
AÉROPORT INTERNATIONAL DE BANDAR SERI BEGAWAN
文莱

委托人：Ministry of Communications, Department of Civil Aviation of Brunei
工程控制：Aéroports de Paris
建筑师：Paul Andreu
助理建筑师：Jean-François Vigouroux, Jean-Paul Lavit d'Hautefort
工程师：Roger Morel, Jean-Marie Chevallier, Nicole Gontier
竣工：1987
年吞吐量：150 万人次
面积：30000m^2

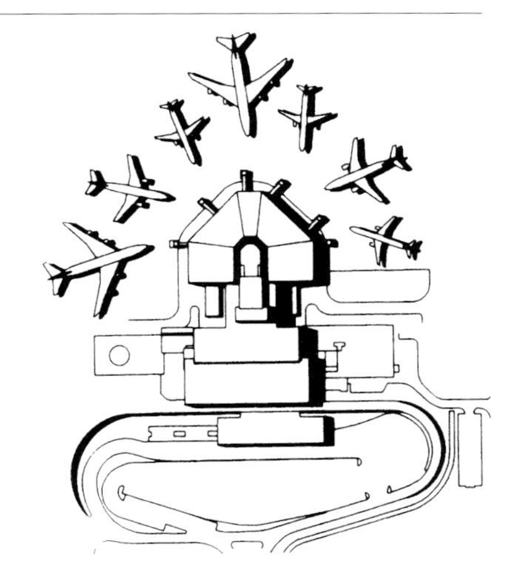

1982
法国财政部（竞赛）
MINISTÉRE DES FINANCES, PARIS
法国

(方案未获选)
建筑师：Paul Andreu

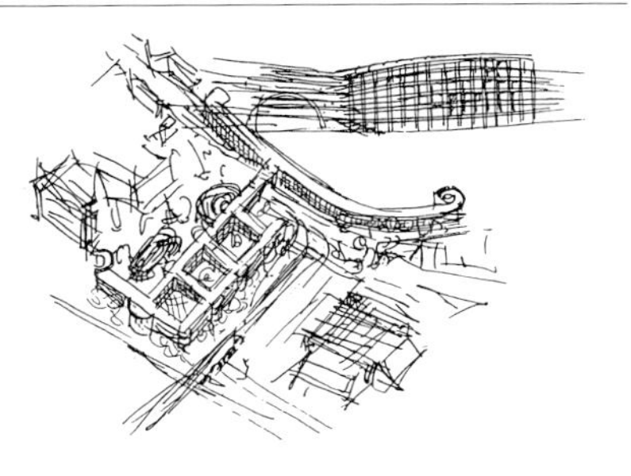

1982
科纳克里国际机场新空港
AÉROPORT DE CONAKRY, NOUVELLE AÉROGARE
几内亚

工程控制：Aéroports de Paris
建筑师：Paul Andreu
助理建筑师：Yves Robin
工程师：René Brun
竣工：1985

1983
圣路易·巴里海关
POSTE DE DOUANE DE SAINT-LOUIS-BÂLE
瑞士

建筑师：Paul Andreu
合伙建筑师：Robert de Busni
助理建筑师：Jean-Louis Renucci
工程师：Philippe Eme, Norbert Marduel
设计内容：负责公路运输事务的海关办公大楼，包括旅游区和贸易区
占地：$18hm^2$
面积：$5000m^2$
竣工：1989

1984
伊斯兰堡国际机场
AÉROPORT INTERNATIONAL D'ISLAMABAD
巴基斯坦

（可行性研究）
工程控制：Aéroports de Paris
建筑师：Paul Andreu
助理建筑师：Jean-François Vigouroux
工程师：Éric Sauvalle, Philippe Eme
年吞吐量：300万人次
面积：$42000m^2$

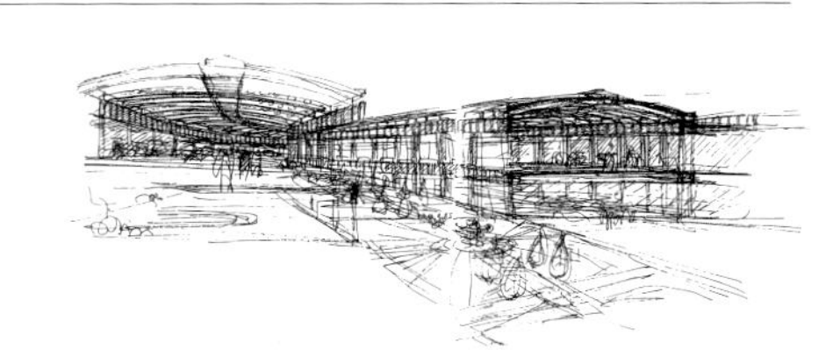

1984
拉合尔国际机场
AÉROPORT INTERNATIONAL DE LAHORE
巴基斯坦

（可行性研究）
工程控制：Aéroports de Paris
建筑师：Paul Andreu
助理建筑师：Jean-François Vigouroux
工程师：Éric Sauvalle
年吞吐量：250万人次
面积：$40000m^2$

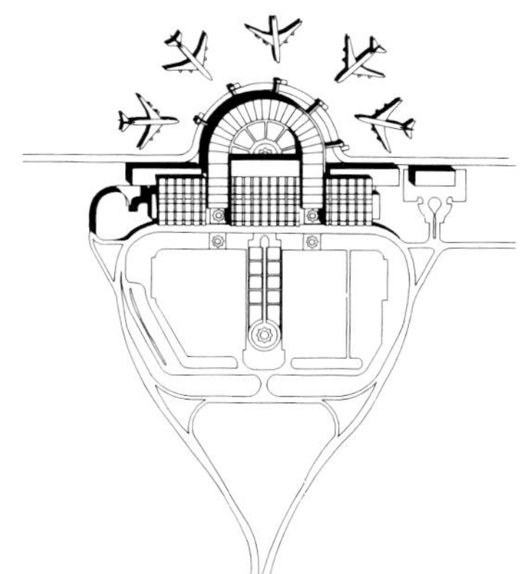

1984
布拉扎维·玛雅·玛雅国际机场
AÉROPORT INTERNATIONAL DE BRAZZAVILLE-MAYA-MAYA
刚果

（可行性研究）
委托人：Ministère des Transports du Congo
工程控制：Aéroports de Paris
建筑师：Paul Andreu
助理建筑师：Jean-Michel Fourcade
工程师：Pierre-Michel Delpeuch
面积：$17000m^2$

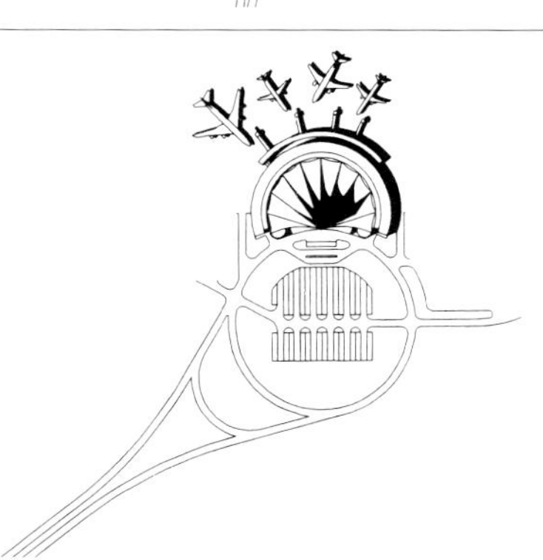

1984
吉隆坡国际机场
AÉROPORT INTERNATIONAL DE KUALA LUMPUR
马来西亚

（可行性研究）
委托人：Aviation Civile de Malaisie
工程控制：Aéroports de Paris
建筑师：Paul Andreu
助理建筑师：Pierre-Michel Delpeuch, Dominique Chavanne
面积：每个标准单元$34000m^2$

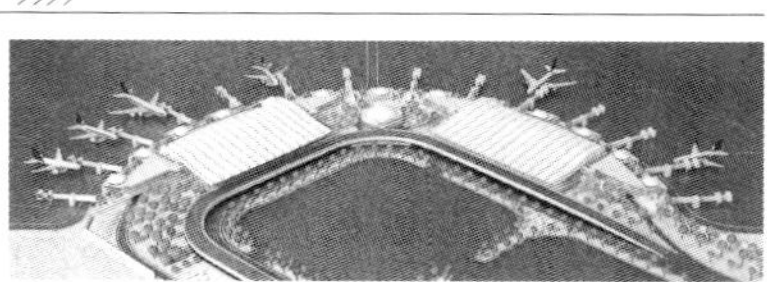

1984
巴黎德方斯巨门
GRANDE ARCHE, DE LA DÉFENSE, PARIS
法国

委托人：SAEM Tête Défense
施工控制：Aéroports de Paris
建筑师：Johan Otto Von Spreckelsen, lauréat du concours puis Paul Andreu
助理建筑师：Pierre Prangé, Georges Abbo, Laurence Fidelle-Mézières, Jean-Claude Flouvat, Pascale Gonon, Vincent Jacob, François Tamisier
（与建筑师 François Deslaugierse 合作）
工程师：Jean-Marie Chevallier, Dimitri Georgandélis, Antoine Figuéréo
结构：Coyne et Bellier
工程气候学：Trouvin
电气：Serete, Serequip
声学：Commins
空气动力学：CSTB Nantes
领航照明设计：Clair
基座部分室内设计：Jean-Michel Wilmotte
设计内容：办公楼，会议展览中心
面积：办公塔 2 × 40000m^2
竣工：1989

1985
曼谷廊曼国际机场
AÉROPORT INTERNATIONAL DE DON MUANG, BANKOK
泰国

（可行性研究）
委托人：Ministère des Transports de Thaïlande
工程控制：Aéroports de Paris
建筑师：Paul Andreu
助理建筑师：Jean-Michel Fourcade
年吞吐量：1900 万人次
面积：236000m^2

1985
鲁瓦西查尔斯·戴高乐国际机场第二空港，D 厅
AÉROPORT INTERNATIONAL DE ROISSY-CHARLES-DE-GAULLE, AÉROGARE 2, HALL D
法国

工程控制：Aéroports de Paris
建筑师：Paul Andreu
助理建筑师：Pierre-Michel Delpeuch, Jean-Michel Fourcade, Jean-François Vigouroux, Jean-Pierre Ménagé
工程师：Jean-Pierre Letondeur, Paul Muller
竣工：1989
年吞吐量：600 万人次
面积：47000m^2

1985
鲁瓦西查尔斯·戴高乐国际机场第二空港，C 厅
AÉROPORT INTERNATIONAL DE ROISSY-CHARLES-DE-GAULLE, AÉROGARE 2, HALL C
法国

工程控制：Aéroports de Paris
建筑师：Paul Andreu
助理建筑师：Jean-François Vigouroux, Alain Davy, Emmanuel Oger, Pierre Jacob
室内设计：Jean-Michel Wilmotte
工程师：Pierre-Michel Delpeuch
竣工：1993
年吞吐量：400 万人次
面积：57000m^2

1986
加来英法跨海隧道法方终点
TERMINAL FRANÇAIS DU TUNNEL SOUS LA MANCHE, CALAIS
法国

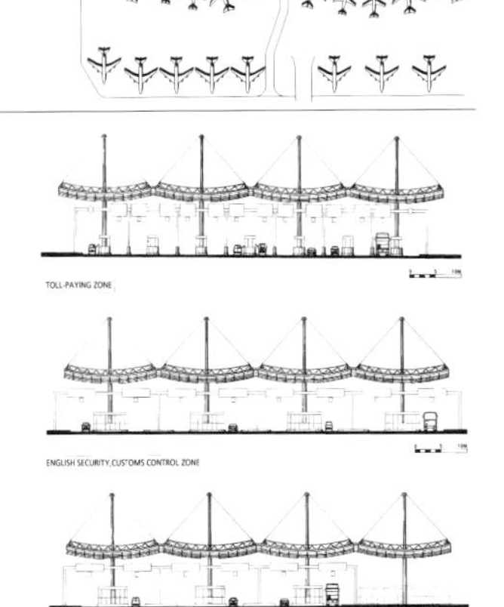

建筑师：Paul Andreu et Pierre-Michel Delpeuch
助理建筑师：Dominique Chavanne
工程师：Roland Micard
BET：TML
设计内容：汽车可驶入的海底隧道终点站、行政楼、站台区高速公路交叉口、收费站及停车场
竣工：1993
面积：占地 700hm^2，建筑 3 万 m^2，道路及停车场 70 万 m^2
年吞吐量：乘客 1500 万人次，货物 750 万 t

1986
巴黎贝尔西桥（竞赛）
PONT DE BERCY, DOUBLEMENT AMONT, PARIS
法国

（方案未获选）
建筑师：Paul Andreu
助理建筑师：Jean-Paul Lavit d' Hautefort

1987
都灵国际机场（竞赛）
AÉROPORT INTERNATIONAL DE TURIN
意大利

（方案未获选）
工程控制：Aéroports de Paris
建筑师：Paul Andreu
助理建筑师：Pierre-Michel Delpeuch, Jean-François Vigouroux
年吞吐量：200 万人次
面积：$22000m^2$

1987
辛菲罗波尔国际机场
AÉROPORT INTERNATIONAL DE SIMFÉROPOL
乌克兰

（可行性研究）
工程控制：Aéroports de Paris
建筑师：Paul Andreu
助理建筑师：Jean-François Vigouroux
面积：$82000m^2$

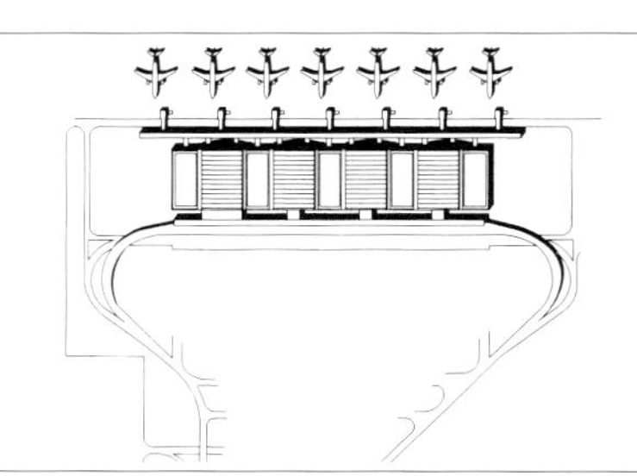

1987
蒙比利埃 FRÉJORGUES 国际机场
AÉROPORT INTERNATIONAL DE MONTPELLIER-FRÉJORGUES
法国

委托人：Chambre de Commerce et d' Industrie de Montpellier
工程控制：Aéroports de Paris
建筑师：Paul Andreu et Pierre-Michel Delpeuch
助理建筑师：Dominique Chavanne, Bruno Mary
执行建筑师：Atelier d' Architecture Arnihac
工程师：Jean-Pierre Letondeur, Roland Micard, Paul Muller, Jean Lebas
BET 电气：BETEN
竣工：1990
年吞吐量：150 万人次
面积：$14000m^2$

1987
大阪法兰西标志
SYMBOLE FRANCE-JAPON, OSAKA
日本

（方案未获选）
建筑师：Paul Andreu
助理建筑师：Jean-François Vigouroux
竣工：1987

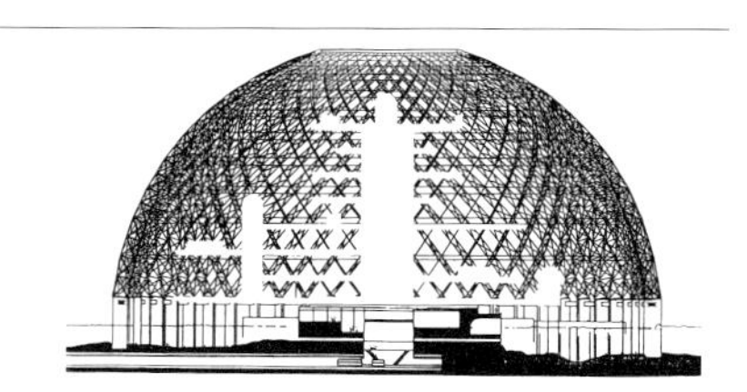

1987
大阪关西国际机场
AÉROPORT INTERNATIONAL DU KANSA , OSAKA
日本

概念设计阶段：
概念定义：1987
工程控制：Aéroports de Paris
建筑师：Paul Andreu
助理建筑师：Pierre-Michel Delpeuch, Jean-Michel Fourcade
工程师：Philippe Eme, André Redon
初步方案设计阶段：
方案设计：Renzo Piano Building Workshop（竞赛优胜）与 Aéroports de Paris, Japan Airport Consultant, Nikken Sekkei（均在竞赛中获奖）合作
巴黎机场公司（Aéroports de Paris）提供技术支持并负责细部研究
建筑师：Paul Andreu
助理建筑师：Jean-Michel Fourcade, Ryohei Yamada, Graziella Torre
工程师：Jean-Marie Chevallier, Pierre Kopff, André Redon, Pierre Rochereuil
竣工：1994
年吞吐量：2500 万人次
面积：$320000m^2$

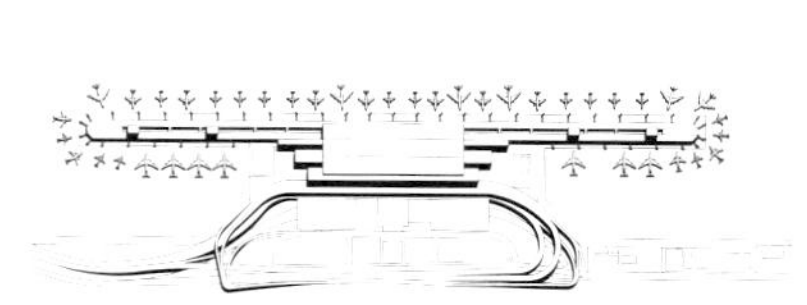

1988

库尔舍瓦勒 1992 年冬奥会高台滑雪赛场

TREMPUN DE SAUT À SKI À COURCHEVEL POUR LES JEUX OLYMPIQUES DE 1992

法国

委托人：Comité d'Organisation des Jeux Olympiques (COJO)
工程控制：Aéroports de Paris
建筑师：Paul Andreu
助理建筑师：Pierre Prangé, Pierre Bourgin, Valérie Latil, Jean-Michel Fourcade
工程师：Jean-Marie Chevallier, Dimitri Georgandélis, Antoine Figuéréo
BET 基础设施：Beig-Etudes géotechniques : Hydrogeo
设计内容：供 1992 年阿尔贝维尔冬奥会使用的高台滑雪运动场，包括一个 90m 台、一个 70m 台及相关设备
容量：24000 座
竣工：1991

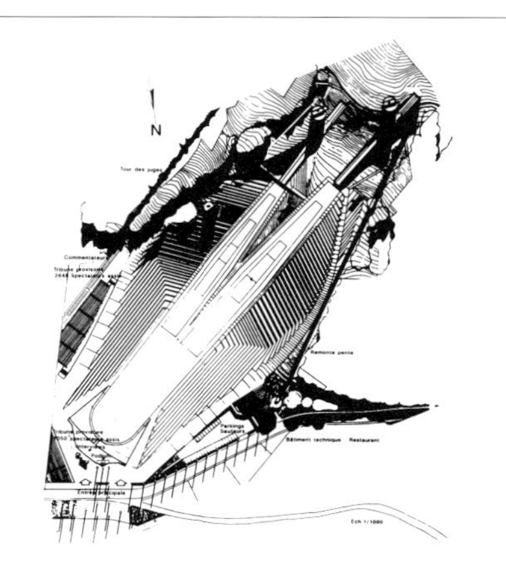

1988

巴黎戴高乐将军纪念碑（竞赛）

MONUMENTÀLA MÉMOIRE DU GÉNÉRAL DE GAULLE, PORTE MAILLOT, PARIS

法国

（方案未获选）
建筑师：Paul Andreu
助理建筑师：Dominique Chavanne, Valérie Latil

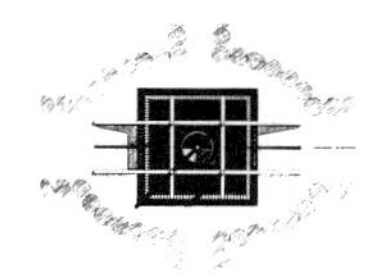

1988

巴黎 CHARLETY 大体育场改建（竞赛）

RÉNOVATION DU STADE CHARLETY, PARIS

法国

（方案未获选）
委托人：Mairie de Paris
建筑师：Paul Andreu
助理建筑师：Jean-Michel Fourcade, Valérie Latil

1989

波尔多梅里尼亚克国际机场第二空港，B 厅

AÉROPORT INTERNATIONAL DE BORDEAUX-MÉRIGNAC, HALL B

法国

委托人：Chambre de Commerce et d'Industrie de Bordeaux
工程控制：Aéroports de Paris
建筑师：Paul Andreu
助理建筑师：Jean-Michel Fourcade, Jean-Paul Back, Valérie Chavanne
工程师：Bernard Scherrer, Philippe Delaplace
竣工：1996
年吞吐量：250 万人次
面积：$15000m^2$

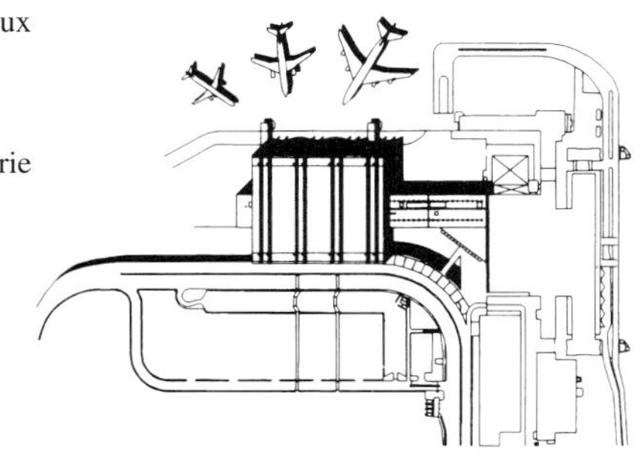

1989

奥斯陆 HURUM 国际机场

AÉROPORT INTERNATIONAL DE OSLO HURUM

挪威

（方案未获选）
委托人：Ministère des Transports de Norvège
工程控制：Aéroports de Paris en association avec NPC-S et Platou Arkitekter AS Participants Aéroports de Paris :
建筑师：Paul Andreu
助理建筑师：Jean-Michel Fourcade, Graziella Torre,
工程师：Jean-Marie Chevallier, André Redon
年吞吐量：1000 万人次
面积：$120000m^2$

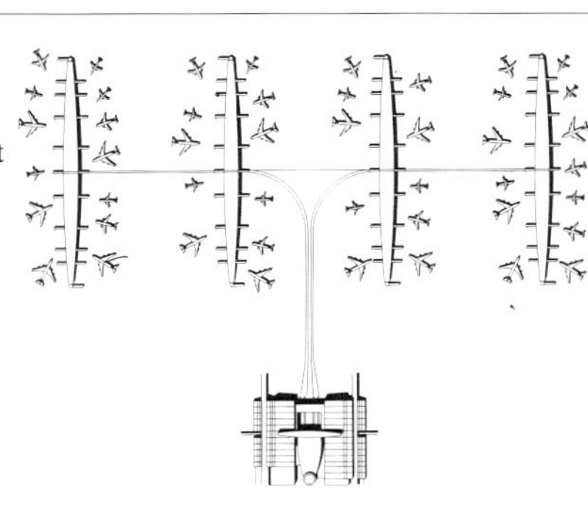

1988～1989

鲁瓦西查尔斯·戴高乐国际机场第二空港，换乘舱暨 TGV 高速铁路站

AÉROPORT INTERNATIONAL DE ROISSY-CHARLES-DE-GAULLE, AÉROGARE 2, MODULE D'ÉCHANGES ET GARE T.G.V.

法国

工程控制：Aéroports de Paris et S.N.C.F.
建筑师：Paul Andreu, Jean-Marie Duthilleul, Peter Rice
巴黎机场公司助理：Pierre-Michel Delpeuch, Anne Brison
工程师：Philippe Eme, Dimitri Georgandelis, Bernard Scherrer
BET 金属结构：RFR, Peter Rice assisté de Hugh Dutton
流体结构：E.D.F. / EFYSIS
竣工：1995
年吞吐量：1300 万人次
面积：$100000m^2$

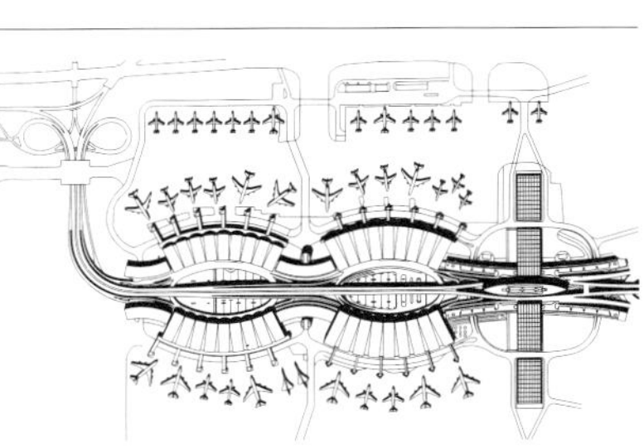

1989

鲁瓦西查尔斯·戴高乐国际机场第二空港，F厅

AÉROPORT INTERNATIONAL DE ROISSY-CHARLES-DE-GAULLE, AÉROGARE 2, HALL F

法国

工程控制：Aéroports de Paris
建筑师：Paul Andreu
首席助理建筑师：Jean-Michel Fourcade
助理建筑师：Valérie Chavanne, Anne Brison
施工指挥：Dimitri Georgandélis, Jean-Marie Boudet
计划负责人：Patrick Trannoy, Michel Jean-François, Patrice Hardel, Nathalie Roseau
工程师：Paul Muller
BET 玻璃结构：RFR
空调装置：Trouvin Ingénierie
竣工：第一部分 1998，第二部分 1999
年吞吐量：1200 万人次
面积：130000m^2（其中“半岛”部分为 36000m^2）

1989

塞维利亚世界博览会法国馆（竞赛）

PAVILLION FRANÇAIS POUR 1'EXPOSITION UNIVERSELLE DE SÉVILLE

西班牙

（方案未获选）
建筑师：Paul Andreu
助理建筑师：François Tamisier, Serge Salat, Valérie Latil

1989

巴黎国际会议中心（竞赛）

CENTRE DE CONFERENCES INTERNATIONALES DE PARIS

法国

（方案未获选）
建筑师：Paul Andreu et Peter Rice
助理建筑师：François Tamisier, Serge Salat, Graziella Torre
工程师：Peter Rice
室内设计：Jean-Michel Wilmotte

1989

塞特现代艺术博物馆

MUSÉE D'ART CONTEMPORAIN À SÈTE

法国

（可行性研究）
建筑师：Paul Andreu
助理建筑师：François Tamisier

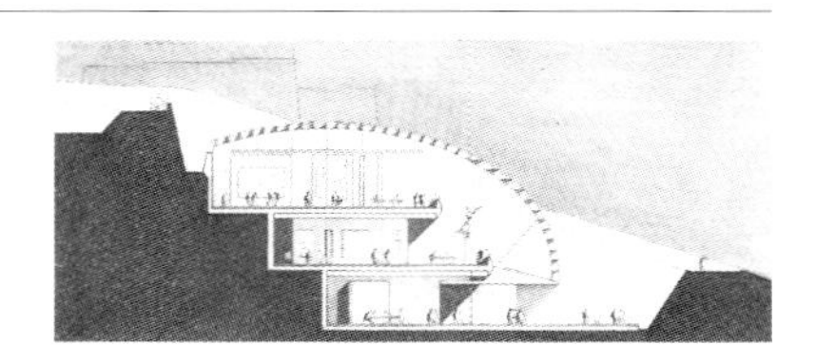

1989

西奥利国际机场扩建，第一候机厅

AÉROPORT D'ORLY-OUEST EXTENSION DE 1'AÉROGARE, HALL 1

法国

委托人：Aéroports de Paris /Matra
建筑师：Paul Andreu

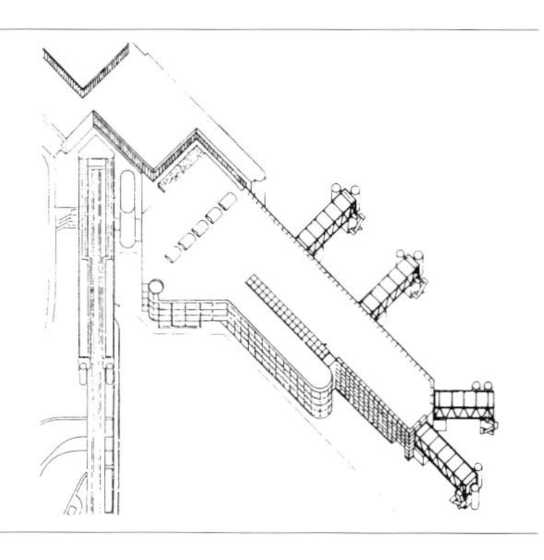

1989

鲁瓦西查尔斯·戴高乐国际机场第二空港，喜来登饭店

AÉROPORT INTERNATIONAL DE ROISSY-CHARLES-DE-GAULLE, AÉROGARE 2, HÔTEL SHERATON

法国

工程控制：Aéroports de Paris
建筑师：Paul Andreu
助理建筑师：Pierre-Michel Delpeuch, Anne Brison
设计内容：体型、立面及玻璃设计
室内设计：André Putman
竣工：1996

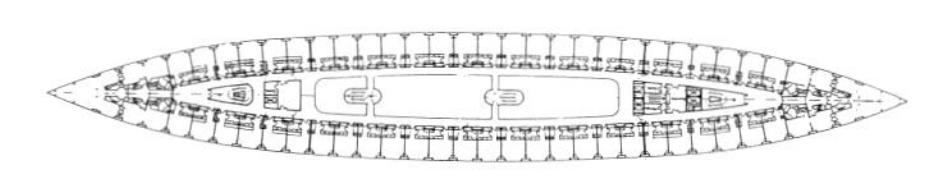

1990
巴黎塞纳河左岸法兰西大道（规划）
AVENUE DE FRANCE RIVE GAUCHE, PARIS
法国

1990～1995：法兰西大道城市设计研究及项目前期
委托人：SEMAPA
建筑师：Paul Andreu
助理建筑师：Pierre-Michel Delpeuch, Graciela Torre, Laurent Duport, Gilles Cuillé
BET：Setec TPI
1996～1999：方案调整及施工
工程控制：Paul Andreu en association avec J.M. Wilmotte et Setec TPI
建筑师：Paul Andreu
助理建筑师：François Tamisier
竣工：1999（一期工程）

1990
皮特尔角城国际机场
AÉROPORT INTERNATIONAL DE POINTE-À-PITRE-LE RAIZET
瓜德罗普（法）

委托人：Chambre de Commerce et d'Industrie de Pointe-à-Pitre
工程控制：Aéroports de Paris
建筑师：Paul Andreu
助理建筑师：Pierre-Michel Delpeuch, Dominique Chavanne
工程师：Xavier Dubrac
竣工：1996
年吞吐量：250万人次
面积：29000m^2

1990
马尼拉尼诺·阿奎诺国际机场国内空港
AÉROPORT INTERNATIONAL NINOY-AQUINO
菲律宾

委托人：Manila International Airport Authority (MIAA)
工程控制：Aéroports de Paris
建筑师：Paul Andreu
助理建筑师：François Tamisier, Jean-Paul Lavit d' Hautefort, Gérard Andreu （方案），Dominique Chavanne（施工）
工程师：Patrice Hardel, Norbert Marduel, Michel Carton
竣工：1999
年吞吐量：900万人次
面积：68000m^2

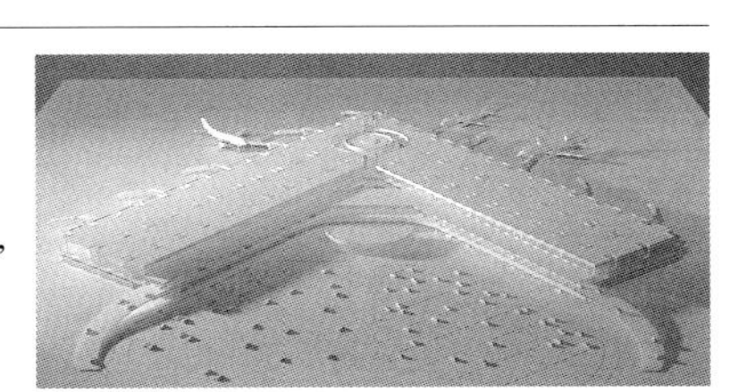

1990～1991
土伦耶尔国际机场
AÉROPORT INTERNATIONAL DE TOULON-HY ES
法国

（可行性研究）
委托人：Chambre de Commerce et d' Industrie de Toulon
工程控制：Aéroports de Paris
建筑师：Paul Andreu
助理建筑师：Jean-Michel Fourcade, Sophie Ferraro-Doulcet
年吞吐量：150万人次
面积：11000m^2

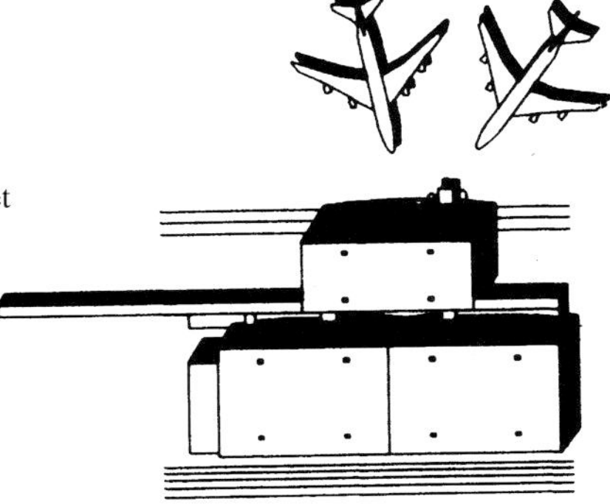

1990
马赛港及Joliette市区
PORT DE MARSEILLE ET ZONE URBAINE DE LA JOLIETTE

（可行性研究）
委托人：Port Autonome de Marseille
建筑师：Paul Andreu
助理建筑师：Jean-François Vigouroux, André Redon, Claude Bonnet

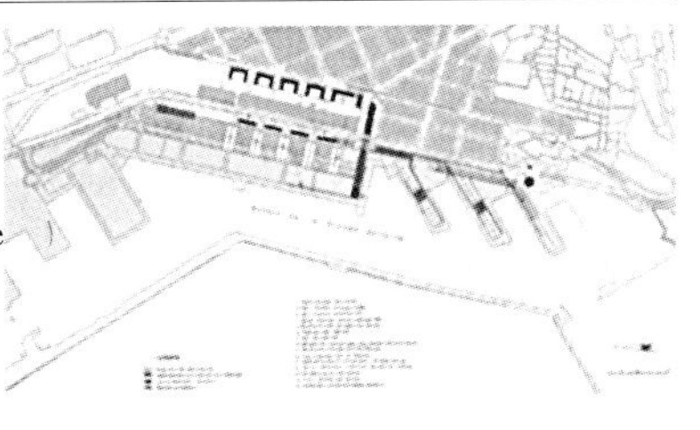

1990
巴黎德方斯RER站
STATION RER DE LA DÉFENSE, PARIS
法国

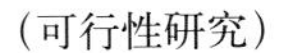

（可行性研究）
建筑师：Paul Andreu及Jean-Michel Wilmotte
助理建筑师：François Tamisier

1991
加来欧洲之城商业中心
CITE EUROPE, Centre Commercial et de Loisirs,Calais
法国

委托人：Espace Commerce Europe
授权工程管理：Espace Expansion, filiale d' Unibail
工程控制：Aéroports de Paris
建筑师：Paul Andreu
合伙建筑师：Michel Kalt
助理建筑师：Pierre-Michel Delpeuch, François Tamisier, Gérard Andreu
BET Coyne et Bellier: Structures métalliques
Artec: VRD-Fluides
Serted: chauffage-climatisation
设计：Bernard Fric, Asymétrie
灯光配置：Yann Kersalé
景观设计：Alain Provost
设计内容：商业中心（大型超市）以及海底隧道终点站的娱乐中心
面积：73000m²
竣工：1995

1991
久美滨高尔夫度假村
GOLF DE KUMIHAMA
日本

（初步研究方案，未实施）
建筑师：Paul Andreu
助理建筑师：Jean-Michel Fourcade

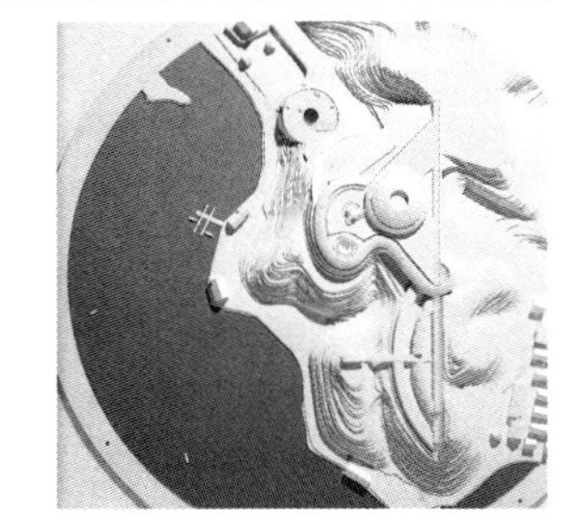

1991
圣迭戈国际机场
AÉROPORT INTERNATIONAL DE SANTIAGO DU CHILI
智利

委托人：Ministerio de Obras Publicas de Chile
工程控制：Geotecnica
建筑师：Paul Andreu en association avec E. Duhart et A. Monteallegre
助理建筑师：Jean-Michel Fourcade
工程师：Jean-Jacques Seyse
竣工：1994
年吞吐量：一期工程最高250万人次
面积：一期工程28000m²

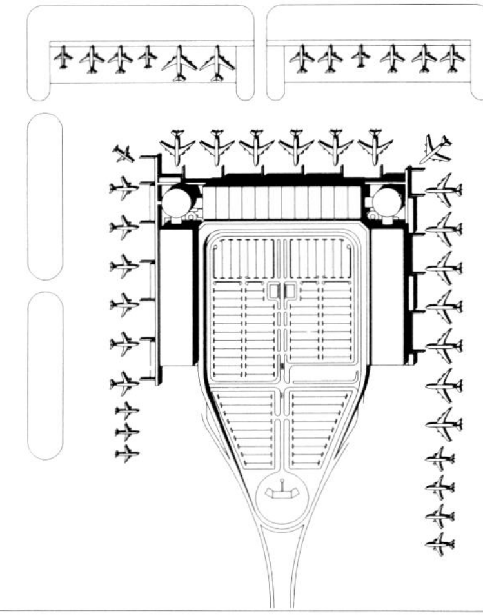

1991
广岛国际机场（竞赛）
AÉROPORT INTERNATIONAL D'HIROSHIMA
日本

（方案未获选）
委托人：Ministère des Transports du Japon
工程控制：Aéroports de Paris
建筑师：Paul Andreu
助理建筑师：Jean-Michel Fourcade, Khaled Ben Abdallah
年吞吐量：300万人次
面积：29000m²

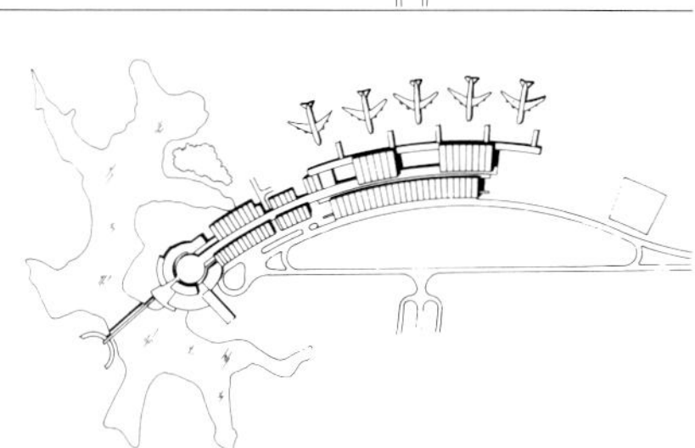

1991
雅加达婆罗浮屠饭店
HÔTEL BOROBUDUR, JAKARTA
印度尼西亚

（可行性研究）
建筑师：Paul Andreu
助理建筑师：Jean-Michel Fourcade

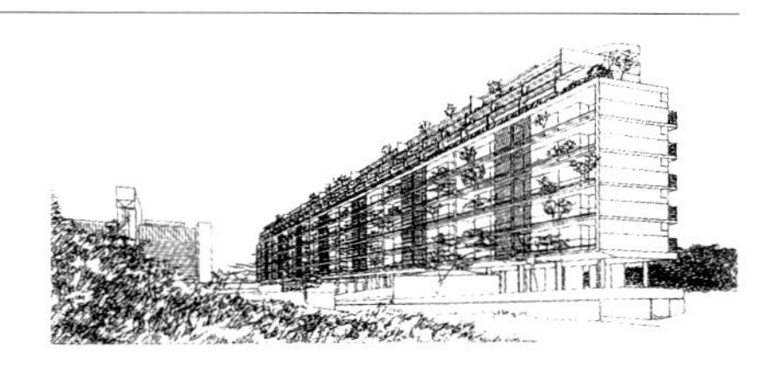

1992
汉城国际机场（竞赛）
AÉROPORT INTERNATIONAL DE SÉOUL
韩国

（方案未获选）
委托人：Korea Airports Authority
工程控制：Aéroports de Paris
建筑师：Paul Andreu
助理建筑师：Jean-Michel Fourcade, Hugh Dutton, Afsaneh Arabinejad, Bae De Sung, Sophie Ferraro-Doulcet, Christine Fremont, Pascale Gonon, Hervé Langlais, Véronique Pasquier.
工程师：André Redon
年吞吐量：2800 万人次；最终达 1 亿人次
面积：$354000m^2$

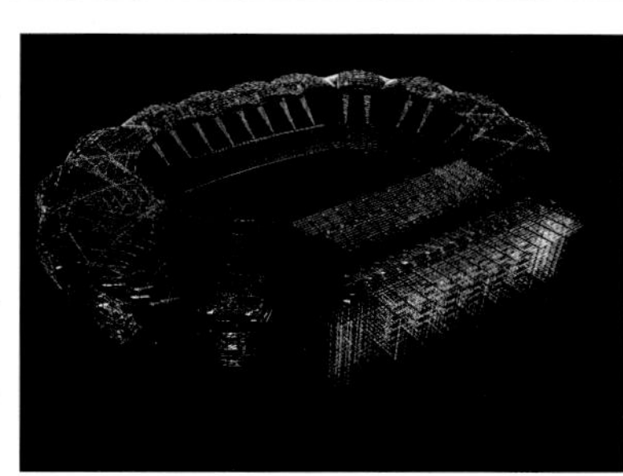

1992
曼彻斯特奥林匹克体育场(竞赛)
STADE DE MANCHESTER, ANGLETERRE
英国

（方案未获选）
委托人：Ville de Manchester, Manchester 2000/The Eastlands Challenge
工程控制：Paul Andreu
建筑师：Paul Andreu
助理建筑师：François Tamisier, Serge Carillion, Gérard Andreu, Hervé Langlais
合伙建筑师：S.O.M. : Skidmore, Owings et Merill, INC (USA)
合作厂商：SAE 及 Tarmac Construction Ltd
设计内容：80000 人奥林匹克体育场及 60000 人足球场

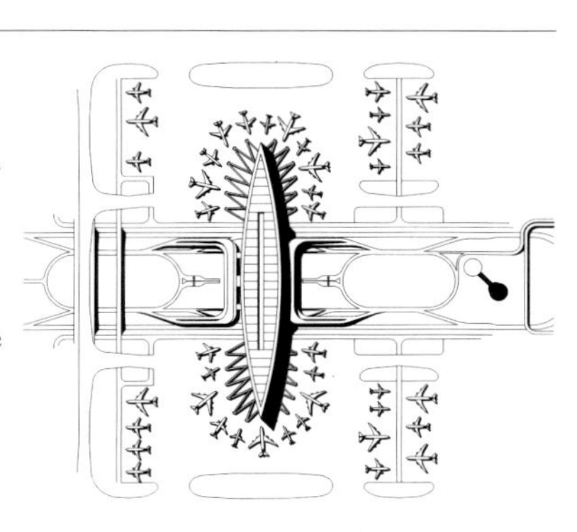

1992
雅典斯巴达国际机场（竞赛）
AÉROPORT INTERNATIONAL D'ATHÉNES-SPATA
希腊

（方案未获选）
委托人：Ministère des Transports de Grèce
工程控制：intégrée dans une offre de concession aéroportuaire.
企业财团.
Pour Aéroports de Paris:
建筑师：Paul Andreu
助理建筑师：Jean-Michel Fourcade, Christine Fremont, Pascale Gonon, Marie-Dominique Ploix
工程师：Philippe Delaplace, André Redon
年吞吐量：每标准单元 1250 万人次，最终达 5000 万人次
面积：$140000m^2$

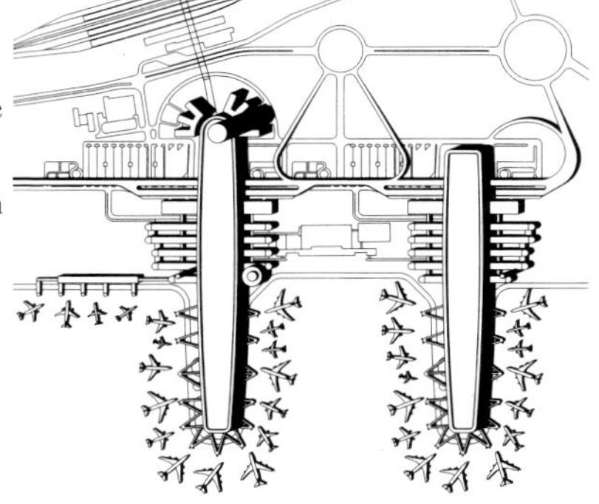

1992
柏林舍讷费尔德国际机场，总体规划及新空港设计
AÉROPORT INTERNATIONAL DE BERLIN SCHÖNEFELD
德国

工程控制：Aéroports de Paris
建筑师：Paul Andreu
助理建筑师：François Tamisier, Gérard Andreu, Jean-Pierre Greck, Hervé Langlais
工程师：Pierre-Michel Delpeuch, Roland Micard, André Redon
年吞吐量：一期工程 900 万人次，最终达 1800 万人次
面积：$140000m^2$

1992
多哈国际机场
AÉROPORT INTERNATIONAL DE DOHA
卡塔尔

（项目前期及可行性研究）
工程控制：Aéroports de Paris
建筑师：Paul Andreu
助理建筑师：François Tamisier, Gérard Andreu, Serge Carillion, Jean-Pierre Greck
工程师：Patrick Trannoy, André Redon
年吞吐量：350 万人次
面积：$63000m^2$

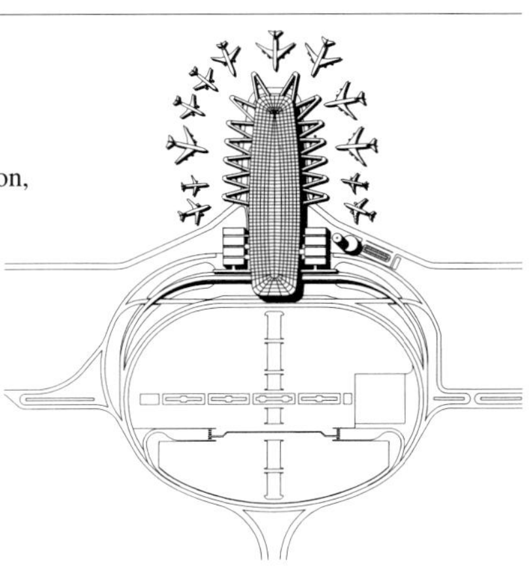

1992～1993
拉纳卡国际机场
AÉROPORT INTERNATIONAL DE LARNACA
塞浦路斯

（细部设计正在进行，项目计划待政府审批）
委托人：République de Chypre, Ministère des Travaux et Communications, Département des Travaux Publics
工程控制：Aéroports de Paris associé à Sofréavia
建筑师：Paul Andreu
助理建筑师：Pierre-Michel Delpeuch, Alain Davy, Jean-François Vigouroux, Dominique Chavanne
竣工：2001
年吞吐量：一期工程 600 万人次，最终达 1200 万人次
面积：75000m²

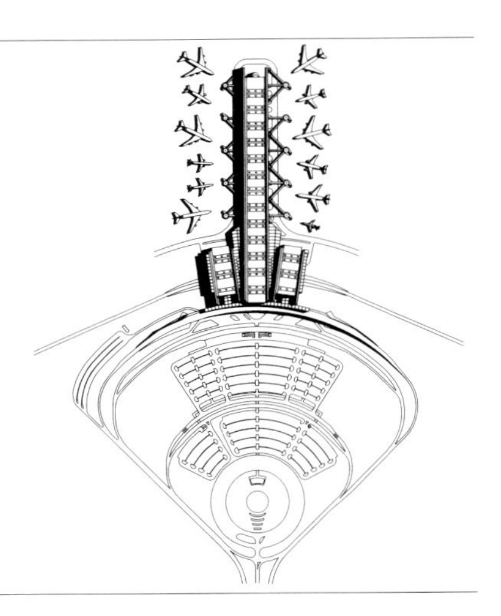

1992
哈拉雷国际机场
AÉROPORT INTERNATIONAL DE HARARE
津巴布韦

（可行性研究）
委托人：Ministry of Transport and Energy, Department of Civil Aviation
工程控制：Aéroports de Paris
建筑师：Paul Andreu
助理建筑师：Jean-Paul Lavit d' Hautefort, Jean-François Vigouroux, Sophie Ferraro-Doulcet
工程师：Patrice Hardel
年吞吐量：300 万人次
面积：50000m²

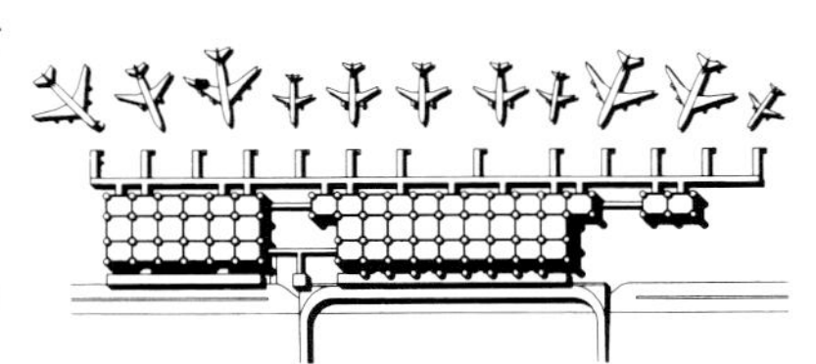

1992
塔什干国际机场
AÉROPORT INTERNATIONAL DE TACHKENT
乌兹别克斯坦

（可行性研究）
委托人：Direction des Aéroports de l'Ouzbekistan, Département de l'Aviation Civile
工程控制：Aéroports de Paris
建筑师：Paul Andreu
助理建筑师：Jean-François Vigouroux
工程师：René Naudot
BET：SOFINFRA
年吞吐量：600 万人次

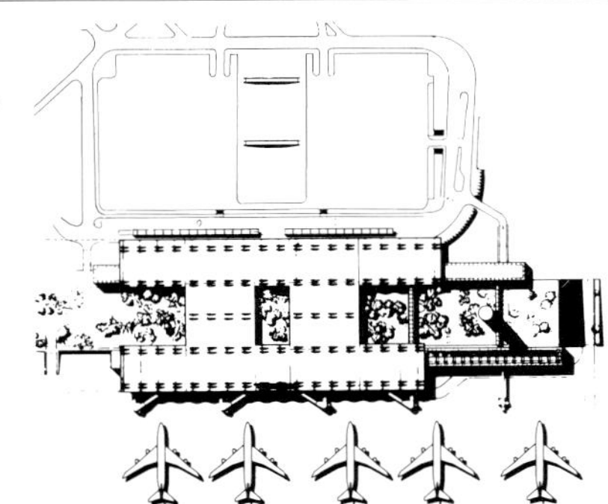

1992
西宫市饭店暨文化中心（竞赛）
Hôtel et Centre Culturel, NISHINOMIYA
日本

（方案未获选）
建筑师：Paul Andreu
助理建筑师：Jean-Michel Fourcade

1992
塞纳河 A14 桥（竞赛）
LE MESNIL LE ROI, PONT DE L'A14 SUR LA SEINE
法国

（方案未获选）
建筑师：Paul Andreu
助理建筑师：François Tamisier, Serge Carillion

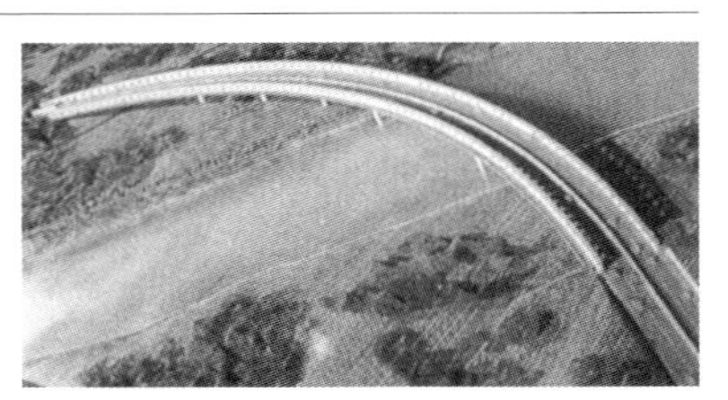

1993
默伦·塞纳尔体育场（竞赛）
STADE DE MELUN-SENART
法国

（放弃继续参赛）
委托人：Etablissement Public de la Ville Nouvelle de Melun-Sénart-France
工程控制：Paul Andreu
建筑师：Paul Andreu
助理建筑师：François Tamisier, Serge Carillion, Gérard Andreu, Hervé Langlais
设计内容：63000 座多功能体育场，可转换成 40000 座封闭式体育场供其他运动或演出之用
合作厂商：Philipp Holzmann, Nord-France, BEC

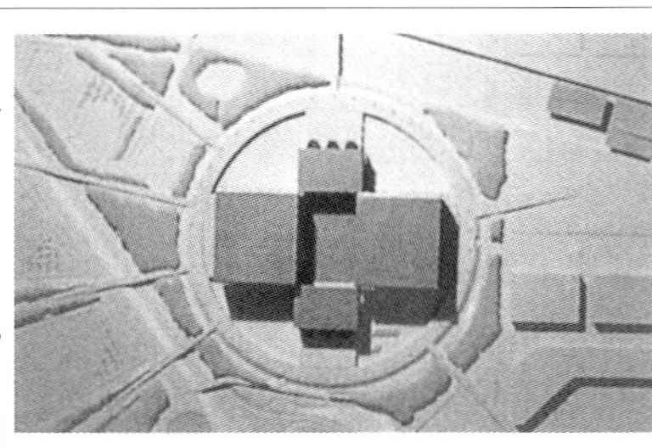

1993
伊斯坦布尔基马尔国际机场（竞赛）
AÉROPORT INTERNATIONAL D'ATATÜRK, ISTANBUL
土耳其

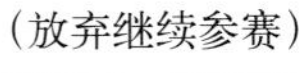
（放弃继续参赛）
委托人：BOT Republic of Turkey
工程控制：Aéroports de Paris en groupement avec SAE International, Güries, Morgan Stanley (Financial Adviser)
建筑师：Paul Andreu
助理建筑师：Jean-François Vigouroux, Emmanuel Oger
工程师：Philippe Delaplace, Roland Micard
年吞吐量：左侧两个单元（如图）1200 万人次
面积：128000m²

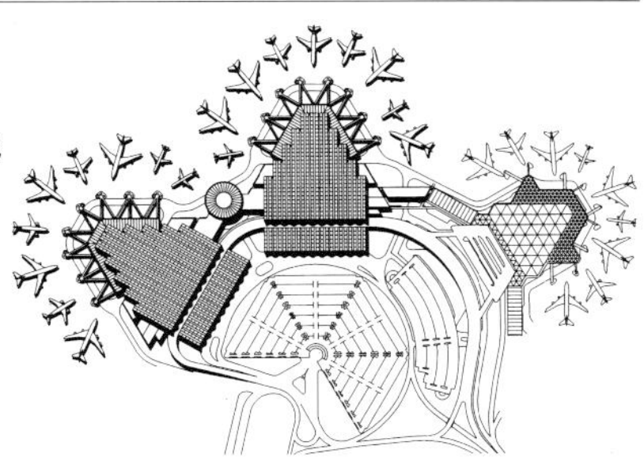

1993
大阪海事博物馆
MUSÉE MARITIME D'OSAKA
日本

委托人：大阪港
工程控制：Paul Andreu, architecte
建筑师：Paul Andreu
助理建筑师：François Tamisier, Masakazu Bokura, Tsuneo Nakanishi, Akito Oochi, avec le concours de Hugh Dutton
研究顾问：OVE Arup Japon-Tohata Architectes et Ingénieurs LPA
面积：20000m²
竣工：2001

1993～1994
曼谷国际机场（竞赛）
AÉROPORT INTERNATIONAL DE BANGKOK
泰国

（方案未获选）
工程控制：Aéroports de Paris en association avec OVE Arup & Partners International, Sindhu Pulsirivong Consultants W and Associates
建筑师：Paul Andreu
助理建筑师：Pierre-Michel Delpeuch, Jean-François Vigouroux
年吞吐量：一期工程 2500 万人次，最终达 1 亿人次
面积：475000m²

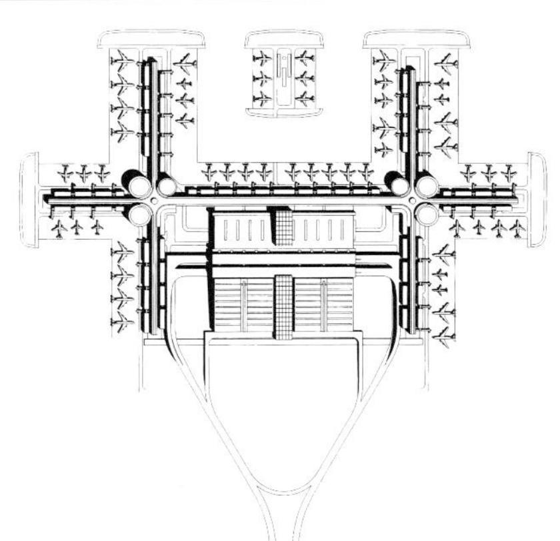

1994
杜埃展览中心（竞赛）
CENTRE D'EXPOSITION DE DOUAI
法国

（方案未获选）
建筑师：Paul Andreu
助理建筑师：Jean-Michel Fourcade, Khaled Ben Abdallah

1994
圣但尼大体育场，1998年世界杯足球赛场（竞赛）
GRAND STADE DE SAINT-DENIS, STADE POUR LE MONDIAL DE FOOTBALL 1998
法国

（方案未获选）
委托人：Mission Interministérielle Grand Stade de France
工程控制：Paul Andreu
建筑师：Paul Andreu
助理建筑师：François Tamisier, Serge Carillion, Gérard Andreu, Hervé Langlais
工程师：Coyne et Bellier-Structures métalliques
合作厂商：Fougerolle, SPIE-CITRA-IDF
设计内容：80000 座足球场，60000 座田径场

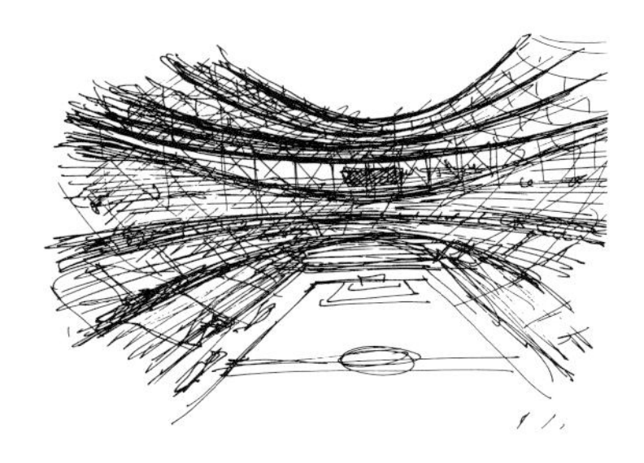

1995
德黑兰霍梅尼国际机场
AÉROPORT INTERNATIONAL
IMAM KHOMEINI, TÉHÉRAN
伊朗

委托人：Ministry of Roads and Transportation-IKIA Project Office
工程控制：Aéroports de Paris
建筑师：Paul Andreu
助理建筑师：Pierre-Michel Delpeuch, Jean-Michel Fourcade, Jean-François Vigouroux, Emmanuel Oger, Jean-Pierre Zublena
工程师：Philippe Delaplace, Roland Micard, Christian Gay
竣工：2003
年吞吐量：410万人次
面积：80000m²

1995
埃尔多雷特国际机场
AÉROPORT INTERNATIONAL
D'ELDORET
肯尼亚

委托人：Ministry of Public Works and Housing, Kenya Airports Authority
工程控制：Aéroports de Paris en association avec l'entreprise générale SNC Lavallin
建筑师：Paul Andreu
助理建筑师：Jean-François Vigouroux, Emmanuel Oger, Maurice Kruk
工程师：Philippe Delaplace
竣工：1998
年吞吐量：20万人次
面积：2400m²

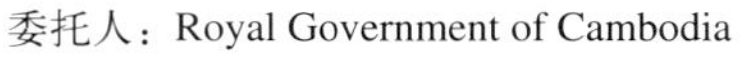

1995
金边波成东国际机场
AÉROPORT INTERNATIONAL DE
POCHENTONG, PHNOM PENH
柬埔寨

委托人：Royal Government of Cambodia
BOT承包商：Dumez GTM associé à Aéroports de Paris
建筑师：Paul Andreu
助理建筑师：Jean-Michel Fourcade, Jean-Paul Lavit d'Hautefort, Jean-François Vigouroux, Emmanuel Oger, Bernard Llense
工程师：Serge Salat, Philippe Delaplace, Jean-Jacques Seyse
竣工：1999
年吞吐量：一期工程100万人次，最终达400万人次
面积：一期工程11000m²

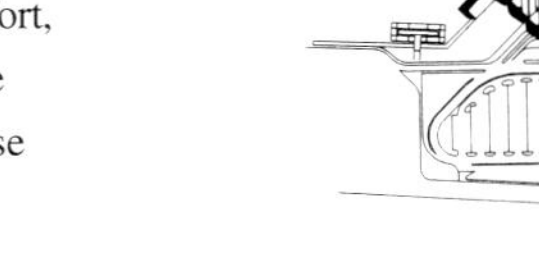

1995
上越多功能体育场
MULTI-PURPOSE STADIUM,
JOYETSU
日本

（研究方案）
建筑师：Paul Andreu
助理建筑师：François Tamisier

1996
上海浦东国际机场
AÉROPORT INTERNATIONAL DE
SHANGHAÏ PUDONG
中国

（竞赛获胜）
委托人：SPIAC（上海浦东国际机场公司）
工程控制：Aéroports de Paris et le bureau d' études Ecadi
建筑师：Paul Andreu
助理建筑师：François Tamisier, Gérard Andreu, Pascale Gonon, Hélène Boitard, Jean Lelay, Amanda Johnson, Anne-Mie Depuydt
工程师：Philippe Delaplace, André Redon, Jean-Marc Defleur
BET景观设计：Michel Dévignes
结构：Coyne et Bellier
流体力学：Setec
竣工：1999
年吞吐量：一期工程2000万人次（如图），最终达7000万人次
面积：一期工程220000m²，最终达840000m²

1996
阿布扎比国际机场第二单元
AÉROPORT INTERNATIONAL D'ABU DHABI, MODULE 2
阿拉伯联合酋长国

(竞赛获胜)
委托人：Public Works Department
工程控制：Aéroports de Paris
建筑师：Paul Andreu
助理建筑师：Jean-Paul Back, Jean-François Vigouroux, Serge Salat
室内设计：Bernard Fric, Cécile Buhagiar
工程师：Pascal Chaumulon, Jean-Jacques Seyse
年吞吐量：350 万人次
面积：60000m²（主楼及卫星楼）
竣工：2005

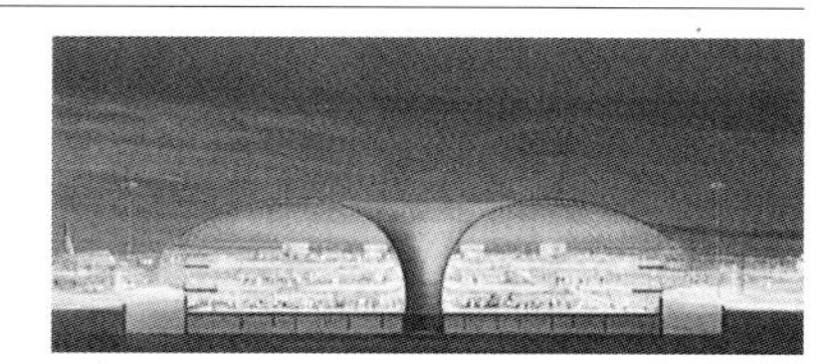

1996
鲁瓦西查尔斯·戴高乐第二空港，A厅卫星楼
AÉROPORT INTERNATIONAL DE ROISSY - CHARLES-DE-GAULLE, AÉROGARE 2, HALL A, SATELLITE
法国

工程控制：Aéroports de Paris
建筑师：Paul Andreu
助理建筑师：Sophie Ferraro-Doulcet
工程师：Michel Vermeulen
竣工：1999
年吞吐量：90 万人次
面积：6500m²
直径：56m

1997
德班国际机场
AÉROPORT INTERNATIONAL DE DURBAN
南非

(可行性研究)
委托人：Airports Company of South Africa (ACSA); Airports Steering Committee (ASC)
工程控制：Aéroports de Paris en association avec l'entreprise générale SNC Lavallin
建筑师：Paul Andreu
助理建筑师：Jean-François Vigouroux, Emmanuel Oger
工程师：Philippe Delaplace
BET 结构：Scott Wilson
监理：E.C Harris
竣工：2002
年吞吐量：450 万人次
面积：65000m²

1997
尼斯蓝色海岸地区国际机场第二空港扩建，第二单元
AÉROPORT INTERNATIONAL DE NICE CÔTE D'AZUR, EXTENSION DU TERMINAL 2, MODULE 2
法国

委托人：Chambre de Commerce et d'Industrie de Nice-Côte d'Azur
工程控制：Aéroports de Paris
建筑师：Paul Andreu
助理建筑师：François Tamisier, Pascale Gonon, Gérard Andreu
工程师：Philippe Delaplace
竣工：2002
年吞吐量：300 万人次
面积：27000m²
直径：100m

1997
马德里 BARAJAS 国际机场
AÉROPORT INTERNATIONAL DE MADRID-BARAJAS
西班牙

(方案未获选)
工程控制：Aéroports de Paris
建筑师：Paul Andreu
助理建筑师：François Tamisier, Anne-Mie Depuydt, Didier Crochin
工程师：Philippe Delaplace, André Redon, Jean-Marc Defleur
年吞吐量：一期工程 1600 万人次，最终达 3400 万人次
面积：一期工程 183000m²

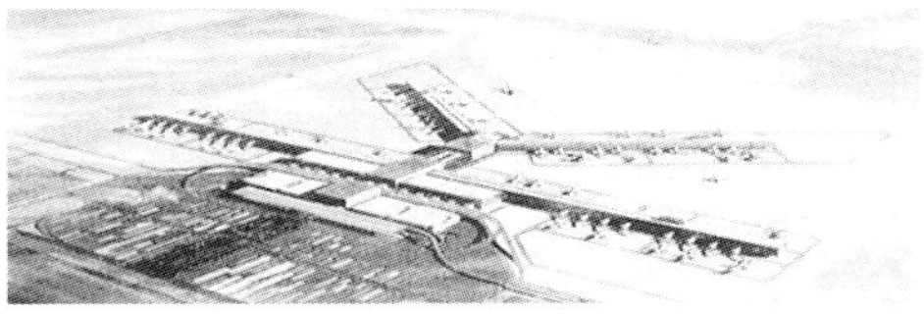

1997
鲁瓦西查尔斯·戴高乐国际机场第二空港，E厅
AÉROPORT INTERNATIONAL DE ROISSY-CHARLES-DE-GAULLE, AÉROGARE 2, HALL E
法国

工程控制：Aéroports de Paris
建筑师：Paul Andreu
首席助理建筑师：Jean-Michel Fourcade
助理建筑师：Jean-Paul Back, Anne Brison, Valérie Chavanne, Gilles Goix, Dominique Parent
工程师：Paul Muller
年吞吐量：1100万人次
面积：220000m²（包括右侧的卫星楼）
竣工：2003

1997
上海浦东科学城（竞赛）
CITÉ DES SCIENCES DE SHANGHAÏ-PUDONG
中国

（方案进入决赛但未获选）
委托人：Ville de Pudong
工程控制：Aéroports de Paris en association avec ARTE et la Cité des Sciences et de l'Industrie de Paris-La Villette.
建筑师：Paul Andreu et Jean-Marie Charpentier
助理建筑师：François Tamisier, Michel Adment, Hervé Langlais
工程师：Philippe Delaplace avec Coyne et Bellier (结构), Setec (流体)
面积：100000m²

1997
鲁瓦西查尔斯·戴高乐国际机场第二空港，新控制塔
ROISSY-CHARLES-DE-GAULLE INTERNATIONAL AIRPORT, TERMINAL 2, NEW CONTROL TOWER
法国

1998
广州综合体育馆
GYMNASE DE GUANGZHOU
中国

委托人：珠江企业集团
工程控制：Aéroports de Paris - Guangzhou Design Institute
建筑师：Paul Andreu
助理建筑师：François Tamisier, Serge Carillion, Michel Adment, Hervé Langlais
工程/计划负责人：Phillipe Delaplace, Felipe Starling
BET结构：Aéroports de Paris
Lots techniques：Setec
可移动座席：Aéroports de Paris
面积：100000m²
竣工：2001

1998
广州日报文化广场（竞赛）
GUANGZHOU DAILY CULTURAL PLAZA
中国

（方案未获选）
委托人：广州日报集团
工程控制：Aéroports de Paris
建筑师：Paul Andreu
助理建筑师：François Tamisier, Michel Adment, Hervé Langlais
工程/计划负责人：Philippe Delaplace
BET结构：Coyne et Bellier
Lots techniques：Aéroports de Paris
面积：250000m²

1998
广州白云国际机场（竞赛）
AÉROPORT INTERNATIONAL DE CANTON-BAIYUN
中国

（方案进入决赛但未获选）
委托人：CAAC（中国民航总局）
工程控制：Aéroports de Paris
建筑师：Paul Andreu
助理建筑师：François Tamisier, Gérard Andreu, Hervé Langlais, Bruno Mary, Philippe Boucher
工程师：Philippe Delaplace, Christian Ausseur, Jean Lannaud, Alain Lévy, André Redon, Jean-Marc Defleur
年吞吐量：一期工程2700万人次；最终达8000万人次
面积：一期工程30万m^2

1998
宁波栎社国际机场
AÉROPORT INTERNATIONAL DE NINGBO DONGSHE
中国

（方案未获选）
委托人：Ville de Ningbo
工程控制：Aéroports de Paris
建筑师：Paul Andreu
助理建筑师：Jean-François Vigouroux, Emmanuel Oger
工程师：Philippe Delaplace
面积：34200m^2

1999
北京国家大剧院
GRAND THÉÂTRE NATIONAL DE CHINE, BEIJING
中国

委托人：国家大剧院委员会
工程控制：Paul Andreu et Aéroports de Paris
建筑师：Paul Andreu
助理建筑师：François Tamisier, Michel Adment, Hervé Langlais, Olivia Faury, Bernard Dragon
工程/项目主任：Philippe Delaplace, Felipe Starling
BET 结构 et Lots techniques：Setec
声学：M. Vian (CSTB)
透视图：M. Rioualec
面积：149520m^2
竣工：2004

1999
卡塔尼亚丰塔纳罗萨国际机场空港改扩建
AÉROPORT INTERNATIONAL DE CATANE FONTANAROSSA-AGRANDISSEMENT ET AMÉNAGEMENT DE L'AÉROGARE
意大利

（因资金问题推迟施工）
工程控制：Aéroports de Paris en association avec les sociétés Systra et Studio TI
建筑师：Paul Andreu
助理建筑师：Serge Salat, Jean-François Vigouroux, Bernard Llense
年吞吐量：4～5 millions en 2005,6 millions en 2010
面积：49000m^2 en 2005-89.000m^2 en 2010

1999
上海黄浦江南岸改造
AMÉNAGEMENT DES QUAIS SUD DU BUND, SHANGHAÏ
中国

（项目前期研究）
委托人：上海市
工程控制：Aéroports de Paris
建筑师：Paul Andreu avec la collaboration de Daniel Rubin
助理建筑师：François Tamisier, Hervé Langlais
面积：102000m^2

2000
迪拜国际机场第三空港
AÉROPORT INTERNATIONAL DE DUBAÏ, TERMINAL 3
阿拉伯联合酋长国

委托人：Department of Civil Aviation Dubaï
工程控制：ADPi
建筑师：Paul Andreu
助理建筑师：Jean-François Vigouroux, Hélène Boitard
项目主任：Norbert Marduel
BET Ingénierie sous traitant：Dar Al Handasah
面积：28 万 m^2（含停车场）
竣工：2005

2000
上海东方艺术中心
ORIENTAL ARTS CENTER, SHANGHAI
中国

委托人：上海浦东新区文化广播电视局，上海国际招投标有限公司
工程控制：ADPi
建筑师：Paul Andreu
助理建筑师：Laurent Koenig, Graciela Torre, Michel Adment
工程 / 计划负责人：Felipe Starling
BET 结构 et Lots techniques：ECADI Consultants:
结构：S. Baghery Coyne et Bélier
声学：J.P. Vian
透视图：M. Rioualec
面积：40000m^2
竣工：2003

2001
广州发展中心（竞赛）
GUANGZHOU DEVELOPMENT CENTRAL BUILDING
中国

（方案未获选）
委托人：广州发展集团有限公司
工程控制：ADPi
建筑师：Paul Andreu
助理建筑师：Michel Adment
BET：珠江发展集团
结构：SETEC
面积：65950m^2
高度：120m
层数：28

保罗·安德鲁简介　PROFILE OF PAUL ANDREU

姓　　名：保罗·安德鲁
职　　业：建筑师
出生年份：1938 年
国　　籍：法国

建筑师保罗·安德鲁（陆翔 摄）
Architect Paul Andreu (Photo by Lu Xiang)

主要资历 KEY QUALIFICATIONS :

保罗·安德鲁在机场规划、工程与建筑设计方面有逾30年的丰富经验。包括查尔斯·戴高乐机场和大阪关西机场在内，共在50余个国家进行过设计指导工作。作为一名建筑师，他在德方斯"巨门"项目中与施普雷克尔森先生一起合作，并在后者离去后完成了这一现代"凯旋门"暨巴黎历史轴线（卢浮宫，香榭丽舍）的新端点；此外，他还设计并完成了英法海底隧道法国站。安德鲁先生现任巴黎机场公司总建筑师兼副总裁。1999年以来，又有三个重要项目落成：中国上海浦东国际机场，日本大阪海事博物馆以及中国广州综合体育馆。他目前正致力于北京国家大剧院和上海东方艺术中心项目的实施。

Mr. Paul Andreu has over 30 years experience in airport development planning, engineering and architecture. Including Charles de Gaulle Airport and Osaka/Kansai Airport, he has directed studies in more than 50 countries. He was the Architect of "La Grande Arche" of la Defense in association with J.O. Von Spreckelsen, the modern "Arc de Triomphe" which constitutes the termination point of Paris' historic axis ("Louvre, Champs Elysées") and has finished the project after the departure of Mr. Von Spreckelsen, and also, of the French Terminal of "Transmanche Link"(channel tunnel). His present position with ADP is Chief Architect and Vice President of Aéroports de Paris. Three important projects have been completed since 1999 : the new International Airport of Shanghai-Pudong in China, the Maritime Museum of Osaka in Japan and the Guangzhou Gymnasium in China. He is now realising the Beijing National Grand Theater and the Shanghai Oriental Art Center.

学历 EDUCATION:

法国高等工科学校（1961),工程师
École Polytechnique-France (1961), Engineer
法国国立道桥学院（1963),土木工程师
École Nationale des Ponts et Chaussées - France (1963), Civil Engineer
法国国立高等美术学院（1968),建筑师
École Nationale Supérieure des Beaux Arts - France (1968), Architect

荣誉 DISTINCTION:

法国勋级会荣誉军团军官
Officer of the Legion of Honour
法国艺术与文学艺术学院委员
Commander of the Academy of Arts and Letters
法国建筑学会会员
Member of the Academy of Architecture
法国环境与空间学会会员
Member of the Académie de l'Air et de l'Espace
索菲亚国际建筑学会会员
Member of the Sofia International Academy of Architecture
法国工程技术研究院成员
Member of the Académie des Technologies

奖励 AWARD:

1976 >> 因鲁瓦西查尔斯·戴高乐机场获法国建筑学会颁发的J.F. Delarue银奖
Grande Médaille d'Argent J.F. Delarue Award from the Academy of Architecture for the architectural quality of Roissy Charles-de-Gaulle airport

1977 >> 获国家建筑一等奖
First National Prize for Architecture

1981 >> 被提名为美国"工程新闻录"年度建筑人物
Construction's Man of the Year "Engineering News-Record", Citation, USA

1987 >> 受法国物资、住宅、土地及交通部委托，主持"建筑与出口"课题组，对建筑及工程输出活动进行研究
President of the study group "Architecture and Export", on the export of French architecture and engineering, held by the Ministry of Equipment, Housing, Land Development and Transportation

1989 >> 因终身成就获佛洛伦萨古尔德大奖
Was awarded the grand Prix Florence Gould, for his whole work

1990 >> 获日本一级建筑师资格证书
Awarded Architect's Diploma, First Category, Japan
因德方斯巨门观光电梯绚丽的金属结构获特别评委会奖
Special jury prize for the most beautiful metal construction for the external elevator shaft of the Arche de la Défense

1994 >> 因终身成就获建设及艺术委员会颁发的达芬奇建设奖
Da Vinci Award for construction, given by the Committee for Construction and Fine Arts for his whole work

1995 >> 4月：
因大阪关西国际机场，与Tsuneharu Hattori、起亚公司、Renzo Piano建筑工作室、日本机场咨询公司、Obayashi及Takenaka分享1995年“Nikkei BP Technology”奖
“Nikkei BP Technology Award's 1995” for Osaka Kansaï International Airport,Japan. With Mr. Tsuneharu Hattori, KIA Ltd, Mr. Piano, Renzo Piano Building Workshop, Mr. Kimiaki Minai, Nikken Sekkei Ltd, Mr. Takeshi Kido, Japan Airport Consultant, Mr. Obayashi, Mr. Takenaka
5月：
因大阪关西国际机场，与Tsuneharu Hattori、起亚公司、Renzo Piano建筑工作室、Kimiaki Kido、日本机场咨询公司分享日本建筑协会（AIJ）1995年奖˝
“Japan Institute of Architecture Award (AIJ) 1995” for Osaka Kansaï International Airport, Japan. With: Mr. Tsuneharu Hattori, KIA Ltd, Mr. Piano, Renzo Piano Building Workshop, Mr. Kimiaki Kido, Japan Airport Consultant.
11月：
因鲁瓦西TGV/RER站玻璃屋面的金属结构，与Hugh Dutton, R.F.R., Jean-Marie Duthilleul, SNCF, Joe Locke, Watson钢铁公司共同获奖
Award for the Roissy TGV/RER station glass roof metal framework. With Hugh Dutton, R.F.R., Jean-Marie Duthilleul, SNCF, Joe Locke, Watson Steel Ltd.
因雅加达苏加诺·哈达国际机场景观规划获1995年“阿卡汗”建筑奖
“Aga Khan architecture Award 1995” for Soekarno-Hatta International Airport landscape development at Jakarta-Cangareng.

1996 >> 因法国加来“欧洲之城”商业中心的杰出设计，获国际购物中心理事会褒奖
Award for the most outstanding new and refurbished shopping centers in Europe attributed to the “Cité Europe” Center in Coquelles (Calais), France, from the International Council of Shopping Centers
因在航空领域的艺术成就获法国航空航天联合会（AAAF）特别奖
Special Award of the French “Association Aéronautique et Astronautique” (AAAF) for his competence and artistic sense in the aeronautical field

1997 >> 因巴黎查尔斯·戴高乐机场第二空港F厅的“半岛”结构，与RFR分享结构工程师协会特别奖
Special Award, commendation for the new Terminal 2F “Peninsula” structure at Paris Charles-de-Gaulle Airport from the Institution of Structural Engineers, with : RFR

1998 >> 因鲁瓦西查尔斯·戴高乐机场第二空港F厅的“半岛”结构，与RFR、Viry共同在法国金属构造合作会举行的第13届“金属构造工艺艺术”竞赛中获奖
Award of the 13Th. Competition of the “Plus Beaux Ouvrages de Construction Métallique” for the new Terminal 2F “Peninsula” structure at Roissy Charles-de-Gaulle Airport from the French “Syndicat de la Construction Métallique”, with: RFR, Viry

工作履历 EXPERIENCE RECORD:

1996年至今 >> 上海东方艺术中心
1996 to date Shanghai Oriental Arts Centre
业主：上海-浦东新区文化广播电视局，上海国际招投标有限公司
设计负责人及建筑师

北京国家大剧院
China National Grand Theatre，Beijing
业主：国家大剧院管委会
国际竞赛获胜建筑师

广州综合体育馆
Guangzhou Gymnasium
业主：珠江企业集团（中国）
国际竞赛获胜建筑师

迪拜国际机场第三空港扩建,中央大厅
Dubaï International Airport - Extension Terminal 3-Concourse 2
业主：Department of Civil Aviation
设计负责人及建筑师

尼斯蓝色海岸国际机场，第二空港
Nice Côte d'Azur International Airport-Terminal 2
业主：CCI（尼斯）
设计负责人及建筑师

查尔斯·戴高乐机场第二空港E厅
CDG Terminal 2 E
业主：ADP
设计负责人及建筑师

上海浦东国际机场
Shanghai Pudong International Airport
业主：上海市政府（中国）
国际竞赛获胜建筑师
查尔斯·戴高乐机场第二空港F厅
CDG Terminal 2 F

业主：ADP
设计负责人及建筑师

阿布扎比第二空港
Abu-Dhabi Terminal 2
业主：MOT（沙特）
设计负责人及建筑师

津巴布韦哈拉雷国际机场（方案）
Design, Harare International Airport Zimbabwe
业主：Department of Civil Aviation
设计负责人及建筑师

塞浦路斯拉纳卡国际机场（方案）
Design, Larnaca International Airport Cyprus
业主：Direction of Civil Aviation
设计负责人及建筑师

海南三亚客运新港（方案）
Design, New Passenger Terminal, Sanya Airport - Hainan
业主：三亚凤凰航空公司
设计负责人及建筑师

伊朗德黑兰霍梅尼国际机场
Teheran Imam Khomeini International Airport - Iran
业主：IKIA公司
设计负责人及建筑师

巴黎Nouvelle大道，总平面规划及城市设计
Master Plan & Urbanism, Avenue Nouvelle, Paris
业主：SEMAPA
设计负责人及建筑师

卡塔尔新多哈国际机场，总平面规划及空港建筑竞赛
Master Plan & Terminal Building Concept, New Doha Intl Airport, QATAR
业主：Ministry of Municipal Affairs & Agriculture
设计负责人及建筑师

1995 >>

法国波尔多机场B厅
Bordeaux - Hall B- France
业主：CCI（波尔多）
设计负责人及建筑师

日本大阪海事博物馆
Osaka Maritime Museum - Japan
业主：大阪市
建筑师

皮特尔角城国际机场新客运港（法属西印度群岛）
New Passenger Terminal of Pointe-eà-Pitre (French west Indies)
业主：CCI（瓜德罗普）
设计负责人及建筑师

"欧洲之城"商业中心
"City Europe" Commercial Complex
法国加来（跨海隧道终点站）
业主：Espaces Expansion
建筑师

1991 >>

法国库尔舍瓦勒1992年冬奥会高台滑雪赛场
Ski-jump Runway Winter Olympic Games 1992, Courchevel - France
业主：Olympic Gates Organisation Committee
设计负责人及建筑师

1990 >>

智利圣地亚哥机场新客运港（方案）
Design, New Passenger Terminal, Santiago de Chile Airport
业主：M.O.P.（智利）
竞赛获胜

马尼拉国际机场（总平面调整及初步设计）
Master Plan Review, Preliminary Design - Manila International Airport
业主：Miaa（菲律宾）
设计负责人及建筑师

新澳门机场（总平面调整）
Master Plan Review, New Macau Airport
业主：G.A.I.M.（澳门）
设计负责人及建筑师

法·瑞边界圣路易·巴里海关综合体（方案）
Customs Complex Design, Saint-Louis - Bâle, French - Switzerland Frontier

1989 >>

查尔斯·戴高乐机场新客运港（第三空港）TGV/RER/VAL站初步设计
Preliminary Design, New Passenger Terminal (CDG3), Railway (TGV)/Subway (RER)/ People Mover (VAL) Terminal - CDG Airport
业主：Aéroports de Paris
全程设计负责人及首席建筑师

大阪关西国际机场新客运港（方案）
Design, New Passenger Terminal - Osaka/ Kansai International Airport
业主：Kiac（日本）
功能设计负责人及建筑师

1988 >>

大阪关西国际机场（总平面调整及基础设计）
Master plan review, basic design - Osaka/ Kansai International Airport
业主：Kiac（日本）
设计负责人及建筑师

辛菲罗波尔机场（总平面规划及初步设计）
Master Plan Review, Preliminary Design - Simferopol Airport
业主：Civil Aviation（前苏联）
设计负责人及建筑师

查尔斯·戴高乐机场第二空港D厅（细部设计）
Detailed Design, New Terminal (CDG2D) - CDG Airport
业主：巴黎机场公司
设计负责人及建筑师

奥利/巴黎地铁/奥利机场联接体（初步设计）
Preliminary Design, Orly/Paris Subway Network/Orly Airport Link(People Mover)
业主：Aéroports de Paris /Matra
设计负责人及建筑师

1987 >> 英法跨海隧道法国站（方案）
Design, Transmanche Link - French Terminal Building
业主：Eurotunnel
设计负责人及建筑师

蒙彼利埃机场新空港（细部设计、施工监理）
Detailed Design, Supervision of Construction New Terminal - Montpellier Airport
业主：Chambre de Commerce (法国)
项目负责人及建筑师

1986 >> 雅加达机场新空港二期（细部设计、施工监理）
Detailed Design, Supervision of Construction New Terminal - Jakarta Airport Phase 2
业主：JIAC（印度尼西亚）
项目负责人及建筑师

德方斯巨门（细部设计、施工监理）
Detailed Design, Supervision of Construction - Grande Arche de la Défense
业主：Ministère de la Culture（法国）
项目负责人及建筑师

1984 >> 曼谷廊曼国际机场（总平面调整、初步设计）
Master Plan Review, Preliminary Design Bangkok Don Muang International Airport
设计负责人及建筑师

拉合尔及新伊斯兰堡机场（总平面调整、初步设计）
Master Plan, Preliminary Design - Lahore & New Islamabad Airports
业主：Civil Aviation （巴基斯坦）
设计负责人及建筑师

1963-1983 >> 任以下主要机场的项目负责人及建筑师
Project Director and Architect for the following main airports :
玛雅、玛雅、尼斯、鲁瓦西查尔斯·戴高乐Ⅱ、开罗、达累斯萨拉姆、雅加达、阿布扎比
Maya-Maya - Nice - Roissy CDG2 - Cairo - Dar Es Salaam - Jakarta- Abu-Dhabi

参考文献 REFERENCES

1. Serge Salat. Paul Andreu, Fifty Airport Terminals. Paris: Aéroports de paris, 1998
2. Paul Andreu. Paul Andreu, Carnets De Croquis. Paris: Pascale Blin Et A Tempera Editions, 1990
3. Serge Salat et Françoise Labbé. Paul Andreu, Métamorphoses du cercle. Paris: Electa France Milan — Paris, 1990
4. Space Design, 1995 (5)
5. Paul Andreu, Filippo Beltrami. Paul Andreu, The Discovery of Universal Space. Italy: I'Arca Edizioni, 1997
6. Aéroports de Paris. Paul Andreu architecte, 2003
7. 世界建筑，2002 (2)
8. 清华大学建筑学院学生院刊《思成》(5)